# Internationale
# Unternehmensbewertun

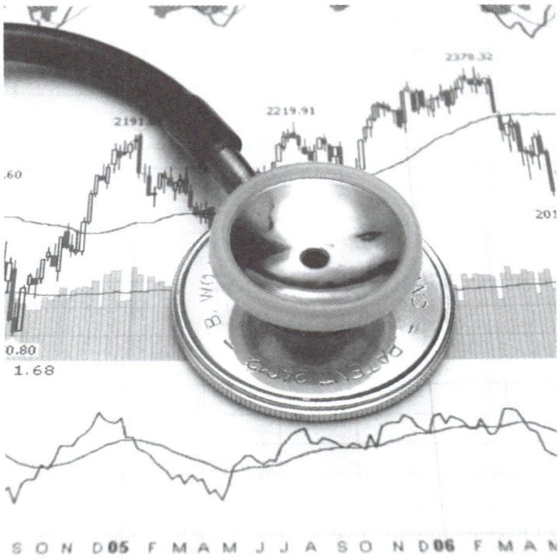


Prof. Dr. Dr. Dietmar Ernst
Thorsten Amann
Michael Großmann
Dietlinde Flavia Lump

# Internationale Unternehmensbewertung

## Ein Praxisleitfaden

PEARSON

Higher Education
München • Harlow • Amsterdam • Madrid • Boston
San Francisco • Don Mills • Mexico City • Sydney
a part of Pearson plc worldwide

Bibliografische Information der Deutschen Nationalbibliothek

Die Deutsche Nationalbibliothek verzeichnet diese Publikation in der Deutschen Nationalbibliografie; detaillierte bibliografische Daten sind im Internet über *http://dnb.d-nb.de* abrufbar.



14 13 12

ISBN 978-3-86894-138-8


Martin-Kollar-Straße 10-12, D-81829 München

www.pearson.de
A part of Pearson plc worldwide

Lektorat: Martin Milbradt, mmilbradt@pearson.de
Alice Kachnij, akachnij@pearson.de
Einbandgestaltung: Thomas Arlt, tarlt@adesso21.net
Herstellung: Elisabeth Prümm, epruemm@pearson.de
Satz: mediaService, Siegen (www.media-service.tv)
Druck und Verarbeitung: Drukarnia Dimograf, Bielsko-Biala

Printed in Poland

# Inhaltsübersicht

# Inhaltsverzeichnis

# Abkürzungs- und Symbolverzeichnis

| | |
|---|---|
| APV | Adjusted Present Value (DCF-Verfahren) |
| $B$ | Betafaktor |
| $BC_{L,G}$ | Länderbeta = Zusammenhang zwischen den Renditen des lokalen Marktes und dem Weltmarktportfolio |
| $BC_{L,US}$ | Länderbeta = Zusammenhang zwischen den Renditen des lokalen Marktes und dem US-Marktportfolio |
| $B_{G,G}$ | Globales Beta der Vergleichsunternehmen |
| $B_{L,G}$ | Globales Unternehmensbeta (Unternehmensrenditen vs. Renditen des globalen Index) |
| $B_{L,L}$ | Lokales Unternehmensbeta (Unternehmensrenditen vs. Renditen des lokalen Index) |
| $B_{Mod.}$ | Modifizierter Betafaktor |
| $B_{US}$ | Beta eines vergleichbaren Projektes in den USA |
| bps | Basispunkt (100 Basispunkte = 1 Prozentpunkt) |
| $\beta$ | Betafaktor |
| $\beta_u$ | unlevered Betafaktor = Betafaktor für das (fiktiv) unverschuldete Unternehmen |
| $\beta_v$ | levered Betafaktor = Betafaktor für das verschuldete Unternehmen |
| CAPM | Capital Asset Pricing Model |
| $CCR$ | Länderkreditrating |
| $C_E$ | Eigenkapitalkostensatz |
| $CF$ | Cashflow |
| $CF_t$ | bewertungsrelevanter Cashflow des Geschäftsjahres t |
| $CF_{TV}$ | normalisierte Höhe des bewertungsrelevanten Cashflows im ersten Jahr nach der Detailprognoseperiode (DCF-Verfahren) |
| $Corr$ | Korrelationskoeffizient |
| $Cov(\cdot,\cdot)$ | Kovarianz |
| DCF | Discounted Cashflow |

| | |
|---|---|
| $E(r_m)$ | Erwartungswert der Rendite des Marktportfolios |
| $EAT$ | Ergebnis nach Steuern = Earnings After Taxes |
| $EBIT$ | operatives Ergebnis vor Zinsen und Steuern = Earnings Before Interest and Taxes |
| $EBITA$ | operatives Ergebnis vor Firmenwertabschreibungen, Zinsen und Steuern = Earnings Before Interest, Taxes and Amortisation |
| $EBITDA$ | operatives Ergebnis vor Abschreibungen, Zinsen und Steuern = Earnings Before Interest, Taxes, Depreciation a. Amortization |
| $EBT$ | Ergebnis vor Steuern = Earnings Before Taxes |
| EK | Eigenkapital |
| EW | Ertragswert |
| $\varepsilon$ | Regressionsresiduum |
| $FK$ | Fremdkapital |
| $FK_{TV}$ | Fremdkapitalbestand im Terminal Value |
| $CFtE$ | Cashflow to Equity (DCF-Equity-Ansatz) |
| $g$ | erwartete Wachstumsrate (des bewertungsrelevanten Cashflows bzw. des Umsatzes) im Terminal Value (DCF-Verfahren) |
| $\gamma_1$ | Maßzahl für Zugang zu Kapitalmärkten oder Regressionskonstante |
| $\gamma_2$ | Maßzahl für Anfälligkeit des Investments für politische Risiken oder Regressionskoeffizient |
| $\gamma_3$ | Maßzahl für Bedeutung des Investments für das investierende Unternehmen |
| $GK$ | Gesamtkapital |
| GuV | Gewinn- und Verlustrechnung |
| $i$ | Diskontierungszinssatz (allgemein) |
| IAS | International Accounting Standards |
| IdW | Institut der deutschen Wirtschaftsprüfer |
| IFRS | International Financial Reporting Standards |
| $\lambda$ | Maßzahl der Ausprägung des Länderrisikos |
| $MRP$ | Marktrisikoprämie |
| $NOPAT$ | Net Operating Profit After Taxes |

| | |
|---|---|
| $NOPLAT$ | operatives Ergebnis vor Zinsen und nach adaptierten Steuern = Net Operating Profit Less Adjusted Taxes |
| $NPV$ | Net Present Value |
| $oEAT$ | operatives Ergebnis nach Steuern = operating earnings after taxes |
| $oFCF$ | operativer Free Cashflow (DCF-Entity-Ansatz) |
| $oFCF_t$ | operativer Free Cashflow des Geschäftsjahres t |
| $oFCF_{TV}$ | operativer Free Cashflow im Terminal Value |
| $PW$ | Produktionswert |
| $R$, $r$ | Korrelationskoeffizient bzw. Rendite allgemein |
| $R^2$ | Korrekturfaktor |
| $r^2$ | Bestimmtheitsmaß |
| $R_C$ | Länderrisikoprämie |
| $r_{EK}$ | Renditeforderung der Eigenkapitalgeber (für das verschuldete Unternehmen) = Eigenkapitalkosten des Unternehmens |
| $r_{EK}{}^u$ | Renditeforderung der Eigenkapitalgeber für das (fiktiv) unverschuldete Unternehmen |
| $R_f$, $r_f$ | risikofreier Zinssatz, risikofreie Rendite |
| $R_{f,G}$ | Globale risikolose Rendite |
| $r_{FK}$ | Renditeforderung der Fremdkapitalgeber |
| $R_{f,L}$ | Lokale risikolose Rendite |
| $r_{f,M}$ | monatlicher, risikofreier Zinssatz |
| $R_{f,US}$ | Risikolose Rendite der USA |
| $R_{Id.}$ | Unternehmensspezifische Risikoprämie |
| $r_j$ | Rendite der Anlage *j* |
| $r_m$ | Rendite des Marktportfolios |
| $R_{M,G}$ | Globale Marktrendite |
| $R_{M,k}$ | Rendite des lokalen Marktes, die vom k-ten Faktor abhängt und unabhängig von allen anderen Faktoren ist |
| $R_{M,L}$ | Lokale Marktrendite |
| $R_{M,US}$ | Marktrendite der USA |
| $RM_i$ | Maß für das Downside-Risiko |

| | |
|---|---|
| *RP* | Risikoprämie |
| *semi*-$\sigma_{L,M}$ | Semistandardabweichung der Renditen des lokalen Marktes |
| *semi*-$\sigma_G$ | Semistandardabweichung der Renditen des Weltmarktes |
| *Staw( )* | Standardabweichung |
| *SW* | Substanzwert in Form des Teilreproduktionswertes |
| $\sigma$ | Volatilität |
| $\sigma_L$ | Standardabweichung der Renditen im lokalen Markt |
| $\sigma_{US}$ | Standardabweichung der Renditen im US-amerikanischen Markt |
| *t* | Unternehmenssteuersatz (DCF-Verfahren) oder Zeitindex |
| *TV* | Terminal Value, Endwert, Fortführungswert, Residualwert (DCF-Verfahren) |
| $TV_{FtE}$ | Terminal Value auf Basis des Flows to Equity (DCF-Equity-Ansatz) |
| $TV_{oFCF}$ | Terminal Value auf Basis des operativen Free Cashflows (DCF-Entity-Ansatz) |
| *UW* | Unternehmenswert |
| *Var( )* | Varianz |
| *WACC* | gewichtete Kapitalkosten (DCF-Entity-Ansatz) = weighted average cost of capital |

# Vorwort

*„Es ist nicht genug, zu wissen, man muss auch anwenden; es ist nicht genug, zu wollen, man muss auch tun."*
*Johann Wolfgang von Goethe*

Internationale Unternehmensbewertung ist heute aus der Bewertungspraxis nicht mehr wegzudenken. Im Rahmen der fortschreitenden Globalisierung stehen Finanzfachleute laufend vor der Frage, wie Anlagen- und Betriebsvermögen von Tochtergesellschaften oder Akquisitionsobjekten im Ausland fair und nachvollziehbar bewertet werden können. Gerade bei grenzüberschreitenden Unternehmenskäufen und -verkäufen sind für Fragen der Transaktionspreisbestimmung und -verhandlung und für die Beurteilung der wirtschaftlichen Vorteilhaftigkeit fundierte Bewertungen unerlässlich. Auch für die laufende Unternehmenssteuerung, die Rechnungslegung und die Schaffung von Transparenz gegenüber Kapitalgebern gewinnen grenzüberschreitende Bewertungen an Bedeutung. Speziell der letztgenannte Punkt hat während und nach der jüngsten Finanzkrise zu erhöhter Nachfrage nach internationalen Unternehmensbewertungen geführt.

Die internationale Unternehmensbewertung stellt die Frage, ob und wenn ja, wie Besonderheiten bei der Bewertung ausländischer Unternehmen in die Unternehmensbewertungsmodelle einbezogen werden sollen. Erwähnt sei hier insbesondere die Thematik um die Berücksichtigung einer Länderrisikoprämie in Emerging/High Growth Markets.

Auf akademischer Ebene wird die Diskussion durch Formal- und Realwissenschaftler zweigeteilt geführt.

Die Formalwissenschaftler konnten nachweisen, dass das CAPM keine Länderrisikoprämie verträgt. Damit scheint die Frage, ob eine Länderrisikoprämie in der internationalen Unternehmensbewertung berücksichtigt werden sollte, aus formal-wissenschaftlicher Perspektive mit einem „nein" beantwortet zu sein.

Realwissenschaftler streben an, durch ihre Forschung die Realität besser zu verstehen. Der Realwissenschaftler geht von (empirischen) Beobachtungen aus. In unserem Fall ist es die Beobachtung, dass Länderrisiken existieren und somit Eingang in die Bewertung finden müssen. Die Diskussion über Länderrisikoprämien scheint in der Bewertungspraxis von zwei Beobachtungen gestützt zu sein:

**a** Bei der Analyse der beobachtbaren Preise oder der korrespondierenden Börsennotierungen von Unternehmen in Emerging Markets/High Growth Markets fällt auf, dass die Anwendung des traditionellen CAPM tendenziell zu überhöhten modellbasiert berechneten Werten führt. Um berechnete Werte und beobachtete Preise in Einklang zu bringen, wären demnach höhere Diskontierungszinssätze notwendig, und der zu berücksichtigende Zuschlag wird als „Länderrisikoprämie" bezeichnet.

- **b** Eine zunehmende Anzahl von Wirtschaftsprüfungsgesellschaften und Investmentbanken begegnen dem erwähnten Bewertungsproblem in Emerging Markets/ High Growth Markets, indem sie ein Länderrisikoprämien-Konzept nutzen, um berechnete Werte und beobachtete Börsenkurse oder Transaktionspreise wieder in Einklang zu bringen.

Dürfen vor diesem Hintergrund Länderrisikoprämien in Bewertungsmodellen berücksichtigt werden oder hat das CAPM auch grenzüberschreitend umfassende Gültigkeit? Es bestehen zwei Möglichkeiten zur Beantwortung dieser Frage:

- **a** Man kann empirisch zeigen, dass – entgegen der bisherigen Literatur und den Einschätzungen von Wirtschaftsprüfungsgesellschaften und Investmentbanken – das traditionelle CAPM auch bei der Bewertung von Unternehmen in Emerging Markets/High Growth Markets bei der Preiserklärung „funktioniert“.

oder

- **b** man akzeptiert, dass man einen realitätsnäheren Bewertungsansatz braucht. Die Betrachtung einer Länderrisikoprämie legt dabei nahe, dass ein realitätsnäherer Bewertungsansatz auch die Bewertungsrelevanz – zumindest eines Teils – der nicht diversifizierten (unternehmensspezifischen) Risiken einbeziehen muss. Begründung hierfür ist, dass Unternehmen in Emerging Markets/High Growth Markets eben einen höheren Gesamtrisikoumfang ausweisen und damit höhere Kapitalkosten gerechtfertigt sind, wenn nicht allein systematische Risiken bewertungsrelevant sind.

Sollte, wofür es gute empirische Indizien gibt, das Phänomen der „Länderrisikoprämie“ empirisch bestätigt werden, müssen bestehende Ansätze zur Modellierung der internationalen Unternehmensbewertung unter Einbeziehung der Länderrisikoprämie kritisch diskutiert und die Forschungsaktivitäten in diesem Gebiet intensiviert werden.

Dieses Buch baut auf die Grundlagen der traditionellen Unternehmensbewertung auf und zeigt als bisher einziges Lehrwerk in Deutschland, wie Unternehmen und Unternehmensteile außerhalb des Heimatmarkts zu bewerten sind. Es werden verschiedene Ansätze zur Modellierung einer Länderrisikoprämie aufgezeigt, wie sie von Investmentbanken und Wirtschaftsprüfungsgesellschaften sowie von Wissenschaftlern entwickelt wurden. Wie eine internationale Unternehmensbewertung durchgeführt wird, wird zunächst an einem entwickelten Markt (USA) und dann für Emerging Markets/ High Growth Markets dargestellt. Der Inhalt wird jeweils an einem durchgehenden Beispiel erläutert und zum Nachvollziehen in Excel modelliert. Jedes Beispiel befindet sich als Excel-Datensatz zum selbst ausprobieren auf der Homepage von PEARSON (*www.pearson-studium.de*) und der Homepage des Deutschen Instituts für Corporate Finance (DICF) (*www.dicf.de*). Ferner wird den Lesern gezeigt, wie die für eine internationale Unternehmensbewertung notwendigen Daten beschafft und selbstständig aufbereitet werden können.

Danken möchten wir dem Verlag PEARSON und seinen Mitarbeitern für die stets angenehme und konstruktive Zusammenarbeit. Unser besonderer Dank gilt Herrn Martin Milbradt für seine Ideen und Unterstützung bei der Umsetzung dieses Werks.

Über Anmerkungen, Ergänzungen, Kritik und (vielleicht auch) Lob zu unserem Buch würden wir uns sehr freuen. Schreiben Sie an *info@dicf.de*.

Wir wünschen unseren Lesern eine interessante und erkenntnisreiche Lektüre.

Dietmar Ernst

Thorsten Amann

Michael Großmann

Dietlinde Flavia Lump

# Über die Autoren

**Prof. Dr. Dr. Dietmar Ernst** ist Professor an der Hochschule für Wirtschaft und Umwelt (HfWU) in Nürtingen und Studiendekan des Masterstudiengangs International Finance. Er ist Direktor des Deutschen Instituts für Corporate Finance (DICF) und leitet das Weiterbildungsprogramm zum Certified Financial Modeler – CFM.

**Thorsten Amann** ist Experte für Investitionsvorhaben in Wachstumsmärkten bei einer international tätigen Wirtschaftsprüfungsgesellschaft.

**Michael Großmann** ist wissenschaftlicher Mitarbeiter am Deutschen Institut für Corporate Finance (DICF).

**Dietlinde Flavia Lump** ist wissenschaftliche Mitarbeiterin am Deutschen Institut für Corporate Finance (DICF).

# Grundlagen der internationalen Unternehmensbewertung

1



ÜBERBLICK

## Lernziele

- Den Begriff und die Bedeutung der internationalen Unternehmensbewertung als wissenschaftliche Methode der Unternehmenswertbestimmung zu kennen.
- Anlässe der internationalen Unternehmensbewertung verstehen und zuordnen.
- Die Besonderheiten der internationalen Unternehmensbewertung zu kennen und diese bei der internationalen Unternehmensbewertung anwenden.
- Die gängigsten Verfahren der internationalen Unternehmensbewertung wiedergeben.
- Ein 5-Schritte Vorgehensmodell zur internationalen Bewertung verstehen und präsentieren.
- Den Unterschied zwischen Single-Valuation-Methode und der Multiple-Valuation-Methode erklären können.
- Die Literatur zur internationalen Unternehmensbewertung kennen.

## 1.1 Begriff der internationalen Unternehmensbewertung

Die fortschreitende Globalisierung hat den Bedarf an **zuverlässigen Bewertungsprinzipien und -mechanismen** für grenzüberschreitende Transaktionen und für die Bewertung von Anlagen- und Betriebsvermögen von Tochtergesellschaften im Ausland stark erhöht. Gerade bei grenzüberschreitenden Unternehmenskäufen und -verkäufen sind für Fragen der Transaktionspreisbestimmung und -verhandlung und für die Beurteilung der wirtschaftlichen Vorteilhaftigkeit fundierte Bewertungen unerlässlich. Auch für die Unternehmenssteuerung, die Rechnungslegung und die Schaffung von Transparenz gegenüber Kapitalgebern gewinnen Bewertungen an Bedeutung. Speziell der letztgenannte Punkt hat während und nach der jüngsten weltweiten Finanzkrise zu erhöhter Nachfrage nach internationalen Bewertungen geführt. Während Firmen in der Vergangenheit aufgrund der damals oft auskömmlichen Eigenkapitaldecke Auslandsinvestitionen entweder aus dem Eigenkapital oder aus unbesicherten Banklinien finanziert haben, mussten während der Krise zunehmend auch Betriebsvermögen im Ausland die Sicherheitenbasis verstärken. Die Ermittlung des Sicherheitenwertes des im Ausland befindlichen Anlage- und Betriebsvermögens hat Unternehmen, Wirtschaftsprüfer und Banken vor große Herausforderungen gestellt.

Während in der **Bewertungspraxis** pragmatische Lösungsansätze für die Bewertung ausländischer Unternehmen entwickelt wurden, hat sich die wissenschaftliche Literatur noch wenig mit diesem Themengegenstand befasst.

Wir verstehen im Folgenden unter dem Begriff der sog. **internationalen Unternehmensbewertung** die Wertermittlung von ganzen Unternehmen oder Unternehmensanteilen unter besonderer Berücksichtigung der Gegebenheiten ausländischer Märkte.

Dabei ist der Begriff der **ausländischen Märkte** insoweit zu präzisieren, als dass hierunter sowohl Länder mit entwickelten Kapitalmärkten als auch Länder zu verstehen sind, die im Vergleich zu etablierten Industrienationen nicht über entwickelte Kapitalmärkte verfügen und deshalb einen Bewerter vor besondere Herausforderungen stellen. Dabei geht es u.a. nicht nur um die Frage, ob traditionelle Bewertungsmethoden in geeigneter Weise angewendet werden können, sondern wie vor dem Hintergrund von oftmals fehlenden geeigneten Informationen **Länderrisiken** und **Transferrisiken** adäquat in einem Bewertungskalkül zu berücksichtigen sind.

**Definition: Internationale Unternehmensbewertung**

Unter internationaler Unternehmensbewertung wird die Wertermittlung von ganzen Unternehmen oder Unternehmensanteilen unter besonderer Berücksichtigung der Gegebenheiten ausländischer Märkte verstanden.

Im Folgenden wird die internationale Unternehmensbewertung aus der Sicht eines deutschen Bewerters dargestellt. Unter „Inland" verstehen wir im Weiteren Deutschland und unter „Ausland" ein entsprechend beliebiges anderes Land.

## 1.2 Anlässe einer internationalen Unternehmensbewertung

Bedingt durch eine voranschreitende Globalisierung und eine wachsende internationale Wertschöpfungskette spielen Bewertungen im internationalen Umfeld zunehmend eine Rolle in der täglichen Unternehmenspraxis.

Typische **Anlässe einer internationalen Unternehmensbewertung** sind (vgl. ▶ Abbildung 1.1):

- Kauf oder Verkauf von Unternehmen oder Unternehmensteilen im Ausland
- Projektbewertung im Rahmen von Investitionsentscheidungen
- Expansion/Schrumpfung/Liquidation einer Beteiligung im Ausland
- Grenzüberschreitenden Bildung von Joint Ventures
- Beteiligungsbewertung und -steuerung
- Squeeze-out
- Werthaltigkeitsprüfung (Impairment Test)
- Kaufpreisallokation (Purchase Price Allocation)
- Steuerliche Bewertung z.B. im Rahmen von Funktionsverlagerungen.

**Abbildung 1.1:** Anlässe einer internationalen Unternehmensbewertung

## 1.3 Besonderheiten der internationalen Unternehmensbewertung

Die Bewertung ausländischer Unternehmen folgt grundsätzlich den üblichen **Bewertungsverfahren**, die im Rahmen von Teil I „Internationale Unternehmensbewertung mit traditionellen Bewertungsmethoden – Case Study USA“ wiederholt werden.

Die Bewertung von Unternehmen in „Emerging Markets“ (oder auch „High Growth Markets“) weist einige Besonderheiten auf, die nachfolgend einleitend beschrieben und in Teil II „Internationale Unternehmensbewertung mit **speziellen Bewertungsmethoden** – Case Study Emerging Markets/High Growth Markets“ näher betrachtet werden. Hier ist es auch möglich, diesen Besonderheiten mit speziellen Methoden der internationalen Unternehmensbewertung gerecht zu werden.

▶ Abbildung 1.2 gibt einen ersten Überblick über die **Herausforderungen und Probleme**, welchen sich Bewerter bei internationalen Unternehmensbewertungen in Emerging Markets/High Growth Markets verstärkt gegenüber sehen.

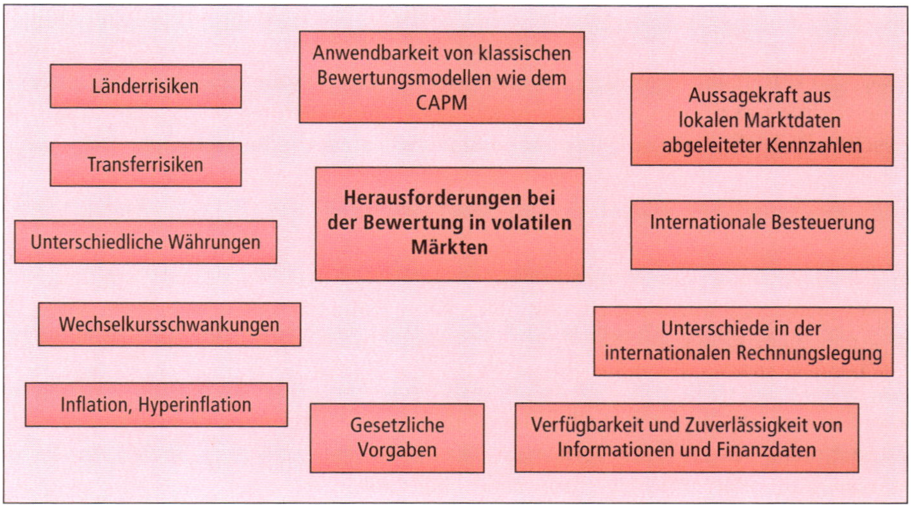


**Abbildung 1.2:** Übersicht über Problembereiche bei der internationalen Bewertung in volatilen Märkten

## 1.3.1 Unterschiede in der Rechnungslegung und in der Besteuerung

Ein Problem der internationalen Unternehmensbewertung besteht oftmals darin, dass **lokale Rechnungslegungsvorschriften** nicht mit internationalen Rechnungslegungsvorschriften vergleichbar sind, sofern diese noch – zumindest für kapitalmarktorientierte Unternehmen – nicht verpflichtend anzuwenden sind.

**Finanzkennzahlen** von Unternehmen im Ausland sind häufig aufgrund länderspezifischer Vorschriften nur begrenzt mit solchen von Unternehmen in entwickelten Ländern vergleichbar. Auch wenn es einem Bewerter gelingt, eine Peer Group zu definieren, so werden Vergleiche z.B. bei der Beurteilung der Profitabilität erschwert. Jahresabschlüsse bzw. Kennzahlen sind daher zunächst anzupassen, um geeignete Analysen und Schlussfolgerungen zu ermöglichen und um Verzerrungen der tatsächlichen Leistungskraft des Bewertungsobjekts zu beseitigen.

Sich entsprechende Kenntnisse über **länderspezifische Rechnungslegungsvorschriften** anzueignen, ist häufig mit hohem Aufwand verbunden und erfordert spezifisches Know-how. Dies stellt eine zusätzliche Herausforderung an den Bewerter dar. Während die Offenlegungsvorschriften in den letzten Jahren vor allem in den entwickelten Ländern zunehmend strikter wurden, beobachtet man in den Emerging Markets/High Growth Markets häufig nachgiebigere Regeln. Dieser Trend wird sich vermutlich noch einige Jahre fortsetzten. Auch die verpflichtende Anwendung von internationalen Rechnungslegungsvorschriften lässt auf sich warten. Es ist jedoch eine Tendenz erkennbar, dass die Emerging Markets/High Growth Markets ihre Rechnungslegungssysteme zunehmend an die internationalen Standards angleichen und mit diesen harmonisieren, wodurch die Transparenz und die Attraktivität für internationale Investoren erhöht werden.[1]

1 Vgl. Damodaran, A. (2009), S. 3.

Das herrschende **Steuerregime** und entsprechende gesetzliche Regelungen sind bei der Bewertung ebenso relevant. Hierbei geht es nicht nur um die korrekte Berücksichtigung von zahlungswirksamen Steueraufwendungen in Abhängigkeit der Rechtsform, sondern auch um die Beurteilung von steuerlich motivierten Gesellschaftsstrukturen, Ausschüttungsfähigkeit und -implikationen sowie steuerlichen Risiken.

### 1.3.2 Währungsunterschiede

Bei der Bewertung von Unternehmen des gleichen Währungsraums spielen Währungseffekte und Währungsumrechnungen keine Rolle. Wenn aber die Perspektive des Bewerters im Hinblick auf die Währung des Sitzlandes abweicht, ist zu entscheiden, in welcher **Währung** das Bewertungskalkül aufzustellen ist.

Dabei kann eine Bewertung in **lokaler Währung** des Sitzlandes des zu bewertenden Unternehmens oder in einer **Referenzwährung** erfolgen. Dies ist für den Aspekt der Währungsäquivalenz im Bewertungskalkül bedeutsam.

Nach Wahl der zugrunde zu legenden Währung ist auf eine konsistente Durchführung der Bewertung zu achten, insbesondere bei der Bestimmung und Berechnung der Cashflows und der Diskontierungszinssätze. Diese sind entsprechend unter **konsistenten Annahmen** in die gewählte Währung umzurechnen.

Aufgrund der Gegebenheiten in Emerging Markets/High Growth Markets im Hinblick auf die Währung ergeben sich Probleme bei **Bewertungskalkülen.** Beispielsweise kann bei der Bewertung in Lokalwährung der risikofreie Zinssatz, der zur Bestimmung der Kapitalkosten benötigt wird, nur unter Schwierigkeiten bestimmt werden, wenn die Regierungen von Emerging Markets/High Growth Markets keine langfristigen öffentlichen Anleihen begeben. Solche und weitere Faktoren können die Bewertung mitunter erheblich komplexer werden lassen. In Abschnitt 6.2 soll gezeigt werden, was bei Währungsumrechnungen zu beachten ist.

### 1.3.3 Wechselkursschwankungen und (Hyper-) Inflation

Viele ausländische Währungen sind häufig sehr volatil, sowohl was die **Wechselkursschwankungen** als auch die **Inflation** (Kaufkraftverlust) angeht.

Auch die gängige Praxis der **Fixierung** der lokalen Währung gegen einer stabilen Fremdwährung, wie beispielsweise dem Dollar oder Euro, soll nicht über diese Volatilität hinwegtäuschen. Häufig werden dabei die z.T. deutlichen Auf- oder Abwertungen der Lokalwährung übersehen.

Wechselkursschwankungen und inflationäre Entwicklungen können auch zu massiven Verzerrungen der **Jahresabschlüsse** führen. Sie sind demnach bei der Ermittlung der Cashflows oder der Diskontierungszinssätze zu berücksichtigen.

### 1.3.4 Länderrisiken

Investitionen in Emerging Markets/High Growth Markets werden meist mit **hohen Wachstumsraten** belohnt. Diese erhöhte Chance geht aber meist mit zusätzlichen makroökonomischen Risiken einher. Wenn Investoren in Länder wie Brasilien, Russland, Indien oder China (sog. BRIC-Länder) investieren, sind sie den politischen oder auch ökonomischen Turbulenzen dieser Märkte ausgesetzt. Kein Unternehmen in einem Emerging Market/High Growth Market kann sich langfristig dem Einfluss und den Gegebenheiten seines eigenen Landes entziehen. Bricht ein Land politisch oder wirtschaftlich zusammen, betrifft dies auch die am besten geführten Unternehmen.

Kann man hieraus schließen, dass ein Investment z.B. in Brasilien generell mit einem höheren Risiko verbunden ist als ein Investment in Deutschland, Frankreich oder den Vereinigten Staaten?

Unter isolierter Betrachtung des Investments ist diese Frage nach der grundsätzlichen Berücksichtigung **länderspezifischer Risiken** aus Sicht von Bewertern und Investoren zu bejahen. Im Kontext einer weltweit breit aufgestellten Unternehmensgruppe kann ein Investment in einem vom Mutterland entfernten und von der Heimatwährung abgekoppelten Wirtschaftsraum durchaus unter Risikogesichtspunkten einen positiven Beitrag leisten. Beispiele hierfür sind die Werke großer deutscher Automobilhersteller in den USA, mit denen eine natürliche Absicherung gegen Schwankungen im Euro-Dollar-Wechselkurs erzielt wird.

Grundsätzlich herrscht in der Bewertungspraxis Einigkeit darüber, dass Länderrisiken im Rahmen der internationalen Unternehmensbewertung zu berücksichtigen sind. Uneinigkeit herrscht jedoch darüber, wie eine **Prämie** für das einzugehende Länderrisiko zu bestimmen und in Bewertungskalkülen zu berücksichtigen ist. Dabei spielt der Aspekt der Risikoäquivalenz eine besondere Rolle, insbesondere im Hinblick auf die Kapitalkostenbestimmung bei Ertragswertkalkülen.

Das Länderrisiko wird in Teil II ausführlich behandelt.

### 1.3.5 Transferrisiken

Transferrisiken können den wirtschaftlichen Erfolg von Auslandsinvestitionen gefährden und betreffen die **Repatriierung** von Gewinnen und Kapital. Unter Transferrisiken fallen devisenrechtliche Maßnahmen einer Regierung oder Zentralbank, die dem Investor eine Bezahlung unmöglich machen. Der Investor hat zwar den Gegenwert in seiner Lokalwährung deponiert, die Zentralbank stellt jedoch die erforderlichen Devisen nicht zur Verfügung.

Ebenso unter das Transferrisiko fällt das Risiko, dass Fälligkeiten eines in finanzielle Notlage geratenen Landes aufgrund einer zwischenstaatlichen Vereinbarung im **Pariser Club** umgeschuldet, das heißt um mehrere Jahre aufgeschoben werden.

### 1.3.6 Verfügbarkeit und Zuverlässigkeit von Informationen und Finanzdaten

Die Beschaffung von Informationen und Finanzdaten für das im Ausland zu bewertende Unternehmen sowie dessen Umfeld bzw. Vergleichsunternehmen stellen oft weitere Probleme bei der internationalen Bewertung dar. Es zeigt sich, dass die **Datenhistorien** von Emerging Markets/High Growth Markets oft nicht weit in die Vergangenheit zurückreichen oder gar nicht existieren.

Für den Fall, dass Daten verfügbar sind, stellt sich die weitere Frage nach der **Zuverlässigkeit** und **Aussagekraft**. Die Qualität des Bewertungsergebnisses hängt in besonderem Maße von diesen Faktoren ab und erfordert einen hohen Aufwand in Bezug auf Research und Analyse. Oft müssen in diesem Zusammenhang Fundamentaldaten wie z.B. die **Werthaltigkeit** bezüglich Gültigkeit von Kauf- und Mietverträgen für Land und Immobilien hinterfragt werden. Auch kann in vielen Emerging Markets/High Growth Markets bei einem Eigentümerwechsel nicht von einem Fortbestand bestehender Vereinbarungen in Bezug auf Steuerberechnung und -zahlung, Liquiditäts- und Handelslinien bei Banken oder Distributions- und Serviceverträgen ausgegangen werden.

### 1.3.7 Aussagekraft von aus lokalen Marktdaten abgeleiteten Kennzahlen

Bei der Unternehmensbewertung werden häufig Parameter aus am Kapitalmarkt beobachtbaren Daten ermittelt. Als Beispiel sei der Betafaktor genannt, welcher durch Regression der Renditen des Unternehmens mit den Renditen eines Vergleichsindex berechnet wird. Doch wie aussagekräftig sind derlei Berechnungen in Anbetracht der oft anzutreffenden **Illiquidität**, **mangelnden Transparenz** und **hohen Transaktionskosten** innerhalb der Finanzmärkte in Emerging Markets/High Growth Markets? Spiegelt der Aktienkurs den richtigen Wert eines Unternehmens wider, auch wenn die Aktie kaum gehandelt und der Kurs häufig fortgeschrieben wird? Kennzahlen auf Basis illiquider und wenig entwickelter Kapitalmärkte sind deshalb oftmals nur eingeschränkter verwendbar, als dies bei entwickelten Märkten der Fall ist. Nicht nur die allgemeine Verfügbarkeit von Finanzinformationen, sondern auch deren Aussagekraft stellt den Bewerter vor Probleme.[2]

### 1.3.8 Anwendbarkeit von traditionellen Bewertungsverfahren

Vorausgeschickt werden muss, dass angesichts der konzeptionellen und informationsbezogenen Schwierigkeiten kein neues Verfahren für Bewertungen zu entwickeln ist. Nach wie vor werden in der Praxis die **traditionellen Bewertungsmethoden** angewendet, allen voran das Discounted Cash Flow-Verfahren (DCF) mit seinen Ausprägungen.

Auch in Bezug auf die geltenden Kapitalmarktmodelle zur Bestimmung des Risikos gilt das **Capital Asset Pricing Model** (CAPM) trotz all seiner Einschränkungen nach

2 Vgl. Damodaran, A. (2009), S. 3.

wie vor als anerkannter Standard für die Kapitalkostenbestimmung und wird weltweit von Praktikern angewandt. Fraglich bleibt jedoch, ob es sich beim CAPM auch um ein geeignetes Modell für die Bestimmung der Kapitalkosten von Unternehmen in Emerging Markets/High Growth Markets handelt. Wie aufzuzeigen sein wird, kann das CAPM in seiner Grundform nicht verwendet werden, sondern muss entsprechend angepasst werden. Hierfür werden verschiedene Varianten des CAPM oder alternative Ansätze vorgeschlagen. Bei diesen Varianten liegt die Besonderheit darin, den Zusammenhang zwischen Modellparameter – risikofreie Rendite, Beta, Marktrisikoprämie und Länderrisikoprämie – so zu definieren, dass es keine Doppel- bzw. Mehrfacherfassung von Risiken gibt und die Risiken in Emerging Markets/High Growth Markets adäquat abgebildet werden.

Zwischen Wissenschaft und Praktikern sowie in der aktuellen Literatur herrscht heute **Uneinigkeit** darüber, wie die Besonderheiten von Emerging Markets/High Growth Markets umzusetzen und welche Modelle konkret bei einer internationalen Bewertung anzuwenden sind. Diese Uneinigkeit ist sicherlich auch einer der Gründe dafür, warum es bis heute keinen einheitlichen Standard gibt, sondern eine Vielzahl unterschiedlicher Modelle zur internationalen Unternehmensbewertung. Dies ist teilweise Ausdruck einer erwünschten Methodenvielfalt, aber auch die unbefriedigende Antwort auf die Frage, wie auf unvollkommenen Märkten zu bewerten ist.

Zusammenfassend lässt sich sagen, dass ein Bewerter bei der internationalen Unternehmensbewertung mit **zahlreichen Problemfeldern** konfrontiert ist bzw. dass sich die herrschenden konzeptionellen Schwierigkeiten in Bewertungskalkülen bei internationalen Bewertungen verschärfen.

Aufgrund der vielen **situativen Faktoren**, welche in einer internationalen Bewertung zusammenspielen, lässt sich dabei nicht immer ein einfacher Lösungsweg aufzeigen. Es bleibt dem Bewerter vorbehalten, wie er diese in eigenen Bewertungen berücksichtigt.

Das **Grundprinzip** einer internationalen Bewertung gleicht einer Bewertung im Inland. Bei kapitalwertorientierten Verfahren sind Cashflows zu ermitteln, die mit entsprechenden Kapitalkosten diskontiert werden, bzw. bei den marktorientieren Verfahren Multiplikatoren einer Peer Group zu errechnen, die mit der entsprechenden Bezugsgröße des Unternehmens multipliziert werden. Der Unterschied und ebenso die Schwierigkeit liegen hingegen in der Datenbeschaffung und den zusätzlichen Risikofaktoren in Emerging Markets/High Growth Markets, die bei den Input-Parametern zu berücksichtigen sind. Dazu müssen Cashflows und Multiplikatoren bereinigt und das CAPM angepasst bzw. erweitert werden. Einen besonderen Stellenwert hat hierbei die Einschätzung der Sicherheit der zukünftigen Cashflows zunächst in Fremdwährung, aber letztendlich auch in der vom Auftraggeber präferierten Referenzwährung.

### 1.3.9 Gesetzlich vorgeschriebene Bewertungsverfahren

In einigen Emerging Markets/High Growth Markets gibt es gesetzliche Regelungen zur Bewertung von Vermögensgegenständen, die zwingend einzuhalten sind. In China ist beispielsweise eine „**Statutory Valuation**" (gesetzliche Bewertung) gesetzlich vorgeschrieben, wenn Betriebsvermögen gekauft oder transferiert wird, das mittel- oder unmittelbar dem chinesischen Staat gehört.

Um den **Verkauf staatlicher Vermögensgegenstände** unter Wert durch staatseigene Firmen (State Owned Enterprises, SOEs) zu verhindern oder zumindest zu erschweren, hat die chinesische Regierung 1990 mit dem „Decree 91" unter dem Arbeitstitel „Statutory Valuation" die Grundlage für die zwingende Anwendung der „Generally Accepted Valuation Practices" in China geschaffen.

**Decree 91** schreibt vor, dass das Statutory Valuation Verfahren zwingend anzuwenden ist bei

- Einbringung von Sachanlagen,
- Auflösung oder Liquidation,
- Zusammenschlüsse („Merger"), bei denen das Anteilsverhältnis verändert wird
- und dem Kauf von Aktien.

Die Statutory Valuation darf nur von einer der 6.000 staatlich **lizensierten chinesischen Bewertungsfirmen** durchgeführt werden. Die Auswahl und Beauftragung der Bewertungsfirma erfolgt in der Regel durch den Verkäufer der staatlichen Vermögensgegenstände, d.h. durch die SOEs. Der Verkaufspreis der zu übertragenden Vermögenswerte darf nur um maximal 10% vom durch die Statutory Valuation festgelegten Wert abweichen („90% Rule").

Bei börsennotierten Gesellschaften muss ein **öffentliches Verkaufsangebot** („Public Bidding") über den „Equity Exchange" gemacht werden. Der Verkäufer muss hierbei Informationen über das Unternehmen und die zum Verkauf stehenden Vermögensgegenstände sowie das Ergebnis der Statutory Valuation publizieren. Das Angebot muss innerhalb von 20 Arbeitstagen veröffentlicht werden.

Bei nicht-börsennotierten Firmen wird der Firmenwert in der Regel durch Bewertung aller Vermögens- und Anlagegegenstände („**Asset Approach**") durchgeführt. Da der Bewerter im Auftrag des Staates arbeitet, wird er in der Regel im Einzelfall Bewertungsverfahren bevorzugen, die in einer möglichst hohen Gesamtbewertung resultieren. Der Spielraum hierfür ist sehr weit gesteckt. Für Anlagengüter kann der Bewerter historische Anschaffungskosten oder aktuelle Ersatzbeschaffungskosten ansetzen, was gerade bei aus dem Ausland gekauften Maschinen aufgrund der Volatilität der Wechselkurse erheblichen Einfluss auf die Bewertung haben kann. Auch bei der Auswahl der Abschreibungsmethode gibt es erheblichen Spielraum. Oft wird der Ansatz „Economic Life" gewählt, obwohl der Vermögensgegenstand buchhalterisch schon lange komplett abgeschrieben ist. Generell gilt, dass der Wert eines Anlagegutes nie unter den ewigen Restwert („Residual Value") von 15% des Anschaffungspreises fallen kann. Bei Gebäuden beträgt der Residual Value 30% der Baukosten. Der Bewerter hat weiterhin erheblichen Freiraum bei der Bewertung von Rückstellungen, Umlaufvermögen, Eventualverbindlichkeiten und Goodwill.

**Internationale Wirtschaftsprüfungsgesellschaften** sind in der Regel nicht als „Statutory Valuer“ akkreditiert. Sie bieten allerdings Unterstützung in diesem Prozess an. Diese Dienstleistung wird z.B. als „Statutory Valuation Monitoring“ bezeichnet und zusammen mit der Durchführung der Legal, Tax, Financial und Environmental Due Diligence angeboten. Ziel der Beratung ist, den Bewertungsprozess zu überwachen und im Dialog mit dem chinesischen Bewerter die Interessen des ausländischen Kaufinteressenten wahrzunehmen. Oft kann z.B. der Berater durch geschickte Argumentation den chinesischen Bewerter davon überzeugen, dass er ein für den Käufer vorteilhaftes oder zumindest neutrales Verfahren anwendet und er im Verfahren seinen Spielraum nicht in jedem Punkt zu Gunsten des Verkäufers ausnutzt. Damit soll ein realistischeres Bewertungsergebnis aus Sicht des ausländischen Kaufinteressenten erzielt werden. Wichtig ist hierbei, dass sich der ausländische Kaufinteressent sachkundige Unterstützung holt, bevor das Verfahren beginnt, da wie oben erwähnt der Transaktionswert nur um maximal 10% vom Ergebnis der Statutory Valuation abweichen darf.

## 1.4 Methoden der internationalen Unternehmensbewertung

Wie bereits aufgeführt, unterschieden sich die **Methoden der internationalen Unternehmensbewertung** grundsätzlich nicht von den bekannten Bewertungsverfahren. Unterschiede bestehen darin, dass in der internationalen Unternehmensbewertungspraxis einige Methoden u.a. geeigneter erscheinen und für Emerging Markets/High Growth Markets einige besondere Bewertungsmethoden entwickelt wurden.

Im Folgenden sollen die Methoden kurz erläutert werden, die bei der internationalen Unternehmensbewertung bevorzugt zum Einsatz kommen. Wie ▸ Abbildung 1.3 verdeutlicht, können die Unternehmensbewertungsverfahren in Einzelbewertungsverfahren, Mischverfahren und in Gesamtbewertungsverfahren eingeteilt werden. Da die **kapitalwertorientierten Methoden** (DCF-Verfahren) eine zentrale Bedeutung im Rahmen der internationalen Unternehmensbewertung spielen, werden sie ausführlicher in den folgenden Teilen I und II dargestellt und anhand der Case Study veranschaulicht. An dieser Stelle soll deshalb lediglich ein kurzer Überblick über die einzelnen Bewertungsverfahren gegeben werden.

| Gesamtbewertungsverfahren | | | Mischverfahren | | Einzelbewertungsverfahren | | Spezielle Verfahren | |
|---|---|---|---|---|---|---|---|---|
| DCF-Verfahren | Multiplikatorenverfahren | Realoptionsansatz | Mittelwertverfahren | Übergewinnverfahren | Substanzwert mit Reproduktionswerten | Substanzwert mit Liquidationswerten | CAPM-basierte Methoden | Nicht-CAPM-basierte Methoden |
| *Entity-Ansatz (Brutto-Verfahren)* | *Comparative public company* | | | | | | Globales CAPM | Estrada-Modell |
| *APV-Verfahren* | *Recent acquisition* | | | | | | Lokales CAPM | Erb-Harvey-Viskanta Modell |
| *Equity-Ansatz (Netto-Verfahren)* | | | | | | | Hybrides CAPM | Arbitrage Pricing Theory |
| | | | | | | | (Adjustiertes) hybrides CAPM | Simulationsbasierter Bewertungsansatz |
| | | | | | | | Godfrey-Espinosa-Modell | |
| | | | | | | | Lessard-Modell | |
| | | | | | | | Goldman-Sachs-Modell | |
| | | | | | | | Damodaran-Modell | |

**Abbildung 1.3:** Überblick über die wichtigsten Unternehmensbewertungsverfahren[3]

## 1.4.1 Einzelbewertungsverfahren

Den Einzelbewertungsverfahren liegt die Konzeption zugrunde, den Gesamtunternehmenswert durch Addition der einzelnen „Unternehmensbestandteile“ (Vermögenswerte und Schulden) zu einem bestimmten Stichtag zu bestimmen. Hierbei werden zunächst die einzelnen Vermögensgegenstände individuell bewertet und anschließend Stück für Stück zu einem Gesamtunternehmenswert zusammengesetzt. Um den **Substanzwert** des Unternehmens zu ermitteln, müssen noch die Schulden des Unternehmens abgezogen werden (vgl. ▶ Tabelle 1.1).

| | |
|---|---|
| | Wert der einzelnen Vermögensgegenstände |
| – | Wert der Schulden |
| = | Substanzwert |

**Tabelle 1.1:** Ermittlung des Substanzwertes

Bei der Ermittlung der Substanz des Unternehmens kann entweder von der **Fortführung** (Reproduktionswert) oder aber der **Liquidation** (Liquidationswert) des Unternehmens ausgegangen werden. Nachfolgend wird zunächst die Ermittlung des Substanzwertes auf der Basis von Reproduktionswerten und anschließend auf der Basis von Liquidationswerten eingegangen.

3 Verändert übernommen aus Ernst, D./Schneider, S./Thielen, B. (2010), S. 2.

## Substanzwertverfahren auf Basis von Reproduktionswerten

Wie bereits erwähnt wird bei der Ermittlung des Substanzwertes auf Basis von **Reproduktionswerten** von einer Fortführung des Unternehmens (vom sogenannten Going Concern Prinzip) ausgegangen. Die Intention dieses Verfahrens besteht darin, das Unternehmen, wie es ist, zu reproduzieren und die dabei entstehenden Kosten als Wertansatz heranzuziehen. Bei den dabei entstehenden Reproduktionswerten handelt es sich somit um **Wiederbeschaffungswerte** bzw. **Zeitwerte**, wobei der Zustand und das Alter der Vermögensgegenstände mit berücksichtigt werden.[4] ▶ Tabelle 1.2 beschreibt das Schema zur Substanzwertermittlung.

| | |
|---|---|
| | Reproduktionswert des betriebsnotwendigen Vermögens |
| + | Liquidationswert des nicht-betriebsnotwendigen Vermögens |
| – | Wert der Schulden |
| = | Substanzwert auf Basis von Reproduktionswerten |

**Tabelle 1.2:** Ermittlung des Substanzwerts auf Basis von Reproduktionswerten

Der Substanzwert auf Basis von Reproduktionswerten entspricht dem Betrag, den man zahlen müsste, um ein Unternehmen mit gleicher Substanz, in gleichem Zustand zu bekommen. Reproduktionswerte können durch **verschiedene Ansätze** ermittelt werden.

Ausgangspunkt des ersten Ansatzes bildet der **Bruttoreproduktionsneuwert**, der Wert, der durch vollständigen Neuerwerb des betriebsnotwendigen Vermögens ohne Berücksichtigung bestehender Schulden entstehen würde.

Nach Abzug der Verbindlichkeiten ergibt sich aus diesem Bruttoreproduktionsneuwert der **Netto**reproduktions**neu**wert. Werden anschließend die Abschreibungen mit berücksichtigt, erhält man den **Netto**reproduktions**alt**wert, der auch als Wiederbeschaffungsaltwert (Zeitwert) interpretiert werden kann. ▶ Tabelle 1.3 veranschaulicht die Rechenschritte.

| | |
|---|---|
| | **Brutto**reproduktions**neu**wert |
| – | Abzug der Verbindlichkeiten |
| = | **Netto**reproduktions**neu**wert |
| | Berücksichtigung der Abschreibungen |
| = | **Netto**reproduktions**alt**wert |
| = | Wiederbeschaffungsaltwert (Zeitwert) |

**Tabelle 1.3:** Ermittlung des Nettoreproduktionsaltwertes

Beim zweiten Ansatz wird zwischen Voll- und Teilreproduktionswert unterschieden. Dabei berücksichtigt der **Vollreproduktionswert** sämtliche Vermögensgegenstände,

4 Vgl. Mandl, G./ Rabel, K. (2005), S. 82 f.

wobei der **Teilreproduktionswert** die immateriellen Vermögensgegenstände außer Acht lässt. ▶ Tabelle 1.4 vergleicht beide Vorgehensweisen.

| Vollreproduktionswert | Teilreproduktionswert |
|---|---|
| ■ Sämtliche Vermögensgegenstände des Unternehmens werden berücksichtigt.<br>■ Es sollen sowohl immaterielle Vermögenswerte (z.B. Mietrechte, Patentrechte) als auch sonstige immaterielle Vermögenswerte (z.B. Kundenbeziehungen, Qualität der Mitarbeiter) einbezogen werden.<br>■ Praktische Durchführung könnte ein Problem darstellen, da immaterielle Vermögenswerte nicht immer quantifizierbar sind. | ■ Immaterielle Vermögenswerte werden außer Acht gelassen. |

**Tabelle 1.4:** Unterscheidung zwischen Voll- und Teilreproduktionswert

Die Anwendung des Substanzwertverfahrens ist in der Praxis jedoch insofern problematisch, da **immaterielle Vermögenswerte** nicht oder nur schwer quantifizierbar sind. Dadurch kann der Substanzwert meist nur als Teilreproduktionswert ermittelt werden.

In der Bewertungsliteratur gilt das Substanzwertverfahren auf Basis von Reproduktionswerten als eher ungeeignet. Im Rahmen der internationalen Unternehmensbewertung wird dieses Verfahren, wenn oftmals auch nicht bewusst, immer dann eingesetzt, wenn es bei einem Unternehmenskauf um die Entscheidung geht, ob das ausländische Unternehmen erworben oder ein so genanntes „**Green Field Investment**" getätigt werden soll. Somit wird dem Kaufpreis eines ausländischen Unternehmens eine Investitionsrechnung auf Basis von Reproduktionsneuwerten gegenübergestellt.

## Substanzwertverfahren auf Basis von Liquidationswerten

Im Gegensatz zu der Substanzwertermittlung auf Basis von Reproduktionswerten geht man bei der Substanzwertermittlung auf Basis von Liquidationswerten nicht von der Fortführung, sondern von der **Auflösung** des Unternehmens aus. Der Liquidationswert wird ermittelt, sofern die Auflösung des Unternehmens einen höheren Wert liefern würde als die Fortführung bzw. eine Liquidation durchgeführt werden soll.

Der Liquidationswert wird wie folgt ermittelt (vgl. ▶ Tabelle 1.5).

| | |
|---|---|
| | Liquidationserlös des gesamten betrieblichen Vermögens |
| – | Wert der Schulden |
| – | Liquidationskosten |
| = | Substanzwert auf Basis von Liquidationswerten (Liquidationswert) |

**Tabelle 1.5:** Ermittlung des Substanzwertes auf Basis von Liquidationswerten

Der Liquidationswert entspricht dem Wert, der sich bei Auflösung des Unternehmens aus dem Verkauf der einzelnen Vermögensgegenstände ergibt, wobei die **bestmögliche Verwertung** der Vermögensgegenstände auf dem jeweiligen Markt anzustreben ist.

Bei der Auflösung kann zwischen einer Auflösung unter Zeitdruck (**Zerschlagung**) und einer Auflösung unter Normalbedingungen (**Liquidation**) unterschieden werden. Zudem kann der Liquidationswert nicht nur von der Auflösungsgeschwindigkeit, sondern auch von der Auflösungsintensität (Einzelveräußerungsgrad) beeinflusst werden. Je nach unterstellten Annahmen sind unterschiedlich hohe Liquidationswerte denkbar.[5]

Als Kritik bei der Ermittlung des Unternehmens durch Einzelbewertungsverfahren wird angebracht, dass die Vermögenspositionen lediglich isoliert betrachtet werden und darüber hinaus das Zusammenwirken im Unternehmen und die daraus resultierenden zukünftigen Erträge nicht berücksichtigt werden. Obwohl dieser Mangel wesentlich erscheint, werden Einzelbewertungsverfahren in der internationalen Unternehmensbewertung vor allem bei **Unternehmen mit schwacher Ertragssituation** oder auch bei **Insolvenzfällen** angewandt. Bei Unternehmen, die fortgeführt werden sollen, findet das Substanzwertverfahren auf Basis von Reproduktionswertverfahren im Sinne eines „Green Field Investments“ als **Vergleichsverfahren** zu potenziellen Unternehmenskaufpreisen Anwendung.

### 1.4.2 Mischverfahren

Mischverfahren stellen eine Erweiterung der Einzelwertverfahren dar und berücksichtigen bei der Ermittlung des Unternehmenswertes neben der Substanz eines Unternehmens auch dessen Ertragskraft. Bei den Mischverfahren differenziert man zwischen den einfachen **Mittelwertverfahren** und den **Übergewinnverfahren**.

Mischverfahren werden in Theorie und Praxis, vor allem aufgrund der willkürlichen Kombination der Unternehmensbestandteile „Substanz“ und „Ertrag“ als ungeeignet betrachtet. Inzwischen haben jedoch die Übergewinnverfahren durch das **wertorientierte Management** (Value Based Management) eine Renaissance erfahren. Zu den Verfahren des wertorientierten Managements gehören unter anderem der Economic Value Added (EVA©) und der Cashflow Value Added (CVA).

Das wertorientierte Management wird bei der Steuerung internationaler Unternehmen weltweit eingesetzt. Obgleich **Economic Value Added©** und der **Cashflow Value Added** (CVA) nicht nur als Controlling-, sondern auch als Unternehmensbewertungsverfahren verwendet werden können, haben sich diese Ansätze in der Unternehmensbewertungspraxis nicht durchgesetzt. Dennoch sind sie ein Bestandteil der wertorientierten Steuerung von Unternehmen bzw. Beteiligungen und finden in modernen Controllingkonzepten Anwendung. Zusammenfassend sei gesagt, dass dieselben methodischen und konzeptionellen Schwierigkeiten wie bei den Discounted-Cashflow-Verfahren auftreten. Im weiteren Verlauf dieses Buches wird auf diese Bewertungsverfahren nicht weiter eingegangen.

5 Vgl. Mandl, G./ Rabel, K. (2005), S. 85.

### 1.4.3 Gesamtbewertungsverfahren

Im Unterschied zu den Einzelbewertungsverfahren, in denen Einzelwerte isoliert betrachtet werden, wird bei den Gesamtbewertungsverfahren, das Unternehmen als **Bewertungseinheit** angesehen.

Der Unternehmenswert ergibt sich ausschließlich aus der **zukünftigen Ertragskraft** des Unternehmens, wobei diese aus dem Zusammenwirken aller Unternehmensbestandteile resultiert. Zu den Gesamtbewertungsverfahren gehören die Discounted-Cashflow-Verfahren, die Multiplikatorenverfahren und der Realoptions-Ansatz.[6]

#### Discounted-Cashflow-Verfahren

Die Discounted-Cashflow-Verfahren (DCF-Verfahren) gehören zu den international am weitesten verbreiteten Bewertungsmethoden. Bei diesen Verfahren wird – ähnlich wie bei der Ermittlung des Wertes einer Investition – der Unternehmenswert durch Diskontierung der zukünftig zu erwarteten Cashflows des Unternehmens auf den Bewertungszeitpunkt berechnet. Sie werden daher auch als „**kapitalwertorientierte**" Bewertungsmethoden bezeichnet. Die Cashflows stellen künftige Ausschüttungen des Unternehmens an die Kapitalgeber und somit den für sie in Zukunft erwarteten Nutzen dar. Sie werden auf Basis der Unternehmensplanung abgeleitet und berücksichtigen nicht nur auf diese Weise unternehmensspezifische Besonderheiten, sondern erfordern auch eine entsprechende fundamentale Analyse der Planung.

Die Planung der Cashflows erfolgt dabei meist in **zwei Abschnitten**. Im ersten Abschnitt werden die Cashflows über einen begrenzten Zeithorizont, dem sogenannten Detailplanungshorizont, jährlich geplant. Für den Zeitraum nach dem Detailplanungshorizont wird ein Fortführungswert, der sogenannte Terminal Value bestimmt, welcher als nachhaltig erzielbarer Cashflow stellvertretend für alle nach der Detailprognoseperiode anfallenden Cashflows steht.

Die **Vorteilhaftigkeit der Investition** ins Unternehmen im Vergleich zu einer Investition in eine alternative Geldanlage kommt im Diskontierungszinssatz zum Ausdruck. Dieser Diskontierungszinssatz wird mit Hilfe von kapitalmarkttheoretischen Modellen wie dem **Capital Asset Pricing Model** berechnet. Vor allem diese Kapitalmarktorientierung reduziert die Subjektivität bei der Ermittlung der Kapitalkosten und erhöht die Transparenz und Nachvollziehbarkeit. Beim DCF-Verfahren ergibt sich der Gesamtunternehmenswert schließlich aus der Addition der mit dem Diskontierungszinssatz diskontierten zukünftigen Cashflows und dem separat zu bestimmenden Wert des nichtbetriebsnotwendigen Vermögens.

Je nach verwendeter Cashflows und Diskontierungssätze ergeben sich **unterschiedliche Verfahrenstypen**: Der WACC-Ansatz, der Adjusted-Present-Value-Ansatz (APV-Ansatz) und der Equity-Ansatz.

6 Vgl. Ernst, D./Schneider, S./Thielen, B. (2010), S. 8 ff.

Weiterhin existieren im internationalen Bewertungskontext spezielle Verfahren der internationalen Unternehmensbewertung, welche im weiteren Verlauf des Buches, speziell in Teil II, ausführlicher dargestellt und vertieft werden. Hier seien insbesondere folgende **CAPM-basierte Modelle** genannt:

- Globales CAPM
- Lokales und adjustiertes lokales CAPM
- Hybride CAPM-Modelle
  - (adjustiertes) hybrides CAPM
  - Lessard-Modell
  - Godfrey-Espinosa-Modell
  - Goldman-Sachs-Modell
  - Damodaran-Modell
  - Salomon-Smith-Barney-Modell.

Zu den **nicht-CAPM-basierten Modellen** zählen:

- das Estrada-Modell,
- das Erb-Harvey-Viskanta-Modell (EHVM),
- die Arbitrage Pricing Theory (APT) und
- der simulationsbasierte Ansatz.

### WACC-Ansatz

Beim WACC-Ansatz werden Zahlungsüberschüsse, die allen Kapitalgebern, d.h. sowohl Eigen- als auch Fremdkapitalgebern, zur Verfügung stehen, mit einem **Mischzinssatz** aus Eigen- und Fremdkapitalkosten diskontiert. Die Zahlungsüberschüsse werden dabei als operativer Free Cashflow (oFCF) bezeichnet, der gewichtete Mischzinssatz aus Eigen- und Fremdkapitalkosten als WACC (Weighted Average Cost of Capital). Anschließend wird der Marktwert des verzinslichen Fremdkapitals abgezogen, um den Wert des Eigenkapitals zu bestimmen.

### Adjusted-Present-Value-Ansatz (APV-Ansatz)

Beim APV-Ansatz wird zunächst der Marktwert des Gesamtkapitals eines fiktiv unverschuldeten Unternehmens ermittelt. Anschließend wird die **steuerliche Vorteilhaftigkeit** einer Fremdfinanzierung des Unternehmens durch Berechnung des so genannten Tax Shield berücksichtigt. Dieser entspricht dem Vorteil aus der steuerlichen Abzugsfähigkeit der Zinsaufwendungen. Analog zum WACC-Ansatz wird dann der Marktwert des verzinslichen Fremdkapitals abgezogen, um den Wert des Eigenkapitals zu erhalten.

### Equity-Ansatz (Nettoverfahren)

Beim Equity-Ansatz werden Zahlungsüberschüsse, die lediglich den Eigenkapitalgebern zur Verfügung stehen, mit den **Eigenkapitalkosten** des Unternehmens diskontiert. Es ergibt dadurch direkt der Marktwert des Eigenkapitals.

Bei identischen Annahmen bezüglich der Finanzierung des Unternehmens führen alle drei Verfahren zu dem **gleichen Ergebnis**. Weil diese Verfahren derzeit in der Bewertungspraxis, insbesondere im internationalen Kontext, die vorherrschenden Bewertungsmethoden darstellen, wird auf sie ausführlich in Teil I eingegangen. An dieser Stelle sollte lediglich eine kurze Übersicht erfolgen.

### Spezielle Verfahren der internationalen Unternehmensbewertung

Die speziellen Verfahren der internationalen Unternehmensbewertung können prinzipiell als „**Erweiterung**" der klassischen Unternehmensbewertungsverfahren angesehen werden. Sie werden in CAPM-basierte Modelle und nicht-CAPM-basierte Modelle unterteilt, je nachdem, auf welcher Grundlage die jeweiligen Eigenkapitalkosten berechnet werden. ▶ Tabelle 1.6 gibt einen Überblick über die gebräuchlichsten Modelle innerhalb dieser Einteilung.

| CAPM-basierte Modelle | Nicht-CAPM-basierte Modelle |
|---|---|
| Globales CAPM | Estrada-Modell |
| Lokales CAPM und adjustiertes lokales CAPM | Erb-Harvey-Viskanta-Modell (EHVM) |
| (Adjustiertes) Hybrides CAPM | Arbitrage Pricing Theory (APT) |
| Lessard-Modell | Simulationsbasierter Ansatz |
| Godfrey-Espinosa-Modell | |
| Goldman-Sachs-Modell | |
| Damodaran-Modell | |
| Salomon-Smith-Barney-Modell | |

**Tabelle 1.6:** Überblick über spezielle Modelle der internationalen Unternehmensbewertung

An dieser Stelle soll lediglich eine **kurze Einführung** in die Verfahren gegeben werden. Eine detailliertere Darstellung, inklusive der jeweiligen Formeln, sowie einer Abwägung der Vor- und Nachteile der einzelnen Verfahren, erfolgt in Teil II dieses Buches.

#### CAPM-basierte Modelle

Das CAPM dient als Kapitalmarktmodell zur Bestimmung der Eigenkapitalkosten. Die Unterschiede zwischen den einzelnen Modellen ergeben sich dadurch, dass innerhalb des CAPM **unterschiedliche Annahmen** bei der Bestimmung der einzelnen Parameter – Marktrisikoprämie, risikofreier Zins, Betafaktor und der Länderrisikoprämie – zugrunde gelegt werden.

So basiert das **globale CAPM** beispielsweise auf der Annahme, dass die Märkte weltweit integriert sind und ein freier Kapital- und Informationsfluss auch über Ländergrenzen hinweg gegeben ist. Es existieren keine Barrieren. Internationale Investoren sind demnach in der Lage, in jeglichen Markt zu investieren und diesen auch wieder zu verlassen. Gelten diese Annahmen, kann das globale CAPM zur Eigenkapitalkostenbestimmung herangezogen werden, indem eine globale risikolose Rendite, ein globales Unternehmensbeta und eine globale Marktrisikoprämie bestimmt werden.

Entgegen dem globalen CAPM wird beim **lokalen CAPM** die Annahme getroffen, dass die Märkte nicht barrierefrei, sondern segmentiert sind. So können im Gegensatz zu integrierten Märkten vorhandene Länderrisiken in segmentierten Märkten nicht durch internationale bzw. geographische Diversifikation eliminiert werden und müssen innerhalb der Eigenkapitalkosten berücksichtigt werden. Marktrisikoprämie, risikofreier Zins, Betafaktoren und Länderrisiken sind deshalb auf lokaler Ebene zu bestimmen.

Beim **hybriden CAPM** handelt es sich um eine Kombination aus globalem und lokalem CAPM, bei welchem versucht wird, die Vorteile beider Ansätze zu kombinieren. Um dem Problem der Schätzung wichtiger lokaler Parameter zu entgehen, wird beim hybriden CAPM der Weg gewählt, die leichter verfügbaren globalen Parameter den lokalen Gegebenheiten entsprechend anzupassen. Dies geschieht, indem die globale Marktrisikoprämie mit Hilfe eines Länderbetas an den lokalen Markt angepasst wird. Eine Adjustierung erfolgt, um eine Doppelzählung von Länderrisiken zu vermeiden.

Das **Lessard-Modell** ist nahezu identisch mit dem hybriden CAPM. Während das hybride CAPM die Wahl des Referenzmarktes offenlässt, verwendet das Lessard-Modell die USA als Referenzmarkt.

Auch das **Godfrey-Espinosa-Modell** versucht die leichter verfügbaren globalen Parameter zu verwenden. Es basiert auf der Grundannahme, dass der Korrelationskoeffizient zwischen dem Bezugsmarkt und dem Markt des zu bewertenden Schwellenlandes 1 beträgt, diese folglich perfekt korreliert sein müssen. So ist es möglich, die Eigenkapitalkosten mittels Korrekturfaktoren und entsprechenden Anpassungen aus den globalen Parametern abzuleiten.

Das **Goldman-Sachs-Modell** ist dem Godfrey-Espinosa-Modell sehr ähnlich, enthält jedoch eine Adjustierung, um Doppelzählungen zu vermeiden, und erlaubt durch die Einbeziehung einer unternehmensspezifischen Risikoprämie die Berechnung unternehmensspezifischer Eigenkapitalkosten.

Das **Damodaran-Modell** ist dem CAPM sehr ähnlich. Es enthält zusätzlich ein unternehmensspezifisches Länderrisiko, um zu berücksichtigen, dass nicht alle Unternehmen in einem Markt den gleichen Risiken ausgesetzt sind.

Das **Salomon-Smith-Barney-Modell** ist ein modifiziertes globales CAPM, bei dem neben dem Länderrisiko unternehmensspezifische Risiken berücksichtigt werden.

### Nicht-CAPM-basierte Modelle

Aufgrund der teilweise methodischen und konzeptionellen **Schwächen des CAPM** haben die Wissenschaft und die Bewertungspraxis auch nicht-CAPM-basierte Modelle zur Bestimmung der Eigenkapitalkosten vorgeschlagen.

Beim sog. **Estrada-Modell**, welches auf den ersten Blick dem klassischen CAPM ähnelt, tritt anstelle des Betafaktors ein sogenanntes Downside Risikomaß. Dieses wird damit begründet, dass rationale Investoren lediglich negative Abweichungen vom Erwartungswert als Risiko interpretieren, positive hingegen als Chance. Innerhalb des klassischen CAPM gehen jedoch innerhalb der Varianz der Renditen sowohl positive als auch negative Abweichungen mit ein, was häufig kritisiert wird. Wie noch aufzuzeigen sein wird, ergibt sich das Downside Risikomaß des Estrada-Modells durch das Verhältnis der Semistandardabweichungen der Renditen des lokalen Bezugsmarktes mit der Semistandardabweichung der Renditen des Weltmarktes.

Während das Estrada-Modell hinsichtlich der Datenbeschaffung in der Praxis als durchaus praktikabel und demnach als interessante Alternative zu den CAPM-basierten Modellen angesehen werden kann, trifft dies eher nicht auf das **Erb-Harvey-Viskanta-Modell** (EHVM) und die **Arbitrage Pricing Theory** (APT) zu. Bei den beiden letztgenannten handelt es sich um sogenannte Mehrfaktorenmodelle, für welche aufgrund der Betrachtung mehrerer Risikofaktoren folglich auch mehr Informationen zu beschaffen sind. Dies ist jedoch insbesondere innerhalb von Schwellenländern häufig nicht zu bewerkstelligen, bzw. aus Wirtschaftlichkeitsgründen oftmals nicht praktikabel. Interessant, aber noch nicht gänzlich in der Entwicklung abgeschlossen und angewendet, ist der simulationsbasierte Ansatz von ERNST/GLEISSNER. Bei simulationsbasierten Bewertungsansätzen können Länderrisiken (wie z. B. die Unsicherheit über die Inflation, die Möglichkeit der Enteignung oder Zahlungsunfähigkeit des Staates) unmittelbar bei der Simulation der unsicheren zukünftigen Erträge und Cashflows des Unternehmens berücksichtigt werden.

Innerhalb des Buches wird der Fokus hauptsächlich auf dem Estrada-Modell liegen. Das EHVM, die APT und der simulationsbasierte Ansatz werden nur kurz angerissen.

## Multiplikatorenverfahren

Multiplikatorenverfahren verwenden am Markt beobachtbare **Preise** zur Bestimmung von Unternehmenswerten. Als Vergleichsverfahren liegt ihnen die Konzeption zugrunde, den Unternehmenswert aus Börsenkursen vergleichbarer Unternehmen (comparative public company) oder den realisierten Marktpreisen vergleichbarer Transaktionen (recent acquisition) abzuleiten, weshalb sie auch als „marktorientierte" Bewertungsmethoden bezeichnet werden. Dabei versucht man den Unternehmenswert nicht direkt, sondern indirekt über vergleichbare Unternehmen bzw. Transaktionen zu schätzen. Nach WILLIAM STANLEY JEVONS „Law of indifference“[7] kann man davon ausgehen, dass gleiche Investments (oder zumindest recht ähnliche) gleich bewertet sein müssen, oder es würden sich Arbitragemöglichkeiten ergeben.

In Deutschland gelten diese Verfahren laut IDW **nicht** als eigenständige Methoden.

Um einen Unternehmenswert zu ermitteln, werden die festgestellten Marktpreise der Vergleichsunternehmen bzw. der Vergleichstransaktionen zu bestimmten Unternehmensgrößen ins Verhältnis gesetzt. Die abgeleiteten Verhältniszahlen werden dann auf die erwarteten Bezugsgrößen des zu bewertenden Unternehmens angewendet. Multiplikatoren, die nach dem „comparative public company Ansatz“ ermittelt wurden, nennt man auch **Trading-Multiplikatoren**; diejenigen, welche nach dem „recent acquisition Ansatz“ ermittelt wurden, werden **Transaction-Multiplikatoren** genannt. Das resultierende Ergebnis einer Unternehmensbewertung nach dem Multiplikatorenverfahren sollte man als potenziellen Marktpreis des zu bewertenden Unternehmens verstehen, der bei einer Veräußerung erzielt werden soll.

Einerseits spricht die **leichte Anwendbarkeit** und Nachvollziehbarkeit der Ergebnisse für die Multiplikatorenverfahren, anderseits wird die daraus entstehende **Ungenauigkeit** recht oft bemängelt und bildet den Hauptkritikpunkt gegen diese Verfahren. Ungeachtet der Kritik werden sie jedoch recht häufig in der Praxis angewendet und sind in den USA unter dem Stichwort „market approach“ weit verbreitet. Auch wenn Kritiker die Multiplikatorenverfahren nur als „grobe Schätzung“ bezeichnen, können sie doch als Orientierungsgröße oder Plausibilitätskontrolle herangezogen werden.

## Realoptionsansatz

Der Realoptionsansatz ist eine Bewertungsmethode, die nicht nur in der Unternehmensbewertung, sondern auch in der Investitionsrechnung und als Management-Konzeption eingesetzt werden kann. Realoptionen stellen **Handlungsmöglichkeiten** auf Basis zukünftiger Informationen des Managements dar, Investitions- oder Desinvestitionsentscheidungen zu treffen.

Die Fähigkeit, eine Investitionsentscheidung von der Entwicklung relevanter Umweltzustände und zukünftiger Informationen abhängig zu machen und zu einem späteren Zeitpunkt treffen zu können, stellt einen monetären Vorteil dar. Durch diesen monetären Vorteil erhalten Realoptionen einen Preis bzw. einen Wert und sind quantifizierbar. Ziel des Realoptionsansatzes ist es, den geldwerten Vorteil, welcher durch Handlungsalternativen innerhalb von Investitionsentscheidungen entsteht, zu beziffern. Dazu werden die Handlungsmöglichkeiten über spezifische **Optionspreismodelle**, wie

---

7 „The principle [...] is a general law of the utmost importance in Economics, and I propose to call it The Law of Indifference, meaning that, when two objects or commodities are subject to no important difference as regards the purpose in view, they will either of them be taken instead of the other with perfect indifference by a purchaser. Every such act of indifferent choice gives rise to an equation of degrees of utility, so that in this principle of indifference we have one of the central pivots of the theory.“, William Stanley Jevons: The Theory of Political Economy, 3re ed., London: Macmillan, 1888.

sie auch in der Finanzwirtschaft Anwendung finden, berechnet und in Geldeinheiten ausgedrückt. Der Realoptionsansatz ähnelt von der Intention her stark dem Entscheidungsbaumverfahren, bei welchem es sich um eine Spezifizierung der DCF-Verfahren für mehrstufige Entscheidungsprobleme handelt. Der Realoptionsansatz bietet sich dann an, wenn das Bewertungsobjekt in großem Umfang von Handlungsalternativen geprägt ist und sich in einem unsicheren Marktumfeld befindet.

In der internationalen Unternehmensbewertung ist der Einsatz des Realoptionsansatz dann sinnvoll, wenn sich bspw. bei einer **Auslandsinvestition** zunächst ein negativer Kapitalwert ergibt, die Investition aber die Option für weitere Investitionen bietet, die dann insgesamt zu einem positiven Kapitalwert führen. Trotz der Bedeutung erfolgreichen unternehmerischen Handelns für die Steigerung des Unternehmenswerts, das sich in der Ausnutzung von Handlungsmöglichkeiten und damit in der Ausübung von Optionen widerspiegelt, hat sich der Realoptionsansatz in der Praxis nicht durchsetzen können. Dies liegt zum einen an der Komplexität der Verfahren, zum anderen an den notwendigen Inputdaten, die nicht ohne weiteres aus Marktdaten ableitbar sind.

## 1.5 Vorgehensweise bei einer internationalen Unternehmensbewertung

In diesem Abschnitt wird die Vorgehensweise bei einer internationalen Bewertung beschrieben. Es wird eine **Grundstruktur** vorgestellt, an welcher sich Praktiker bei der Erstellung eigener internationaler Bewertungen orientieren können.

Zunächst soll in diesem Kapitel gezeigt werden, wie eine **Unternehmensplanung** in Form einer Plan-Bilanz und Plan-Gewinn- und Verlustrechnung erstellt wird. Diese Unternehmensplanung bildet die Grundlage für die folgenden Teile, in welchen die Methoden einer Unternehmensbewertung mit Discounted-Cashflow-Modellen ausführlich dargestellt und anhand der Zahlen der Case Study verdeutlicht werden sollen.

### 1.5.1 Vorstellung eines 5-Schritte-Modells zur internationalen Bewertung

Wie ▶ Abbildung 1.4 verdeutlicht, gliedert sich das Vorgehensmodell zur internationalen Bewertung grob in fünf Schritte.

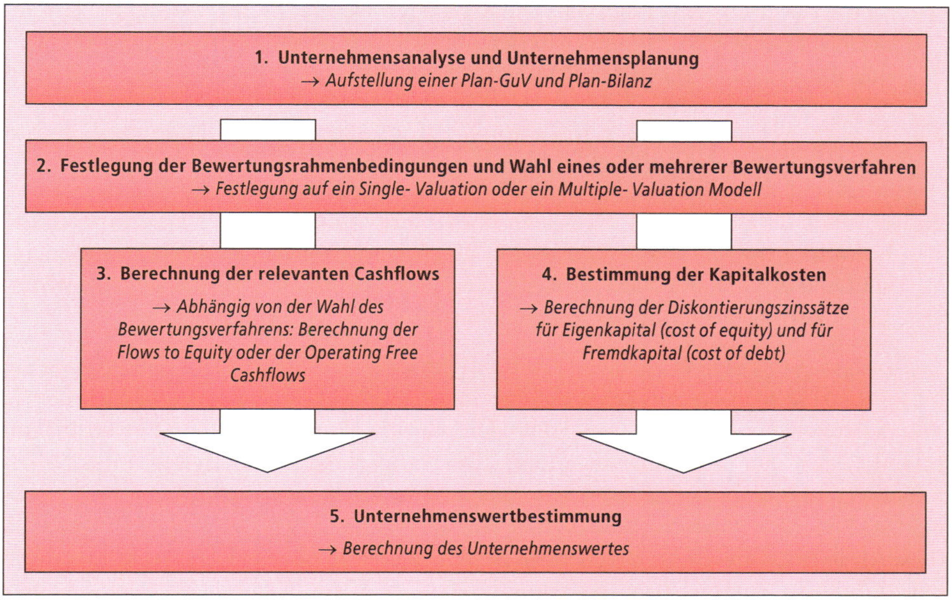


**Abbildung 1.4:** Fünf-Schritte-Modell zur internationalen Unternehmensbewertung

**1.** Im ersten Schritt wird eine **Unternehmensanalyse** durchgeführt, auf deren Basis eine **Unternehmensplanung** erstellt wird. Ziel der Planung ist es, unter Berücksichtigung der Erkenntnisse aus der Unternehmensanalyse eine strategische Perspektive für die zukünftige Unternehmensleistung zu entwickeln und diese in Prognosen für die Gewinn- und Verlustrechnung und für die Bilanz umzusetzen. Ergebnis ist eine integrierte Plan-GuV und Plan-Bilanz.

**2.** Im zweiten Schritt werden die **Bewertungsverfahren** für die internationale Unternehmensbewertung gewählt. In Betracht kommen die bereits beschriebenen Bewertungsverfahren. Wichtig bei der Auswahl ist die Frage, inwieweit Besonderheiten der Auslandsmärkte durch die Bewertungsverfahren erfasst werden können. An dieser Stelle ist auch die Anzahl der gewählten Bewertungsverfahren festzulegen. Unterschieden wird hierbei zwischen der Single-Valuation- und Multiple-Valuation-Methode.
Bei der **Single-Valuation-Methode** wird lediglich mittels eines Bewertungsverfahrens – jenes, welches für die gegebene Situation am besten passt – ein Unternehmenswert ermittelt. Bei der **Multiple-Valuation-Methode** werden mehrere Unternehmenswerte nach verschiedenen Verfahren ermittelt und anschließend entweder als mögliche Unternehmenswertspannen veröffentlicht, oder zu einem synthetischen Unternehmenswert aggregiert.

**3.** Nach der Wahl des Bewertungsverfahrens werden in einem dritten Schritt aus den erstellen Planzahlen die für die Bewertung relevanten **Cashflows** ermittelt. Welche Cashflows als relevant angesehen werden, wird durch das gewählte Bewertungsverfahren vorgegeben. Unterschieden werden hierbei beispielsweise innerhalb der DCF-Verfahren zwischen den operativen Free Cashflows (oFCF) und den Cashflows to Equity (CFtE).

4. Im vierten Schritt werden die **Kapitalkosten** bestimmt, welche je nach Bewertungsverfahren unterschiedlich berechnet werden können.

5. In einem letzten Schritt wird dann der **Unternehmenswert** bestimmt, indem die bewertungsrelevanten Cashflows mit den Kapitalkosten diskontiert werden. Anschließend wird der Barwert des separat zu bewertenden nicht-betriebsnotwendigen Vermögens addiert sowie die Schulden abgezogen.

Das vorgestellte Vorgehensmodell zeigt lediglich die grundlegenden Schritte, wie sie beispielsweise für eine Bewertung in einem Land wie den USA durchzuführen sind. Wie aufzuzeigen sein wird, unterscheiden sie sich nicht von einer Bewertung im Inland, wenn man von einer eventuell notwendigen Berücksichtigung unterschiedlicher Währungen oder Zinsverhältnisse absieht. Bei der Bewertung von Unternehmen in Emerging Markets/High Growth Markets kommen weitere Aspekte hinzu, da diese Unternehmen im Vergleich zu heimischen Unternehmen **weiteren Risiken** wie beispielsweise Länderrisiken, Währungsrisiken, unerwarteter Inflation oder verstärkten politischen Risiken ausgesetzt sind. Die Besonderheiten von Emerging Markets/High Growth Markets können bei der internationalen Unternehmensbewertung durch Risikoanpassungen und Adjustierungen der Cashflows bzw. der Diskontierungszinssätze berücksichtigt werden, um den z.T. erheblich erhöhten Risiken im Ausland Rechnung zu tragen. Auch eventuell vorhandene unsystematische Risiken müssen je nach Diversifikationsgrad des Investors einbezogen werden. Wir gehen implizit davon aus, dass bei einer Bewertung in Industrieländern, wie den USA, keine Länderrisiken oder unerwartete Inflation vorherrschen, und die Märkte soweit integriert sind, dass Investoren unsystematische Risiken durch Diversifikation eliminieren können. Die Thematik der Risikoanpassung, speziell im Hinblick auf die Emerging Markets/High Growth Markets, wird in Teil II aufgegriffen und ausführlich behandelt. Zunächst wird die internationale Unternehmensbewertung anhand des „leichteren Falles" der Bewertung innerhalb eines Industrielandes aufgezeigt und später der Schwierigkeitsgrad erhöht, wenn es um Bewertungen in Emerging Markets/High Growth Markets geht.

Im Folgenden soll nun näher auf die **ersten beiden Schritte** des Vorgehensmodells eingegangen werden. Schritte drei bis fünf, also die Berechnung der Cashflows, die Bestimmung der Kapitalkosten sowie die Berechnung des finalen Unternehmenswertes werden in Teil I „Unternehmensbewertung mit traditionellen Bewertungsmethoden – Case Study USA" aufgezeigt.

### 1.5.2 Unternehmensanalyse und Unternehmensplanung

Jede zukunftsorientierte Unternehmensbewertung basiert auf einer plausiblen und nachvollziehbaren Unternehmensplanung. Diese wird häufig in eine **interne oder externe Planung** unterschieden, je nachdem ob sie auf Basis interner oder externer

Informationen erstellt wurde. Unter externen Informationen werden dabei alle öffentlich zugänglichen Informationen über ein Unternehmen oder die Branche verstanden, wohingegen interne Informationen alle nicht öffentlich zugänglichen Unternehmensdaten wie beispielsweise Daten aus der Buchhaltung, Kostenrechnung, Produktionsplanung, Auftragseingängen, Vertrieb und dergleichen beinhalten. Eine Unternehmensbewertung, welche auf externen Informationen beruht, erlaubt meist nur eine werttreiberbasierte Planung, wohingegen eine Bewertung auf Basis interner Informationen eine genauere Planung mit detailliertem Preis-Mengen-Gerüst erlaubt. Im Rahmen internationaler Bewertungen kommt es auf den Bewertungsanlass an, ob interne oder externe Daten vorliegen.

Voraussetzung jeder Planung ist eine eingehende **Analyse des Unternehmens** und seiner Umwelt. Diese Analyse ermöglicht es den Entscheidungsträgern, das Unternehmen hinsichtlich seiner Stärken und Schwächen zu beurteilen und das für die Unternehmensplanung notwendige Wissen um die zukünftigen Erfolgspotenziale des Unternehmens zu erlangen. Zudem wird die Unternehmensanalyse häufig auch zur Plausibilisierung der Unternehmensplanung herangezogen, da Fehler in der Planung bzw. falsch getroffene Annahmen sich durch die ganze Unternehmensbewertung hindurch ziehen und so den Unternehmenswert stark verfälschen können. So können bereits geringfügige Änderungen der Planzahlen erhebliche Auswirkungen auf den Unternehmenswert haben.

Die Unternehmensanalyse hat einen quantitativen und einen qualitativen Aspekt. Der **quantitative** Teil besteht darin, die Leistungsfähigkeit des Unternehmens anhand einer quantitativen Finanzanalyse zu messen. Diese basiert auf Jahresabschlüssen vergangener Jahre. Gegenstand der Finanzanalyse ist zumeist die Erarbeitung von Kennzahlen bewertungsrelevanter Größen, die wichtige Wertrelationen aufzeigen und als Anknüpfungspunkt für die in der Unternehmensplanung zu erstellende Finanzprognose dienen sollen. Diese quantitativen Erkenntnisse werden um **qualitative** Erkenntnisse aus einer Analyse des ökonomischen Umfelds, der Branchenstruktur sowie der Stärken und Schwächen des zu bewertenden Unternehmens ergänzt. Diese qualitative Analyse ist so durchzuführen, dass z.B. mittels einer SWOT-Analyse des Unternehmens Stärken und Schwächen sowie Chancen und Risiken identifiziert werden. Dabei sollten unter anderem folgende Bereiche beleuchtet werden:

- Analyse des politischen/rechtlichen, wirtschaftlichen, sozialen und technologischen Umfelds,
- Analyse des Wettbewerbsumfelds durch Analyse der Konkurrenzunternehmen sowie der Branche,
- Analyse der Wertschöpfungskette des Unternehmens und eine
- Bilanz- und Kennzahlenanalyse.

Bei der Unternehmensplanung ist anschließend darauf zu achten, dass die im **SWOT-Profil** ermittelten Faktoren in ausreichendem Maße berücksichtigt werden. So ist es beispielsweise nicht sinnvoll in der eigenen Unternehmensbewertung von einem Umsatzwachstum von 10% auszugehen, wenn für die Branche ein Umsatzwachstum von maximal 5% ermittelt wurde, es sei denn, es liegen nachvollziehbare Gründe vor, wie das zu bewertende Unternehmen ein solches Wachstum realisieren kann.

Das Ziel der Unternehmensplanung ist es, unter Berücksichtigung der quantitativen und qualitativen Erkenntnisse aus der Unternehmensanalyse zunächst eine **strategische Perspektive** für die zukünftige Unternehmensleistung zu entwickeln und in einem weiteren Schritt diese strategischen Vorgaben bzw. Planprämissen in Prognosen für die Gewinn- und Verlustrechnung, für die Bilanz und für die Cashflows umzusetzen.

Da Prognosen über den zukünftigen Erfolg eines Unternehmens mit **Unsicherheit** behaftet sind, handelt es sich bei den Planwerten stets um Erwartungswerte, die Chancen und Risiken gleichermaßen berücksichtigen sollen.

Diesen **Erwartungswerten** liegt eine Wahrscheinlichkeitsverteilung zugrunde, aus der das Risiko der Planwerte zum Ausdruck kommt. „Praktiker stellen kaum die Wahrscheinlichkeitsverteilungen [...] auf, doch sie haben ein Interesse daran, diese Verteilungen durch Szenarien zu erfassen. Einige Praktiker fragen dann nach dem wahrscheinlichsten oder nach dem erwarteten Szenario für die Wertentwicklung. Sie möchten also die Mediane oder die Erwartungswerte der Wahrscheinlichkeitsverteilungen [...] kennen. Wird nach der erwarteten Wertentwicklung im Laufe der Jahre gefragt, so wie sie sich aufgrund der heutigen Information darbietet, dann geben die Erwartungswerte [...] die Antwort.“[8] Daher werden in der Bewertungspraxis **alternative Szenarien** für die Planung verwendet. Innerhalb der einzelnen Szenarien werden unterschiedliche Umweltzustände über zukünftige Entwicklungen und deren mögliche Auswirkungen auf den Erfolg der Branche und der Leistungsfähigkeit des Unternehmens angenommen und daraus jeweils eine eigene Finanzprognose erstellt, aus der je Szenario ein möglicher Unternehmenswert abgeleitet werden kann. Die einzelnen Szenarien können anschließend mittels Gewichtung der Eintrittswahrscheinlichkeit der einzelnen Szenarien in einen Unternehmenswert aggregiert werden.

Für die Bewertung eines Unternehmens, sei es im In- oder Ausland, wird eine in den Bewertungsprozess **integrierte Planung** benötigt, aus welcher die bewertungsrelevanten Größen abgeleitet werden können. In der Regel wird hierzu in einem ersten Schritt die Gewinn- und Verlustrechnung sowie die Bilanz geplant und anschließend daraus die bewertungsrelevanten Cashflows abgeleitet. Häufig sind die Jahresabschlüsse im Ausland, die als Grundlage für die Planung dienen, nicht direkt mit den Jahresabschlüssen im Inland vergleichbar. „Die ausländischen Grundsätze ordnungsgemäßer Buchführung (GoB) weichen in aller Regel von den inländischen GoB ab. Für den Bewerter besteht die Notwendigkeit, diese ausländischen Grundsätze in ihren Auswirkungen auf Positionen der GuV bzw. der Bilanz sorgfältig zu prüfen.“[9]

Grundsätzlich ist eine **zunehmende Konvergenz** durch die Angleichung nationaler Rechnungslegungsvorschriften, etwa an die Rechnungslegung nach IFRS zu erkennen. Ein weiterer Problembereich in diesem Zusammenhang sind die Möglichkeiten der Bilanzpolitik, die aufgrund ausländischer Rechnungslegungsvorschriften von den inländischen abweichen können. Insbesondere Ertragsgrößen sind um Einflüsse zu

8 Spremann, K./Ernst, D. (2011), S. 38.
9 Starp, W.-D. (2009), S. 652.

bereinigen, die die Beurteilung der tatsächlichen Leistungskraft des zu bewertenden Unternehmens beeinträchtigen.

Im Folgenden sollen **wichtige Fragestellungen** zu den einzelnen Plangrößen bei der Aufstellung einer Plan-GuV und einer Plan-Bilanz skizziert werden.[10] Auf Fragen zur Vergangenheitsanalyse gehen wir nicht näher ein.[11] Die Liste der Fragen erhebt dabei kein Anspruch auf Vollständigkeit, gibt aber einen ersten Anhaltspunkt.

## Aufstellung der Plan-GuV

Im Hinblick auf die Umsatzentwicklung sind bei der Unternehmensplanung folgende Fragestellungen zu berücksichtigen:

- Wurden realisierbare und nachvollziehbare Annahmen bezüglich zukünftiger Preis- und Mengenentwicklungen bei der Umsatzplanung getroffen?
- Berücksichtigt der Planungshorizont Produktlebenszyklen ausreichend?
- Sind bereits absehbare Verträge bzw. Aufträge festgelegt und können diese in die Umsatzplanung einbezogen werden?
- Inwieweit können Konkurrenten die zukünftige Umsatzentwicklung beeinflussen?
- In welchem Maße kann der Umsatz von zukünftigen volkswirtschaftlichen, politischen oder technologischen Entwicklungen beeinträchtigt werden?
- Ist die Umsatzplanung angesichts der gegebenen Vertriebsstrukturen realistisch?
- Können die zur Realisierung der Umsatzplanung benötigten Faktoren wie beispielsweise Material, Personal oder Dienstleistungen beschafft werden?

Hinsichtlich dem Materialaufwand und den bezogenen Leistungen müssen folgende Fragen geklärt werden:

- Welche und wie viele Einsatzfaktoren sind für die Faktoren Produktion oder Dienstleistung, Vertrieb und Verwaltung erforderlich?
- Wie gestaltet sich der Einkauf dieser Einsatzfaktoren hinsichtlich Preis, Menge und Qualität?
- Sind diese Einsatzfaktoren besonderen Preisschwankungen ausgesetzt oder existieren langfristige Lieferverträge bzw. Dienstleistungsverträge?
- Inwieweit werden externe Dienstleistungen bezogen?

Die Planung des Personalaufwandes ist außerdem mit folgenden Fragen verbunden:

- Inwieweit werden die Personalkosten und die Produktionskapazität, somit auch der Umsatz aufeinander abgestimmt?
- In welchem Umfang beeinflusst die Organisation des Unternehmens die Personalplanung? Welche Mitarbeiter sind für das Unternehmen existentiell?
- Wie hoch ist die jährliche Steigerungsquote der Personalkosten?

---

10 Vgl. Ernst, D./Schneider, S./Thielen, B. (2010), S. 16 ff.

11 Eine ausführliche Darstellung der Vergangenheitsanalyse findet sich in: Eayrs, W./Ernst, D./Prexl, S. (2011), S. 99 ff.

- Stellt ein gewisser Teil der Personalkosten Fixkosten dar?
- Wie wirken sich Verpflichtungen im Rahmen der betrieblichen Altersversorgung aus?

Hinsichtlich der sonstigen betrieblichen Aufwendungen bzw. Erträge ist beispielsweise folgendes zu klären:

- In welchem Maße hängen die sonstigen betrieblichen Aufwendungen bzw. Erträge vom Umsatz ab?
- Stellen Teile dieser Aufwendungen Fixkosten dar?
- Zu welchem Zweck werden diese sonstigen betrieblichen Aufwendungen getätigt?
- Werden alle sonstigen betrieblichen Aufwendungen bzw. Erträge berücksichtigt?
- Werden auch einmalige und außerordentliche Aufwendungen bzw. Erträge in die Planung einkalkuliert?

Bei der Planung der Abschreibungen ist Folgendes zu hinterfragen:

- Welche Nutzungsdauern sind bei den Vermögensgegenständen des Anlagevermögens zu unterstellen?
- Zu welchem Zeitpunkt erfolgen Ersatz- und Erweiterungsinvestitionen?
- In welcher Höhe ist eine nachhaltige Reinvestitionsrate anzusetzen?

Bei der Planung der Zinserträge und den Zinsaufwendungen ergeben sich folgende Fragen:

- Stehen die Zinsaufwendungen bzw. Zinserträge in korrekter Relation zu den jeweiligen Bilanzpositionen zinstragende Verbindlichkeiten und liquide Mittel?
- Inwiefern kann man aus vorliegenden Verträgen die zukünftigen Zinserträge bzw. Zinsaufwendungen ablesen?
- Sind die Zinsaufwendungen möglichen zukünftigen Schwankungen ausgesetzt?

Im Zusammenhang mit der Steuerplanung treten u.a. folgende Fragen auf:

- Wie hoch sind die zahlungswirksamen Steueraufwendungen?
- Wie hoch ist der normalisierte Unternehmenssteuersatz?
- Sind Verlustvorträge zu nutzen bzw. zu berücksichtigen?
- Werden Ausschüttungen aus dem Jahresergebnis unterschiedlich besteuert?

### Aufstellung der Bilanz

Bilanz-Aktiva:

- Liegt eine Investitionsplanung vor?
- Besteht aufgrund von nicht getätigten Investitionen die Gefahr zukünftiger „Investitionsstaus“, die Reparaturkosten, Produktionsausfälle und Neuinvestitionen zur Folge haben?
- Kann die zukünftige Umsatzentwicklung mit den geplanten Vorräten realisiert werden? Werden dabei die Produktionspalette, der Produktionsprozess und die Einsatzfaktoren berücksichtigt?

- Wie sind die Zahlungsziele der Forderungen vertraglich geregelt und wann werden die Forderungen fällig?
- Wie sieht das Zahlungsverhalten der Kunden aus und wie ist das Mahnwesen aufgestellt?
- Ist ein Mindestkassenbestand zu unterstellen?

Bilanz-Passiva:

- Werden Lieferantenkredite als Finanzierungsquelle genutzt?
- Gibt es Pensionsverpflichtungen im Unternehmen und wie werden sie behandelt? Ist die Planung der Pensionsrückstellungen durch Gutachten hinsichtlich zukünftiger Pensionsaufwendungen und Pensionszahlungen belegt? Wann sind Auszahlungen zu erwarten?
- Wird das Unternehmen aufgrund von Qualitätsproblemen mit zukünftigen Gewährleistungsrückstellungen konfrontiert?
- Sieht sich das Unternehmen in Zukunft mit Qualitätsproblemen oder mit Problemen in der Auftragsvorkalkulation konfrontiert, und wenn ja, werden diese in der Bildung von Gewährleistungsrückstellungen und Drohverlustrückstellungen berücksichtigt?
- Ist das geplante Anlage- und Umlaufvermögen ausreichend finanziert und wurden marktgerechte Konditionen berücksichtigt?
- Werden, bedingt durch Planabweichungen, mögliche Finanzierungsengpässe berücksichtigt?
- Kann die Planung der einzelnen Positionen durch die Finanzierung realisiert werden?
- Welche Finanzierungsquellen können noch ausgeschöpft werden?
- Wird Liquidität in der Planung genügend berücksichtigt und werden auch Liquiditätspuffer eingeplant?

### 1.5.3 Festlegung der Bewertungsrahmenbedingungen und Wahl eines oder mehrerer Bewertungsverfahren

Im zweiten Schritt des Vorgehensmodells muss das **Bewertungsverfahren** gewählt werden, welches zur Anwendung kommen soll, sowie die Rahmenbedingungen der Bewertung festgelegt werden. Zur Auswahl stehen die bereits oben erläuterten Bewertungsverfahren, also Einzelbewertungsverfahren, Mittelwertverfahren und Gesamtbewertungsverfahren. Bei der Entscheidung, wie viele Bewertungsmethoden zur Anwendung kommen sollen, stehen prinzipiell drei Möglichkeiten offen:[12]

- eine einzige Bewertungsmethode wählen und einen einzelnen Unternehmenswert ermitteln,
- mehrere Bewertungsmethoden verwenden und anschließend mehrere mögliche Werte in Form einer Unternehmenswertspanne ermitteln oder
- mehrere Bewertungsmethoden anwenden und einen aggregierten synthetischen Unternehmenswert ermitteln.

12 Vgl. Pereiro, L. E. (2002), S. 63.

Je nach Anzahl der anzuwendenden Bewertungsverfahren unterscheidet man zwischen der Single-Valuation-Methode und der Multiple-Valuation-Methode.[13] ▶ Abbildung 1.5 gibt einen Überblick über die Verfahren.

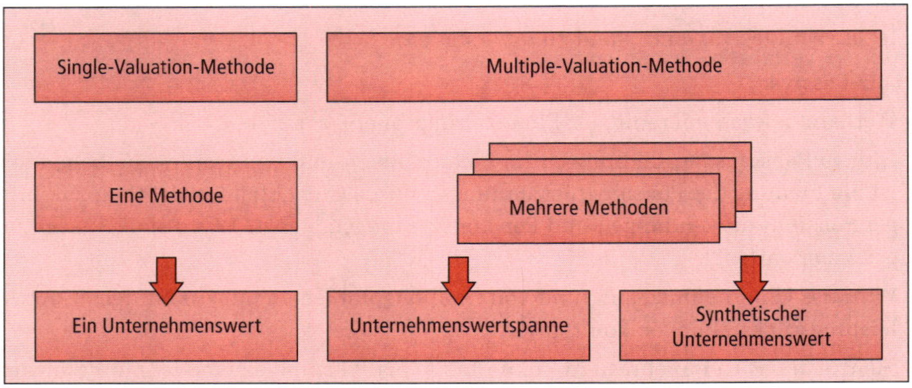


**Abbildung 1.5:** Single-Valuation-Methode vs. Multiple-Valuation-Methode[14]

## Single-Valuation-Methode

Befürworter dieser Methode argumentieren, dass das Bewertungsverfahren benutzt werden soll, welches am besten für die spezielle Situation des zu bewertenden Unternehmens geeignet ist. Sie argumentieren, dass eine Kombination mehrerer Verfahren den Bewertungsprozess verzerren würde und lediglich eine Rechenspielerei darstelle. Voraussetzung ist natürlich die **Verfügbarkeit** und eine **hohe Qualität** des für das Verfahren benötigten Datenmaterials. Wenn beispielsweise die für die Bildung eines DCF-Modells benötigten Daten aufgrund einer fehlenden Börsennotierung nicht vorhanden bzw. nicht beschafft werden können, kann das Modell nicht angewandt werden. Trifft man also im Bewertungsprozess die Entscheidung, nur ein einziges Bewertungsverfahren heranzuziehen, hängt die Durchführung dieses Verfahrens davon ab, ob die erforderlichen Daten vorhanden sind oder nicht.

Die Wahl einer einzigen Bewertungsmethode, kann aber in manchen Fällen auch **ratsam** sein. So würde man beispielsweise bei einer Unternehmenszerschlagung ausschließlich das Substanzwertverfahren auf Basis von Liquidationswerten heranziehen. Eine Kombination aus mehreren Verfahren würde in diesem Fall unsinnig erscheinen.

## Multiple-Valuation-Methode

In vielen Situationen ist es empfehlenswert, **mehrere Unternehmensbewertungsmethoden** anzuwenden. Der Grund liegt darin, dass es kein einzelnes Verfahren gibt, welches die komplexen Rahmenbedingungen einer Unternehmensbewertung gesamtheitlich berücksichtigt und alle Aspekte des Bewertungsproblems abbildet. Ein einzelnes Bewertungsverfahren hat einen Wert als Ergebnis und betrachtet das Unternehmen

13 Vgl. Pereiro, L. E. (2002), S. 60 ff.
14 Eigene Darstellung; siehe auch Pereiro, L. E. (2002), S. 60 ff.

daher nur aus einem Blickwinkel, wohingegen mehrere Verfahren auch mehrere Werte berichten und so mehrere Sichtweisen auf das Unternehmen liefern. Typisches Beispiel sind die DCF-Verfahren, die eine stark unternehmensspezifische Bewertung vornehmen, und die Multiplikatorenverfahren, die den Wert des Unternehmens aus Marktpreisen ableiten. Alleine aus Plausibilisierungsgründen ist die Anwendung mehrerer Verfahren empfehlenswert.

Auf der anderen Seite muss bei der Verwendung der Multiple-Valuation-Methode Klarheit darüber bestehen, dass man für ein und dasselbe Unternehmen mehrere unterschiedliche Unternehmenswerte ermittelt und dementsprechend auch **begründen** muss. Diese unterschiedlichen Unternehmenswerte ergeben sich zum einen aus den variierenden Grundannahmen und zum anderen aus den unterschiedlichen Inputparametern, die sich gegebenenfalls aus möglichen Informationsasymmetrien ergeben.

Hat ein Bewerter mehrere Werte berechnet, stellt sich weiterhin die Frage, wie er diese berichten möchte. Wie oben bereits erläutert, hat er zwei Möglichkeiten. Entweder er berichtet alle ermittelten Werte als **Unternehmenswertspanne** oder er berechnet aus den unterschiedlichen Unternehmenswerten einen einzigen synthetischen Wert.

Während die erstgenannte Methode selbsterklärend ist, soll nun näher auf die verschiedenen Möglichkeiten der Berechnung eines **synthetischen Unternehmenswertes** eingegangen werden.

### Implizierte Gewichtung bei der Bestimmung des synthetischen Unternehmenswertes

Bei dieser Möglichkeit, einen synthetischen Wert zu ermitteln, steht es dem Bewerter offen, wie und auf welcher Grundlage er den synthetischen Unternehmenswert bestimmt.[15] Anhand mehrerer berechneter Unternehmenswerte und basierend auf seinen aus den Bewertungsumständen gewonnenen Erkenntnissen über das Unternehmen legt der Bewerter einen Unternehmenswert **willkürlich** fest.

Oftmals ist dabei unklar, wie der Bewerter auf seinen scheinbar subjektiv festgelegten Unternehmenswert gekommen ist. Diese **Undurchschaubarkeit** macht es Außenstehenden oft sehr schwer, die Wahl des Bewerters nachzuvollziehen. Daher ist diese Vorgehensweise zur Bestimmung eines synthetischen Wertes ungeeignet.

### Explizite Gewichtung bei der Bestimmung des synthetischen Unternehmenswertes

Bei der **expliziten Gewichtung** wird der synthetische Unternehmenswert ermittelt, indem der Bewerter die unterschiedlichen Unternehmenswerte Es gewichtet, dass die Eignung der verwendeten Methoden mit berücksichtigt wird. Es werden bei diesem Vorgehen die Bewertungsverfahren und damit implizit die Unternehmenswerte stärker gewichtet, bei welchen die zugrunde liegende Methode am besten den Bewertungsumständen entspricht.

15 Vgl. Pereiro, L. E. (2002), S.63-64.

### 1.5.4 Literatur zur internationalen Unternehmensbewertung

Als richtungsweisende Literatur für die internationale Unternehmensbewertung möchten wir folgende Titel aufführen:

#### Allgemein

Copeland, T./ Koller, T./ Murrin, J. (2000): Valuation: Measuring and managing the value of companies, Third Edition, New York.

Damodaran, A. (2002a): Damodaran on Valuation: Security Analysis for Investment and Corporate Finance, 2. Auflage, Hoboken.

Hofbauer, E. (2011): Kapitalkosten bei der Unternehmensbewertung in den Emerging Markets Europas, Wiesbaden.

Pereiro, L. E. (2002): Valuation of Companies in Emerging Markets: A practical Approach, New York.

Sabal, J. (2002): Financial Decisions in Emerging Markets, Oxford.

#### CAPM-basierte Verfahren

Für die CAPM-basierten Verfahren sind vor allem die Damodaran Papers zu nennen (wobei diese teilweise im oben genannten Damodaran Buch beinhaltet sind):

Damodaran, A. (2003): Measuring Company Exposure to Country Risk: Theory and Practice, Stern School of Business, Working Paper, in: *http://pages.stern.nyu.edu/~adamodar/pdfiles/papers/CountryRisk.pdf*, 03.05.2010.

Damodaran, A. (2008): What is the riskfree rate? A Search for the Basic Building Block, Stern School of Business, Working Paper, in: *http://pages.stern.nyu.edu/~adamodar/pdfiles/papers/riskfreerate.pdf*, 03.05.2010.

Damodaran, A. (2009): Volatility Rules: Valuing Emerging Market Companies, Stern School of Business, Working Paper, in: *http://pages.stern.nyu.edu/~adamodar/pdfiles/papers/emergmkts.pdf*, 03.05.2010.

Damodaran, A. (2010): Equity Risk Premiums (ERP): Determinants, Estimation and Implications – The 2010 Edition, Stern School of Business, Working Paper, in: http://pages.stern.nyu.edu/~adamodar/pdfiles/*papers/ERP2010.pdf*, 03.05.2010.

*Godfrei-Espinosa-Modell:* Godfrey, S. / Espinosa, R. (1996): A practical Approach to Calculating Costs of Equity for Investments in Emerging Markets, Journal of Applied Corporate Finance, Fall 1996, S. 80-89.

#### Nicht-CAPM-basierte Verfahren

*Erb, Harvey-Viskanta-Modell:* Erb, C.B./ Harvey, C.R./ Viskanta, T.E. (1995): Country Risk and Global Equity Selection, in: The Journal of Portfolio Management, Winter 1995, S. 74-83.

*Estrada-Modell:* Estrada, J. (2000): The Cost of Equity in Emerging Markets: A Downside Risk Approach, IESE Business School, Barcelona, in: *http://faculty.virginia.edu/wei_li/em/CoE_in_EMs.pdf*, 12.05.2010.

## ZUSAMMENFASSUNG

- Unternehmensbewertungen im internationalen Kontext gewinnen im Zuge der Globalisierung erheblich an Bedeutung.
- Internationale Unternehmensbewertung beinhaltet die Wertermittlung von ganzen Unternehmen oder Unternehmensanteilen unter besonderer Berücksichtigung der Gegebenheiten ausländischer Märkte.
- Typische Anlässe einer internationalen Unternehmensbewertung sind:
  - Kauf oder Verkauf von Unternehmen im Ausland
  - Projektbewertung im Rahmen von Investitionsentscheidungen
  - Expansion/Schrumpfung/Liquidation einer Beteiligung im Ausland
  - Grenzüberschreitenden Bildung von Joint Ventures
  - Beteiligungsbewertung und -steuerung
  - Werthaltigkeitsprüfung (Impairment Test)
  - Kaufpreisallokation (Purchase Price Allocation)
  - Steuerliche Bewertung z.B. im Rahmen von Funktionsverlagerungen
- Bei der Durchführung einer Unternehmensbewertung in ausländischen Märkten, insbesondere in Emerging Markets/High Growth Markets müssen weitaus mehr Risiken und Hindernisse berücksichtigt werden als bei Unternehmensbewertungen im Inland bzw. auf entwickelten Kapitalmärkten.
- Besonderheiten der internationalen Unternehmensbewertung liegen in Unterschieden in der internationalen Rechnungslegung und in der internationalen Besteuerung, Währungsunterschieden, Wechselkursschwankungen und (Hyper-) Inflation, Länderrisiko, Transferrisiken, Verfügbarkeit und Zuverlässigkeit von Informationen und Finanzdaten, Aussagekraft von aus lokalen Marktdaten abgeleiteten Kennzahlen sowie die Anwendbarkeit von klassischen Bewertungsverfahren.
- Neben den gängigen Bewertungsverfahren werden in der internationalen Unternehmensbewertung eigene Ansätze wie das globale CAPM, das lokale CAPM, das adjustierte lokale CAPM, das (adjustierte) hybride CAPM, das Lessard-Modell, das Godfrey-Espinosa-Modell, das Goldman-Sachs-Modell, das Damodaran-Modell und das Salomon-Smith-Barney-Modell sowie nicht-CAPM-basierte Modelle wie das Estrada-Modell, das Erb-Harvey-Viskanta-Modell (EHVM), die Arbitrage Pricing Thoery (APT) und der simulationsbasierte Ansatz verwendet.

- Die internationale Unternehmensbewertung kann in einem 5-Schritte Vorgehensmodell dargestellt werden: Dieses beginnt im ersten Schritt mit der Unternehmensanalyse- und Planung. Der darauf folgende Schritt legt die Bewertungsrahmenbedingungen fest und wählt eines oder mehrere Bewertungsverfahren aus. Anschließend können die relevanten Cashflows berechnet und die Kapitalkosten bestimmt werden. Im letzten Schritt wird aus den ermittelten Cashflows und den Kapitalkosten der Unternehmenswert bestimmt.

## Aufgaben

1. Was versteht man unter internationaler Unternehmensbewertung und worin unterscheidet sie sich von einer nationalen Unternehmensbewertung?

2. Nennen Sie typische Anlässe einer internationalen Unternehmensbewertung und erläutern sie diese anhand von Beispielen.

3. Nennen Sie die Besonderheiten der internationalen Unternehmensbewertung und erläutern sie diese anhand von Beispielen aus der Wirtschaftspresse.

4. Erläutern Sie die Unterschiede zwischen Einzelbewertungsverfahren, Mischverfahren und Gesamtbewertungsverfahren.

5. Warum ist es erforderlich, eigene Bewertungsansätze bei der internationalen Unternehmensbewertung zu verwenden?

6. Erläutern Sie die Unterschiede zwischen CAPM-basierten und nicht-CAPM-basierten Modellen.

7. Nennen Sie die unterschiedlichen CAPM-basierten und nicht-CAPM-basierten Modelle.

8. Erläutern Sie ausführlich das 5-Schritte Vorgehensmodell der internationalen Unternehmensbewertung.

WWW.PEARSON-STUDIUM.DE CWS COMPANION WEBSITE

Die Lösungen zu diesen Aufgaben finden Sie auf der Companion Website zum Buch unter *www.pearson-studium.de*.

# TEIL I

## Internationale Unternehmensbewertung mit traditionellen Bewertungsmethoden – Case Study USA

## Lernziele

- Die Grundlagen der DCF-Verfahren beherrschen.
- Die Besonderheiten der internationalen Unternehmensbewertung kennen und in der Case Study berücksichtigen.
- Die für die Verfahren notwendigen Daten selbständig ermitteln.
- DCF-Verfahren anwenden und die Ergebnisse sicher präsentieren.

# Grundlagen

2



ÜBERBLICK

## Lernziele

- Die verschiedenen DCF-Verfahren wie WACC-Ansatz, APV-Ansatz und Equity-Ansatz kennen und anwenden.
- Die Grundideen der Unternehmensplanung und Unternehmensbewertung wiedergeben und kritisch diskutieren.
- Die notwendigen Werkzeuge beherrschen, um eine Unternehmensplanung und Unternehmensbewertung in Excel zu erstellen.
- Gegebene Problemstellungen der Unternehmensplanung und Unternehmensbewertung zu lösen.
- Ein integriertes Planungs- und Bewertungsmodell selbständig zu erstellen.
- Aus dem Planungsmodell die für die Bewertung relevanten Cashflows ableiten.
- Die Grundzüge der Kapitalmarkttheorie beherrschen und anwenden.
- Daten für die Ermittlung der Kapitalkosten generieren und Kapitalkosten selbstständig ableiten.
- Mit dem WACC-, periodenspezifischen-WACC-, APV- und Equity Ansatz eine Unternehmensbewertung selbstständig durchführen und die Ergebnisse kritisch reflektieren.

## 2.1 Case Study USA

Eine internationale Unternehmensbewertung mit **traditionellen Bewertungsmethoden** wird anhand der Case Study USA dargestellt. Wir beginnen mit den bewertungsrelevanten Daten und leiten daraus die bewertungsrelevanten Cashflows ab. Im zweiten Schritt werden die Kapitalkosten bestimmt. Zum Abschluss werden dann Unternehmenswerte unter Verwendung unterschiedlicher Bewertungsverfahren bestimmt.

Die Case Study zieht sich als zusammenhängendes Beispiel über die Teile I und II des Buchs und soll die Theorie praktisch umsetzen. Sie ist in Teil I dadurch angepasst, dass eventuell vorhandene Länderrisiken oder unsystematische Risiken ausgeklammert werden. Diese Vereinfachung scheint für ein **entwickeltes Industrieland** wie die USA begründbar, für die Bewertung innerhalb von Emerging Markets/High Growth Markets jedoch mehr als fraglich zu sein. Aus diesem Grund wird in Teil II des Buchs diese Vereinfachung aufgehoben. Es erfolgt eine schrittweise Verfeinerung des Vorgehensmodells, indem verschiedene Anpassungsmöglichkeiten der notwendigen Parameter aufgezeigt werden. Damit wird dem erhöhten Risiko in diesen volatilen Märkten Rechnung getragen.

**Fallstudie**

Bei dem zu bewertenden Unternehmen handelt es sich um ein fiktives Verpackungsunternehmen mit Sitz in den USA. Das Unternehmen soll ein typisches Unternehmen in der amerikanischen Verpackungsindustrie darstellen.

Des Weiteren wird davon ausgegangen, dass die Unternehmensbewertung für einen international agierenden Investor durchgeführt wird, welcher seine Renditen in US-Dollar bestimmt und der auch entsprechend den Unternehmenswert in US-Dollar bestimmen will.

Ausgangsbasis der Bewertung sind die Daten der Rechnungslegung der letzten drei Jahre. Die dargestellten Vergangenheitszahlen stellen absolute Zahlen in Mio. US-Dollar dar. Ausgehend von diesen Ist-Daten wurden die Planzahlen für die Gewinn- und Verlustrechnung und für die Bilanz-Aktiva und Bilanz-Passiva der nächsten sechs Jahre geplant. Diese Planung bildet die Grundlage für die in den weiteren Kapiteln dargestellte Unternehmensbewertung.

**Gewinn- und Verlustrechnung:**

| Positionen Jahresabschluss (Absolute Zahlen in Mio. $) | Ist $t_2$ | Ist $t_1$ | Ist $t_0$ | Plan $t_1$ | Plan $t_2$ | Plan $t_3$ | Plan $t_4$ | Plan $t_5$ | Plan $t_6$ |
|---|---|---|---|---|---|---|---|---|---|
| **Nettoumsatz** | **293,5** | **322,1** | **351,6** | **366,4** | **384,0** | **401,3** | **420,1** | **441,1** | **463,2** |
| *Wachstum Nettoumsatz p.a. (in %)* | | *9,7%* | *9,2%* | *4,2%* | *4,8%* | *4,5%* | *4,7%* | *5,0%* | *5,0%* |
| Bestandsveränderungen | 0,5 | 0,9 | 1,9 | 1,1 | 1,1 | 1,1 | 1,1 | 1,1 | 1,1 |
| **Gesamtleistung** | **294,0** | **323,0** | **353,5** | **367,5** | **385,1** | **402,4** | **421,2** | **442,2** | **464,3** |
| ./. Materialaufwand bzw. Wareneinsatz | 203,9 | 216,8 | 244,6 | 251,9 | 264,0 | 275,8 | 288,8 | 303,2 | 318,3 |
| *in % der Gesamtleistung* | *69,4%* | *67,1%* | *69,2%* | *68,6%* | *68,6%* | *68,6%* | *68,6%* | *68,6%* | *68,6%* |
| **Rohertrag** | **90,1** | **106,2** | **108,9** | **115,6** | **121,1** | **126,5** | **132,5** | **139,1** | **146,0** |
| *in % der Gesamtleistung* | *30,6%* | *32,9%* | *30,8%* | *31,4%* | *31,4%* | *31,4%* | *31,4%* | *31,4%* | *31,4%* |
| ./. Personalaufwand | 23,1 | 32,3 | 36,1 | 34,4 | 36,0 | 37,6 | 39,4 | 41,4 | 43,4 |
| *in % der Gesamtleistung* | *7,9%* | *10,0%* | *10,2%* | *9,4%* | *9,4%* | *9,4%* | *9,4%* | *9,4%* | *9,4%* |
| ./. sonst. betrieblicher Aufwand | 27,1 | 30,4 | 34,5 | 34,8 | 36,4 | 38,1 | 39,9 | 41,8 | 43,9 |
| *in % der Gesamtleistung* | *9,2%* | *9,4%* | *9,8%* | *9,5%* | *9,5%* | *9,5%* | *9,5%* | *9,5%* | *9,5%* |
| + sonst. betrieblicher Ertrag | 0,5 | 0,8 | 1,6 | 1,1 | 1,1 | 1,2 | 1,2 | 1,3 | 1,3 |
| *in % der Gesamtleistung* | *0,2%* | *0,2%* | *0,5%* | *0,3%* | *0,3%* | *0,3%* | *0,3%* | *0,3%* | *0,3%* |
| **EBITDA** | **40,4** | **44,3** | **39,9** | **47,5** | **49,7** | **52,0** | **54,4** | **57,1** | **60,0** |
| ./. Abschreibungen | 11,3 | 12,1 | 11,6 | 7,7 | 7,7 | 7,7 | 7,7 | 7,7 | 7,7 |
| *in % der Gesamtleistung* | *3,8%* | *3,7%* | *3,3%* | *2,1%* | *2,0%* | *1,9%* | *1,8%* | *1,7%* | *1,7%* |
| **Ergebnis vor Zinsen u. Steuern (EBIT)** | **29,1** | **32,2** | **28,3** | **39,7** | **42,0** | **44,2** | **46,7** | **49,4** | **52,2** |

**Tabelle 2.1:** Gewinn- und Verlustrechnung des amerikanischen Beispielunternehmens

| | | | | | | | | | |
|---|---|---|---|---|---|---|---|---|---|
| + Zinsertrag | 0,1 | 0,2 | 0,3 | 0,1 | 0,1 | 0,1 | 0,1 | 0,1 | 0,1 |
| *in % der Gesamtleistung* | *0,0%* | *0,1%* | *0,1%* | *0,0%* | *0,0%* | *0,0%* | *0,0%* | *0,0%* | *0,0%* |
| + Zinsertrag aus Überschussliquidität | - | - | - | 0,4 | 0,3 | 0,3 | 0,2 | 0,2 | 0,2 |
| *in % der Gesamtleistung* | *0,0%* | *0,0%* | *0,0%* | *0,1%* | *0,1%* | *0,1%* | *0,1%* | *0,0%* | *0,0%* |
| ./. Zinsaufwand | 4,0 | 4,5 | 4,8 | 2,8 | 2,7 | 2,6 | 2,5 | 2,4 | 2,3 |
| *in % der Gesamtleistung* | *1,4%* | *1,4%* | *1,4%* | *0,8%* | *0,7%* | *0,6%* | *0,6%* | *0,5%* | *0,5%* |
| ./. Zinsaufwand aus Finanzierungslücke | - | - | - | - | - | - | - | - | - |
| *in % der Gesamtleistung* | *0,0%* | *0,0%* | *0,0%* | *0,0%* | *0,0%* | *0,0%* | *0,0%* | *0,0%* | *0,0%* |
| ./. a.o. Aufwand/Ertrag | - | - | - | - | - | - | - | - | - |
| *in % der Gesamtleistung* | *0,0%* | *0,0%* | *0,0%* | *0,0%* | *0,0%* | *0,0%* | *0,0%* | *0,0%* | *0,0%* |
| **Ergebnis vor Steuern (EBT)** | **25,2** | **27,9** | **23,8** | **37,4** | **39,7** | **42,0** | **44,5** | **47,3** | **50,2** |
| ./. Steuern auf Einkommen und Ertrag | 2,5 | 0,9 | 1,4 | 15,0 | 15,9 | 16,8 | 17,8 | 18,9 | 20,1 |
| **Jahresergebnis (EAT)** | **22,7** | **27,0** | **22,4** | **22,4** | **23,8** | **25,2** | **26,7** | **28,4** | **30,1** |

Tabelle 2.1: Gewinn- und Verlustrechnung des amerikanischen Beispielunternehmens *(Fortsetzung)*

Folgende Annahmen wurden bei der Ermittlung der Plan-Daten für die Gewinn- und Verlustrechnung festgelegt. Die Abkürzung GL steht für Gesamtleistung:

| **Gewinn- und Verlustrechnung:** | |
|---|---|
| Nettoumsatz | Umsatzwachstum ist vom Management vorgegeben |
| Bestandsveränderung | Mittelwert der letzten drei Jahre |
| Materialaufwand in % der GL | Mittelwert der letzten drei Jahre |
| Personalaufwand in % der GL | Mittelwert der letzten drei Jahre |
| Sonst. betriebl. Aufwand in % der GL | Mittelwert der letzten drei Jahre |
| Sonst. betriebl. Ertrag in % der GL | Mittelwert der letzten drei Jahre |
| Planmäßige Abschreibungen | entspricht den Plan-Daten aus der Bilanz-Aktiva |
| Zinsertrag | entspricht 1,4% (=Zinsen auf Liquide Mittel in $t_0$) der liquiden Mittel |
| Zinsaufwand | entspricht 8% der zinstragenden Verbindlichkeiten (=lang- und kurzfristige Bankverbindlichkeiten) |
| Steuern | 40% Steuerquote auf das EBIT |

Tabelle 2.2: Annahmen für die Planung der Gewinn- und Verlustrechnung

**Bilanz-Aktiva:**

| Positionen Jahresabschluss (Absolute Zahlen in Mio. $) | Ist $t_{-2}$ | Ist $t_{-1}$ | Ist $t_0$ | Plan $t_1$ | Plan $t_2$ | Plan $t_3$ | Plan $t_4$ | Plan $t_5$ | Plan $t_6$ |
|---|---|---|---|---|---|---|---|---|---|
| Finanzanlagen | 0,5 | 0,7 | 0,6 | 0,6 | 0,6 | 0,6 | 0,6 | 0,6 | 0,6 |
| Sachanlagevermögen | 41,1 | 39,1 | 35,2 | 35,2 | 42,9 | 50,7 | 58,4 | 66,1 | 73,8 |
| immaterielles Vermögen | 1,1 | 1,1 | 1,1 | 1,1 | 1,1 | 1,1 | 1,1 | 1,1 | 1,1 |
| **Anlagevermögen** | **42,7** | **40,9** | **36,9** | **36,9** | **44,6** | **52,4** | **60,1** | **67,8** | **75,5** |
| Vorräte | 17,9 | 22,2 | 25,2 | 24,6 | 25,8 | 27,0 | 28,2 | 29,6 | 31,1 |
| Forderungen L.u.L. | 130,6 | 132,2 | 146,4 | 152,2 | 159,5 | 166,6 | 174,4 | 183,1 | 192,3 |
| sonst. Umlaufvermögen | 10,2 | 15,7 | 14,9 | 15,4 | 17,0 | 17,2 | 18,1 | 19,1 | 19,9 |
| **Umlaufvermögen** | **158,7** | **170,1** | **186,5** | **192,2** | **202,3** | **210,8** | **220,7** | **231,9** | **243,3** |
| **Liquide Mittel** | **24,2** | **22,3** | **21,7** | **7,5** | **7,5** | **7,5** | **7,5** | **7,5** | **7,5** |
| Überschussliquidität | 0,0 | 0,0 | 0,0 | 26,0 | 21,5 | 19,2 | 16,4 | 13,7 | 11,8 |
| **Summe Aktiva** | **225,6** | **233,3** | **245,1** | **262,6** | **275,9** | **289,8** | **304,7** | **320,9** | **338,2** |

**Tabelle 2.3:** Bilanz-Aktiva des amerikanischen Beispielunternehmens

Folgende Annahmen wurden bei der Ermittlung der Plan-Daten für die Bilanz-Aktiva festgelegt:

| **Bilanz-Aktiva:** | |
|---|---|
| Finanzanlagevermögen | Investitionen werden für die Plan-Jahre nicht angenommen |
| Sachanlagevermögen | Investitionen ins Sachanlagevermögen entspricht der Ist-Zahl in $t_0$ (Sachanlagevermögen $_{in\ t=0}$ - Sachanlagevermögen $_{in\ t=-1}$ + Abschreibungen $_{in\ t=0}$) |
| Immaterielles Vermögen | Investitionen werden für die Plan-Jahre nicht angenommen |
| Vorräte | Lagerhaltungsdauer für die Plan-Jahre entspricht dem Mittelwert der letzten drei Jahre (ca. 35,2 Tage) |
| Forderungen LuL | Debitorenlaufzeit für die Plan-Jahre entspricht dem Mittelwert der letzten drei Jahre (ca. 149,1 Tage) |
| sonst. Umlaufvermögen in % der GL | Mittelwert der letzten drei Jahre |

**Tabelle 2.4:** Annahmen für die Planung der Bilanz-Aktiva

## Bilanz-Passiva:

| Positionen Jahresabschluss (Absolute Zahlen in Mio. $) | Ist t-2 | Ist t-1 | Ist t0 | Plan t1 | Plan t2 | Plan t3 | Plan t4 | Plan t5 | Plan t6 |
|---|---|---|---|---|---|---|---|---|---|
| Grundkapital | 56,3 | 68,4 | 78,4 | 78,4 | 78,4 | 78,4 | 78,4 | 78,4 | 78,4 |
| Rücklagen | 19,8 | 21,2 | 26,6 | 35,6 | 45,1 | 55,2 | 65,9 | 77,2 | 89,3 |
| Jahresergebnis | 22,7 | 27,0 | 22,4 | 22,4 | 23,8 | 25,2 | 26,7 | 28,4 | 30,1 |
| **Eigenkapital** | **98,8** | **116,6** | **127,4** | **136,4** | **147,3** | **158,8** | **171,0** | **184,0** | **197,8** |
| langfristige Bankverbindlichkeiten | 32,2 | 30,1 | 26,9 | 25,8 | 24,8 | 23,8 | 22,8 | 21,9 | 21,1 |
| Rückstellungen | 19,6 | 18,6 | 23,2 | 23,7 | 24,1 | 24,6 | 25,1 | 25,6 | 26,1 |
| **langfristiges Fremdkapital** | **51,8** | **48,7** | **50,1** | **49,5** | **48,9** | **48,4** | **48,0** | **47,5** | **47,2** |
| Finanzierungslücke | 0,0 | 0,0 | 0,0 | 0,0 | 0,0 | 0,0 | 0,0 | 0,0 | 0,0 |
| kurzfristige Bankverbindlichkeiten | 12,2 | 11,3 | 9,5 | 9,2 | 8,9 | 8,7 | 8,4 | 8,1 | 7,9 |
| Verbindlichkeiten L.u.L. | 59,6 | 53,8 | 55,0 | 64,3 | 67,3 | 70,4 | 73,7 | 77,3 | 81,2 |
| sonst. kurzfristige Vbk. | 3,2 | 2,9 | 3,1 | 3,2 | 3,4 | 3,6 | 3,7 | 3,9 | 4,1 |
| **kurzfristiges Fremdkapital** | **75,0** | **68,0** | **67,6** | **76,7** | **79,7** | **82,6** | **85,8** | **89,4** | **93,2** |
| **Summe Passiva** | **225,6** | **233,3** | **245,1** | **262,6** | **275,9** | **289,8** | **304,7** | **320,9** | **338,2** |

**Tabelle 2.5:** Bilanz-Passiva des amerikanischen Beispielunternehmens

Folgende Annahmen wurden bei der Ermittlung der Plan-Daten für die Bilanz-Passiva festgelegt:

| **Bilanz-Passiva:** | |
|---|---|
| Grundkapital | bleibt konstant |
| Rücklagenquote (= in % des Jahresergebnisses) | 40% wurden festgelegt |
| Jahresergebnis | ergibt sich aus den Plan-Daten der GuV |
| Änderung der langf. Bankverbindlichkeiten | Konstanter Abbau mit 4% |
| Änderung der Rückstellungen | Konstanter Aufbau mit 2% |
| Änderung der kurzfr. Bankverbindlichkeiten | Konstanter Abbau mit 3% |
| Verbindlichkeiten LuL | Kreditorenlaufzeit für die Plan-Jahre entspricht dem Mittelwert der letzten drei Jahre (ca. 91,8%) |
| Sonst. kurzf. Vbk. (in % der GL) | entspricht der Ist-Zahl in $t_0$ |

**Tabelle 2.6:** Annahmen für die Planung der Bilanz-Passiva

## 2.2 Unternehmensbewertung mit Discounted-Cashflow-Verfahren (DCF-Verfahren)

Dem Discounted Cashflow (DCF)-Verfahren liegt die Konzeption zu Grunde, den Unternehmenswert aus den **künftigen Erträgen** des Unternehmens abzuleiten. Analog zur Ermittlung des Werts einer Investition wird dabei der Wert des Unternehmens durch Diskontierung der zukünftig zu erwartenden Zahlungsüberschüsse auf einen Bewertungsstichtag berechnet. Deshalb spricht man auch von einem investitionstheoretisch fundierten Ansatz. Die Zahlungsüberschüsse, die im anglo-amerikanischen und mittlerweile auch im deutschen Sprachgebrauch als **Cashflows** bezeichnet werden, beziehen sich dabei auf das betriebsnotwendige Vermögen. Das nicht-betriebsnotwendige Vermögen ist separat zu bewerten. Der Unternehmenswert errechnet sich schließlich als Barwert der Zahlungsüberschüsse zuzüglich des nicht-betriebsnotwendigen Vermögens.

### Definition: DCF-Verfahren

Das DCF-Verfahren berechnet den Wert eines Unternehmens, indem es die zukünftig zu erwartenden Cashflows auf den Bewertungszeitpunkt diskontiert und anschließend zu diesem Barwert noch den Wert des nicht-betriebsnotwendigen Vermögens addiert.

Das DCF-Verfahren unterstellt eine unendliche Lebensdauer des Unternehmens. Dies wird als Prinzip des **Going Concern** bezeichnet. Daher müssten im Zuge einer Unternehmensbewertung die Cashflows für die gesamte (unendliche) Lebensdauer eines Unternehmens für jedes Jahr detailliert geplant und anschließend diskontiert werden. Da Cashflows umso schwieriger prognostizierbar und planbar sind, je weiter sie in der Zukunft liegen, nimmt deren Aussagekraft kontinuierlich ab. Ein Lösungsansatz für dieses Problem besteht in der Aufteilung des Planungszeitraums in zwei Perioden:

- Detailplanungsperiode: Für eine Detailplanungsperiode werden die Cashflows für üblicherweise 3 bis 6 Jahre detailliert geplant.
- Terminal Value: Für den Zeitraum nach dem Planungshorizont wird der Restwert, der sogenannte Terminal Value (auch als Endwert oder Fortführungswert bezeichnet) angesetzt.

### Definition: Terminal Value

Der Terminal Value ist der Barwert der nach der Detailplanungsperiode nachhaltig erzielbaren Cashflows. Er wird als ewige Rente berechnet.

Der Unternehmenswert ergibt sich als Barwert der Cashflows der Detailplanungsperiode zuzüglich des Barwerts des Terminal Value.

Je nach Definition der bewertungsrelevanten Cashflows und der anzuwendenden Diskontierungssätze werden drei DCF-Verfahren (vgl. ▶ Abbildung 2.1) unterschieden:

- Weighted Average Cost of Capital-Ansatz (WACC-Ansatz),
- Adjusted Present Value-Ansatz (APV)-Ansatz und der
- Equity-Ansatz.

Der WACC-Ansatz und der APV-Ansatz werden auch als **Bruttoverfahren** bezeichnet, da sie zunächst den Gesamtunternehmenswert (Bruttowert) berechnen. In einem zweiten Schritt wird von diesem Wert die Verschuldung abgezogen, um zum Netto-Unternehmenswert (= Marktwert des Eigenkapitals) zu gelangen. Da der Equity-Ansatz den Marktwert des Eigenkapitals direkt berechnet, wird dieses Verfahren auch als **Netto-Verfahren** bezeichnet. Alle drei Ansätze führen zu demselben Ergebnis, sofern identische Annahmen über das künftige Finanzierungsverhalten getroffen werden.

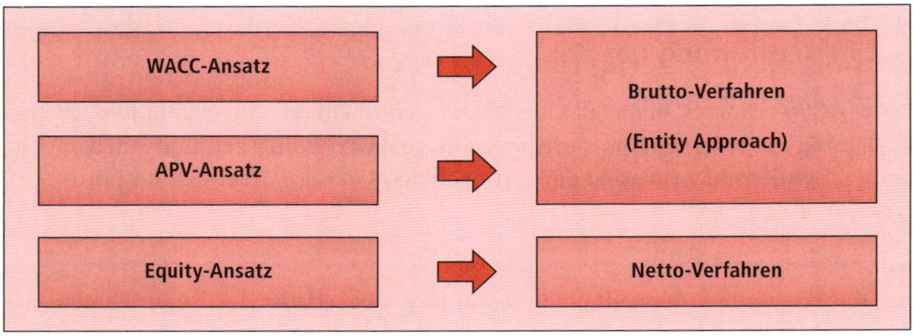


**Abbildung 2.1:** DCF-Verfahren

In den folgenden drei Kapiteln werden diese Ansätze nun ausführlich erläutert und beispielhaft anhand des fiktiven Verpackungsunternehmens berechnet.

# WACC-Ansatz

3



ÜBERBLICK

## Lernziele

- Die Konzeption des WACC-Ansatzes kennen und erläutern.
- Die Ableitung des operativen Free Cashflows erklären und selbstständig aus der GuV und Bilanz durchführen.
- Die gewichteten durchschnittlichen Kapitalkosten (WACC) selbstständig berechnen.
- Möglichkeiten der Ermittlung des risikolosen Basiszinssatzes kennen und diesen selbstständig ermitteln.
- Das Capital Asset Pricing Model (CAPM) kennen und die Eigenkapitalkosten aus Kapitelmarktdaten selbstständig ermitteln.
- Möglichkeiten der Ermittlung der Fremdkapitalkosten kennen und diese selbstständig ermitteln.
- Die gewichtete Kapitalstruktur auf Basis von Marktwerten bestimmen.
- Den Unternehmenswert mit dem WACC-Ansatz selbstständig berechnen.
- Die Notwendigkeit eines periodenspezifischen WACC-Ansatzes erklären und die Berechnung des Unternehmenswerts selbstständig durchführen.

## 3.1 Die Konzeption des WACC-Ansatzes

Der Name WACC-Ansatz ergibt sich in Anlehnung an den Mischzinssatz bzw. **gewichteten Kapitalkostensatz** (engl. **W**eighted **A**verage **C**ost of **C**apital), der bei diesem Verfahren zur Anwendung kommt. Der WACC-Ansatz stellt in der internationalen Unternehmensbewertung die am weitesten verbreitete Bewertungsmethode dar.[1] Er wird auch als Lehrbuchformel (Text book formula) bezeichnet.

Beim WACC-Ansatz werden die Zahlungsüberschüsse ermittelt, die zur Befriedigung aller Kapitalgeber – sowohl der Eigen- als auch der Fremdkapitalgeber – zur Verfügung stehen. Unter Fremdkapitalgebern werden hier nur die Bereitsteller von (üblicherweise) verzinslichem Fremdkapital verstanden. Es handelt sich somit um Cashflows vor Abzug von Zins- und Tilgungszahlungen. Die mit einer Fremdfinanzierung verbundenen Ertragsteuerwirkungen bleiben bei der Cashflow-Ermittlung unberücksichtigt. Man bezeichnet die für den WACC-Ansatz relevanten Cashflows als die **operativen Free Cashflows** (oFCF).

1 Vgl. Ernst, D./ Schneider, S./ Thielen, B. (2010), S. 27 und Mandl, G./ Rabel, K. (2005), S. 65 ff.

## Definition: Operativer Free Cashflow (oFCF)

Bei den operativen Free Cashflows handelt es sich um Zahlungsüberschüsse, welche dem Unternehmen nach Berücksichtigung aller Auszahlungen innerhalb einer Periode zur freien Verfügung stehen und zur Befriedigung der Ansprüche aller Kapitalgeber – also Fremd- und Eigenkapitalgeber – dienen.

Die operativen Free Cashflows werden mit einem Mischzinssatz diskontiert, in den sowohl die Renditeansprüche der Eigenkapitalgeber als auch die der Fremdkapitalgeber eingehen. Die jeweiligen Kapitalkosten des Unternehmens werden entsprechend dem Anteil des Eigen- und Fremdkapitals am Gesamtkapital gewichtet. Hierbei erfolgt die Gewichtung nicht auf Basis von Buchwerten, sondern auf Basis von Marktwerten. Es gilt das **Marktwertprinzip**. Man bezeichnet den so ermittelten Diskontierungssatz als gewichtete Kapitalkosten oder auch WACC (Weighted Average Cost of Capital). In den WACC wird der mit der Fremdfinanzierung verbundene Steuervorteil (Tax Shield) integriert.

## Definition: WACC-Ansatz

Der WACC-Ansatz ist ein Bruttoverfahren, das den Gesamtwert eines Unternehmens berechnet. Dies erfolgt durch Diskontierung der operativen Free Cashflows. Als Diskontierungssatz wird der gewichtete Kapitalkostensatz verwendet, der sowohl die Kosten für Eigen- und Fremdkapital als auch die Finanzierungsstruktur des Unternehmens berücksichtigt.

Addiert man den Barwert der operativen Free-Cashflows, welche sich lediglich auf das betriebsnotwendige Vermögen beziehen, zu dem separat zu bestimmenden Marktwert des nicht-betriebsnotwendigen Vermögens – inklusive aller eventuell vorhandener liquider Mittel – erhält man den Marktwert des Gesamtkapitals, auch **Gesamtwert des Unternehmens** oder Entity-Wert genannt. Um den Wert des Eigenkapitals zu erhalten, muss abschließend der Marktwert des verzinslichen Fremdkapitals abgezogen werden.

Die Bewertung mit dem WACC-Ansatz erfolgt zusammenfassend in folgenden Schritten. ▸ Abbildung 3.1 veranschaulicht diesen Ansatz grafisch.

1. Es werden zunächst die operativen Free Cashflows ermittelt.

2. Die operativen Free Cashflows werden mit dem durchschnittlichen, gewichteten Kapitalkostensatz (WACC) diskontiert.

3. Summiert man den so ermittelten Barwert der operativen Free Cashflows und des Terminal Value, den Marktwert des nicht-betriebsnotwendigen Vermögens und

die liquiden Mittel, so erhält man den Marktwert des verschuldeten Unternehmens.

4. Um zum Marktwert des Eigenkapitals des verschuldeten Unternehmens zu gelangen, zieht man vom Marktwert des Gesamtkapitals den Marktwert der zinstragenden Verbindlichkeiten ab.

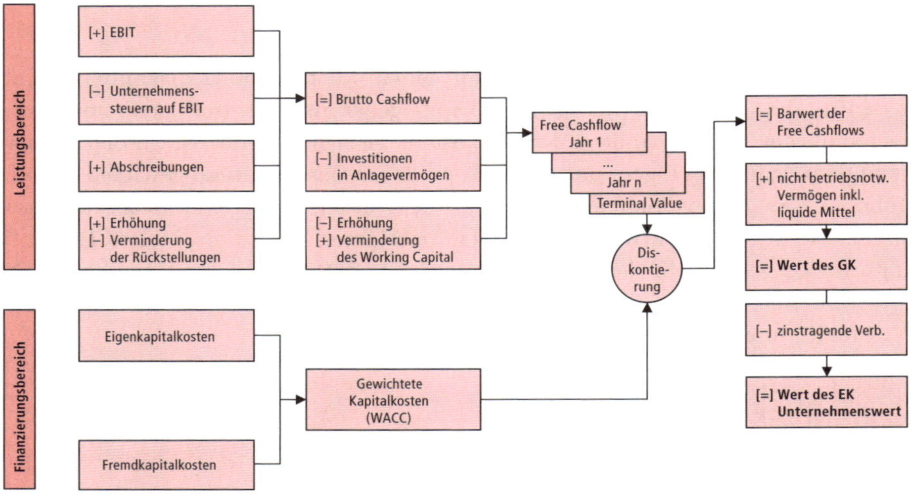


**Abbildung 3.1:** Discounted Cashflow-Methode nach dem WACC-Ansatz

Im Folgenden werden die Einzelschritte zur Ermittlung des Unternehmenswerts nach dem WACC-Ansatz näher erläutert.

## 3.2 Berechnung der operativen Free Cashflows

Die Berechnung der operativen Free Cashflows erfolgt nach folgendem Schema:

| | | |
|---|---|---|
| | Operatives Ergebnis vor Zinsen und Steuern (EBIT) | [1] |
| – | Adjustierte Steuern auf das EBIT | [2] |
| = | Operatives Ergebnis vor Zinsen und nach adjustierten Steuern (NOPLAT) | [3] |
| + | Abschreibungen | |
| + | Erhöhung (-Verminderung) der Rückstellungen | |
| = | (operativer) Brutto-Cashflow | [4] |
| – | Investitionen in das Anlagevermögen | |
| – | Erhöhung (+ Verminderung) des Working Capital | [5] |
| = | Operativer Free Cashflow (oFCF) | [6] |

**Tabelle 3.1:** Ermittlung des operativen Free Cashflows

### [1] EBIT

Der Ausgangspunkt bei der Ermittlung der operativen Free Cashflows ist das **operative Ergebnis vor Steuern und Zinsen** (EBIT, Earnings Before Interest and Taxes), von welchem die sogenannten adjustierten Unternehmenssteuern auf das EBIT abgezogen werden.

### [2] Adjustierte Steuern

Die adjustierten Unternehmenssteuern entsprechen den **fiktiven, ertragsabhängigen Steuern**, für die das Unternehmen aufkommen müsste, wenn es kein Fremdkapital und keine nicht-betriebsnotwendigen Aufwendungen und Erträge hätte. Die adjustierte Unternehmenssteuer erhält man, indem man den Unternehmenssteuersatz auf das EBIT anwendet.

Bei verschuldeten Unternehmen begeht man durch die Verwendung adjustierter Steuern einen „systematischen" Fehler. Aus der steuerlichen Abzugsfähigkeit der Fremdkapitalzinsen ergibt sich eine Steuerersparnis, welche bei obiger Berechnung nicht berücksichtigt wird. Der **Steuervorteil der Fremdfinanzierung** wird im Englischen „Tax Shield" genannt. Wenn dieser Tax Shield im Ergebnis außer Acht gelassen wird, führt dies dazu, dass zu hohe Steuern angesetzt werden und der Free Cashflow nicht die wirkliche Ertragskraft widerspiegelt (vgl. ▶ Abbildung 3.2). Im WACC-Ansatz wird dieser Fehler behoben, indem bei den gewichteten Kapitalkosten (WACC) der Steuervorteil der Fremdfinanzierung eingebaut wird.

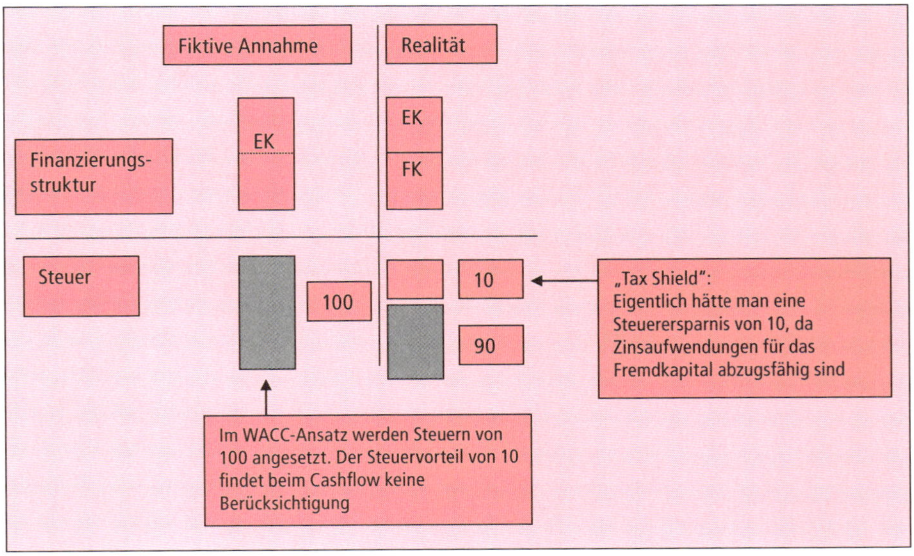


**Abbildung 3.2:** Erklärung der adjustierten Steuern und des Tax Shields

### [3] NOPLAT

Durch Abzug der adjustierten Steuern vom EBIT ergibt sich das NOPLAT (**N**et **O**perating **P**rofit **L**ess **A**djusted **T**axes). Das NOPLAT kann als **operatives Ergebnis** interpretiert werden, das ein Unternehmen ohne Fremdkapitalfinanzierung erzielt hätte. Außerordentliche Aufwendungen und Erträge sind darin nicht enthalten.

### [4] Operativer Brutto Cashflow

Nach Abzug der Unternehmensteuern auf das EBIT werden die nicht auszahlungswirksamen Aufwendungen, wie beispielsweise Abschreibungen oder die Erhöhung von Rückstellungen, addiert bzw. die nicht einzahlungswirksamen Erträge, wie beispielsweise Verminderung von Rückstellungen, subtrahiert. Der daraus ermittelte operative Brutto-Cashflow entspricht dem Zahlungsstrom, der für **Investitionen in das Anlagevermögen** und **Working Capital** sowie **Ausschüttungen** an die Eigen- und Fremdkapitalgebern zur Verfügung steht.

### [5] Working Capital

Das Working Capital (im Deutschen **Nettoumlaufvermögen** genannt) erhält man, indem die unverzinslichen kurzfristigen Verbindlichkeiten vom operativen Umlaufvermögen abgezogen werden. Das Working Capital umfasst Lagerbestände (Vorräte), Forderungen aus Lieferungen und Leistungen sowie diejenigen Kassenbestände, die für den Fortbestand des Unternehmens notwendig sind. Die nicht-betriebsnotwendigen Kassenbestände und Wertpapiere zählen nicht zum Working Kapital.

| | |
|---|---|
| | Vorräte |
| + | Forderung aus LuL |
| + | Sonstiges Umlaufvermögen |
| = | Operatives Umlaufvermögen |
| – | Verbindlichkeiten aus LuL |
| – | Sonstige kurzfristige Verbindlichkeiten |
| = | Netto-Umlaufvermögen bzw. Working Capital |

**Tabelle 3.2:** Berechnung des Working Capitals

**Fallstudie**

Beim Beispielunternehmen wurde die Berechnung des Working Capital in der Plan-Periode nach der Formel in ▶ Tabelle 3.2 folgendermaßen durchgeführt:

**Nebenrechnung: Nettoumlaufvermögen bzw. Working Capital**

| (Absolute Zahlen in Mio. $) | Plan $t_1$ | Plan $t_2$ | Plan $t_3$ | Plan $t_4$ | Plan $t_5$ | Plan $t_6$ | Plan TV |
|---|---|---|---|---|---|---|---|
| Vorräte | 24,6 | 25,8 | 27,0 | 28,2 | 29,6 | 31,1 | 31,4 |
| + Forderungen L.u.L. | 152,2 | 159,5 | 166,6 | 174,4 | 183,1 | 192,3 | 194,2 |
| + sonst. Umlaufvermögen | 15,4 | 17,0 | 17,2 | 18,1 | 19,1 | 19,9 | 20,1 |
| ./. Verbindlichkeiten L.u.L. | 64,3 | 67,3 | 70,4 | 73,7 | 77,3 | 81,2 | 82,0 |
| ./. sonst. kurzfristige Vbk. | 3,2 | 3,4 | 3,6 | 3,7 | 3,9 | 4,1 | 4,1 |
| **Nettoumlaufvermögen bzw. Working Capital** | **124,7** | **131,5** | **136,9** | **143,3** | **150,7** | **158,0** | **159,6** |

Tabelle 3.3: Berechnung des Working Capital des Beispielunternehmens

### [6] Operativer Free Cashflow

Schließlich kann der operative Free Cashflow berechnet werden, indem vom operativen Brutto-Cashflow noch die **Investitionen** ins Anlagevermögen und die Investitionen ins Working Capital abgezogen bzw. die **Desinvestitionen** des Anlagevermögens und die des Working Capitals addiert werden.

Innerhalb des WACC-Ansatzes erfolgt eine strikte Trennung des Unternehmens in einen Leistungsbereich und einen Finanzierungsbereich (siehe hierzu auch ▶ Abbildung 3.1). Der **Leistungsbereich** kommt im operativen Free Cashflow zum Ausdruck, der die Zahlungsströme aufzeigt, die das Unternehmen aus dem operativen Geschäft ohne Berücksichtigung von Finanzierungsmaßnahmen erwirtschaften kann. Der **Finanzierungsbereich** wird durch den WACC abgebildet und enthält die Kapitalkosten des Unternehmens und die Gewichtung der Finanzierungsarten. Der operative Free Cashflow ist finanzierungsneutral, d.h. er wird durch die Finanzierung des Unternehmens nicht beeinflusst. Auch enthält er keine finanzierungsbezogenen Zahlungsströme wie Zinsaufwendungen, Zinserträge, Veränderungen von Finanzschulden oder Dividenden. Auch werden die Unternehmenssteuern ohne Berücksichtigung der steuerlichen Abzugsfähigkeit von Fremdkapital ermittelt.

**Fallstudie**

Die operativen Free Cashflows des Beispielunternehmens lassen sich nach dem Schema der ▶ Tabelle 3.1 berechnen.

Bei der Berechnung der adjustierten Steuern auf das EBIT wird ein Steuersatz in Höhe von 40% angenommen. Die restlichen Zahlen können aus der GuV, der Bilanz Aktiva und der Bilanz Passiva der Case Study entnommen werden. Die Ermittlung des Working Capital wurde in ▶ Tabelle 3.4 durchgeführt.

| (Absolute Zahlen in Mio. $) | Plan $t_1$ | Plan $t_2$ | Plan $t_3$ | Plan $t_4$ | Plan $t_5$ | Plan $t_6$ | Plan TV |
|---|---|---|---|---|---|---|---|
| Ergebnis vor Zinsen u. Steuern (EBIT) | 39,7 | 42,0 | 44,2 | 46,7 | 49,4 | 52,2 | 52,8 |
| ./. adjustierte Steuern auf das EBIT *Steuersatz:* *40,0%* | 15,9 | 16,8 | 17,7 | 18,7 | 19,8 | 20,9 | 21,1 |
| **Operatives Ergebnis vor Zinsen und nach adjust. Steuern (NOPLAT)** | **23,8** | **25,2** | **26,5** | **28,0** | **29,6** | **31,3** | **31,7** |
| + Abschreibungen | 7,7 | 7,7 | 7,7 | 7,7 | 7,7 | 7,7 | 7,7 |
| + Veränderungen Rückstellungen | 0,5 | 0,5 | 0,5 | 0,5 | 0,5 | 0,5 | 0,3 |
| **(operativer) Brutto-Cashflow** | **32,0** | **33,4** | **34,8** | **36,2** | **37,9** | **39,6** | **39,6** |
| ./. Investitionen Anlagevermögen | 7,7 | 7,7 | 7,7 | 7,7 | 7,7 | 7,7 | 7,7 |
| ./. Investitionen Nettoumlaufvermögen (Working Capital) | (3,7) | 6,9 | 5,3 | 6,5 | 7,3 | 7,4 | 1,6 |
| **Operativer Free Cashflow** | **28,0** | **18,8** | **21,7** | **22,0** | **22,8** | **24,5** | **30,3** |

**Tabelle 3.4:** Berechnung der operativen Free Cashflows (oFCF) des Beispielunternehmens

## 3.3 Berechnung der Kapitalkosten

Kapitalkosten bezeichnen die Kosten innerhalb eines Unternehmens, die für das gesamte im Unternehmen eingesetzte Kapital entstehen, da Fremd- und Eigenkapitalgeber für die Bereitstellung ihres Kapitals auch eine entsprechende Verzinsung erwarten. Es handelt sich bei den Kapitalkosten um einen Mischzinssatz, in welchen die Ansprüche sowohl der Eigenkapital- als auch der Fremdkapitalgeber in Form von Eigenkapitalkosten und Fremdkapitalkosten eingehen. Die Kapitalkosten werden entsprechend dem Anteil des Eigen- und Fremdkapitals am Gesamtkapital des Unternehmens gewichtet. Hierfür dürfen nur die **Marktwerte** und nicht die Buchwerte herangezogen werden, da nur Marktwerte den **tatsächlichen ökonomischen Wert der Ansprüche** der jeweiligen Kapitalgeber widerspiegeln können. Dieser Sachverhalt wird auch als Marktwertprinzip der Unternehmensbewertung bezeichnet.

### Definition: Kapitalkosten

Bei den Kapitalkosten handelt es sich um die Kosten innerhalb eines Unternehmens, die für das gesamte im Unternehmen eingesetzte Kapital entstehen. Sie werden in Form eines Mischzinssatzes (dem „WACC“) angegeben, in welchen die Renditeansprüche der Eigenkapital- und Fremdkapitalgeber gewichtet nach dem Anteil des Eigen- und Fremdkapitals am Gesamtkapital des Unternehmens eingehen.

Für die Berechnung des WACC wird ▶ Formel 3.1 verwendet

$$WACC = r_{EK} \cdot \frac{EK}{GK} + r_{FK} \cdot (1-t) \cdot \frac{FK}{GK} \tag{3.1}$$

| | | |
|---|---|---|
| $r_{EK}$ | = | Renditeforderung der Eigenkapitalgeber (für das verschuldete Unternehmen) |
| | = | Eigenkapitalkosten des Unternehmens |
| $r_{FK} \cdot (1-t)$ | = | Fremdkapitalkosten des Unternehmens |
| $r_{FK}$ | = | Renditeforderung der Fremdkapitalgeber |
| $t$ | = | Unternehmenssteuersatz |
| $EK$ | = | Marktwert des Eigenkapitals |
| $FK$ | = | Marktwert des verzinslichen Fremdkapitals |
| $GK$ | = | $EK + FK$ = Marktwert des Gesamtkapitals, d.h. $\frac{EK}{GK} + \frac{FK}{GK} = 1$ |

Vereinfachend werden hier lediglich zwei Finanzierungsarten, nämlich Eigenkapital und verzinsliches Fremdkapital angenommen. Darüber hinaus hätten aber auch Kosten **anderer Kapitalquellen** mit unterschiedlichen Renditeansprüchen einbezogen werden können, wie beispielsweise Mezzanine-Kapital.

Denkbar wäre aber auch eine **Aufspaltung** des Fremdkapitals in unterschiedliche Finanzierungskomponenten wie Leasing, Kredite, Anleihen, Wandelschuldverschreibungen und dergleichen. Für jede zusätzliche Kapitalquelle müsste die Formel entsprechend angepasst werden und neben den Kapitalkosten der Finanzierungsart auch ein eigener Gewichtungsfaktor auf Basis des jeweiligen Marktwertanteils am Gesamtkapital des Unternehmens festgelegt werden. ▶ Abbildung 3.3 fasst die Ermittlung der gewichteten Kapitalkosten grafisch zusammen.

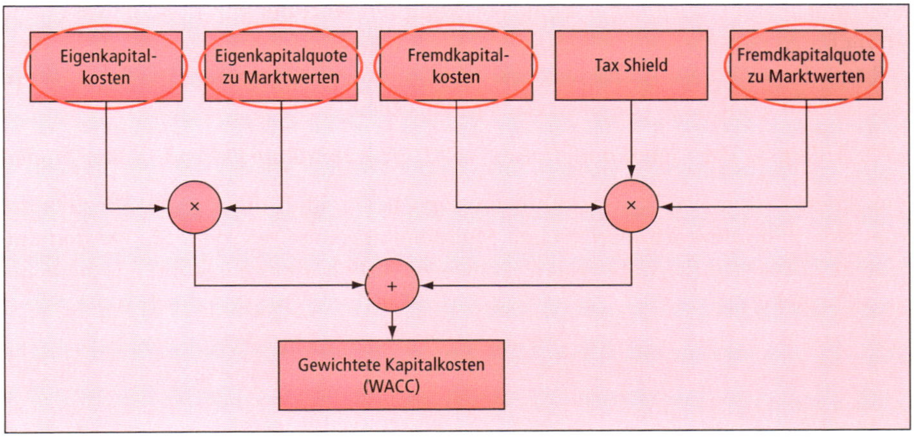


**Abbildung 3.3:** Ermittlung des WACC

Für die Ermittlung der gewichteten Kapitalkosten sind zunächst einige Vorarbeiten zu erledigen. Neben Eigen- und Fremdkapitalkosten sind als weitere Parameter die Eigen- und Fremdkapitalquote zu bestimmen (vgl. Markierung in ▶ Abbildung 3.3). Die Ermittlung dieser Parameter ist Gegenstand der folgenden Abschnitte.

### 3.3.1 Ermittlung der Eigenkapitalkosten

Bei der Ermittlung der Eigenkapitalkosten ($r_{EK}$) können grundsätzlich zwei Fälle unterschieden werden (vgl. ▶ Abbildung 3.4).

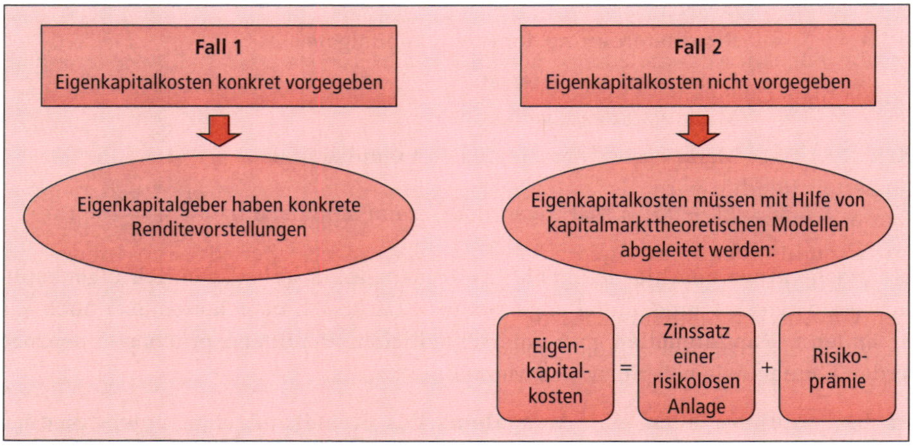


**Abbildung 3.4:** Ermittlung der Eigenkapitalkosten

***Fall 1: Vorgabe konkreter Renditeerwartungen durch die Eigenkapitalgeber***

Im ersten Fall gestaltet sich die Ermittlung der Eigenkapitalkosten einfach, wenn sie durch die Renditevorstellungen der Eigenkapitalgeber fest vorgegeben sind. So kann es vorkommen, dass Eigenkapitalgeber oder Beteiligungsgesellschaften, für welche die Bewertung erstellt wird, eine **konkrete Renditeerwartung** für das zu bewertende Unternehmen besitzen und nur dann bereit sind Kapital bereitzustellen, wenn dieses Renditeziel erreicht wird. Für mittelständische Unternehmen wird häufig eine Mindestverzinsung von 15% p.a. nach Steuern angesetzt.

***Fall 2: Ableitung der Eigenkapitalkosten mit Hilfe kapitalmarkttheoretischer Modelle***

Wenn keine festen Renditevorstellungen vorgegeben sind, müssen die Eigenkapitalkosten aus **kapitalmarkttheoretischen Modellen** abgeleitet werden. Sie werden dann aus dem Zinssatz einer risikofreien Anlage zuzüglich einer Risikoprämie berechnet (vgl. ▶ Formel 3.2).

$$r_{EK} = r_f + RP \qquad (3.2)$$

mit $r_f$ = risikofreie Rendite

$RP$ = Risikoprämie

Die Addition einer Risikoprämie ist darauf zurückzuführen, dass von einem risikoscheuen Anleger ausgegangen wird. Dieser verlangt für das höhere Risiko, welches er beim Unternehmenserwerb im Vergleich zu einer alternativen, sicheren Anlage in ein festverzinsliches Wertpapier eingehen muss, eine Entschädigung. Diese Entschädigung wird durch die Addition einer **Risikoprämie** abgegolten.

Zur Bestimmung der Eigenkapitalkosten mit Hilfe kapitalmarkttheoretischer Modelle müssen zunächst der risikolose Zinssatz und dann die Risikoprämie bestimmt werden.

## Ermittlung des risikolosen Basiszinssatzes

### Was kennzeichnet eine risikofreie Anlage?

Um zu verstehen, was eine Anlage risikofrei macht, ist es zunächst notwendig zu wissen, wie Risiko gemessen wird. Jeder Investor erwartet eine Rendite für sein eingesetztes Kapital. Diese erwartete Rendite weicht jedoch häufig von der tatsächlich realisierten Rendite ab. Diese Abweichung der erwarteten Rendite von der tatsächlich realisierten Rendite wird als Risiko interpretiert. Eine Anlage ist folglich risikolos, wenn die erwartete Rendite mit **absoluter Sicherheit** der zukünftig tatsächlich realisierten Rendite entspricht. Um diese Bedingung sicherzustellen, darf die Anlage keine Ausfallrisiken, keine Liquiditätsrisiken, keine Reinvestitionsrisiken oder andere Arten von Risiken beinhalten. Kennzeichen von risikolosen Anlagen ist ferner, dass sie mit anderen risikobehafteten Anlagen nicht korrelieren.[2]

#### Definition: Risikofreie Rendite

Die risikofreie Rendite ist die Rendite einer Anlage ohne jegliches Ausfallrisiko und ohne Korrelation mit Renditen anderer Kapitalanlagen.

### Wie lässt sich die risikolose Rendite in der Praxis bestimmen?

In der Praxis ist die Bestimmung einer risikofreien Anlage nicht so einfach, wie vielleicht zunächst vermutet wird. Es stellt sich die Frage, ob es „eine" risikofreie Anlage überhaupt geben kann. Denn zumindest theoretisch ist jede Anlage – sei sie auch noch so sicher – mit Risiko behaftet. So besteht, wenn vielleicht auch nur mit sehr geringer Wahrscheinlichkeit, die Gefahr, dass auch Länder mit **bester Bonität** wie beispielsweise die USA oder Deutschland zahlungsunfähig werden. Dennoch werden die festverzinslichen und langfristigen Staatsanleihen von Schuldnern mit bester Bonität als hinreichend genaue Approximation für die risikofreie Rendite heranzogen. Diese mit **Triple-A gerateten Anleihen** spiegeln somit den Zinssatz einer risikofreien Anlagemöglichkeit am ehesten wider.[3]

Akzeptiert man die Rendite einer Triple-A-Anleihe als risikofreien Zinssatz, stellt sich die nächste Frage, **welcher Zinssatz** dieser Anleihen für die Bewertung herangezogen werden soll. So könnte der am Bewertungsstichtag gültige Zinssatz, der zukünftig zu erwartende Zinssatz oder der durchschnittlich in der Vergangenheit realisierte Zinssatz gewählt werden. Da bei der Bewertung zukünftige Cashflows diskontiert werden, ist grundsätzlich die zukünftige Rendite der Alternativanlage zu präferieren.

2 Vgl. Damodaran, A. (2008), S. 3.
3 Vgl. Damodaran, A. (2008), S. 6.

Entscheidend bei der Auswahl des Zinssatzes ist die Lage der **Zinsstrukturkurve** am Bewertungsstichtag. Diese kann entweder normal (steigend), flach oder invers (fallend) sein (vgl. ▶Abbildung 3.5). Eine Gefahr bei der Bestimmung der risikofreien Rendite besteht darin, dass gegenwärtige Zinshochs bzw. Zinstiefs in die Bewertung mit einfließen und somit das Bewertungsergebnis verzerren.

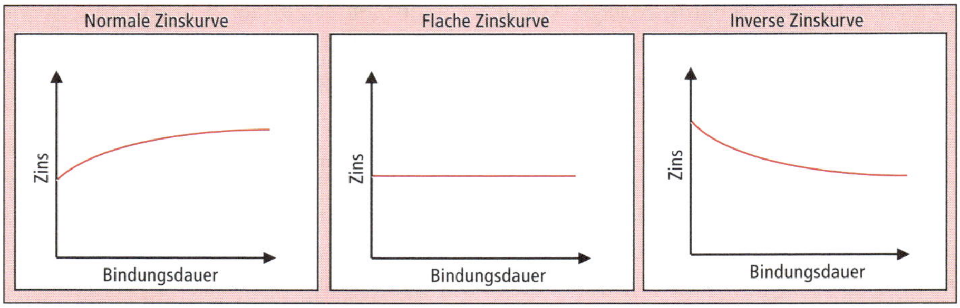


**Abbildung 3.5:** Formen der Zinsstrukturkurve

Ist die Zinsstrukturkurve am Bewertungsstichtag **flach**, d.h. existieren nur geringe Unterschiede in der Rendite kurzfristiger und langfristiger Anlagen, kann vereinfachend ein einheitlicher, laufzeitunabhängiger, am Bewertungsstichtag gültiger Zinsfuß für die Bewertung verwendet werden. Hier kann z.B. auf die von der Deutschen Bundesbank (z.B. im Internet) veröffentlichte „Umlaufrendite" (tägliche Umlaufrendite festverzinslicher Wertpapiere der öffentlichen Hand) zurückgegriffen werden.[4]

Ist die Zinsstrukturkurve **nicht flach**, d.h. bestehen deutliche Unterschiede bei der Anlage in kurz- bzw. langfristige Wertpapiere, so darf theoretisch kein über alle Perioden konstanter Zinsfuß festgelegt werden.

Wird dies dennoch getan, begeht man einen Fehler und verfälscht das Ergebnis. Eine bessere Vorgehensweise wäre, den Zinssatz für jede Periode separat zu bestimmen, indem man ihn aus der Zinsstrukturkurve für die jeweilige Laufzeit ableitet. Man spricht bei diesem Ansatz auch von einer marktzinsorientierten Ableitung der risikofreien Rendite. In der Praxis greift man häufig auf die in der Vergangenheit realisierten durchschnittlichen Renditen langfristiger öffentlicher Anleihen zurück. Festzuhalten bleibt dennoch, dass der Ansatz eines einheitlichen, laufzeitunabhängigen Zinssatzes bei einer nicht flachen Zinsstrukturkurve nur eine Näherungslösung darstellt. Demnach muss jeder Bewerter den zusätzlichen Aufwand für die Ermittlung und das Handling von periodenspezifischen Zinssätzen gegen das Ausmaß des systematischen Bewertungsfehlers für sich selbst abwägen.

Bei Bewertungen im internationalen Kontext ist sicherzustellen, dass die **Währung der Staatsanleihe** mit den geplanten Erträgen bzw. Cashflows des zu bewertenden Unternehmens übereinstimmt, da andernfalls die Vergleichbarkeit mit einem anderen Unternehmen durch ein mögliches Währungsrisiko erschwert werden könnte. Da

4 Vgl. Ernst, D./ Schneider, S./ Thielen, B. (2010), S. 51.

Basiszinsen meist zeitlich auf 5, 10, oder 30 Jahre befristet sind, sollte zudem eine Laufzeit gewählt werden, welcher der Haltefrist der Beteiligung entspricht, um entsprechend auch das Refinanzierungsrisiko zu vermeiden.

In Deutschland sollen gemäß der Vorgabe des Instituts der Wirtschaftsprüfer (IDW) die Basiszinssätze (risikofreie Zinssätze) bei Unternehmensbewertungen aus zukunftsorientierten Zerobond-Zinssätzen abgeleitet werden. Zur Schätzung der Zerobond-Zinssätze wird aus Objektivierungsgründen auf die von der Deutschen Bundesbank verwendete **Svensson-Methode** zurückgegriffen. Bei diesem Schätzansatz wird der Zinssatz als die Summe aus einer Konstanten und verschiedenen Exponentialtermen und als Funktion von insgesamt sechs Parametern definiert. Die Parameter werden börsentäglich veröffentlicht. Eine ausführliche Darstellung der Svensson-Methode mit Beispiel findet sich bei Ernst/Schneider/Thielen.[5]

## Bestimmung der Risikoprämie durch das Capital Asset Pricing Model (CAPM)

Die Eigenkapitalkosten ergeben sich allgemein aus dem risikolosen Zinssatz zuzüglich einer Risikoprämie. Nachdem im vorigen Abschnitt Wege aufgezeigt wurden, die risikofreie Rendite zu bestimmen, fehlt zur Berechnung der Eigenkapitalkosten die Höhe der Risikoprämie. Diese wird üblicherweise mit Hilfe von kapitalmarkttheoretischen Modellen wie beispielsweise dem **Capital Asset Pricing Model** (CAPM) ermittelt.

Beim CAPM handelt es sich um ein Modell, welches Einzelwertrisiken quantifiziert und bewertet, um so eine individuelle Risikoprämie für einzelne Unternehmen bestimmen zu können. Obwohl das CAPM empirisch weder bestätigt noch eindeutig widerlegt wurde, ist es der **internationale Standard** für die Eigenkapitalkostenermittlung und hat sich mittlerweile weltweit durchgesetzt. Gründe hierfür liegen in seiner relativ einfachen Anwendbarkeit und der inhaltlich schlüssigen Argumentation, trotz mitunter stark realitätsfernen Annahmen.

Eine detaillierte Herleitung bzw. Erläuterung des CAPM Modells würde den Rahmen dieses Buches sprengen. Dennoch soll im Folgenden kurz auf die **Grundzüge des CAPM** eingegangen und die wichtigsten Begriffe und Zusammenhänge erläutert werden. Diese werden sich später als hilfreich erweisen, wenn es um die Anpassung der CAPM-Modelle bei der Bewertung im internationalen Kontext geht. Damit die im Folgenden vorgestellte CAPM-Formel nicht ohne Kontext verwendet wird, soll anhand eines kurzen Exkurses erklärt werden, wie sie sich aus der modernen Portfoliotheorie entwickelt hat. Bezüglich einer tieferen Ausarbeitung des Themas sei aber auf einschlägige Lehrbücher zur Unternehmensfinanzierung verwiesen, in denen das CAPM ausführlicher dargestellt wird.[6]

5 Ernst, D./ Schneider, S./ Thielen, B. (2010), S. 52 ff.

6 Eine sehr gute Einführung liefert z.B. Brealey, R./Myers (1984); Spremann, K. (2008) und Steiner, M./Bruns, C. (2007).

### Vorüberlegungen zum CAPM

Ziel des CAPM ist es, die spezifische Risikoprämie für ein Unternehmen zu bestimmen. Bei der Risikoprämie geht es um eine **Entschädigung** für das höhere Risiko, welches ein Investor beim Unternehmenserwerb im Vergleich zu einer alternativen, sicheren Anlage in ein festverzinsliches Wertpapier eingehen muss. Doch wie verhält es sich mit dieser Risikoprämie? Richtet sich diese immer nach der Höhe des Gesamtrisikos des Unternehmens oder muss man differenzieren?

Da das Risiko von Wertpapieren durch **Portfoliobildung** und Diversifizierung teilweise eliminiert werden kann, ist nicht das Gesamtrisiko eines Wertpapiers für die Risikoprämie ausschlaggebend. Lediglich der Teil des Risikos wird berücksichtigt, der nicht durch Diversifikation zu beseitigen ist und demnach vom Markt im Gleichgewicht vergütet wird.[7] Um zwischen diesem diversifizierbaren und nicht-diversifizierbarem Risiko zu unterscheiden, teilt man das Gesamtrisiko eines Wertpapiers in das sogenannte systematische und unsystematische Risiko auf.

Unter dem **unsystematischen Risiko** versteht man alle einzelwirtschaftlichen Risikofaktoren, welche unternehmensspezifisch sind, d.h. nur die wirtschaftliche Lage eines bestimmten Unternehmens beeinflussen.

Hierzu zählen beispielsweise die

- Positionierung am Markt,
- die Konkurrenzfähigkeit der angebotenen Produkte,
- die Existenz von Markteintrittsbarrieren,
- Anzahl und Größe der Wettbewerber,
- die Markteinführung von Substitutionsprodukten,
- der Grad der Abhängigkeit von Kunden oder Lieferanten,
- die Qualität des Managements,
- das unplanmäßige Ausscheiden eines Geschäftsführers oder
- negative Presseberichte (z.B. aufgrund unsauberer Bilanzierungspraktiken).

Diese einzelwirtschaftlichen Faktoren bewirken, dass sich die Renditen der Unternehmen nicht gleichgerichtet entwickeln. Während die Werte einiger Unternehmen steigen, werden diejenigen anderer Unternehmen sinken. Entsprechend kann ein Anleger durch geschickte Auswahl der Einzeltitel sein unsystematisches Risiko verringern bzw. im Optimalfall komplett ausräumen, indem er nicht sein Gesamtvermögen in ein einzelnes Unternehmen investiert, sondern in einem Portfolio streut. Da unsystematische Risiken (zumindest theoretisch) **komplett diversifizierbar** sind, bezahlt der Markt für sie keine Risikoprämie.

7 Vgl. Steiner, M./ Bruns, C. (2007), S. 22.

### Definition: Unsystematisches Risiko

Das unsystematische Risiko umfasst alle einzelwirtschaftlichen Risikofaktoren, welche unternehmensspezifisch sind, d.h. nur die wirtschaftliche Lage eines bestimmten Unternehmens beeinflussen. Beispielhaft seien die Positionierung am Markt, die Konkurrenzfähigkeit der angebotenen Produkte und der Grad der Abhängigkeit von Kunden und Lieferanten genannt. Da das unsystematische Risiko durch Diversifizierung (zumindest theoretisch) eliminiert werden kann, wird vom Markt dafür keine Risikoprämie vergütet.

Unter dem **systematischen Risiko** versteht man alle Einflüsse, die sich aus dem gesamtwirtschaftlichen und politischen Umfeld ergeben. Diese liegen nicht im Einflussbereich der Unternehmensleitung, müssen also von dieser hingenommen werden, weshalb man das systematische Risiko oft auch als allgemeines Marktrisiko bezeichnet. Als Beispiele für systematische Risiken seien

- Konjunkturschwankungen,
- Wechselkursschwankungen,
- Schwankungen der Rohstoffpreise,
- Steuerreformen,
- Änderungen der Lohnnebenkosten,
- Handelsabkommen zwischen Staaten,
- Umweltschutzauflagen,
- Kriege,
- Wahlen,
- Missernten oder
- Naturkatastrophen genannt.

Weil diese Faktoren alle Unternehmen in einer Volkswirtschaft betreffen – allerdings in unterschiedlichem Ausmaß –, können sie von einem Anleger nicht durch Diversifizierung innerhalb der Volkswirtschaft vermieden werden. Lediglich für das systematische Risiko wird eine **Risikoprämie** bezahlt.

### Definition: Systematisches Risiko

Das systematische Risiko umfasst die Einflussfaktoren, die dem generellen gesamtwirtschaftlichen und politischen Umfeld zugerechnet werden können, wie beispielsweise Konjunkturschwankungen, Wechselkursschwankungen, Kriege und Naturkatastrophen. Da sie nicht von der Unternehmensleitung beeinflusst werden können, bezeichnet man das systematische Risiko oft auch als allgemeines Marktrisiko. Lediglich für das systematische Risiko wird vom Markt eine Prämie vergütet.

▶ Abbildung 3.6 veranschaulicht die Beziehung zwischen systematischem und unsystematischem Risiko grafisch und zeigt den Diversifikationseffekt auf.

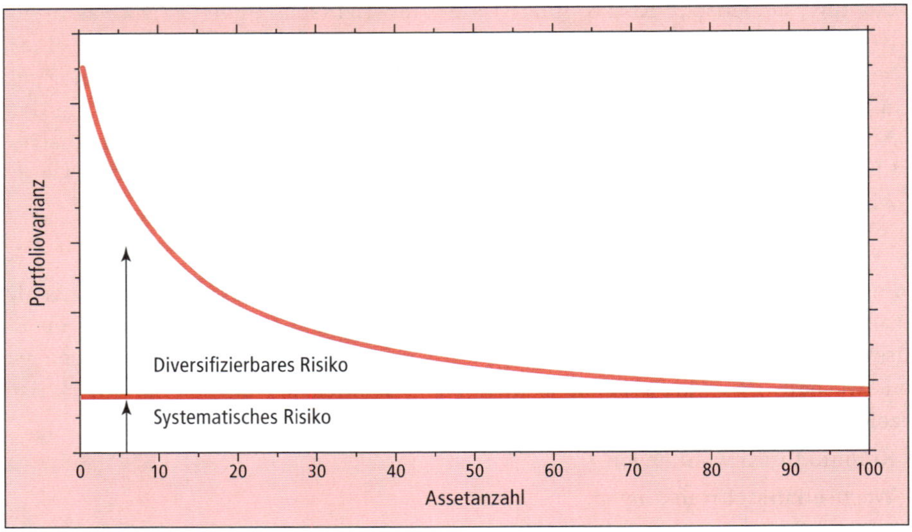


**Abbildung 3.6:** Diversifikationseffekt – systematisches und unsystematisches Risiko

Mit zunehmender Anzahl von Wertpapieren im Portfolio sinkt das unsystematische Risiko. Geht man von einem Portfolio mit einer hohen Anzahl an Wertpapieren aus, ist lediglich das systematische Risiko relevant.

### Prämissen des CAPM

Das CAPM ist ein Modell, das auf restriktiven Annahmen beruht. Die wichtigsten dieser Prämissen sind unter anderem:

- Die Annahme eines vollkommenen Kapitalmarktes, d.h. es existieren für den Kauf oder Verkauf von Wertpapieren keine Informations- und Transaktionskosten, keine Steuern oder sonstigen Beschränkungen wie z.B. Marktregulierungen.
- Die Marktmacht einzelner Investoren wird als gering angesehen, d.h. sie haben keinen Einfluss auf die Marktpreise.
- Die Anzahl der Anlagen ist festgelegt, alle Anlagen sind marktfähig und beliebig teilbar.
- Bezüglich der Wertpapierrenditen und deren Risiko haben alle Investoren homogene Erwartungen.
- Es existiert eine risikofreie Anlage, zu welcher unbegrenzt Geld aufgenommen oder angelegt werden kann.

### Anwendung des CAPM – Berechnung der Eigenkapitalkosten

Das CAPM geht davon aus, dass sich die Eigenkapitalkosten als Rendite einer risikofreien Rendite ($r_f$) zuzüglich einer Risikoprämie ($RP$) ergeben. Die **Risikoprämie** berechnet sich als Produkt aus der Marktrisikoprämie (*MRP*) und dem unternehmensspezifischen Betafaktor ($\beta_i$) (vgl. ▶ Formel 3.3).

$$r_{EK} = r_f + RP \quad \text{mit } RP = MRP \cdot \beta_i$$

$$r_{EK} = r_f + \beta_i \cdot MRP \tag{3.3}$$

| | | |
|---|---|---|
| $r_{EK}$ | = | Eigenkapitalkosten |
| $r_f$ | = | risikofreie Rendite |
| $RP$ | = | (unternehmensspezifische) Risikoprämie |
| $MRP$ | = | Marktrisikoprämie |
| $\beta_i$ | = | unternehmensspezifischer Betafaktor |

Die drei wesentlichen Bestandteile für die Ermittlung der Eigenkapitalkosten nach dem CAPM sind demnach

- der Basiszins für eine risikofreie Anlage (z.B. Staatsanleihen höchster Bonität),
- die Marktrisikoprämie für Investitionen in Eigenkapitalanlagen, d.h. die Differenz zwischen der Rendite einer Eigenkapitalanlage und dem Basiszins einer risikofreien Anlage und
- der spezifische Risikozuschlag für das zu bewertende Unternehmen, welcher im CAPM als Betafaktor bezeichnet wird.

Da die Bestimmung des Basiszinssatzes bereits im vorigen Abschnitt erläutert wurde, wird im Folgenden lediglich auf die Marktrisikoprämie und den spezifischen Risikozuschlag, bzw. den Betafaktor, eingegangen.

### Marktrisikoprämie

Auf perfekten Kapitalmärkten – eine der Grundannahmen des CAPM – besteht für die Anleger die Möglichkeit, in ein **perfekt diversifiziertes Marktportfolio** zu investieren. Das unsystematische Risiko der Einzeltitel wird durch Diversifikation eliminiert und deshalb innerhalb des CAPM nicht vergütet. Im Vergleich zur risikofreien Anlage unterliegt das Marktportfolio jedoch dem systematischen Risiko (Marktrisiko), weshalb ein Anleger bei einer Investition in das Marktportfolio eine Risikoprämie einfordern wird, die sogenannte Marktrisikoprämie. Die Marktrisikoprämie kann somit als Marktpreis des (systematischen) Risikos interpretiert werden.

#### Definition: Marktrisikoprämie

Die Marktrisikoprämie stellt den Marktpreis des (systematischen) Risikos dar. Man kann sie als einen Aufschlag verstehen, den ein Investor als Ausgleich für die Übernahme des systematischen Risikos verlangt, wenn er in das Marktportfolio investiert.

Da die Marktrisikoprämie in die Berechnung des Diskontierungszinssatzes einfließt, mit welchem zukünftige Zahlungsströme diskontiert werden, sollte im Rahmen einer Unternehmensbewertung auch die in Zukunft prognostizierte Marktrisikoprämie, die sogenannte **Markterwartungsrisikoprämie**, verwendet werden. In der Regel basiert die prognostizierte Risikoprämie auf historischen Schätzwerten. Empirisch lässt sich die (historische) Marktrisikoprämie durch Vergleich des langfristigen geometrischen Mittels der Rendite von Aktien mit dem geometrischen Mittel der Rendite langfristiger Staatsanleihen ermitteln. Die Aktienrendite lässt sich hierbei anhand von Indizes approximieren, für Deutschland beispielsweise durch den DAX oder den MDAX.

Rechnerisch ergibt sich die Marktrisikoprämie als Differenz zwischen der erwarteten Rendite des Marktportfolios und der risikofreien Rendite (vgl. ▶ Formel 3.4)

$$MRP = E(r_m) - r_f \tag{3.4}$$

| | | |
|---|---|---|
| $MRP$ | = | Marktrisikoprämie |
| $E(r_m)$ | = | Erwartungswert der Rendite des Marktportfolios |
| $r_f$ | = | risikofreie Rendite |

### Betafaktor

Für die Berechnung der Eigenkapitalkosten eines Unternehmens ist aber nicht nur die Marktrisikoprämie von Bedeutung, sondern die für dieses Unternehmen geforderte **spezifische Risikoprämie**. Diese spezifische Risikoprämie kommt im Betafaktor zum Ausdruck. Als relatives Risikomaß beschreibt der Betafaktor, in welchem Ausmaß die Einzelrendite des betreffenden Unternehmens die Veränderungen der Rendite des Marktportfolios nachvollzieht. Durch Multiplikation der Marktrisikoprämie mit dem unternehmensspezifischen Betafaktor (vgl. ▶ Formel 3.3) kann die für ein Unternehmen spezifische Risikoprämie berechnet werden. Diese verhält sich proportional zum systematischen Risiko des Unternehmens nach Höhe der Marktrisikoprämie (dem Marktpreis für das Risiko).

#### Definition: Betafaktor

Der Betafaktor ist ein Maß für das systematische Risiko eines bestimmten Unternehmens. Als relatives Risikomaß beschreibt er, in welchem Ausmaß die Einzelrendite des betreffenden Unternehmens die Veränderungen der Rendite des Marktportfolios nachvollzieht.

Der Betafaktor wird auch als **Volatilitätsmaß** bezeichnet, da er die Schwankungsbreite der Kurse einer Anlage ins Verhältnis zur Schwankungsbreite der Kurse des gesamten Aktienmarktes, also der Marktrendite, setzt. Mathematisch errechnet sich der Betafaktor als Quotient der Kovarianz der Rendite der Anlage $j$ mit der Rendite des Marktportfolios $Cov(r_j, r_m)$ und der Varianz der Rendite des Marktportfolios $Var(r_m)$ (vgl. ▶ Formel 3.5).

$$\beta = \frac{Cov(r_j, r_m)}{Var(r_m)} = \frac{Corr_{j,m} \cdot Staw(r_j)}{Staw(r_m)} \qquad (3.5)$$

Der Korrelationskoeffizient $Corr_{j,m}$ misst, zu welchem Teil das Risiko einer Einzelanlage (in Anteile des Unternehmens *j*) systematisch ist. Das systematische Risiko, absolut gemessen, ist $Corr_{j,m} \cdot Staw(r_j)$, das Produkt aus dem Korrelationskoeffizienten und der Standardabweichung der betreffenden Rendite der Einzelanlage.[8]

Das Beta drückt **zwei Relationen** aus:

1. Wie verhält sich die Zufälligkeit der Einzelanlage, gemessen durch die Standardabweichung $Staw(r_j)$, in Relation zur Zufälligkeit der Marktrendite, gemessen durch die Standardabweichung $Staw(r_m)$.

2. Zu welchem Anteil ist die Zufälligkeit der Einzelanlage systematisch? Dieser Anteil wird durch $Corr_{j,m}$ ausgedrückt.

Der Betafaktor für das Marktportfolio beträgt 1. Da sich die Gesamtmarktschwankung aus der Summe aller Einzelschwankungen ergibt, beträgt auch der durchschnittliche Betafaktor für die Unternehmen ungefähr 1.

- Beta = 1: Ein Betafaktor von 1 bedeutet, dass sich die Einzelrendite einer bestimmten Anlage genau proportional zur Rendite des Marktportfolios verhält: Steigt (sinkt) die Marktrendite z.B. um 2 %, so steigt (sinkt) auch die Einzelrendite um 2 %.
- Beta > 1: Ist der Betafaktor größer als 1, so reagiert das Wertpapier überproportional auf Änderungen der Marktrendite, d.h. die Einzelrendite schwankt stärker als die Marktrendite. Steigt (sinkt) die Marktrendite z.B. um 10 %, so gibt ein Betafaktor von 1,5 an, dass die Rendite des Wertpapiers im selben Zeitraum um 15 % steigt (sinkt).
- Beta < 1: Ein Betafaktor kleiner 1 bedeutet, dass die Einzelrendite einer bestimmten Anlage unterproportional auf Änderungen der Marktrendite reagiert.
- Beta = 0: Eine risikolose Anlage weist keine Renditeschwankung auf, daher ist ihr Betafaktor 0.

Je höher der Betafaktor, desto höher ist die Schwankungsbreite und damit das Risiko des Anlegers und die zu fordernde Risikoprämie.

Bei der Ermittlung des Betafaktors mit Hilfe einer Regressionsanalyse ist noch die **Qualität der Regression** zu berücksichtigen. Je nach Beschaffenheit bzw. Gestalt der Punktewolke wird diese unterschiedlich gut durch eine Gerade repräsentiert. Vom Grad dieser Repräsentation hängt die Güte des aus der Regressionsgeraden resultierenden Betafaktors ab. Ein Maß für die Güte der Regression stellen der Korrelationskoeffizient *r* oder das Bestimmtheitsmaß $r^2$ dar.

8 Vgl. Spremann, K./Ernst, D. (2011), S. 161.

Bei der Überprüfung der Qualität der ermittelten Betafaktoren kann folgende **Faustregel** hilfreich sein:

| | |
|---|---|
| $r^2 < 1/3$ | Es besteht kein linearer Zusammenhang: Der Betafaktor ist nicht aussagekräftig und sollte nicht verwendet werden. |
| $1/3 < r^2 < 2/3$ | Es besteht ein schwach ausgeprägter linearer Zusammenhang: Der Betafaktor ist eingeschränkt aussagekräftig und sollte nur unter Vorbehalt verwendet werden. |
| $r^2 > 2/3$ | Es besteht ein stark ausgeprägter linearer Zusammenhang: Der Betafaktor ist uneingeschränkt aussagekräftig und kann ohne Vorbehalt verwendet werden. |

**Tabelle 3.5:** Faustregel über die Überprüfung der Qualität der ermittelten Betafaktoren

### Ermittlung des Betafaktors aus Vergangenheitswerten

Nachdem der Beta Faktor definiert und erläutert worden ist, soll in den folgenden Abschnitten etwas näher auf seine Besonderheiten eingegangen und insbesondere verschiedene Möglichkeiten seiner Bestimmung aufgezeigt werden.

Der Betafaktor eines Wertpapiers kann mit Hilfe der linearen Regression auf Basis der historischen Renditen des Wertpapiers und des Marktportfolios ermittelt werden. Als Größe für die Rendite des Marktportfolios wird auf **Indizes** zurückgegriffen. Es gilt aber anzumerken, dass diese Indizes lediglich eine Näherung für die Rendite des Marktportfolios widerspiegeln, da sie nicht alle risikobehafteten Anlageformen des Marktportfolios beinhalten. Auch kann die ermittelte Rendite des Marktportfolios je nach Zeithorizont variieren. Ein kürzerer Zeithorizont weist zwar einen höheren Gegenwartsbezug auf, kann dadurch aber auch durch das aktuelle Marktumfeld stark beeinflusst sein, z.B. in einer Rezession oder einer Boomphase. Ein länger gewählter Zeitraum weist normalerweise bessere Schätzwerte für künftige Entwicklungen auf. Zuletzt sei noch genannt, dass sich die Renditen auf liquide Aktien beziehen sollten, die einen gewissen Free Float aufweisen, da sonst die beobachteten Renditen nicht sehr aussagekräftig sind.

Es lässt sich festhalten, dass vor allem folgende drei Komponenten bei der Beta-Berechnung aus historisch beobachteten Renditen zu beachten sind:

- die Wahl des richtigen Index,
- die Wahl des richtigen Zeitraums und
- die Sicherstellung, dass es sich bei den Renditen um liquide Aktien handelt.

Hat man die Renditen ermittelt, trägt man in einem Koordinatensystem für jeden Geschäftstag auf der einen Achse die Rendite des Marktportfolios und auf der anderen die des Wertpapiers ab. In der dabei entstehenden Punktewolke wird mittels des **Prinzips der Kleinsten Quadrate** eine Regressionsgerade derart gelegt, dass sie die Punktewolke optimal abbildet. Die Steigung dieser Regressionsgeraden entspricht dann dem unternehmensspezifischen Betafaktor. Von der Qualität, wie gut die Gerade die Punktewolke abbildet, hängen die Güte der Regressionsgeraden und damit die Aussagekraft des Betafaktors ab. Ein Maß für die **Güte** der Regression stellt der Korrelationskoeffizient $r$ dar. Der Korrelationskoeffizient beschreibt die Stärke des Zusammenhangs und liegt zwischen 1 und −1. Ein Korrelationskoeffizient von 1 (−1) bedeutet, dass ein perfekter positiver (negativer) Zusammenhang besteht, d.h. alle Punkte der Wolke auf der Geraden liegen. Je näher der Korrelationskoeffizient bei 0 ist, desto schwächer ist der Zusammenhang. Je näher der Korrelationskoeffizient bei 1 liegt, desto größer sind die Qualität und damit der Aussagegehalt des Betafaktors. Ein Betafaktor sollte somit immer zusammen mit dem Korrelationskoeffizienten betrachtet werden. Häufig wird jedoch nicht der Korrelationskoeffizient $r$ als Maß genommen, sondern dessen Quadrat, das sogenannte Bestimmtheitsmaß $r^2$.

Eine Problematik bei der Verwendung historisch abgeleiteter Betafaktoren liegt darin, dass sie lediglich einen Vergangenheitsbezug aufweisen und demnach generell gegen eine zukunftsorientierte Unternehmensbewertung verstoßen. Geeigneter wäre es, künftige Betafaktoren zu ermitteln. Historische Betafaktoren können zwar als Näherung für die Zukunfts-Betas herangezogen werden, eine einfache **Extrapolation** der Daten in die Zukunft sollte aber kritisch hinterfragt werden. So sollte beispielsweise untersucht werden, ob die in der Vergangenheit maßgeblichen Risikofaktoren auch in der Zukunft Bestand haben werden. Sollten sich essentielle Änderungen ergeben z.B. aufgrund von Veränderungen des Leistungsprogramms des Unternehmens oder nach Trennung oder Outsourcing einzelner Unternehmensbereiche, müssen die Schätzungen der Zukunfts-Betas angepasst werden. Ungeachtet der konzeptionellen Bedenken wird aufgrund der leichteren Verfügbarkeit und Berechenbarkeit in der internationalen Unternehmensbewertungspraxis in der Regel auf historische Betafaktoren zurückgegriffen und nur bei erwarteten, wesentlichen Änderungen der Risikostruktur Anpassungen auf Basis vereinfachender Annahmen vorgenommen.

## Auswirkungen des Verschuldungsgrades auf den Betafaktor

Wie bereits erwähnt, ist der Betafaktor ein Maß für das systematische Risiko eines Wertpapiers. Das systematische Risiko setzt sich bei teilweiser Fremdfinanzierung aus zwei Komponenten zusammen:

1. Geschäftsrisiko
2. Kapitalstrukturrisiko

Das Geschäftsrisiko wird durch das **Operating Beta** ausgedrückt, das Kapitalstrukturrisiko wird durch das Financial Beta ausgedrückt. Da das Kapitalstrukturrisiko durch den Verschuldungsgrad beeinflusst wird, ist auch der Betafaktor (in seiner Gesamthöhe) vom Verschuldungsgrad abhängig.

Wird ein Unternehmen ausschließlich mit Eigenkapital finanziert, dann existiert kein Kapitalstrukturrisiko. Der für das unverschuldete Unternehmen ermittelte Betafaktor wird auch als **unlevered Beta** $\beta_u$ bezeichnet, er entspricht dem Operating Beta.

Das **Financial Beta**, das die Risiken repräsentiert, die sich aus einer Fremdkapitalfinanzierung ergeben, entspricht der Differenz zwischen den Betafaktoren des verschuldeten Unternehmens und des unverschuldeten Unternehmens ($\beta_v - \beta_u$). Der Betafaktor für das verschuldete Unternehmen wird auch als **levered Beta** $\beta_v$ bezeichnet.

Die geforderte Risikoprämie für ein Wertpapier wird beim Entity-Ansatz und beim Equity-Ansatz immer unter Verwendung des **levered Beta** berechnet. Beim Adjusted Present Value-Ansatz hingegen erfolgt die Diskontierung der operativen Free Cashflows mit der Renditeforderung der EK-Geber für das unverschuldete Unternehmen. Diese wird unter Verwendung des **unlevered Beta** berechnet.

In der einschlägigen Literatur wird häufig folgender Zusammenhang zwischen levered und unlevered Beta konstatiert:

$$\beta_v = \beta_u \cdot \left[1 + (1-t) \cdot \frac{FK}{EK}\right] \text{ bzw.}$$

$$\beta_u = \frac{\beta_v}{1 + (1-t) \cdot \frac{FK}{EK}} \qquad (3.6)$$

| | | |
|---|---|---|
| mit $\beta_v$ | = | Betafaktor des verschuldeten Unternehmens |
| $\beta_u$ | = | Betafaktor des unverschuldeten Unternehmens |
| $t$ | = | Unternehmenssteuersatz |
| $EK$ | = | Marktwert des Eigenkapitals |
| $FK$ | = | Marktwert des Fremdkapitals |

Zu beachten ist, dass in die Berechnung des Verschuldungsgrads ebenso wie bei der WACC-Ermittlung Marktwerte des Eigen- und Fremdkapitals einfließen (Marktwertprinzip der Unternehmensbewertung).

### Bestimmung von Betafaktoren für nicht börsennotierte Unternehmen

Die Betafaktoren für viele börsennotierte Unternehmen werden laufend auf 250 Tage Basis berechnet und in der Finanzpresse oder Online (z.B. Bloomberg, Thomson Financial) veröffentlicht. Ist das zu bewertende Unternehmen nicht börsennotiert, lässt sich der Betafaktor zunächst anhand von **Branchen-Betas** annähern.

Zu besseren Ergebnissen kommt man jedoch, wenn man den Betafaktor des zu bewertenden Unternehmens aus den Betafaktoren vergleichbarer börsennotierter Unternehmen (der sogenannten **Peer-Group**) ableitet.

Da es sich bei den empirisch gewonnenen Betafaktoren der börsennotierten Vergleichsunternehmen ausschließlich um levered Betas handelt, muss die unterschiedliche Kapitalstruktur bei der Berechnung mit berücksichtigt werden. ▶ Abbildung 3.7 zeigt, wie aus den levered Betas der Peer-Group-Unternehmen das levered Beta des zu bewertenden Unternehmens in **vier Schritten** gewonnen wird.

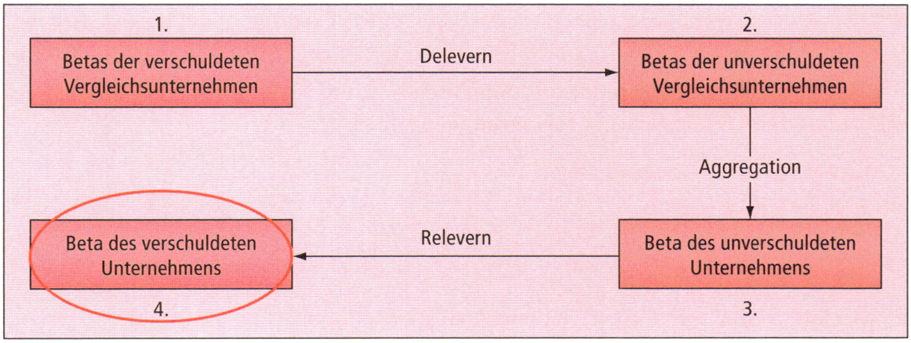


**Abbildung 3.7:** Ableitung des Betas eines verschuldeten Unternehmens[9]

***Schritt 1:***

Im ersten Schritt werden die jeweiligen **levered Betas** der Vergleichsunternehmen ermittelt.

***Schritt 2:***

Die levered Betas werden unter Berücksichtigung des unternehmensspezifischen Verschuldungsgrads und der unternehmensspezifischen Steuerrate entschuldet (**delevered**), so dass daraus die unverschuldeten Betas bereinigt um die unternehmensspezifische Steuerrate resultieren. Das Delevern von Betafaktoren erfolgt durch folgende Gleichung:

Delevern:

$$\beta_u = \frac{\beta_v}{1+(1-t)\cdot\frac{FK}{EK}} \qquad (3.7)$$

| | | |
|---|---|---|
| mit $\beta_v$ | = | Betafaktor des verschuldeten Unternehmens |
| $\beta_u$ | = | Betafaktor des unverschuldeten Unternehmens |
| $t$ | = | Unternehmenssteuersatz |
| $EK$ | = | Marktwert des Eigenkapitals |
| $FK$ | = | Marktwert des Fremdkapitals |

***Schritt 3:***

Die unlevered Betas werden dann, z.B. durch Bildung des Medians oder des arithmetischen Mittels zu einem repräsentativen unlevered Betafaktor **aggregiert**.

9 Entnommen aus Ernst, D./ Schneider, S./ Thielen, B. (2010), S. 66.

*Schritt 4:*

Um zum gesuchten levered Beta für das zu bewertende Unternehmen zu gelangen, muss das unlevered Beta wieder mit dem Verschuldungsgrad und dem Steuersatz des zu bewertenden Unternehmens **relevered** werden.

Die Formel für das Relevern lautet:

$$\beta_v = \beta_u \cdot \left[1 + (1-t) \cdot \frac{FK}{EK}\right] \quad (3.8)$$

Als Vergleich oder zur Plausibilisierung des ermittelten Betafaktors bietet sich die Analyse von Branchenbetas an, sofern diese vorhanden sind.

WWW.PEARSON-STUDIUM.DE CWS COMPANION WEBSITE

**Fallstudie**

Um zunächst die levered Betas der einzelnen Vergleichsunternehmen berechnen zu können, muss eine Regression zwischen einem geeigneten Index und den Vergleichsunternehmen durchgeführt werden. Bei der Suche nach einem geeigneten Index wurden drei Indizes gegen die Renditen der Vergleichsunternehmen regressiert. Bei diesen drei Indizes handelt es sich um den NYSE Composite, den S&P 500 und den Wilshire 5000. Basis der Regression waren sowohl bei den Vergleichsunternehmen als auch bei den Indizes die jeweiligen 250 Tages Renditen aus dem Jahr 2009.[10]

Für jede lineare Regression zwischen Vergleichsunternehmen und Index wurden jeweils ein Beta, ein y-Achsenabschnitt und ein Bestimmtheitsmaß errechnet. Dabei erfolgte die Berechnung des Betas und des y-Achsenabschnitts in Excel 2007 mit Hilfe der RGP-Funktion in Matrix-Form: *{=RGP(Y-Werte;X-Werte;;FALSCH)}*[11]. Die Berechnung des Bestimmtheitsmaßes wurde mittels der Bestimmtheitsmaß-Funktion ermittelt: = *BESTIMMTHEITSMASS (Y-Werte; X-Werte).*

Aus Platzgründen werden im Folgenden lediglich die Regressionen der ersten beiden Unternehmen dargestellt, wobei die Regressionen der anderen Vergleichsunternehmen identisch durchgeführt wurden.

10 Es wurden für die Regression der Aktien- und Indexrenditen die Tage herangezogen, an denen beide, die Aktie und der Index gehandelt wurden und das Handelsvolumen bei beiden nicht Null betrug.

11 Der RGP-Funktion und der von Excel eingezeichneten Trendlinie bzw. Trendfunktion liegen unterschiedliche Berechnungsverfahren zugrunde, wodurch sich die errechneten Beta-Werte in der zweiten oder dritten Nachkommastelle unterscheiden.

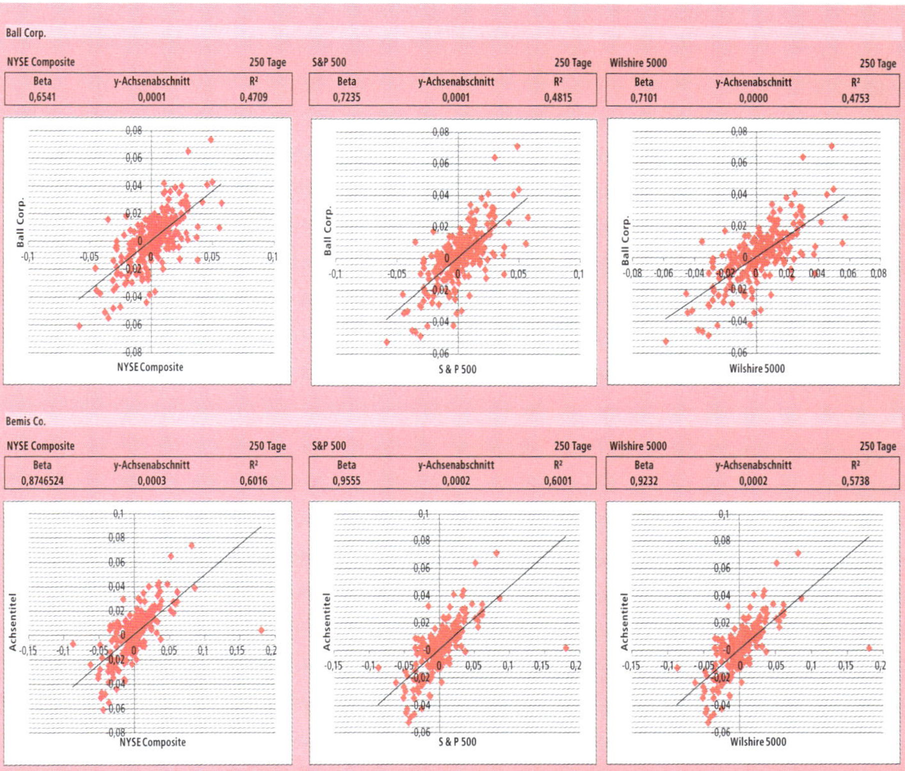


**Abbildung 3.8:** Regressionen zwischen amerikanischen Vergleichsunternehmen und Indizes

Im nächsten Schritt werden die berechneten Betas (hier also levered Betas) und die Bestimmtheitsmaße der einzelnen Regressionen in einer Tabelle zusammengefasst sowie der Mittelwert und der Median bestimmt. Bei jeder Regression ist es wichtig, dass das errechnete Bestimmtheitsmaß, welches die Güte der linearen Approximation darstellt, möglichst hoch ist. Auch bei der Wahl eines geeigneten Index ist darauf zu achten, dass das durchschnittliche Bestimmtheitsmaß der jeweiligen Regressionen möglichst hoch ist. In diesem Fall ist der Median der Bestimmtheitsmaße beim S&P 500 am größten. Daher werden die errechneten Betas dieses Index für die weitere Berechnung herangezogen.

| Unternehmensname | 250Tage Betas | | | | | |
|---|---|---|---|---|---|---|
| | NYSE Composite | | S & P 500 | | Wilshire 5000 | |
| | lev. Beta | R2 | lev. Beta | R2 | lev. Beta | R2 |
| Ball Corp. | 0,4709 | 0,4709 | 0,7235 | 0,4815 | 0,7101 | 0,4753 |
| Bemis Co. | 0,8747 | 0,6016 | 0,9555 | 0,6001 | 0,9232 | 0,5738 |
| CLARCOR Inc. | 0,9580 | 0,4635 | 1,0659 | 0,4796 | 1,0687 | 0,4939 |
| Crown Holdings Inc. | 0,5630 | 0,2758 | 0,6113 | 0,2718 | 0,6110 | 0,2781 |
| Graphic Packaging Intl Corp | 1,9568 | 0,3242 | 2,1773 | 0,3355 | 2,1266 | 0,3279 |
| Greif Inc | 1,1514 | 0,5476 | 1,2459 | 0,5359 | 1,2400 | 0,5439 |
| MeadWestvaco | 1,5146 | 0,6676 | 1,6471 | 0,6599 | 1,6477 | 0,6765 |
| Owens-Illinois | 1,4203 | 0,4269 | 1,5130 | 0,4050 | 1,4869 | 0,4006 |
| Packaging Corp. | 1,3679 | 0,5019 | 1,5107 | 0,5117 | 1,4830 | 0,5052 |
| Pactiv Corp. | 1,0485 | 0,4111 | 1,1376 | 0,4045 | 1,1029 | 0,3895 |
| Rock-Tenn 'A' | 1,1680 | 0,4710 | 1,2629 | 0,4603 | 1,2575 | 0,4675 |
| Sealed Air | 1,1473 | 0,6173 | 1,2378 | 0,6005 | 1,2103 | 0,5882 |
| Sonoco Products | 0,8943 | 0,4665 | 0,9765 | 0,4649 | 0,9573 | 0,4577 |
| **Mittelwert** | 1,1181 | 0,4805 | 1,2358 | 0,4778 | 1,2173 | 0,4752 |
| **Median** | 1,1473 | 0,4709 | 1,2378 | 0,4796 | 1,2103 | 0,4753 |

| Unternehmensname | levered Beta | Bestimmtheitsmaß | FK / EK | Steuersatz | unlevered Beta |
|---|---|---|---|---|---|
| Ball Corp. | 0,7235 | 0,4815 | 50,00% | 25,00% | 0,5261 |
| Bemis Co. | 0,9555 | 0,6001 | 50,00% | 25,00% | 0,6949 |
| CLARCOR Inc. | 1,0659 | 0,4796 | 50,00% | 25,00% | 0,7752 |
| Crown Holdings Inc. | 0,6113 | 0,2718 | 50,00% | 25,00% | 0,4446 |
| Graphic Packaging Intl Corp | 2,1773 | 0,3355 | 50,00% | 25,00% | 1,5835 |
| Greif Inc | 1,2459 | 0,5359 | 50,00% | 25,00% | 0,9061 |
| MeadWestvaco | 1,6471 | 0,6599 | 50,00% | 25,00% | 1,1979 |
| Owens-Illinois | 1,5130 | 0,4050 | 50,00% | 25,00% | 1,1004 |
| Packaging Corp. | 1,5107 | 0,5117 | 50,00% | 25,00% | 1,0987 |
| Pactiv Corp. | 1,1376 | 0,4045 | 50,00% | 25,00% | 0,8273 |
| Rock-Tenn 'A' | 1,2629 | 0,4603 | 50,00% | 25,00% | 0,9185 |
| Sealed Air | 1,2378 | 0,6005 | 50,00% | 25,00% | 0,9002 |
| Sonoco Products | 0,9765 | 0,4649 | 50,00% | 25,00% | 0,7102 |
| **SUMME** | 16,0648 | 6,2111 | | | 11,6835 |
| **Durchschnitt** | 1,2358 | 0,4778 | 50,00% | 25,00% | 0,8987 |
| **Median** | 1,2378 | 0,4796 | | | 0,9002 |

Relevern → 

| relevered Beta |
|---|
| **1,5239** |

**Tabelle 3.6:** Ergebnisse der Regressionen zwischen Vergleichsunternehmen und Indizes

Aus diesen levered Betas werden mithilfe des Verschuldungsgrades und der unternehmensspezifischen Steuerrate die unlevered Betas der einzelnen Vergleichsunternehmen errechnet (siehe ▶ Formel 3.7).

Diese unlevered Betas werden durch Bildung des Median zu einem Betafaktor aggregiert. Dieser aggregierte Betafaktor wird anschließend wieder mit dem Verschuldungsgrad (*FK/EK* = 0,9237) und der unternehmensspezifischen Steuerrate ($t$ = 25%) des zu bewertenden Unternehmens „relevered" (siehe ▶ Formel 3.8). Das daraus berechnete „relevered" Beta wird bei der bevorstehenden Ermittlung der Eigenkapitalkosten verwendet.

## Exkurs: Herleitung der CAPM-Formel aus der modernen Portfoliotheorie

Um ein besseres Verständnis und ein Gespür für die Zusammensetzung der CAPM-Formel (vgl. ▶Formel 3.9) zu bekommen, soll anhand dieses kurzen Exkurses erklärt werden, wie sich das CAPM aus der modernen Portfoliotheorie entwickelt hat.

$$r_{EK} = r_f + \beta_i \cdot MRP \tag{3.9}$$

Das CAPM geht auf SHARPE, LINTNER und MOSSIN[12] zurück und baut auf der modernen Portfoliotheorie, hier insbesondere auf den Erkenntnissen von MARKOWITZ[13] und TOBIN[14] auf.

MARKOWITZ schlug in seinem Portfolio-Selection Modell vor, die Beurteilung von Wertpapieren bei der Zusammenstellung eines Portfolios anhand der Größen „Rendite“ (Erwartungswert) und „Risiko“ (Standardabweichung) in einem **Risk-Return-Diagramm** zu analysieren. Er zeigte, dass durch geeignete Portfoliobildung und Diversifikation einzelner Wertpapiere das Gesamtrisiko gesenkt werden kann. Ein Portfolio gilt dann als „geeignet“ oder im Sprachgebrauch der Portfoliotheorie als „optimal“, wenn es kein anderes Portfolio gibt, dass bei gleicher Rendite ein geringeres Risiko hat bzw. bei gleichem Risiko eine höhere Rendite aufweist. Diese optimalen Portfolios äußern sich grafisch in der sogenannten Effizienzkurve (vgl. ▶Abbildung 3.9).

### Definition: Effizienzkurve

Die Effizienzkurve beschreibt alle optimalen Portfolien, welche hinsichtlich gegebenem Risiko oder gegebener Rendite nicht verbessert werden können.

12 Vgl. Sharpe, W. F. (1964), S. 425 f.; Lintner, J. (1965a), S. 13f; Mossin, J. (1966), S. 768 f.
13 Vgl. Markowitz, H. M. (1952), S. 77-79.
14 Vgl. Tobin, J. (1958).

Ein rationaler Investor wird demnach sein Vermögen in ein Portfolio investieren, das auf dieser Effizienzkurve liegt und das seiner individuellen Risikoneigung entspricht. Problematisch an diesem Modell ist der **Verwaltungsaufwand**, da praktisch unendlich viele optimale Portfolios auf der Effizienzkurve liegen und jeder Investor ein eigenes, für ihn individuelles Portfolio hält.

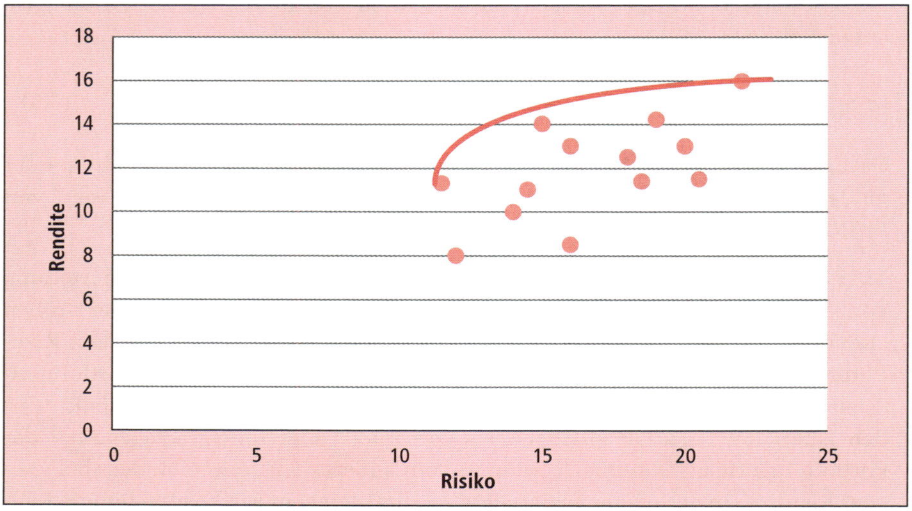


**Abbildung 3.9:** Effizienzkurve im Risk-Return-Diagramm nach Markowitz[15]

JAMES TOBIN[16] erweiterte das Portfolio-Selection Modell von MARKOWITZ, indem er neben risikobehafteten Wertpapieren auch eine sichere Geldanlage als unkorrelierte Anlageform hinzufügte (**Tobinsches Separationstheorem**). Dadurch vereinfachte er die Auswahl des optimalen Portfolios. Haben alle Investoren einheitliche Vorstellungen bezüglich der Rendite-Risiko-Relationen einzelner Wertpapiere, man spricht auch von homogenen Erwartungen, orientieren sie sich an einem idealtypischen Portfolio, dem sogenannten **Marktportfolio**. Im Gleichgewicht teilt nunmehr ein rationaler Investor sein Gesamtvermögen auf dieses einheitliche Marktportfolio einerseits und eine sichere Geldanlage andererseits auf. Grafisch ergibt sich das Marktportfolio, ausgehend von der Rendite der risikolosen Anlage, als Tangentialpunkt der Tangente an der Effizienzkurve (vgl. ▶ Abbildung 3.10). Diese Tangente wird auch als sogenannte **Kapitalmarktlinie** (Capital Market Line, CML) bezeichnet. Sie beschreibt die optimalen Rendite-Risiko-Relationen, welche bei unterschiedlicher Aufteilung des Gesamtvermögens auf das Marktportfolio und auf die sichere Anlage resultieren.

15 Abgeändert übernommen aus Spremann, K. (2008), S. 186.
16 Vgl. Tobin, J. (1958).

## Definition: Kapitalmarktlinie (Capital Market Line)

Die Kapitalmarktlinie beschreibt die optimalen Rendite-Risiko-Relationen, welche bei unterschiedlicher Aufteilung des Gesamtvermögens auf das Marktportfolio und auf die sichere Anlage resultieren können. Sie gibt eine Antwort auf die Frage, welche Rendite man von einem Portfolio im Kapitalmarktgleichgewicht erwarten kann, wenn neben risikotragenden Anlageformen auch eine risikolose Anlagemöglichkeit besteht.

Da ein rationaler Investor sich grundsätzlich für ein Portfolio mit dem höchsten Ertrag bei vorgegebenem Risiko entscheidet, wählt er einen Punkt auf der Kapitalmarktlinie. Je nach **Risikopräferenz** ist dabei der Anteil am Marktportfolio höher oder geringer, d.h. bei höherem Risiko befindet sich der Investor auf der Kapitalmarktlinie näher am Marktportfolio, bei geringerem Risiko näher an der sicheren Anlage.

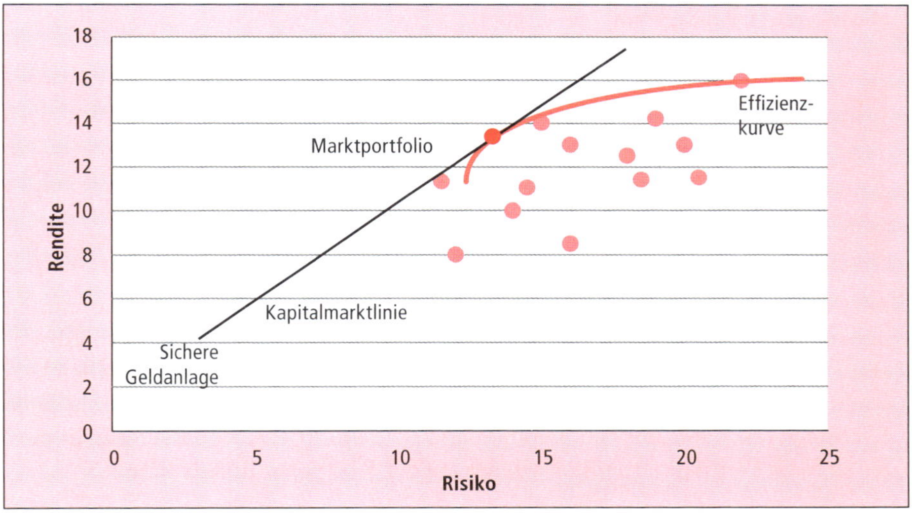


**Abbildung 3.10:** Kapitalmarktlinie[17]

Der Zusammenhang zwischen unternehmensspezifischer Risikoprämie, Marktrisikoprämie, Marktportfolio und den individuellen Wertpapierrenditen kommt in der sogenannten **Wertpapierlinie** (Security Market Line, SML) zum Ausdruck. Sie spezifiziert die CAPM-Gleichgewichtsbedingung zwischen dem Market Return und dem Return der einzelnen Wertpapiere in Bezug auf das systematische Risiko (vgl. ▶ Abbildung 3.11).

17 Abgeändert übernommen aus Spremann, K. (2008), S. 221.

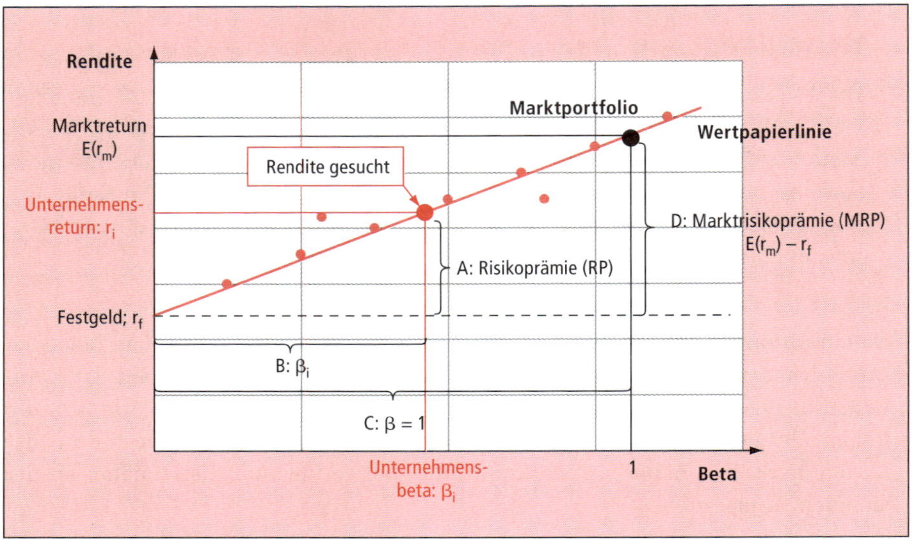


**Abbildung 3.11:** Wertpapierlinie

## Definition: Wertpapierlinie (Security Market Line )

Die Wertpapierlinie spezifiziert die CAPM Gleichgewichtsbedingung zwischen dem Market Return und dem Return der einzelnen Wertpapiere in Bezug auf das systematische Risiko.

Bei Gültigkeit des CAPM befinden sich im Gleichgewicht alle Wertpapierrenditen bzw. Portfoliorenditen auf der Wertpapierlinie (vgl. ▶ Abbildung 3.11). Abweichungen davon sind lediglich gedanklich möglich, während sich das **Gleichgewicht** einstellt. Diese Art der Fehlbewertungen würde aber durch den Angebots-Nachfrage-Mechanismus am Kapitalmarkt schnell zu Preisanpassungen führen, bis sich die Wertpapierrenditen wieder auf der Wertpapierlinie befinden.

Mittels der **Grafik zur Wertpapierlinie** lässt sich nun die allgemeine Form der CAPM Formel leicht aufzeigen (vgl. ▶ Formel 3.10).

$$r_i = r_f + \underbrace{MRP \cdot \beta_i}_{RP_u} \qquad (3.10)$$

mit $RP_u$ = (unternehmensspezifische) Risikoprämie

$r_f$ = risikofreie Rendite

$MRP$ = Marktrisikoprämie

$\beta_i$ = unternehmensspezifischer Betafaktor

Gesucht sei die unternehmensspezifische Risikoprämie, welche der Strecke A aus ▶ Abbildung 3.11 entspricht. Diese kann mithilfe der **Strahlensätze** aus der Mathematik berechnet werden. Diese besagen, dass sich Strecke D zu A verhält wie Strecke C zu B. Setzt man die Werte entsprechend ein, ergibt sich:

$$\frac{D}{A} = \frac{C}{B} \Rightarrow \frac{E(r_m) - r_f}{RP_u} = \frac{1}{\beta_i} \Rightarrow RP_u = [\,E(r_m) - r_f\,] \cdot \beta_i \qquad (3.11)$$

Addiert man zu dieser unternehmensspezifischen Risikoprämie schließlich noch den risikolosen Zinssatz, ergibt sich die Wertpapierrendite, wie sie aus ▶ Formel 3.10 bekannt ist.

## 3.3.2 Ermittlung der Fremdkapitalkosten

Neben den Eigenkapitalkosten gehen auch die Fremdkapitalkosten ($r_{FK}$) in die Berechnung der Kapitalkosten ein. Da viele Unternehmen zu einem nicht unerheblichen Anteil fremdfinanziert sind, kommt auch der Berechnung der Fremdkapitalkosten eine nicht zu vernachlässigende Bedeutung zu. In der Regel setzt sich das Fremdkapital eines Unternehmens aus verschiedenen Positionen mit jeweils unterschiedlichen Konditionen zusammen. Es stellt sich die Frage, welcher Fremdkapitalzinssatz in die Kapitalkosten eingehen soll. **Zwei Ansätze** sind dabei in der Praxis möglich:

- Einerseits kann auf Basis der Zusammensetzung des Fremdkapitals ein gewichteter durchschnittlicher Fremdkapitalkostensatz berechnet werden. Diese Vorgehensweise ist in der Praxis der internationalen Unternehmensbewertung am weitesten verbreitet.
- Anderseits können bei der Ermittlung des WACC mehrere unterschiedliche Fremdkapitalkategorien mit jeweils unterschiedlichen Zinssätzen (und gegebenenfalls individueller Steuerwirkungen) einbezogen werden (vgl. ▶ Formel 3.12).

$$WACC = r_{EK} \cdot \frac{EK}{GK} + r_{FK1} \cdot (1-t) \cdot \frac{FK1}{GK} + r_{FK2} \cdot (1-t) \cdot \frac{FK2}{GK} + \ldots + r_{FKn} \cdot (1-t) \cdot \frac{FKn}{GK} \qquad (3.12)$$

Bei beiden Vorgehensweisen wird davon ausgegangen, dass sich die Fremdkapitalstruktur in Zukunft nicht ändert, sondern **konstant** bleibt. Ansonsten würde die Aussagekraft der berechneten Kostensätze verzerrt und dadurch die Kosten falsch abgebildet werden.

Auch ist darauf hinzuweisen, dass bei der Ermittlung der Fremdkapitalkosten nur **verzinsliches Fremdkapital** berücksichtigt wird. Bei verzinslichem Fremdkapital handelt es sich um jenes Fremdkapital, welches direkte Zinszahlungen verursacht wie beispielsweise Bankkredite, Anleihefinanzierung und dergleichen. Nicht-verzinsliches Fremdkapital wie beispielsweise Verbindlichkeiten aus Lieferungen und Leistungen gehen nicht in die Berechnung mit ein.

## Definition: Verzinsliches Fremdkapital

Bei verzinslichem Fremdkapital (auch als zinstragende Verbindlichkeiten bezeichnet) handelt es sich um jenes Fremdkapital, welches direkte Zinszahlungen verursacht, beispielsweise Bankkredite und Anleihenfinanzierung.

Weiterhin gilt es bei der Berechnung der Fremdkapitalkosten zu beachten, dass nicht die von dem zu bewertenden Unternehmen zum Bewertungsstichtag vereinbarten Fremdkapitalkonditionen, sondern immer die aktuell für Fremdkapital mit vergleichbarem Risiko zu zahlenden **Marktkonditionen** heranzuziehen sind.

In der Praxis wird mitunter aus Vereinfachungsgründen gleichwohl auf den durch das Unternehmen **durchschnittlich zu zahlenden Zinssatz** zurückgegriffen. Dieses Vorgehen kann bei Abweichungen dieses Zinssatzes von der Marktrendite jedoch zu Verzerrungen beim berechneten Unternehmenswert führen. Bei derartigen Vereinfachungen ist darauf zu achten, wann die Kredite zur Zinsanpassung anstehen und welche Zinsen im Anschluss daran vereinbart werden.[18]

Entsprechend dem Eigenkapitalzins setzt sich der Fremdkapitalzins aus zwei Komponenten zusammen, dem risikolosen Zinssatz und einem Risikozuschlag, welcher von der Bonität des Schuldners abhängig ist und auch als **Spread** bezeichnet wird (vgl. ▶ Formel 3.13).

$$r_{FK} = r_f + \text{Risikozuschlag (Spread)} \qquad (3.13)$$

Die Bestimmung des risikolosen Zinssatzes wurde bereits beschrieben. Während die Risikoprämie bei der Bestimmung des Eigenkapitalkostensatzes mittels CAPM berechnet wurde, stellt sich nun die Frage, wie man den **Risikozuschlag** innerhalb des Fremdkapitalkostensatzes bestimmt. Hierbei ist zu unterscheiden, ob es sich um

- ein Unternehmen mit Rating oder
- ein Unternehmen ohne Rating

handelt.

**Unternehmen mit Rating:**

Sofern das Unternehmen ein Rating besitzt, lassen sich die Fremdkapitalkosten aus dem risikofreien Zinssatz zuzüglich dem Risikozuschlag (Spread) für die **Unternehmensanleihe gleichen Risikos** ableiten. Dabei wird der Spread als gewogener Durchschnitt der aktuellen Umlaufrenditen der Anleihen von Schuldnern mit gleichem Rating berechnet. Da die Zinsniveaus zwischen Ländern zum Teil erheblich differieren, dürfen jedoch nur Schuldner aus dem gleichen Währungsraum in den Vergleich einbezogen werden. Dieses Verfahren wird in ▶ Tabelle 3.7 verdeutlicht:

18 Vgl. Ernst, D./ Schneider, S./ Thielen, B. (2010), S. 75.

| Ermittlung der Fremdkapitalkosten mit Rating | | | |
|---|---|---|---|
| Rating | Spread (bps) | Staatsanleihe (LZ: 10 J.) | **Fremdkapitalkosten** |
| AAA | 5 | 4,50% | **4,55%** |
| AA | 17 | 4,50% | **4,67%** |
| A | 38 | 4,50% | **4,88%** |
| BBB+ | 59 | 4,50% | **5,09%** |
| BBB | 87 | 4,50% | **5,37%** |
| BBB- | 132 | 4,50% | **5,82%** |

**Tabelle 3.7:** Ermittlung der Fremdkapitalkosten mit Rating[19]

Leider ist häufig für das zu bewertende Unternehmen kein Rating verfügbar. In solch einem Fall versucht man das zu bewertende Unternehmen mit bekannten Firmen zu vergleichen, welche ein Rating besitzen, um so eine Näherung zu erhalten.

**Unternehmen ohne Rating:**

Liegt für das Unternehmen kein öffentlich zugängliches Rating vor, werden durch Befragung von Banken die aktuellen Marktkonditionen für die Fremdfinanzierung eines Unternehmens mit **ähnlicher Finanzierungsstruktur** ermittelt. Dieser Wert kann plausibilisiert werden, indem die effektiv gezahlten Zinsen (Zinsaufwand) durch die Summe der einzelnen zinstragenden Verbindlichkeiten (kurz- und langfristige Bankverbindlichkeiten, evtl. auch Gesellschafterdarlehen) geteilt werden. Hieraus ergibt sich der durchschnittliche Fremdkapitalkostensatz des zu bewertenden Unternehmens aus der Vergangenheit.

$$r_{FK} = \frac{\text{Zinsaufwand}}{\text{Zinstragende Verbindlichkeiten}} \qquad (3.14)$$

Der Fremdkapitalzins für das Fremdkapital stellt die **Renditeforderung** der Fremdkapitalgeber dar. Diese Renditeforderung entspricht jedoch nicht den **Fremdkapitalkosten** des Unternehmens. Aufgrund der steuerlichen Abzugsfähigkeit von Zinsaufwendungen senkt die Aufnahme von Fremdkapital die vom Unternehmen zu zahlenden Steuern. Dieser Einfluss der Fremdkapitalfinanzierung auf die Steuerbelastung des Unternehmens wird als Tax Shield bezeichnet. Die effektiven Kosten des Fremdkapitals entsprechen also den zu zahlenden Zinsen abzüglich sämtlicher Steuerermäßigungen für das Unternehmen:

$$\text{Fremdkapitalkosten} = r_{FK} - r_{FK} \cdot t = r_{FK} \cdot (1-t) \qquad (3.15)$$

$r_{FK}$ = Renditeforderung der Fremdkapitalgeber

$r_{FK} \cdot t$ = Tax Shield (Steuerersparnis)

$t$ = Unternehmenssteuersatz

19 Eigene Darstellung mit willkürlichen Beispieldaten.

**Definition: Tax Shield**

Die Steuerersparnis, welche sich aufgrund der steuerlichen Abzugsfähigkeit von Zinsaufwendungen bei Fremdkapital ergibt, wird als Tax Shield bezeichnet. Sie entspricht dem „Steuer-Schutz", den Fremdkapital vor Eigenkapital besitzt.

### 3.3.3 Bestimmung der gewichteten Kapitalstruktur

Neben den Eigen- und Fremdkapitalkosten ist bei der Ermittlung des WACC auch die gewichtete Kapitalstruktur, also die jeweilige Fremd- und Eigenkapitalquote, entscheidend.

Für die Gewichtung der Kapitalstruktur innerhalb des WACC-Ansatzes können folgende **Vorgehensweisen** unterschieden werden, welche im Folgenden näher erläutert werden sollen:

Gewichtung der Kapitalstruktur nach

- Marktwerten,
- einer vom Management des Unternehmens geplanten, vorgegebenen Kapitalstruktur,
- einer berechneten Zielkapitalstruktur oder
- einer periodenspezifischen Kapitalstruktur.

#### Gewichtung der Kapitalkosten nach Marktwerten

Aus Vereinfachungsgründen geht der WACC in seiner einfachen Form häufig von einem über die Lebensdauer des Unternehmens **konstanten Diskontierungszinssatz** aus. Dies impliziert neben konstanten Eigen- und Fremdkapitalkostensätzen auch eine konstante mit Marktwerten gewichtete Kapitalstruktur, d.h. ein konstantes Verhältnis zwischen Eigen- und Fremdkapital auf Marktwertbasis über die gesamte Planungsperiode. So wird die Kapitalstruktur des Unternehmens am Bewertungsstichtag auch als künftige Kapitalstruktur angenommen. Dies ist solange unproblematisch, wie keine wesentlichen Änderungen der Kapitalstruktur geplant werden. Sollte dies jedoch der Fall sein, kann es zu erheblichen Fehleinschätzungen kommen.

#### Marktwert des Fremdkapitals

Bei der Ermittlung des Marktwerts des Fremdkapitals wird sehr häufig unterstellt, dass der Marktwert des Fremdkapitals durch dessen Buchwert hinreichend repräsentiert wird. Diese Annahme trifft dann zu, wenn die gegenwärtigen Fremdkapitalkonditionen von den vereinbarten Kreditkonditionen nicht wesentlich abweichen. Falls die vereinbarten Zinssätze von den derzeit am Markt geltenden Konditionen signifikant abweichen, sollten die **Marktwerte** separat bestimmt werden. Dies gelingt, indem die Marktwerte durch Diskontierung der zukünftigen Zins- und Tilgungszahlungen mit den aktuellen Kreditkonditionen über die Laufzeit des Fremdkapitals berechnet werden.[20] In diesem Fall sollte der Diskontierungszinssatz dem gegenwärtigen Marktzins einer vergleichbaren Refinanzierung mit ähnlichem Risiko und gleicher Laufzeit entsprechen.

Je weiter der vereinbarte Fremdkapitalzins über dem aktuellen Marktzins liegt, desto höher ist der Marktwert des Fremdkapitals im Vergleich zum Buchwert des Fremdkapitals.

### Marktwert des Eigenkapitals

Bei der Berechnung des Marktwerts des Eigenkapitals besteht ein **Zirkularitätsproblem**. Dieses kann wie folgt beschrieben werden: Für die Berechnung des korrekten Kapitalkostensatzes WACC benötigt man den Marktwert des Eigenkapitals als Input. Der Marktwert des Eigenkapitals soll jedoch erst als Ergebnis der Unternehmensbewertung – durch Diskontierung der bewertungsrelevanten Cashflows mit dem WACC – berechnet werden. ▶ Abbildung 3.12 stellt das Zirkularitätsproblem grafisch dar.

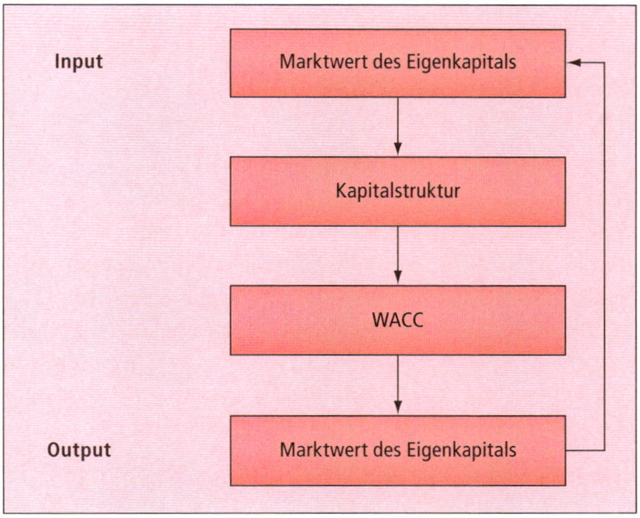


**Abbildung 3.12:** Zirkularitätsproblem[21]

Das Zirkularitätsproblem kann zum einen „händisch" in einigen Schritten mit Hilfe der **Newtonschen Iteration** recht einfach gelöst werden. Zum anderen kann mittels moderner **Spread-Sheet-Programme** wie beispielsweise Microsoft Excel die Iteration von der Software durchgeführt werden. Die Lösung ist ebenfalls iterativ und verläuft analog zur „händischen" Iteration: Zunächst wird der Marktwert des Eigenkapitals geschätzt, welcher dann zur Berechnung eines vorläufigen Diskontierungszinssatzes verwendet wird. Mit Hilfe dieses vorläufigen WACC wird durch Diskontierung der bewertungsrelevanten Cashflows ein Marktwert des Eigenkapitals bestimmt. Im Nor-

20 Vgl. Ernst, D./ Schneider, S./ Thielen, B. (2010), S. 47.

21 Abbildung entnommen aus Ernst, D./ Schneider, S./ Thielen, B. (2010), S. 49.

malfall weicht der gefundene Marktwert vom ursprünglich angenommen Marktwert ab, weshalb in einem zweiten Näherungsschritt die Schätzung angepasst werden muss und ein Wert gewählt werden muss, welcher zwischen der ursprünglichen Schätzung und dem Ergebnis liegt. Es werden so viele Iterationsschritte durchgeführt, bis der aus der Diskontierung resultierende Eigenkapitalwert und der zur Berechnung des WACC unterstellte Eigenkapitalwert übereinstimmen.

Liegt der Finanzplanung eines Unternehmens keine konstante Kapitalstruktur zugrunde, führt das Grundmodell zu falschen Bewertungsergebnissen. Als Lösungsansätze bieten sich hier an, entweder eine **Zielkapitalstruktur** zugrunde zu legen oder für jede Planperiode die genaue Kapitalstruktur zu berechnen und **periodenspezifische WACCs** zu ermitteln.

WWW.PEARSON-STUDIUM.DE CWS COMPANION WEBSITE

**Fallstudie** Bei der Bestimmung der gewichteten Kapitalkosten müssen sowohl Eigen- als auch Fremdkapitalkosten ermittelt werden.

In unserem Beispiel gehen wir davon aus, dass die Eigenkapitalkosten nicht vorgegeben werden und zunächst mit Hilfe von kapitalmarkttheoretischen Modellen abgeleitet werden müssen. Die Eigenkapitalkosten ergeben sich wie bereits beschrieben aus der Summe des risikolosen Zinssatzes und der Risikoprämie.

Der risikolose Zinssatz wird in unserem Beispiel aus der durchschnittlichen Rendite eines US Treasury Bonds (in US-$) mit einer Restlaufzeit von 17 Jahren ermittelt und ergibt einen Wert von 4,08%. Für die Ermittlung der Risikoprämie müssen eine Marktrisikoprämie und ein Beta bestimmt werden. Mit der Bestimmung der Marktrisikoprämie haben sich bereits zahlreiche Studien auseinandergesetzt. Wir empfehlen in der Unternehmensbewertungspraxis auf die Ergebnisse von DAMODARAN von der New York University (Stern School) zurück zu greifen. Diese sind stets aktuell und international anerkannt. Die Daten können auf folgender Homepage abgerufen werden:

*http://pages.stern.nyu.edu/~adamodar/New_Home_Page/datafile/ctryprem.html*

▶ Tabelle 3.8 zeigt die aus der Homepage von DAMODARAN entnommenen Marktrisikoprämien Stand 01.01.2011.

| Land | Region | Marktrisikoprämie |
|---|---|---|
| Albania | Eastern Europe & Russia | 11,00% |
| Angola | Africa | 11,00% |
| Argentina | Central and South America | 14,00% |
| Armenia | Eastern Europe & Russia | 9,13% |
| Australia | Australia & New Zealand | 5,00% |
| Austria | Western Europe | 5,00% |
| Azerbaijan | Eastern Europe & Russia | 8,60% |
| Bahamas | Caribbean | 6,73% |
| Bahrain | Middle East | 6,73% |
| Bangladesh | Asia | 9,88% |
| Barbados | Caribbean | 7,63% |
| Belarus | Eastern Europe & Russia | 11,00% |
| Belgium | Western Europe | 5,38% |
| Belize | Central and South America | 14,00% |
| Bermuda | Caribbean | 5,75% |
| Bolivia | Central and South America | 11,00% |
| Bosnia and Herzegovina | Eastern Europe & Russia | 12,50% |
| Botswana | Africa | 6,50% |
| Brazil | Central and South America | 8,00% |
| Bulgaria | Eastern Europe & Russia | 8,00% |
| Cambodia | Asia | 12,50% |
| Canada | North America | 5,00% |
| Cayman Islands | Caribbean | 6,05% |
| Chile | Central and South America | 6,05% |
| China | Asia | 6,05% |
| Colombia | Central and South America | 8,00% |
| Costa Rica | Central and South America | 8,00% |
| Croatia | Eastern Europe & Russia | 8,00% |
| Cuba | Caribbean | 15,50% |
| Cyprus | Western Europe | 6,05% |
| Czech Republic | Eastern Europe & Russia | 6,28% |
| Denmark | Western Europe | 5,00% |
| Dominican Republic | Caribbean | 11,00% |

| Land | Region | Marktrisikoprämie |
|---|---|---|
| Ecuador | Central and South America | 20,00% |
| Egypt | Africa | 8,60% |
| El Salvador | Central and South America | 20,00% |
| Estonia | Eastern Europe & Russia | 6,28% |
| Fiji Islands | Asia | 11,00% |
| Finland | Western Europe | 5,00% |
| France | Western Europe | 5,00% |
| Georgia | Western Europe | 9,88% |
| Germany | Western Europe | 5,00% |
| Greece | Western Europe | 8,60% |
| Guatemala | Central and South America | 8,60% |
| Honduras | Central and South America | 12,50% |
| Hong Kong | Asia | 5,38% |
| Hungary | Eastern Europe & Russia | 8,00% |
| Iceland | Western Europe | 8,00% |
| India | Asia | 8,60% |
| Indonesia | Asia | 9,13% |
| Ireland | Western Europe | 7,25% |
| Isle of Man | Financial Center | 5,00% |
| Israel | Middle East | 6,28% |
| Italy | Western Europe | 5,75% |
| Jamaica | Caribbean | 14,00% |
| Japan | Asia | 5,75% |
| Ecuador | Central and South America | 20,00% |
| Egypt | Africa | 8,60% |
| El Salvador | Central and South America | 20,00% |
| Estonia | Eastern Europe & Russia | 6,28% |
| Fiji Islands | Asia | 11,00% |
| Finland | Western Europe | 5,00% |
| France | Western Europe | 5,00% |
| Georgia | Western Europe | 9,88% |
| Germany | Western Europe | 5,00% |
| Greece | Western Europe | 8,60% |

| Land | Region | Marktrisikoprämie |
|---|---|---|
| Guatemala | Central and South America | 8,60% |
| Honduras | Central and South America | 12,50% |
| Hong Kong | Asia | 5,38% |
| Hungary | Eastern Europe & Russia | 8,00% |
| Iceland | Western Europe | 8,00% |
| India | Asia | 8,60% |
| Indonesia | Asia | 9,13% |
| Ireland | Western Europe | 7,25% |
| Isle of Man | Financial Center | 5,00% |
| Israel | Middle East | 6,28% |
| Italy | Western Europe | 5,75% |
| Jamaica | Caribbean | 14,00% |
| Japan | Asia | 5,75% |
| Jordan | Middle East | 8,00% |
| Kazakhstan | Eastern Europe & Russia | 7,63% |
| Korea | Asia | 6,28% |
| Kuwait | Middle East | 5,75% |
| Latvia | Eastern Europe & Russia | 8,00% |
| Lebanon | Middle East | 11,00% |
| Lithuania | Eastern Europe & Russia | 7,25% |
| Luxembourg | Financial Center | 5,00% |
| Macao | Asia | 6,05% |
| Malaysia | Asia | 6,73% |
| Malta | Western Europe | 6,28% |
| Mauritius | Africa | 7,63% |
| Mexico | Central and South America | 7,25% |
| Moldova | Eastern Europe & Russia | 14,00% |
| Mongolia | Asia | 11,00% |
| Montenegro | Eastern Europe & Russia | 9,88% |
| Morocco | Africa | 8,60% |
| Netherlands | Western Europe | 5,00% |
| New Zealand | Australia & New Zealand | 5,00% |
| Nicaragua | Central and South America | 14,00% |

| Land | Region | Marktrisikoprämie |
|---|---|---|
| Norway | Western Europe | 5,00% |
| Oman | Middle East | 6,28% |
| Pakistan | Asia | 14,00% |
| Panama | Central and South America | 8,00% |
| Papua New Guinea | Asia | 11,00% |
| Paraguay | Central and South America | 11,00% |
| Peru | Central and South America | 8,00% |
| Philippines | Asia | 9,88% |
| Poland | Eastern Europe & Russia | 6,50% |
| Portugal | Western Europe | 6,28% |
| Qatar | Middle East | 5,75% |
| Romania | Eastern Europe & Russia | 8,00% |
| Russia | Eastern Europe & Russia | 7,25% |
| Saudi Arabia | Middle East | 6,05% |
| Singapore | Asia | 5,00% |
| Slovakia | Eastern Europe & Russia | 6,28% |
| Slovenia | Eastern Europe & Russia | 5,75% |
| South Africa | Africa | 6,73% |
| Spain | Western Europe | 5,38% |
| Sri Lanka | Asia | 11,00% |
| St, Vincent&the Grenadines | Caribbean | 11,00% |
| Suriname | Caribbean | 9,88% |
| Sweden | Western Europe | 5,00% |
| Switzerland | Western Europe | 5,00% |
| Taiwan | Asia | 6,05% |
| Thailand | Asia | 7,25% |
| Trinidad and Tobago | Caribbean | 7,25% |
| Tunisia | Africa | 7,63% |
| Turkey | Asia | 9,13% |
| Ukraine | Eastern Europe & Russia | 12,50% |
| United Arab Emirates | Middle East | 5,75% |
| United Kingdom | Western Europe | 5,00% |

| Land | Region | Marktrisikoprämie |
|---|---|---|
| United States of America | North America | 5,00% |
| Uruguay | Central and South America | 8,60% |
| Venezuela | Central and South America | 11,00% |
| Vietnam | Asia | 11,00% |

Tabelle 3.8: Werte für die Marktrisikoprämie unterschiedlicher Staaten[22]

Im Zuge dieser Case Study wird eine Marktrisikoprämie von 5% angenommen. Das für diese Berechnung erforderliche Beta wurde bereits bestimmt. Aus der Multiplikation zwischen diesem Beta von 1,52 und der Marktrisikoprämie ergibt sich die gesuchte Risikoprämie in Höhe von 7,62%. Wird diese Risikoprämie mit dem risikolosen Zinssatz addiert, belaufen sich die daraus resultierenden Eigenkapitalkosten auf 11,70% (vgl. ▶ Tabelle 3.9).

Die Ermittlung der Fremdkapitalkosten wurde bereits beschrieben.

In unserem Beispiel werden die Fremdkapitalkosten vor Steuern berechnet, indem der risikolose Zinssatz und ein Risikozuschlag (Spread) addiert werden (siehe ▶ Formel 3.16). Dieser Risikozuschlag ergibt sich aus der Gleichsetzung folgender Formeln:

$$r_{FK} = r_f + \text{Risikozuschlag (Spread)} \tag{3.16}$$

$$r_{FK} = \frac{\text{Zinsaufwand}}{\text{Zinstragende Verbindlichkeiten}} \tag{3.17}$$

Der risikolose Zinssatz $r_f$ ist aus der obigen Berechnung der Eigenkapitalkosten bekannt. Er beträgt 4,08%. Der Zinsaufwand und die zinstragenden Verbindlichkeiten ergeben sich aus der GuV und der Bilanz-Passiva. So lässt sich ein Risikozuschlag von 3,95% ermitteln. Insgesamt ergeben sich Fremdkapitalkosten vor Steuern in Höhe von 8,03%.

Bei der Berechnung der Fremdkapitalkosten nach Steuern wird eine volle Abzugsfähigkeit des Zinsaufwandes vorausgesetzt und ein Unternehmenssteuersatz von 40% angenommen. Die Fremdkapitalkosten nach Steuern ergeben einen Wert von 4,82%.

22 Quelle: *http://pages.stern.nyu.edu/~adamodar/New_Home_Page/datafile/ctryprem.html*

Bei der anschließenden Ermittlung des Eigen- und Fremdkapital-Anteils müssen zunächst die jeweiligen Marktwerte berechnet werden. Hierbei wird man bei der Berechnung des Marktwertes des Eigenkapitals mit dem zuvor in ▶ Abbildung 3.12 dargestellten Zirkularitätsproblem konfrontiert. Wie vorher angedeutet, löst Excel das Problem iterativ und führt so viele Iterationsschritte durch, bis der aus der Diskontierung resultierende Marktwert des Eigenkapitals dem Marktwert des Eigenkapitals entspricht, der in die Berechnung des WACC eingeht.

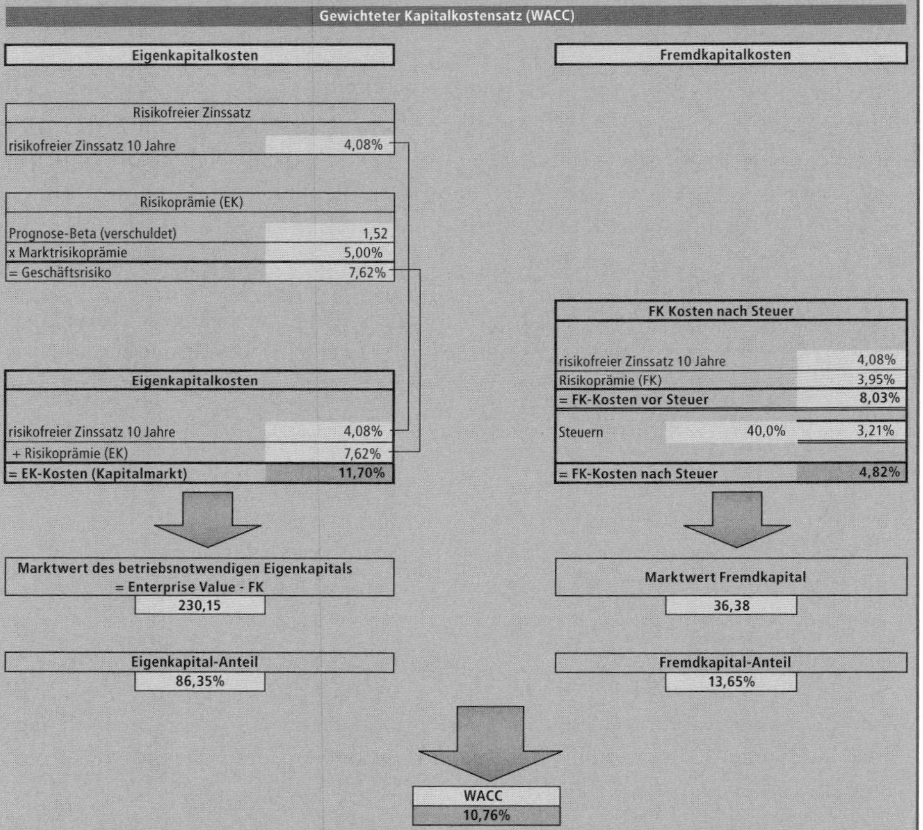


**Tabelle 3.9:** Ermittlung des gewichteten Kapitalkostensatzes (WACC) des Beispielunternehmens

## Gewichtung der Kapitalkosten nach einer vom Management des Unternehmens geplanten bzw. vorgegebenen Kapitalstruktur

Sollte die Veränderung der Kapitalstruktur planbar sein und vom Management des Unternehmen eine vorgegebene Kapitalstruktur angestrebt werden, bietet sich auch an, die Kapitalkosten gemäß dieser angestrebten bzw. vorgegebenen Kapitalstruktur zu gewichten. Als kritisch bei dieser Vorgehensweise erweist sich, dass die Kapitalstruktur wiederum Ergebnis der Unternehmensbewertung ist (Zirkularitätsproblem). Das bedeutet, dass die angestrebte Kapitalstruktur zwar vorgegeben werden kann, ob diese jedoch mit der tatsächlichen Kapitalstruktur später übereinstimmt, ist fraglich. Daher kann es bei Vorgabe einer willkürlichen, nicht fundiert abgeleiteten Kapitalstruktur zu einer Fehlbewertung kommen.

## Gewichtung der Kapitalkosten nach einer Zielkapitalstruktur

Die Problematik einer nicht fundiert vorgegebenen Kapitalstruktur kann dadurch vermieden werden, dass aus dem Modell heraus eine **Zielkapitalstruktur** berechnet wird. Dies erfolgt durch Ableitung einer gewichteten, durchschnittlichen Eigenkapitalquote.

Die Grundidee der Verwendung einer Zielkapitalstruktur besteht darin, die Eigenkapitalquote zum Bewertungszeitpunkt und die Eigenkapitalquote im Terminal Value (Endwert) so zu gewichten, dass sich als Ergebnis eine Art **repräsentative Eigenkapitalquote** ergibt. Ziel ist es, ausgehend von der gegenwärtigen Kapitalstruktur des Unternehmens die geplante zukünftige Finanzierungspolitik des Unternehmens zu berücksichtigen und in die WACC-Berechnung einfließen zu lassen. Auch bei diesem Ansatz entsteht das bereits erwähnte Zirkularitätsproblem, welches auch hier mit mathematischer Iteration in Excel gelöst werden kann. Die Formel für die durchschnittlich gewichtete Eigenkapitalquote lautet wie folgt (vgl. ▶ Formel 3.18): [23]

$$\frac{EK}{GK} = \frac{1}{2} \cdot \left( \frac{EK_0}{GK_0} + \frac{EK_{TV}}{GK_{TV}} \right) \cdot \left( 1 - \frac{TV_0}{GK_0} \right) + \frac{EK_{TV}}{GK_{TV}} \cdot \frac{TV_0}{GK_0} \tag{3.18}$$

mit $\frac{1}{2} \cdot \left( \frac{EK_0}{GK_0} + \frac{EK_{TV}}{GK_{TV}} \right)$ = durchschnittliche Eigenkapitalquote aus der Eigenkapitalquote zum Zeitpunkt $t = 0$ und der Eigenkapitalquote im Terminal Value

$\left( 1 - \frac{TV_0}{GK_0} \right)$ = Gewichtung des Barwerts der geplanten Cashflows am Gesamtunternehmenswert

$\frac{EK_{TV}}{GK_{TV}}$ = Eigenkapitalquote im Terminal Value

$\frac{TV_0}{GK_0}$ = Gewichtung des Terminal Values am Gesamtunternehmenswert

23 Vgl. Ernst, D./ Schneider, S./ Thielen, B. (2010), S. 49.

## Fallstudie Fortsetzung

**Gewichteter Kapitalkostensatz (WACC mit Zielkapitalstruktur)**

**Eigenkapitalkosten**

| Risikofreier Zinssatz | |
|---|---|
| risikofreier Zinssatz 10 Jahre | 4,08% |

| Risikoprämie (EK) | |
|---|---|
| Prognose-Beta (verschuldet) | 1,52 |
| x Marktrisikoprämie | 5,00% |
| = Geschäftsrisiko | 7,62% |

| Eigenkapitalkosten | |
|---|---|
| risikofreier Zinssatz 10 Jahre | 4,08% |
| + Risikoprämie (EK) | 7,62% |
| **= EK-Kosten (Kapitalmarkt)** | **11,70%** |

**Marktwert des betriebsnotwendigen Eigenkapitals = Enterprise Value - FK**
215,17

**Eigenkapital-Anteil**
89,20%

**Fremdkapitalkosten**

| FK Kosten nach Steuer | | |
|---|---|---|
| risikofreier Zinssatz 10 Jahre | | 4,08% |
| Risikoprämie (FK) | | 3,95% |
| **= FK-Kosten vor Steuer** | | **8,03%** |
| Steuern | 0,0% | 0,00% |
| **= FK-Kosten nach Steuer** | | **8,03%** |

**Marktwert Fremdkapital**
36,38

**Fremdkapital-Anteil**
10,80%

**WACC**
11,30%

**Tabelle 3.10:** Ermittlung des gewichteten Kapitalkostensatzes (WACC) des Beispielunternehmens mit Zielkapitalstruktur

$$EK_0 = 215{,}2$$

$$FK_0 = 36{,}4$$

$$EV_0 = 251{,}6$$

$$FK_{TV} = 29{,}2$$

$$TV = 294{,}4$$

$$TV_0 = 154{,}9$$

Damit ergibt sich folgende durchschnittliche gewichtete Eigenkapitalquote

$$\frac{EK}{GK}=\frac{1}{2}\cdot\left(\frac{215,2}{251,6}+\left(1-\frac{29,2}{294,4}\right)\right)\cdot\left(1-\frac{154,9}{251,6}\right)+\left(1-\frac{29,2}{294,4}\right)\cdot\frac{154,9}{251,5}=89,2\%$$

Somit gehen in die WACC-Formel eine Eigenkapitalquote von 89,2% und eine Fremdkapitalquote von 10,8% ein.

### Gewichtung der Kapitalkosten nach einer periodenspezifischen Kapitalstruktur – der periodenspezifische WACC-Ansatz

Die genauesten Werte für die Kapitalstruktur erhält man, indem diese für jede Periode einzeln berechnet werden. Die **periodenspezifische Kapitalstruktur** ergibt sich bei der Berechnung der periodenspezifischen WACCs. Dieser Ansatz wird in Abschnitt 3.5 vorgestellt.

## 3.4 Berechnung des Unternehmenswerts

Nachdem die bewertungsrelevanten operativen Free Cashflows für die Planperiode ermittelt und Möglichkeiten der Berechnung der gewichteten Kapitalkosten (WACC) aufgezeigt worden sind, kann im nächsten Schritt der **Unternehmenswert** berechnet werden. Vorher ist jedoch noch zu klären, ob die Lebensdauer des Unternehmens auf die Planungsperiode begrenzt ist oder ob von einem längerfristigen Ansatz ausgegangen werden soll.

Grundsätzlich wird in der Unternehmensbewertungspraxis eine unendliche Lebensdauer des Unternehmens unterstellt (**Going Concern**). Für diesen Fall müssten die Cashflows für die gesamte Lebensdauer des Unternehmens für jedes Jahr detailliert geplant und anschließend diskontiert werden. Da dies unmöglich ist, wird für den Zeitraum nach dem Planungshorizont ein Restwert bzw. Terminal Value – auch als Endwert oder Fortführungswert bezeichnet – als Barwert der Cashflows nach der Detailprognoseperiode zum Zeitpunkt des Endes der Detailprognoseperiode berechnet.

Zur Bestimmung des **Fortführungswertes** geht man üblicherweise davon aus, dass der bewertungsrelevante Cashflow eines Unternehmens während der Fortführungsperiode mit einer konstanten Wachstumsrate $g$ wächst bzw. konstant bleibt ($g = 0$). Damit kann der Terminal Value ($TV$) mit Hilfe der Formel für den Barwert einer (konstant wachsenden) ewigen Rente bestimmt werden (Gordon Growth Model):

$$TV=\frac{CF_{TV}}{(i-g)} \qquad (3.19)$$

mit $CF_{TV}$ = normalisierte Höhe des bewertungsrelevanten Cashflows im ersten Jahr nach der Detailprognoseperiode

$i$ = Diskontierungszinssatz

$g$ = erwartete Wachstumsrate des bewertungsrelevanten Cashflows.

In der Bewertungspraxis wird sehr häufig als bewertungsrelevanter Cashflow der letzte Cashflow der Planperiode herangezogen. Dies setzt jedoch voraus, dass für den Detailplanungszeitraum und die Fortführungsperiode ein **identisches Wachstumsszenario** unterstellt wird, d.h. für den gesamten Betrachtungszeitraum ein einheitliches und konstantes Wachstum vorliegt. Häufig wird jedoch für den Detailplanungszeitraum mit einem höheren Wachstum geplant, das dann im Fortführungswert auf einen konservativen Wert angepasst wird. In diesem Fall müsste zur Realisierung des geringeren Wachstums auch nur ein geringerer Anteil des Ergebnisses investiert werden. Bleibt diese Veränderung der Investitionen im Anlagevermögen und im Netto-Umlaufvermögen unberücksichtigt, kommt es zu systematischen und mitunter erheblichen Fehlern beim daraus resultierenden Unternehmenswert. [24]

Nachdem der Terminal Value berechnet worden ist, kann der Unternehmenswert bestimmt werden. Der Unternehmenswert ist der **Barwert der betrieblichen Aktivitäten** des Unternehmens. Man erhält ihn durch Diskontierung der bewertungsrelevanten Cashflows und des Terminal Value mit dem konsistenten Kapitalkostensatz. Dabei wird vereinfachend davon ausgegangen, dass die Cashflows jeweils in voller Höhe am Ende des Geschäftsjahres anfallen. ▶ Abbildung 3.13 verdeutlicht die Technik des Diskontierens.

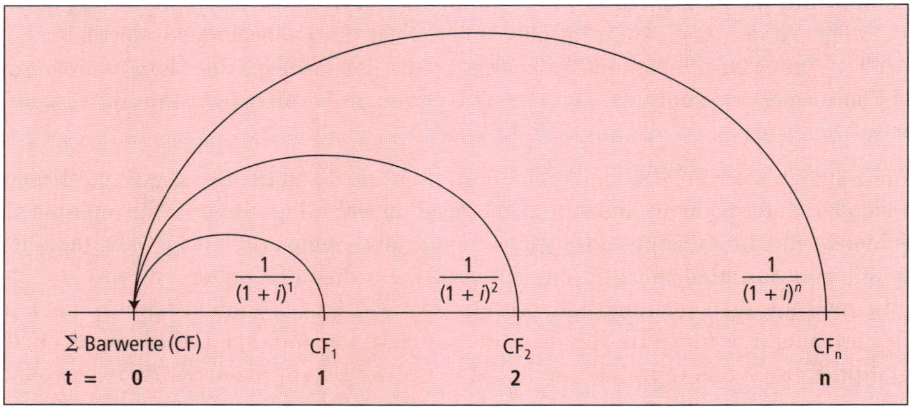


**Abbildung 3.13:** Ermittlung des Barwertes der Cashflows durch Diskontierung

Ist die Unternehmensbewertung zum Geschäftsjahresende des Unternehmens zu erstellen, so fließen nur volle Jahre in die Diskontierung ein. Die Formel zur Berechnung des Gesamtunternehmenswerts nach dem WACC-Ansatz lautet somit:

$$Barwert = \sum_{t=1}^{n} \frac{oFCF_t}{(1+WACC)^t} + \frac{TV_{oFCF}}{(1+WACC)^n} \qquad (3.20)$$

24 Vgl. Ernst, D./ Schneider, S./ Thielen, B. (2010), S. 39.

| | | |
|---|---|---|
| mit $oFCF_t$ | = | operative Free Cashflow des Geschäftsjahres $t$ |
| $WACC$ | = | Weighted Average Cost of Capital |
| $TV$ | = | Terminal Value |
| $n$ | = | Anzahl der Jahre der Detailplanungsperiode |

**Fallstudie**

Nach der Ermittlung der operativen Free Cashflows und des WACC unseres Beispielunternehmens kann im nächsten Schritt der Unternehmenswert berechnet werden. Dafür muss zunächst der Terminal Value anhand der Formel für den Barwert einer (konstant wachsenden) ewigen Rente errechnet werden (siehe ▶ Formel 3.19). In diesem Fall wurde ein Wachstum von 1% angenommen. Im Anschluss können die operativen Free Cashflows unter Verwendung der ▶ Formel 3.20 mit dem iterativ ermittelten WACC über den Planungshorizont diskontiert werden. Zu dem ermittelten Barwert der Cashflows werden die separat zu bewertenden nicht-betriebsnotwendigen Vermögensgegenstände hinzugefügt. Der daraus resultierende Marktwert des Gesamtkapitals wird noch um den Marktwert des Fremdkapitals (36,4 Mio. $) gemindert. Hierbei handelt es sich um den Buchwert des verzinslichen Fremdkapitals, das die kurz- und langfristigen Bankverbindlichkeiten aus der Bilanz-Passiva in $t_0$ umfasst. Daraus ergibt sich ein Unternehmenswert von ca. 251,9 Mio. $ (vgl. ▶ Tabelle 3.11).

| (Absolute Zahlen in Mio. $) | | Plan $t_1$ | Plan $t_2$ | Plan $t_3$ | Plan $t_4$ | Plan $t_5$ | Plan $t_6$ | Endwert TV |
|---|---|---|---|---|---|---|---|---|
| WACC | 10,76% | | | | | | | |
| Multiplikator | | 0,903 | 0,815 | 0,736 | 0,664 | 0,600 | 0,542 | 0,542 |
| operative Free Cashflows (CFs) | | 28,0 | 18,8 | 21,7 | 22,0 | 22,8 | 24,5 | 30,3 |
| Terminal Value | | | | | | | | 310,8 |
| **Barwert der Free Cashflows und des Termina Value** | | **25,3** | **15,3** | **16,0** | **14,6** | **13,7** | **13,3** | **168,3** |
| **Enterprise Value** | **266,5** | | | | | | | |
| + nicht-betriebsnotwendiges Vermögen | - | | | | | | | |
| + liquide Mittel | 21,7 | | | | | | | |
| **Entity Value (Gesamtunternehmenswert)** | **288,2** | | | | | | | |
| ./. zinstragende Verbindlichkeiten $t_0$ | 36,4 | | | | | | | |
| **Equity Value (Wert des Eigenkapitals)** | **251,9** | | | | | | | |

**Tabelle 3.11:** Unternehmenswertberechnung des Beispielunternehmens nach dem WACC-Ansatz

Wird der WACC über die Zielkapitalstruktur ermittelt, ergibt sich ein WACC in Höhe von 11,30%. Daraus resultiert ein Unternehmenswert von ca. 236,9 Mio. $ (vgl. ▶ Tabelle 3.12). Der Unterschied zwischen dem Unternehmenswert nach dem einfachen WACC-Ansatz und dem WACC-Ansatz mit Zielkapitalstruktur ist dadurch zu erklären, dass die Verschuldung während des Planungshorizonts abnimmt. Diese Entwicklung ist in den Kapitalkosten gemäß dem einfachen WACC-Ansatz nicht enthalten. Hier wird die Kapitalstruktur zum Bewertungsstichtag herangezogen und unterstellt, dass diese Kapitalstruktur sich über den Planungshorizont hinweg nicht verändert. Das bedeutet, dass die operativen Free Cashflows mit einem WACC diskontiert werden, der die Zurückführung der Verschuldung nicht berücksichtigt und daher höher ausfällt als der WACC, der mit Hilfe der Zielkapitalstruktur ermittelt wird.

| (Absolute Zahlen in Mio. $) | | Plan $t_1$ | Plan $t_2$ | Plan $t_3$ | Plan $t_4$ | Plan $t_5$ | Plan $t_6$ | Endwert TV |
|---|---|---|---|---|---|---|---|---|
| WACC | 11,30% | | | | | | | |
| Multiplikator | | 0,898 | 0,807 | 0,725 | 0,652 | 0,585 | 0,526 | 0,526 |
| operative Free Cashflows (CFs) | | 28,0 | 18,8 | 21,7 | 22,0 | 22,8 | 24,5 | 30,3 |
| Terminal Value | | | | | | | | 294,4 |
| **Barwert der Free Cashflows und des Termina Value** | | **25,2** | **15,2** | **15,8** | **14,3** | **13,4** | **12,9** | **154,9** |
| **Enterprise Value** | **251,5** | | | | | | | |
| + nicht-betriebsnotwendiges Vermögen | - | | | | | | | |
| + liquide Mittel | 21,7 | | | | | | | |
| **Entity Value (Gesamtunternehmenswert)** | **273,2** | | | | | | | |
| ./. zinstragende Verbindlichkeiten $t_0$ | 36,4 | | | | | | | |
| **Equity Value (Wert des Eigenkapitals)** | **236,9** | | | | | | | |

**Tabelle 3.12:** Unternehmenswertberechnung des Beispielunternehmens nach dem WACC-Ansatz mit Zielkapitalstruktur

## 3.5 Berechnung des Unternehmenswerts mit dem periodenspezifischen WACC-Ansatz

Weist ein Unternehmen in der Planung eine **sich verändernde Kapitalstruktur** auf, ist der periodenspezifische WACC-Ansatz nachdrücklich zu empfehlen. Eine sich verändernde Kapitalstruktur ergibt sich beispielsweise bei Unternehmenskäufen mit Akquisitionsfinanzierungen, bei größeren Investitionen oder bei Gesellschafterwechseln. Da Fremdkapital und Eigenkapital unterschiedliche Kapitalkosten besitzen, hat eine sich verändernde Kapitalstruktur signifikante Auswirkungen auf den Unternehmenswert.

In einem Modell mit periodenspezifischer Berechnung des WACC wird bei der Berechnung des Unternehmenswertes **retrograd** vorgegangen, d.h. vom Terminal Value zum Bewertungsstichtag:[25]

***Schritt 1: Berechnung des WACC für den Terminal Value***

Im ersten Schritt wird der Terminal Value berechnet. Auch in den Modellen mit periodenspezifischer Festlegung des WACC wird dieser nur für die Jahre der Detailplanungsperiode spezifisch ermittelt. Für den Terminal Value besteht weiterhin die Annahme einer **konstanten Zielkapitalstruktur**. Es gilt:

$$TV = \frac{oFCF_{TV}}{WACC_{TV} - g} \tag{3.21}$$

mit $WACC_{TV}$ = periodenspezifischer WACC für den Terminal Value

Durch Einsetzen der Formel für den WACC

$$WACC_{TV} = r_{EK} \cdot \left(1 - \frac{FK_{TV}}{TV}\right) + r_{FK}^{*} \cdot \frac{FK_{TV}}{TV} \tag{3.22}$$

25 Vgl. Ernst, D./ Schneider, S./ Thielen, B. (2010), S. 100.

mit $FK_{TV}$ = Fremdkapitalbestand im Terminal Value

$r_{FK}^{*}$ = Fremdkapitalkosten nach Steuern

kann der **Terminal Value** wie folgt berechnet werden:

$$TV = \frac{oFCF_{TV} + \left(r_{EK} - r_{FK}^{*}\right) \cdot FK_{TV}}{r_{EK} - g} \tag{3.23}$$

Hat man den Wert des Terminal Value berechnet, so kann man nach obigen Formeln auch die Kapitalstruktur und den WACC im Terminal Value bestimmen. Ein Zirkularitätsproblem ergibt sich hier nicht.

***Schritt 2: Berechnung der WACCs für die Detailplanjahre***

Im zweiten Schritt werden der WACC des letzten Detailplanjahres und der Wert zum 1.1. des entsprechenden Jahres ermittelt. Den Wert zum 31.12. der Periode n erhält man, indem man zum Terminal Value den *oFCF* der Periode *n* hinzuaddiert. Damit ergibt sich der **Wert zum 1.1.** als

$$Wert_{1.1.n} = \frac{TV + oFCF_{n}}{(1 + WACC_{n})} \tag{3.24}$$

mit $WACC_n$ = periodenspezifischer WACC der Periode *n*.

Durch Einsetzen der Formel für den WACC

$$WACC_{n} = r_{EK} \cdot \left(1 - \frac{FK_{1.1.n}}{Wert_{1.1.n}}\right) + r_{FK}^{*} \cdot \frac{FK_{1.1.n}}{Wert_{1.1.n}} \tag{3.25}$$

mit $FK_{1.1.n}$ = Fremdkapitalbestand zu Beginn der Periode *n*

ergibt sich der Wert zum 1.1. der Periode n nach der Formel:

$$Wert_{1.1.n} = \frac{Wert_{31.12.n} + \left(r_{EK} - r_{FK}^{*}\right) \cdot FK_{1.1.n}}{1 + r_{EK}} \tag{3.26}$$

Mit Hilfe des Wertes vom 1.1. können wiederum die Kapitalstruktur und damit der WACC für die Periode *n* ermittelt werden.

Schritt für Schritt berechnet man so retrograd jeweils den Wert zum 1.1. der Vorperiode, bis man am Bewertungsstichtag angekommen ist. Dabei gilt:

$$Wert_{31.12.t} = oFCF_{31.12.t} + Wert_{1.1.(t+1)} \tag{3.27}$$

Der daraus für den Bewertungsstichtag resultierende Wert entspricht dem Barwert der Cashflows und des Endwertes.

Der Ansatz des periodenspezifischen WACC spielt in der internationalen Unternehmensbewertung eine **wichtige Rolle**. Da international der WACC-Ansatz dominiert, kann nicht davon ausgegangen werden, dass als Kontrollgröße der Unternehmenswert nach dem Equity-Ansatz ebenfalls berechnet wird. Das Problem des einfachen WACC-Ansatzes besteht darin, dass dieser eine sich verändernde Kapitalstruktur nicht abbildet. Die alleinige Anwendung des einfachen WACC-Ansatzes führt bei einer sich verändernden Kapitalstruktur zu fehlerhaften Ergebnissen. Daher ist nachdrücklich zu empfehlen, auf internationalem Niveau, bei dem der Equity-Ansatz keine Anwendung findet, den Ansatz des periodenspezifischen WACC zu verwenden.

WWW.PEARSON-STUDIUM.DE CWS COMPANION WEBSITE

**Fallstudie**

### Fortsetzung

Der Unternehmenswert wird beim periodenspezifischen WACC retrograd, vom Terminal Value ausgehend berechnet. Für diese Berechnung werden folgende Daten benötigt: Eigen- und Fremdkapitalkosten, operative Free Cashflows, zinstragende Verbindlichkeiten (in diesem Fall kurz- und langfristige Bankverbindlichkeiten) und die Wachstumsrate. Im ersten Schritt wird der Terminal Value unter Anwendung von ▶ Formel 3.21 ermittelt. Im zweiten Schritt lässt sich daraus der periodenspezifische WACC anhand von ▶ Formel 3.22 berechnen. Ausgehend von dem Wert im Terminal Value können mittels ▶ Formel 3.26 und anschließender Berechnung des periodenspezifischen WACC durch ▶ Formel 3.25 alle Werte der einzelnen Perioden Schritt für Schritt berechnet werden. Der zum Ende ermittelte Wert der ersten Periode entspricht dem Barwert der Cashflows inklusive Endwert.

Zu diesem errechneten Barwert werden das separat zu bewertende nichtbetriebsnotwendige Vermögen sowie die liquiden Mittel hinzugefügt. Der daraus resultierende Marktwert des Gesamtkapitals des Beispielunternehmens wird noch um den Marktwert des Fremdkapitals von 36,4 Mio. $ gemindert. Hierbei handelt es sich um den Buchwert des verzinslichen Fremdkapitals, das die kurz- und langfristigen Bankverbindlichkeiten aus der Bilanz-Passiva in $t_0$ umfasst. Daraus ergibt sich ein Unternehmenswert von ca. 246,1 Mio. $.

Aus den Berechnungen ergeben sich folgende Ergebnisse:

| (Absolute Zahlen in Mio. $) | 01.01. $t_1$ | 01.01. $t_2$ | 01.01. $t_3$ | 01.01. $t_4$ | 01.01. $t_5$ | 01.01. $t_6$ | Endwert |
|---|---|---|---|---|---|---|---|
| zinstragende Verbindlichkeiten | 36,4 | 35,0 | 33,7 | 32,5 | 31,2 | 30,1 | 29,0 |
| periodenspezifische EK-Quote | 86,0% | 86,6% | 87,5% | 88,3% | 89,1% | 89,8% | 90,4% |
| periodenspezifischer WACC | 10,74% | 10,78% | 10,84% | 10,90% | 10,95% | 11,00% | 11,04% |
| Wert 01.01.$t_1$ | 260,8 | | | | | | |
| Wert 01.01.$t_2$ | | 260,7 | | | | | |
| Wert 01.01.$t_3$ | | | 270,0 | | | | |
| Wert 01.01.$t_4$ | | | | 277,6 | | | |
| Wert 01.01.$t_5$ | | | | | 285,8 | | |
| Wert 01.01.$t_6$ | | | | | | 294,3 | |
| Wert 01.01.$t_7$ | | | | | | | 302,2 |
| **operativer Free Cashflow (31.12.n)** | **28,0** | **18,8** | **21,7** | **22,0** | **22,8** | **24,5** | **30,3** |

| | |
|---|---|
| **Barwert der CF inkl. Endwert** | **260,8** |
| nicht-betriebsnotw. Vermögen | - |
| liquide Mittel | 21,7 |
| **Entity Value** | **282,5** |
| zinstragende Verbindlichkeiten $t_0$ | 36,4 |
| **Equity Value** | **246,1** |

**Tabelle 3.13:** Berechnung des periodenspezifischen WACC des Beispielunternehmens

Der Unternehmenswert gemäß dem periodenspezifischen WACC liegt zwischen den Werten des einfachen WACC-Ansatzes und des WACC-Ansatzes mit Zielkapitalstruktur. Dieses Ergebnis liegt darin begründet, dass der periodenspezifische WACC die Veränderung der Kapitalstruktur periodengerecht abbildet und Fehlbewertungen durch vereinfachte Annahmen vermeidet. In der Praxis sollten die Unternehmenswerte aus dem Ansatz des **periodenspezifischen WACC** und des **Equity-Ansatzes** sehr nahe beieinander liegen, da beide Ansätze die Veränderung der Kapitalstruktur in der Planungsphase und im Terminal Value genau abbilden.

Mit der Berechnung des Unternehmenswerts enden die Ausführungen zum WACC-Ansatz. In den folgenden Kapiteln werden der APV-Ansatz und der Equity-Ansatz als weitere DCF-Verfahren näher erklärt. Wie zu sehen sein wird, haben einige Bestandteile des WACC-Ansatzes auch für diese Verfahren Gültigkeit. Es wird deshalb an gewissen Stellen immer wieder auf die entsprechenden Schritte innerhalb des WACC-Ansatzes verwiesen. Ziel ist es die Unterschiedlichkeiten innerhalb der Ansätze herauszuarbeiten.

## ZUSAMMENFASSUNG

- Der WACC-Ansatz ist ein Bruttoverfahren, das den Gesamtwert eines Unternehmens berechnet. Dies erfolgt durch Diskontierung der operativen Free Cashflows. Als Diskontierungssatz wird der gewichtete Kapitalkostensatz verwendet, der sowohl die Kosten für Eigen- und Fremdkapital als auch die Finanzierungsstruktur des Unternehmens berücksichtigt.
- Bei den operativen Free Cashflows handelt es sich um Zahlungsüberschüsse, welche dem Unternehmen nach Berücksichtigung aller Auszahlungen innerhalb einer Periode zur freien Verfügung stehen und zur Befriedigung der Ansprüche aller Kapitalgeber – also Fremd- und Eigenkapitalgeber – dienen.
- Die operativen Free Cashflows stellen den Leistungsbereich des Unternehmens dar und zeigen die Ertragskraft, die das Unternehmen aus dem operativen Geschäft ohne Berücksichtigung von Finanzierungsmaßnahmen erwirtschaften kann.
- Der operative Free Cashflow ist finanzierungsneutral, d.h. er wird durch die Finanzierung des Unternehmens nicht beeinflusst. Auch enthält er keine finanzierungsbezogenen Zahlungsströme wie Zinsaufwendungen, Zinserträge, Veränderungen von Finanzschulden oder Dividenden. Auch werden die Unternehmenssteuern ohne Berücksichtigung der steuerlichen Abzugsfähigkeit von Fremdkapital ermittelt.
- Der Finanzierungsbereich wird durch den WACC abgebildet und enthält die Kapitalkosten des Unternehmens und die Gewichtung der Finanzierungsarten.
- Die Eigenkapitalkosten ergeben sich allgemein aus dem risikolosen Zinssatz zuzüglich einer Risikoprämie.
- Die Risikoprämie wird üblicherweise mit Hilfe von kapitalmarkttheoretischen Modellen wie beispielsweise dem Capital Asset Pricing Model (CAPM) ermittelt.
- Beim CAPM handelt es sich um ein Modell, welches Einzelwertrisiken quantifiziert und bewertet, um so eine individuelle Risikoprämie für einzelne Unternehmen bestimmen zu können.
- Der Betafaktor ist ein Maß für das systematische Risiko eines bestimmten Unternehmens. Als relatives Risikomaß beschreibt er, in welchem Ausmaß die Einzelrendite des betreffenden Unternehmens die Veränderungen der Rendite des Marktportfolios nachvollzieht.
- Die Fremdkapitalkosten lassen sich aus dem risikofreien Zinssatz zuzüglich dem Risikozuschlag (Spread) ableiten. Dabei wird der Spread als gewogener Durchschnitt der aktuellen Umlaufrenditen der Anleihen von Schuldnern mit gleichem Rating berechnet.

- Bei der Berechnung des WACC werden die jeweiligen Kapitalkosten des Unternehmens entsprechend dem Anteil des Eigen- und Fremdkapitals am Gesamtkapital gewichtet. Hierbei erfolgt die Gewichtung nicht auf Basis von Buchwerten, sondern auf Basis von Marktwerten. Es gilt das Marktwertprinzip.
- Unternehmen, die im Planungszeitraum eine sich verändernde Kapitalstruktur aufgrund einer Eigenkapitalerhöhung, Eigenkapitalherabsetzung, einer Kreditaufnahme oder Kredittilgung aufweisen, müssen zwingend mit dem periodenspezifischen WACC-Ansatz bewertet werden, um Fehlbewertungen zu vermeiden.

## Aufgaben

**1.** Erläutern Sie anhand des operativen Free Cashflows betriebswirtschaftlich die einzelnen Schritte, die bei der Überleitung von der Ertragsgröße EBIT zur Zahlungsstromgröße operativer Free Cashflow vorgenommen werden. Warum werden diese Schritte unternommen?

**2.** Wie hoch ist der operative Free Cashflow? Folgende Daten des Unternehmens X sind gegeben (in Mio. $):

| | |
|---|---|
| Ergebnis vor Zinsen und Steuern (EBIT): | 120 |
| Adjustierte Steuern auf das EBIT: | 40 |
| Abschreibungen: | 10 |
| Erhöhung von Rückstellungen: | 5 |
| Investitionen in das Anlagevermögen: | 40 |
| Investitionen in das Nettoumlaufvermögen: | 20 |

**3.** Für die Jahre $t(1)$ und $t(2)$ wurden folgende Bilanzpositionen geplant (in Mio. $).

Die Abschreibungen auf das Sachanlagevermögen betragen in $t(2)$ 0,8.

Wie hoch sind die Investitionen in das Sachanlagevermögen?

| Aktiva | $t(1)$ | $t(2)$ |
|---|---|---|
| Finanzanlagen | 0,3 | 0,4 |
| Sachanlagevermögen | 4,8 | 5,1 |
| Immaterielle Vermögensgegenstände | 2,7 | 2,7 |
| **Anlagevermögen** | **7,8** | **8,2** |
| Vorräte | 4,9 | 5,0 |
| Forderungen aus LuL | 5,2 | 5,4 |
| sonst. Umlaufvermögen | 9,8 | 9,6 |
| liquide Mittel | 1,1 | 1,3 |
| **Umlaufvermögen** | **21,0** | **21,3** |
| **Summe Aktiva** | 28,8 | 29,5 |

| Passiva | $t(1)$ | $t(2)$ |
|---|---|---|
| Grundkapital | 0,2 | 0,2 |
| Rücklagen | 4,7 | 4,8 |
| Jahresergebnis | 4,1 | 4,3 |
| **Eigenkapital** | **9,0** | **9,3** |
| langfr. Bankverbindlichkeiten | 6,2 | 6,4 |
| Rückstellungen | 2,1 | 2,4 |
| **langfr. Fremdkapital** | **8,3** | **8,8** |
| kurzfr. Bankverbindlichkeiten | 3,3 | 3,4 |
| Verbindlichkeiten aus LuL | 2,6 | 2,5 |
| sonst. kurzfr. Vbk. | 5,6 | 5,5 |
| **kurzfr. Fremdkapital** | **11,5** | **11,4** |
| **Summe Passiva** | **28,8** | **29,5** |

**4.** Für die Jahre $t(1)$ und $t(2)$ wurden folgende Bilanzpositionen geplant (in Mio. $).

Die Kasse wird als nicht-betriebsnotwendig definiert.

Wie hoch ist das Working Capital?

| **Aktiva** | *t*(1) | *t*(2) |
|---|---|---|
| Finanzanlagen | 0,3 | 0,4 |
| Sachanlagevermögen | 4,8 | 5,1 |
| Immaterielle Vermögensgegenstände | 2,7 | 2,7 |
| **Anlagevermögen** | **7,8** | **8,2** |
| Vorräte | 4,9 | 5,0 |
| Forderungen aus LuL | 5,2 | 5,4 |
| sonst. Umlaufvermögen | 9,8 | 9,6 |
| liquide Mittel | 1,1 | 1,3 |
| **Umlaufvermögen** | **21,0** | **21,3** |
| **Summe Aktiva** | 28,8 | 29,5 |

| **Passiva** | *t*(1) | *t*(2) |
|---|---|---|
| Grundkapital | 0,2 | 0,2 |
| Rücklagen | 4,7 | 4,8 |
| Jahresergebnis | 4,1 | 4,3 |
| **Eigenkapital** | **9,0** | **9,3** |
| langfr. Bankverbindlichkeiten | 6,2 | 6,4 |
| Rückstellungen | 2,1 | 2,4 |
| **langfr. Fremdkapital** | **8,3** | **8,8** |
| kurzfr. Bankverbindlichkeiten | 3,3 | 3,4 |
| Verbindlichkeiten aus LuL | 2,6 | 2,5 |
| sonst. kurzfr. Vbk. | 5,6 | 5,5 |
| **kurzfr. Fremdkapital** | **11,5** | **11,4** |
| **Summe Passiva** | **28,8** | **29,5** |

**5.** Wie hoch ist der WACC? Folgende Werte seien gegeben (in Mio. $, wenn nicht anders angegeben):

| | |
|---|---|
| Die Eigenkapitalkosten betragen: | 11,0% |
| Der Marktwert des EK beträgt: | 55,0 |
| Der Marktwert des FK beträgt: | 85,0 |
| Die Fremdkapitalkosten betragen: | 5,4% |
| Der Steuersatz beträgt: | 30,0% |

**6.** Wie hoch sind gemäß CAPM die Eigenkapitalkosten? Folgende Werte seien gegeben:

Der Erwartungswert der Rendite des Marktportfolios beträgt: 11%

Der risikofreie Zinssatz beträgt: 4%

Das Beta des unverschuldeten Unternehmens beträgt: 1,2

**7.** Wie hoch ist das Beta für die Siemens-Aktie? Folgende Werte seien gegeben:

Der Korrelationskoeffizient der Rendite der Siemens-Aktie mit der Rendite des Marktportfolios beträgt: 0,94

Die Standardabweichung der Rendite des Marktportfolios beträgt: 0,90

Die Standardabweichung der Rendite der Siemens-Aktie beträgt: 0,80

**8.** Wie hoch ist das Beta des verschuldeten Unternehmens? Folgende Ausgangsdaten für die Peer Group börsennotierter Unternehmen sind gegeben:

| | Levered Beta | Steuersatz | Verschuldungsgrad |
|---|---|---|---|
| Unternehmen A | 1,1 | 30% | 1,2 |
| Unternehmen B | 1,3 | 30% | 1,5 |
| Unternehmen C | 1 | 30% | 0,8 |

Das levered Beta eines nicht-börsennotierten Unternehmens soll aus der oben stehenden Peer-Group ermittelt werden. Dabei wird der Mittelwert verwendet.

Folgende Daten sind für das nicht-börsennotierte Unternehmen gegeben:

Steuersatz: 30%

Verschuldungsgrad: 1

**9.** Folgende Daten des Unternehmens X sind gegeben (in Mrd. $):

WACC: 10%

*g* (Wachstumsrate der ewigen Rente) 1%

Bewertungsstichpunkt ist Jahresende *t*(0)

Folgende operativen Free Cashflows werden angenommen:

Jahr *t*(1): 1,4

Jahr *t*(2): 1,3

Jahr *t*(3): 1,6

Jahr *t*(4): 1,7

Jahr *t*(5): 1,8

| | |
|---|---|
| Die zinstragenden Verbindlichkeiten zum Jahresende $t(0)$ betragen: | 0,9 |
| Das nicht-betriebsnotwendige Vermögen beträgt zum Jahresende $t(0)$: | 0,1 |
| Die liquiden Mittel zum Jahresende zum Jahresende $t(0)$ betragen: | 0,4 |

Wie hoch ist der Nettobarwert der gegebenen operativen Free Cashflows (auf eine Nachkommastelle gerundet)?

Wie hoch ist der Nettobarwert der ewigen Rente?

Wie hoch ist der Enterprise Value?

Wie hoch ist der Entity Value?

Wie hoch sind die Netto-Finanzverbindlichkeiten?

Wie hoch ist der Equity Value?

**10.** Wann sollte der periodenspezifische WACC-Ansatz eingesetzt werden?

Die Lösungen zu diesen Aufgaben finden Sie auf der Companion Website zum Buch unter *www.pearson-studium.de*.

# APV-Ansatz



ÜBERBLICK

4

## Lernziele

- Die Konzeption des APV-Ansatzes kennen und erläutern.
- Die Ableitung der operativen Free Cashflows und der Tax Shield Cashflows erklären und selbstständig berechnen.
- Die Eigenkapitalkosten für die Diskontierung der operativen Free Cashflows selbstständig berechnen.
- Die Kapitalkosten für die Diskontierung der Tax Shield Cashflows selbstständig berechnen.
- Den Unternehmenswert mit dem APV-Ansatz selbstständig berechnen.

## 4.1 Die Konzeption des APV-Ansatzes

Der **A**djusted **P**resent **V**alue (APV-)Ansatz zählt wie der WACC-Ansatz zu den **DCF-Bruttoverfahren**. Analog zum Vorgehen beim WACC-Ansatz wird zunächst der Gesamtwert des Unternehmens bestimmt, indem die operativen Free Cashflows (oFCF), welche allen Kapitalgebern zustehen, diskontiert werden. Der **Unterschied** zum WACC-Ansatz liegt jedoch in der abweichenden Berücksichtigung des Einflusses der Kapitalstruktur auf den Unternehmenswert. Während beim WACC-Ansatz eine Trennung in einen Leistungs- und einen Finanzierungsbereich erfolgte und dadurch die bewertungsrelevanten Cashflows finanzierungsneutral, d.h. unabhängig von der Kapitalstruktur waren, wird die **Kapitalstruktur** beim APV-Ansatz bereits auf Cashflow-Ebene mit berücksichtigt. Innerhalb des APV-Ansatzes wird deshalb in einem ersten Schritt der Marktwert des Gesamtkapitals unter der Fiktion der vollständigen Eigenfinanzierung des Unternehmens ermittelt und anschließend in einem zweiten Schritt die Auswirkungen einer Fremdfinanzierung auf den Unternehmenswert in Form eines Tax Shield, einbezogen. Beim Tax Shield handelt es sich wie bereits erläutert um die Steuerersparnis, welche durch die steuerliche Abzugsfähigkeit der Fremdkapitalzinsen entsteht. Auch wenn der APV-Ansatz in der Bewertungspraxis selten Anwendung findet, löst er dennoch das Problem der Steuerersparnis auf Cashflow-Ebene und umgeht somit den systematischen Fehler, den man beim WACC-Ansatz machen und durch Anpassungen innerhalb des Fremdkapitalzinssatzes ausgleichen musste. Mit diesem Lösungsansatz ist jedoch wieder eine Reihe von Fragestellungen verbunden, die aus Sicht der Bewertungspraktiker schwerer wiegen als die Vorteile des APV-Ansatzes.[1]

1 Vgl. Ernst, D./ Schneider, S./ Thielen, B. (2010), S. 29 f. und S.32 ff und Mandl, G./ Rabel, K. (2005), S. 71 f.

## Definition: APV-Ansatz

Der Adjusted Present Value-Ansatz (APV-Ansatz) zählt wie der WACC-Ansatz zu den DCF-Bruttoverfahren. Innerhalb dieses Verfahrens wird in einem ersten Schritt der Marktwert des Gesamtkapitals unter der Fiktion der vollständigen Eigenfinanzierung des Unternehmens ermittelt und anschließend in einem zweiten Schritt die Auswirkung einer Fremdfinanzierung auf den Unternehmenswert in Form eines Tax Shield, das der Steuerersparnis aufgrund der steuerlichen Abzugsfähigkeit der Fremdkapitalzinsen entspricht, berücksichtigt.

Die APV-Bewertung erfolgt in folgenden **Schritten**:

1. Es werden analog zum WACC-Ansatz zunächst die operativen Free Cashflows ermittelt.

2. Die operativen Free Cashflows werden ausschließlich mit der Renditeforderung der Eigenkapitalgeber für das (fiktiv) unverschuldete Unternehmen diskontiert (man bewertet, als ob man kein Fremdkapital besitzen würde).

3. Summiert man den so ermittelten Barwert der oFCF, den Marktwert des nicht-betriebsnotwendigen Vermögens und die liquiden Mittel, erhält man den Marktwert des (fiktiv) unverschuldeten Unternehmens.

4. Um zum Marktwert des Gesamtkapitals des verschuldeten Unternehmens zu gelangen, muss noch der Barwert der Tax Shields addiert werden, in dem die steuermindernde Auswirkung der Fremdfinanzierung des Unternehmens explizit berechnet wird.

5. Addiert man noch den Marktwert des nicht-betriebsnotwendigen Vermögens und zieht vom Marktwert des Gesamtkapitals des Unternehmens den Marktwert der zinstragenden Verbindlichkeiten ab, erhält man den Marktwert des Eigenkapitals.

Die Vorgehensweise beim APV-Ansatz wird in ▶ Abbildung 4.1 grafisch verdeutlicht.

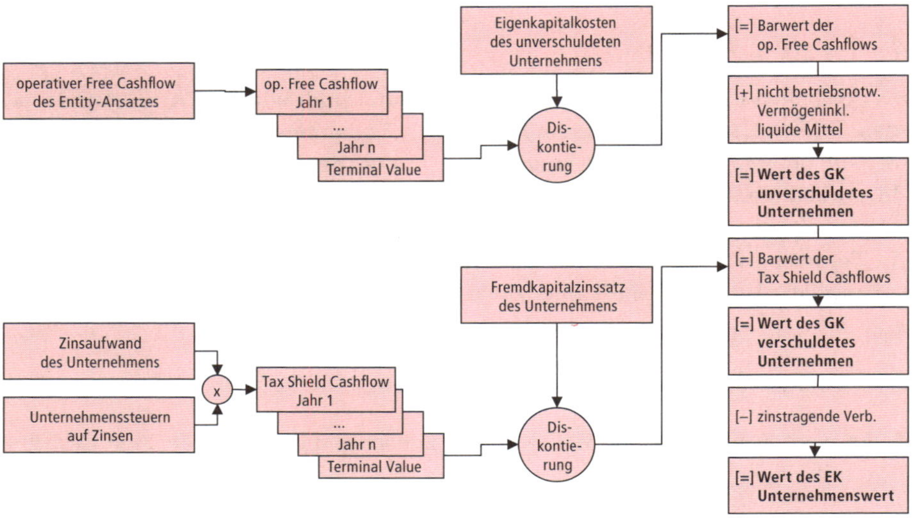


**Abbildung 4.1:** Discounted Cashflow-Methode nach dem APV-Ansatz

## 4.2 Berechnung der operativen Free Cashflows

Für den APV-Ansatz werden **dieselben operativen Free Cashflows** wie für den WACC-Ansatz verwendet. Deshalb sei auf die entsprechenden Ausführungen verwiesen.

**Fallstudie**

Die operativen Free Cashflows unseres Beispielunternehmens werden beim APV-Ansatz genauso wie beim WACC-Ansatz nach dem Schema in ▶ Tabelle 4.1 berechnet.

| (Absolute Zahlen in Mio. $) | | | Plan $t_1$ | Plan $t_2$ | Plan $t_3$ | Plan $t_4$ | Plan $t_5$ | Plan $t_6$ | Plan TV |
|---|---|---|---|---|---|---|---|---|---|
| Ergebnis vor Zinsen u. Steuern (EBIT) | | | 39,7 | 42,0 | 44,2 | 46,7 | 49,4 | 52,2 | 52,8 |
| ./. adjustierte Steuern auf das EBIT | *Steuersatz:* | *40,0%* | 15,9 | 16,8 | 17,7 | 18,7 | 19,8 | 20,9 | 21,1 |
| **Operatives Ergebnis vor Zinsen und nach adjust. Steuern (NOPLAT)** | | | **23,8** | **25,2** | **26,5** | **28,0** | **29,6** | **31,3** | **31,7** |
| + Abschreibungen | | | 7,7 | 7,7 | 7,7 | 7,7 | 7,7 | 7,7 | 7,7 |
| + Veränderungen Rückstellungen | | | 0,5 | 0,5 | 0,5 | 0,5 | 0,5 | 0,5 | 0,3 |
| **(operativer) Brutto-Cashflow** | | | **32,0** | **33,4** | **34,8** | **36,2** | **37,9** | **39,6** | **39,6** |
| ./. Investitionen Anlagevermögen | | | 7,7 | 7,7 | 7,7 | 7,7 | 7,7 | 7,7 | 7,7 |
| ./. Investitionen Nettoumlaufvermögen (Working Capital) | | | (3,7) | 6,9 | 5,3 | 6,5 | 7,3 | 7,4 | 1,6 |
| **Operativer Free Cashflow** | | | **28,0** | **18,8** | **21,7** | **22,0** | **22,8** | **24,5** | **30,3** |

**Tabelle 4.1:** Berechnung der operativen Free Cashflows (oFCF) des Beispielunternehmens für den APV-Ansatz

## 4.3 Berechnung der Kapitalkosten

Im Unterschied zum WACC-Ansatz wird bei der Berechnung der Kapitalkosten beim APV-Ansatz **kein Mischzinssatz** gebildet. Da bei der Berechnung des Unternehmenswertes ein fiktiv rein durch Eigenkapital finanziertes Unternehmen unterstellt wird, dürfen die operativen Free Cashflows nur mit den **Eigenkapitalkosten für ein unverschuldetes Unternehmens** diskontiert werden. Die Eigenkapitalkosten eines unverschuldeten Unternehmens werden analog zu denen eines verschuldeten Unternehmens mittels CAPM ermittelt, indem man zunächst das levered Beta z.B. mittels Regression bestimmt und dieses anschließend in ein unlevered Beta umrechnet.

Häufig handelt es sich bei dem zu bewertenden Unternehmen um ein nicht-börsennotiertes Unternehmen, was die Ableitung des unlevered Betas erschwert. In solch einem Fall erfolgt die Ableitung des unlevered Betas analog der Vorgehensweise des WACC-Ansatzes durch die Analyse vergleichbarer börsennotierter Unternehmen. Im Gegensatz zum WACC-Ansatz, bei dem das Beta eines unverschuldeten Unternehmens verwendet wurde, wird für das fiktiv unverschuldete Unternehmen das **Beta eines unverschuldeten Unternehmens** herangezogen. ▶ Abbildung 4.2 zeigt, wie aus den levered Betas der Peer-Group-Unternehmen das unlevered Beta des zu bewertenden Unternehmens für den APV-Ansatz gewonnen wird.

Im Gegensatz zum WACC-Ansatz endet die Analyse bereits im 3. Schritt. Zur Erinnerung sei nochmals die Formel zum **Delevern** aufgeführt. Bei der Ermittlung der Eigenkapitalkosten für das fiktiv unverschuldete Unternehmen werden ansonsten die identischen Werte wie bei der Ermittlung der Eigenkapitalkosten des verschuldeten Unternehmens im WACC-Ansatz verwendet.[2]

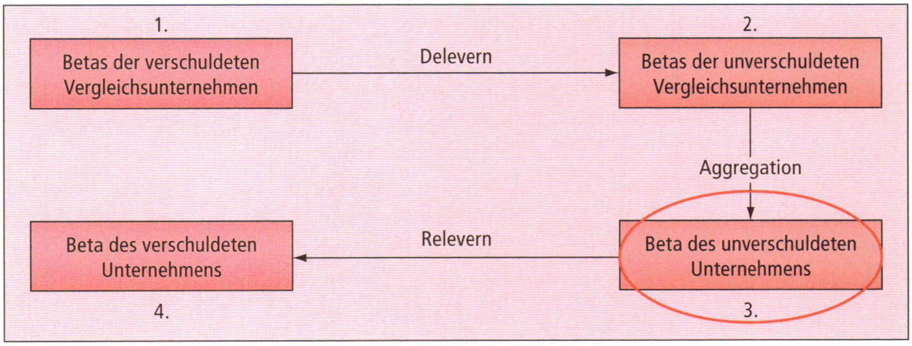


**Abbildung 4.2:** Ableitung des Betas eines unverschuldeten Unternehmens[3]

2 Vgl. Ernst, D./ Schneider, S./ Thielen, B. (2010), S. 45 f. und S. 61.
3 Vgl. Ernst, D./ Schneider, S./ Thielen, B. (2010), S. 66.

Delevern:

$$\beta_u = \frac{\beta_V}{1+(1-t)\cdot\frac{FK}{EK}} \tag{4.1}$$

| | | |
|---|---|---|
| mit $\beta_v$ | = | Betafaktor des verschuldeten Unternehmens |
| $\beta_u$ | = | Betafaktor des unverschuldeten Unternehmens |
| $t$ | = | Unternehmenssteuersatz |
| $EK$ | = | Marktwert des Eigenkapitals |
| $FK$ | = | Marktwert des Fremdkapitals |

Bei den bisherigen Überlegungen zu den Kapitalkosten wurden die Auswirkungen des Fremdkapitals und damit implizit die Kapitalstruktur vernachlässigt. Die Fremdkapitalauswirkungen werden auf Cashflow-Ebene im Tax Shield berücksichtigt. Das heißt, dass die Kapitalstruktur des Unternehmens nicht erst im Diskontierungszinssatz, sondern bereits bei der Aufstellung der Cashflows zum Ausdruck kommt. Die **Tax Shield Cashflows** berechnen sich durch Multiplikation des Zinsaufwandes der jeweiligen Periode mit dem Steuersatz. Um den Barwert des Tax Shield zu bestimmen, werden die Tax Shield Cashflows der jeweiligen Perioden mit dem Fremdkapitalkostensatz vor Steuern des Unternehmens diskontiert.

CWS WWW.PEARSON-STUDIUM.DE COMPANION WEBSITE

**Fallstudie**

Beim APV-Ansatz wird ein anderer Diskontierungsfaktor zum Diskontieren der oben berechneten operativen Free Cashflows benötigt als beim WACC-Ansatz. Hierzu wird der Eigenkapitalkostensatz des unverschuldeten Unternehmens herangezogen. Dieser lässt sich analog der Eigenkapitalkosten-Ermittlung beim WACC-Ansatz errechnen; einziger Unterschied ist, dass für die Ermittlung der Risikoprämie das Beta des unverschuldeten Unternehmens verwendet wird. Das Beta des unverschuldeten Unternehmens ergibt sich durch Verwendung der ▶ Formel 4.1 aus dem Beta des verschuldeten Unternehmens, welches im vorigen Kapitel ermittelt wurde. Durch die Verwendung des Betas des unverschuldeten Unternehmens verringern sich die Risikoprämie und somit auch der Eigenkapitalkostensatz, verglichen zu den Zahlen im WACC-Ansatz geringfügig. Der Eigenkapitalkostensatz beträgt hier 11,04%.

| Eigenkapitalkostensatz | |
|---|---|
| **Risikofreier Zinssatz** | |
| risikofreier Zinssatz 10 Jahre | 4,08% |
| **Risikoprämie (EK)** | |
| Prognose-Beta (unverschuld.) | 1,39 |
| x Marktrisikoprämie | 5,00% |
| = Geschäftsrisiko | 6,96% |
| **Eigenkapitalkosten** | |
| risikofreier Zinssatz 10 Jahre | 4,08% |
| + Risikoprämie (EK) | 6,96% |
| = EK-Kosten (Kapitalmarkt) | **11,04%** |

**Tabelle 4.2:** Berechnung des Diskontierungszinssatzes des Beispielunternehmens beim APV-Ansatz

## 4.4 Berechnung des Unternehmenswerts

Nachdem die bewertungsrelevanten operativen Free Cashflows und Tax Shield Cashflows für die Planungsperiode berechnet und die Eigenkapitalkosten des fiktiv unverschuldeten Unternehmens ermittelt worden sind, kann nun der Unternehmenswert berechnet werden.

Die Barwerte der Free Cashflows und des Tax Shields (jeweils mit Terminal Value) ergeben zusammen den **Gesamtunternehmenswert**. Die Formel zur Unternehmenswertberechnung nach dem APV-Ansatz lautet:

$$\underset{\text{}}{\textit{Barwert}} = \underset{\textit{(inkl. Terminal Value)}}{\textit{Barwert oFCF}} + \underset{\textit{(inkl. Terminal Value)}}{\textit{Barwert Tax Shield}}$$

$$\text{Barwert} = \underbrace{\sum_{t=1}^{n} \frac{oFCF_t}{(1+r_{EK}^{u})^t} + \frac{TV_{oFCF}}{(1+r_{EK}^{u})^n}}_{\textit{Barwert oFCF}} + \underbrace{\sum_{t=1}^{n} \frac{t \cdot r_{FK} \cdot FK_{t-1}}{(1+r_{FK})^t} + \frac{t \cdot r_{FK} \cdot FK_{n-1}}{(1+r_{FK})^n \cdot r_{FK}}}_{\textit{Barwert Tax Shield}} \qquad (4.2)$$

Der Barwert der operativen Free Cashflows, der Tax Shield Cashflows und die jeweiligen Barwerte des Terminal Value sowie das nicht-betriebsnotwendige Vermögen und die liquiden Mittel ergeben zusammen den Gesamtunternehmenswert. Von diesem ist die Verschuldung abzuziehen, um den Marktwert des Eigenkapitals (= Unternehmenswert) zu erhalten.

COMPANION WEBSITE

**Fallstudie**

Im nächsten Schritt kann nach der Ermittlung der operativen Free Cashflows und des Diskontierungszinssatzes im APV-Ansatz der Unternehmenswert berechnet werden. Die Barwerte der operativen Free Cashflows werden analog zum WACC-Ansatz ermittelt. Zu den Barwerten der operativen Free Cashflows werden die Barwerte der Tax Shield Cashflows (beide jeweils inklusive Terminal Value) hinzuaddiert. Für die Ermittlung dieser Tax Shield Cashflows wird der Zinsaufwand aus der GuV herangezogen und mit dem Steuersatz von 40% multipliziert.

Nachdem die Barwerte der operativen Free Cashflows und die Barwerte der Tax Shield Cashflows (jeweils mit TV) addiert worden sind, werden wie im WACC-Ansatz die separat zu bewertenden nicht-betriebsnotwendigen Vermögensgegenstände und die liquiden Mittel hinzugefügt. Der daraus resultierende Marktwert des Gesamtkapitals des Beispielunternehmens wird um den Marktwert des Fremdkapitals gemindert. Daraus ergibt sich ein Unternehmenswert von ca. 253,2 Mio. $.

| (Absolute Zahlen in Mio. $) | | Plan $t_1$ | Plan $t_2$ | Plan $t_3$ | Plan $t_4$ | Plan $t_5$ | Plan $t_6$ | Endwert TV |
|---|---|---|---|---|---|---|---|---|
| Eigenkapitalkosten des unverschuldeten Unternehm. | 11,04% | | | | | | | |
| Multiplikator | | 0,901 | 0,8110 | 0,730 | 0,658 | 0,592 | 0,533 | 0,533 |
| operative Free Cashflows (CFs) | | 28,0 | 18,8 | 21,7 | 22,0 | 22,8 | 24,5 | 30,3 |
| Terminal Value (TV) | | | | | | | | 302,1 |
| **Barwert der operativen Free Cashflows und des Terminal Value** | | **25,2** | **15,2** | **15,9** | **14,5** | **13,5** | **13,1** | **161,1** |
| Zinsaufwand | | 2,8 | 2,7 | 2,6 | 2,5 | 2,4 | 2,3 | 2,3 |
| Steuersatz | | 40,0% | 40,0% | 40,0% | 40,0% | 40,0% | 40,0% | 40,0% |
| Tax Shield | | 1,1 | 1,1 | 1,0 | 1,0 | 1,0 | 0,9 | 0,9 |
| Terminal Value | | | | | | | | 9,3 |
| **Barwert der Tax Shield Cashflows und des Terminal Value** | | **1,0** | **0,9** | **0,8** | **0,7** | **0,6** | **0,5** | **5,0** |
| Sum. der Barwerte der oper. Free CFs u. des TV | 258,5 | | | | | | | |
| Sum. der Barwerte der Tax Shield CFs u. des TV | 9,3 | | | | | | | |
| **Enterprise Value** | **267,9** | | | | | | | |
| + nicht-betriebsnotwendiges Vermögen | - | | | | | | | |
| + liquide Mittel | 21,7 | | | | | | | |
| **Entity Value (Gesamtunternehmenswert)** | **289,6** | | | | | | | |
| ./. zinstragende Verbindlichkeiten $t_0$ | 36,4 | | | | | | | |
| **Equity Value (Wert des Eigenkapitals)** | **253,2** | | | | | | | |

**Tabelle 4.3:** Unternehmenswertberechnung des Beispielunternehmens nach dem APV-Ansatz

Die Hauptschwierigkeit bei der Anwendung des APV-Ansatzes ergibt sich aus der Frage, mit welchem Satz die Tax Shield Cashflows diskontiert werden sollen. Hierzu bieten sich zunächst die **Fremdkapitalkosten vor Steuern** an, da der Steuervorteil aus der Fremdfinanzierung resultiert. Vernachlässigt werden bei dieser Betrachtung das **Ausfall-** und das **Kapitalstrukturrisiko**. So wäre es beim APV-Ansatz grundsätzlich möglich, die Steuerposition durch Aufnahme hoher Kredite zu optimieren, wie es bspw. bei LBO-Finanzierungen zu beobachten ist. Das damit verbundene Ausfall- und das Kapitalstrukturrisiko finden jedoch im einfachen APV-Ansatz keine Berücksichtigung. Daher werden bei Anwendung des APV-Ansatzes die Ergebnisse im Vergleich zum WACC-Ansatz und Equity-Ansatz tendenziell höher sein. Für die Einbeziehung des Ausfall- und das Kapitalstrukturrisikos gibt es in der Literatur einige interessante Modelle.[4] Sie weisen jedoch eine höhere Komplexität auf und erfordern zusätzliche

4 Vgl. Ernst, D./Schempp, M. (2011).

Daten, die bei der Anwendung im Rahmen der internationalen Unternehmensbewertung hinderlich sind.

## ZUSAMMENFASSUNG

- Der Adjusted Present Value-Ansatz (APV-Ansatz) zählt wie der WACC-Ansatz zu den DCF-Bruttoverfahren.
- Beim APV-Absatz wird in einem ersten Schritt der Marktwert des Gesamtkapitals unter der Fiktion der vollständigen Eigenfinanzierung des Unternehmens ermittelt. In einem zweiten Schritt wird die Auswirkung einer Fremdfinanzierung auf den Unternehmenswert in Form eines Tax Shield, das der Steuerersparnis aufgrund der steuerlichen Abzugsfähigkeit der Fremdkapitalzinsen entspricht, berücksichtigt.
- Die operativen Free Cashflows werden beim APV-Ansatz mit den Eigenkapitalkosten eines fiktiv eigenfinanzierten Unternehmens diskontiert.
- Die Tax Shield Cashflows werden mit den Fremdkapitalkosten vor Steuern diskontiert.

## Aufgaben

**1.** Wie hoch ist das Tax Shield? Folgende Werte seien gegeben (in Mio. US-$):

| | |
|---|---|
| Zinstragende Verbindlichkeiten: | 10 |
| Fremdkapitalkosten vor Steuern: | 6,5% |
| Unternehmensteuersatz: | 30% |

**2.** Wie hoch ist das Beta des unverschuldeten Unternehmens? Folgende Ausgangsdaten für die Peer Group börsennotierter Unternehmen sind gegeben:

| | Levered Beta | Steuersatz | Verschuldungsgrad |
|---|---|---|---|
| Unternehmen A | 1,5 | 30% | 1,1 |
| Unternehmen B | 1,1 | 30% | 1,6 |
| Unternehmen C | 0,7 | 30% | 0,9 |

Das levered Beta eines nicht-börsennotierten Unternehmens soll aus der oben stehenden Peer-Group ermittelt werden. Dabei wird der Mittelwert verwendet.

Folgende Daten sind für das nicht-börsennotierte Unternehmen gegeben:

| | |
|---|---|
| Steuersatz: | 30% |
| Verschuldungsgrad: | 1 |

**3.** Folgende Daten des Unternehmens X sind gegeben (in Mrd. US-$):

| | |
|---|---|
| Eigenkapitalkosten des unverschuldeten Unternehmens: | 10% |
| Die Fremdkapitalkosten vor Steuern: | 6,5% |
| *g* (Wachstumsrate der ewigen Rente) | 1% |
| Bewertungsstichpunkt ist Jahresende *t*(0) | |
| Folgende operativen Free Cashflows werden angenommen: | |
| Jahr *t*(1): | 1,4 |
| Jahr *t*(2): | 1,3 |
| Jahr *t*(3): | 1,6 |
| Jahr *t*(4): | 1,7 |
| Jahr *t*(5): | 1,8 |
| Folgende Tax Shield Cashflows werden angenommen: | |
| Jahr *t*(1): | 0,045 |
| Jahr *t*(2): | 0,050 |
| Jahr *t*(3): | 0,050 |
| Jahr *t*(4): | 0,045 |
| Jahr *t*(5): | 0,050 |
| Die zinstragenden Verbindlichkeiten zum Jahresende *t*(0) betragen: | 0,9 |
| Das nicht-betriebsnotwendige Vermögen beträgt zum Jahresende *t*(0): | 0,1 |
| Die liquiden Mittel zum Jahresende zum Jahresende *t*(0) betragen: | 0,4 |

Wie hoch ist der Nettobarwert der gegebenen operativen Free Cashflows?

Wie hoch ist der Nettobarwert der gegebenen Tax Shield Free Cashflows?

Wie hoch ist der Nettobarwert der ewigen Rente der gegebenen operativen Free Cashflows?

Wie hoch ist der Nettobarwert der ewigen Rente der gegebenen Tax Shield Free Cashflows?

Wie hoch ist der Enterprise Value?

Wie hoch ist der Entity Value?

Wie hoch sind die Netto-Finanzverbindlichkeiten?

Wie hoch ist der Equity Value?

Die Lösungen zu diesen Aufgaben finden Sie auf der Companion Website zum Buch unter *www.pearson-studium.de*.

# Equity-Ansatz

5



ÜBERBLICK

## Lernziele

- Die Konzeption des Equity-Ansatzes kennen und erläutern.
- Die Ableitung des Cashflows to Equity erklären und diesen selbstständig berechnen.
- Die Eigenkapitalkosten für die Diskontierung des Cashflows to Equity selbstständig berechnen.
- Den Unternehmenswert mit dem Equity-Ansatz selbstständig berechnen.

## 5.1 Die Konzeption des Equity-Ansatzes

Beim Equity-Ansatz werden als bewertungsrelevant die Cashflows berechnet, die ausschließlich den Eigenkapitalgebern zustehen. Die aus einer Fremdfinanzierung resultierenden Zahlungsströme, d.h. die künftigen Fremdkapitalzinsen (einschließlich der daraus resultierenden Steuerwirkung) sowie die Veränderungen des Fremdkapitalbestands, werden im Gegensatz zur Berechnung der operativen Free Cashflows des WACC-Ansatzes in die Ermittlung dieser Cashflows einbezogen. Die so berechneten Cashflows bezeichnet man auch als **Cashflows to Equity** (CFtE) oder auch Flows to Equity.

Da die Cashflows to Equity allein den Eigenkapitalgebern zustehen, darf bei der Ermittlung des Diskontierungszinssatzes nur die Renditeforderung der Eigenkapitalgeber (für das **verschuldete Unternehmen**) berücksichtigt werden. Im Gegensatz zum Entity-Ansatz kommt kein gewogener Kapitalkostensatz zur Anwendung.

### Definition: Equity-Ansatz

Beim Equity-Ansatz (Nettoverfahren) werden nur die Cashflows diskontiert, die ausschließlich den Eigenkapitalgebern zustehen. Die Diskontierung erfolgt dementsprechend mit den Eigenkapitalkosten für das verschuldete Unternehmen. Addiert man hierzu die Summe des nicht-betriebsnotwendigen Vermögens inkl. liquider Mittel, resultiert aus dieser Vorgehensweise direkt der Wert des Eigenkapitals.

Der Equity-Ansatz entspricht dem deutschen **Ertragswertverfahren** gemäß moderner Interpretation. Equity-Ansatz und Ertragswertverfahren sind inhaltsgleich, sofern das Ertragswertverfahren als Ertragsgröße Zahlungsströme (Cashflow-orientierter Ansatz) heranzieht und die Eigenkapitalkosten aus kapitalmarkttheoretischen Modellen (z.B. CAPM) abgeleitet werden.

Die Equity-Bewertung erfolgt in folgenden Schritten:[1]

1. Es werden die Cashflows to Equity ermittelt, die den Eigenkapitalgebern zur Verfügung stehen.

2. Die Cashflows to Equity werden mit der Renditeforderung der Eigenkapitalgeber diskontiert, und zwar mit der Renditeforderung der Eigenkapitalgeber für das verschuldete Unternehmen (im APV-Ansatz war es die Renditeforderung für das fiktiv unverschuldete Unternehmen).

3. Summiert man den so ermittelten Barwert der Cashflows to Equity und den Marktwert des nicht-betriebsnotwendigen Vermögens sowie die liquiden Mittel, erhält man den Marktwert des Eigenkapitals.

Die Unternehmensbewertung gemäß dem Equity-Ansatz wird in ▶ Abbildung 5.1 nochmals verdeutlicht.

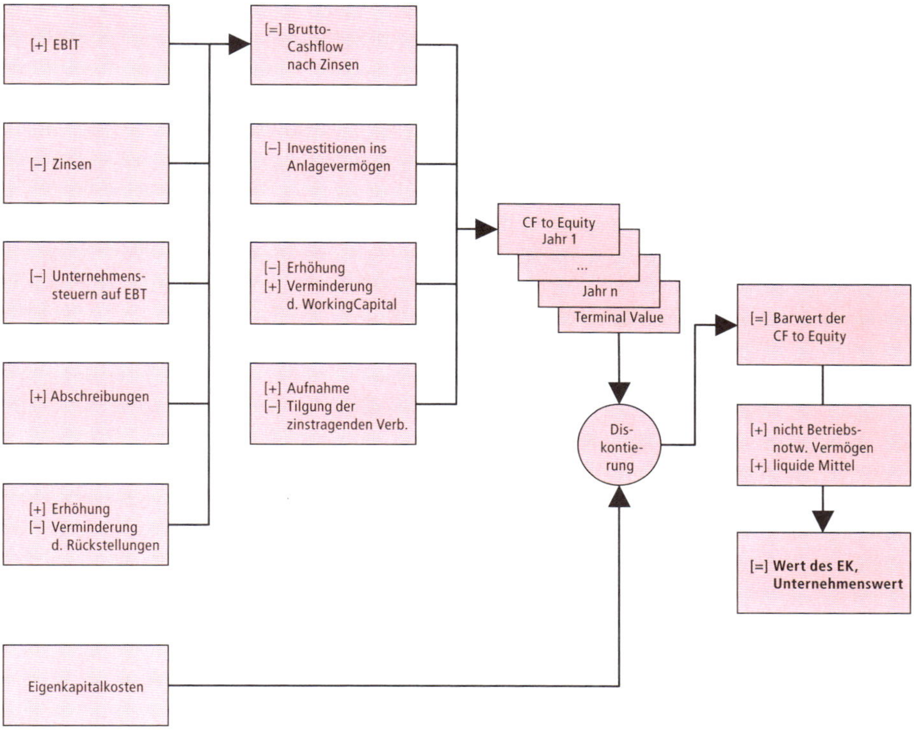


**Abbildung 5.1:** Discounted-Cashflow-Methode nach dem Equity-Ansatz

1 Vgl. Ernst, D./ Schneider, S./ Thielen, B. (2010), S. 30 f.

## 5.2 Berechnung der Cashflows to Equity

Beim Equity-Ansatz sind die Cashflows bewertungsrelevant, die **ausschließlich den Eigenkapitalgebern** zustehen. In diese Cashflows to Equity werden – im Gegensatz zu den operativen Free Cashflows – alle aus einer Fremdfinanzierung resultierenden Zahlungsströme wie beispielsweise künftiger Fremdkapitalzinsen einschließlich deren Steuerauswirkung sowie eventuelle Veränderungen des Fremdkapitalbestands berücksichtigt.

Eine Trennung in einen Leistungs- und einen Finanzierungsbereich wie beim WACC-Ansatz findet im Equity-Ansatz nicht statt.

### Definition: Cashflows to Equity

Als Cashflows to Equity (CFtE) werden die Cashflows bezeichnet, die ausschließlich den Eigenkapitalgebern zustehen. In ihnen werden alle aus einer Fremdfinanzierung resultierenden Zahlungsströme berücksichtigt.

Der Cashflow to Equity kann schematisch wie in ▶ Tabelle 5.1 aufgezeigt ermittelt werden (die Unterschiede zur Ermittlung des operativen Free Cashflows sind hervorgehoben):

| | |
|---|---|
| | Operatives Ergebnis vor Zinsen und Steuern (EBIT) |
| – | **Fremdkapitalzinsen** |
| = | Operatives Ergebnis vor Steuern (EBT) |
| – | **Unternehmenssteuern auf das operative Ergebnis vor Steuern** |
| = | Operatives Ergebnis nach Steuern |
| + | Abschreibungen |
| + | Erhöhung (-Verminderung) der Rückstellungen |
| – | Investitionen in das Anlagevermögen |
| – | Erhöhung (+ Verminderung) des Netto-Umlaufvermögens (Working Capital) |
| – | **Tilgung (+ Aufnahme) von verzinslichem Fremdkapital** |
| = | Cashflow to Equity (FtE) |

**Tabelle 5.1:** Berechnung des Cashflows to Equity

Vom operativen Ergebnis vor Steuern und Zinsen sind zunächst die **Zinsen** abzuziehen. Anschließend werden die Unternehmenssteuern aus dem sich daraus ergebenden operativen Ergebnis vor Steuern berechnet. In die Berechnung der Unternehmenssteuern fließen somit die **Ersparniseffekte** aus den Fremdkapitalzinsen mit ein. Das bedeutet, dass im Gegensatz zu den operativen Free Cashflows die Steuerersparnis (Tax Shield) an der geeigneten Stelle, nämlich in den Cashflows, erfasst wird. Als weiterer Unterschied zum Bruttoverfahren werden zusätzlich noch die Veränderungen des **verzinslichen Fremdkapitals** berücksichtigt. Hierbei reduzieren Kredittilgungen den Cashflow to Equity, Kreditaufnahmen erhöhen ihn. Die Prognose der Cashflows to Equity setzt somit eine exakte Planung der Fremdkapitalentwicklung voraus.

An dieser Stelle sei anzumerken, dass sich der Cashflow to Equity auch direkt aus dem operativen Free Cashflow ableiten lässt, wie ▶ Tabelle 5.2 zeigt:

| | |
|---|---|
| | Operativer Free Cashflow |
| – | Fremdkapitalzinsen |
| + | Unternehmenssteuerersparnis auf die Fremdkapitalzinsen |
| – | Tilgung von verzinslichem Fremdkapital |
| + | Aufnahme von verzinslichem Fremdkapital |
| = | Cashflow to Equity |

**Tabelle 5.2:** Ermittlung des Cashflows to Equity aus dem operativen Free Cashflow

**Fallstudie**

Die Cashflows bei dem Equity-Ansatz werden auch Cashflows to Equity genannt und lassen sich für das Beispielunternehmen nach dem Schema in ▶ Tabelle 5.3 berechnen.

| (Absolute Zahlen in Mio. $) | Plan $t_1$ | Plan $t_2$ | Plan $t_3$ | Plan $t_4$ | Plan $t_5$ | Plan $t_6$ | Plan TV |
|---|---|---|---|---|---|---|---|
| Ergebnis vor Zinsen u. Steuern (EBIT) | 39,7 | 42,0 | 44,2 | 46,7 | 49,4 | 52,2 | 52,8 |
| ./. Zinsaufwand | 2,8 | 2,7 | 2,6 | 2,5 | 2,4 | 2,3 | 2,3 |
| **Operatives Ergebnis vor Steuern (EBT)** | **36,9** | **39,3** | **41,7** | **44,2** | **47,0** | **49,9** | **50,4** |
| ./. Steuern auf das operative Ergebnis vor Steuern Steuersatz: 40,0% | 14,8 | 15,7 | 16,7 | 17,7 | 18,8 | 20,0 | 20,2 |
| **Operatives Ergebnis nach Steuern** | **22,2** | **23,6** | **25,0** | **26,5** | **28,2** | **30,0** | **30,3** |
| + Abschreibungen | 7,7 | 7,7 | 7,7 | 7,7 | 7,7 | 7,7 | 7,7 |
| + Veränderungen Rückstellungen | 0,5 | 0,5 | 0,5 | 0,5 | 0,5 | 0,5 | 0,3 |
| ./. Investitionen Anlagevermögen | 7,7 | 7,7 | 7,7 | 7,7 | 7,7 | 7,7 | 7,7 |
| ./. Investitionen Nettoumlaufvermögen (Working Capital) | (3,7) | 6,9 | 5,3 | 6,5 | 7,3 | 7,4 | 1,6 |
| + Veränderung langfristige Bankverbindlichkeiten | (1,1) | (1,0) | (1,0) | (1,0) | (0,9) | (0,9) | 0,2 |
| + Veränderung kurzristige Bankverbindlichkeiten | (0,3) | (0,3) | (0,3) | (0,3) | (0,3) | (0,2) | 0,1 |
| **Cashflow to Equity** | **25,0** | **15,9** | **18,9** | **19,3** | **20,2** | **22,0** | **29,2** |

**Tabelle 5.3:** Berechnung des Cashflows to Equity des Beispielunternehmens

## 5.3 Berechnung der Kapitalkosten

Bei der Ermittlung der Cashflows to Equity wird wie beim WACC-Ansatz von einem verschuldeten Unternehmen ausgegangen. Entsprechend erfolgt die Ermittlung der Eigenkapitalkosten wie beim WACC-Ansatz mit Hilfe des CAPM und dessen Modifizierungen. Da die Cashflows to Equity alleinig den Eigenkapitalgebern zur Verfügung stehen, werden diese jedoch nicht mit dem WACC und damit einem Mischzinssatz, sondern mit den **Eigenkapitalkosten** des verschuldeten Unternehmens diskontiert.

COMPANION WEBSITE

**Fallstudie**

Der Diskontierungszinssatz im Equity-Ansatz entspricht den Eigenkapitalkosten aus dem WACC-Ansatz.

**Eigenkapitalkostensatz (Equity)**

| Risikofreier Zinssatz | |
|---|---|
| risikofreier Zinssatz 10 Jahre | 4,08% |

| Risikoprämie | |
|---|---|
| Prognose-Beta (verschuld.) | 1,52 |
| x Marktrisikoprämie | 5,00% |
| = Geschäftsrisiko | 7,62% |

| Eigenkapitalkosten | |
|---|---|
| risikofreier Zinssatz 10 Jahre | 4,08% |
| + Risikoprämie | 7,62% |
| **= EK-Kosten (Kapitalmarkt)** | **11,70%** |

Tabelle 5.4: Berechnung des Diskontierungszinssatzes des Beispielunternehmens beim Equity-Ansatz

## 5.4 Berechnung des Unternehmenswerts

Nachdem die bewertungsrelevanten Cashflows to Equity für die Planperioden ermittelt worden sind und die Berechnung der Eigenkapitalkosten des verschuldeten Unternehmens durchgeführt worden ist, kann im nächsten Schritt der **Unternehmenswert** berechnet werden.

Entsprechend der Vorgehensweise im WACC- und APV-Ansatz muss auch im Equity-Ansatz der **Cashflow der letzten Planperiode** dem Wachstumsszenario im Terminal Value angepasst werden.

Die Barwerte der Cashflows to Equity und des Terminal Value ergeben zusammen den Unternehmenswert zuzüglich des Barwertes des nicht-betriebsnotwendigen Vermögens (inkl. liquide Mittel). Die **Formel** zur Berechnung des Marktwerts des Eigenkapitals (Equity Value) lautet:[2]

$$\begin{gathered}\text{Barwert} = \text{Barwert der CFtE} + \text{Barwert des TV} \\ + \text{Summe des nicht-betriebsnotwendigen} \\ \text{Vermögens inkl. liquider Mittel.}\end{gathered}$$

2 Vgl. Ernst, D./ Schneider, S./ Thielen, B. (2010), S. 80.

$$\text{Barwert} = \sum_{t=1}^{n} \frac{FtE_t}{(1+r_{EK})^t} + \frac{TV_{FtE}}{(1+r_{EK})^n} \tag{5.1}$$

**Fallstudie**

Nach der Ermittlung der Cashflows to Equity und dem Diskontierungszinssatz kann im nächsten Schritt der Unternehmenswert berechnet werden. Auch hier muss zunächst der Terminal Value anhand der Formel für den Barwert einer (konstant wachsenden) ewigen Rente errechnet werden (siehe ▶ Formel 3.19). Danach können die Cashflows to Equity und der Terminal Value mit dem Eigenkapitalkostensatz unter Verwendung der ▶ Formel 5.1 diskontiert werden. Nachdem zum Barwert der Cashflows to Equity und des Terminal Value die separat zu bewertenden nicht-betriebsnotwendigen Vermögensgegenstände inkl. der liquiden Mittel addiert worden sind, erhält man direkt den Wert des Eigenkapitals. Dieser beträgt 246,3 Mio. $.

| (Absolute Zahlen in Mio. $) | | Plan $t_1$ | Plan $t_2$ | Plan $t_3$ | Plan $t_4$ | Plan $t_5$ | Plan $t_6$ | Endwert TV |
|---|---|---|---|---|---|---|---|---|
| Eigenkapitalkosten des verschuldeten Unternehmens | 11,70% | | | | | | | |
| Multiplikator | | 0,895 | 0,8015 | 0,718 | 0,642 | 0,575 | 0,515 | 0,515 |
| Cashflow to Equity | | 25,0 | 15,9 | 18,9 | 19,3 | 20,2 | 22,0 | 29,2 |
| Terminal Value | | | | | | | | 273,1 |
| **Sum. der Barwerte der CFs to Equity u. des TV** | **224,6** | **22,4** | **12,7** | **13,6** | **12,4** | **11,6** | **11,3** | **140,6** |
| + nicht-betriebsnotwendiges Vermögen | - | | | | | | | |
| + liquide Mittel | 21,7 | | | | | | | |
| **Equity Value (Wert des Eigenkapitals)** | **246,3** | | | | | | | |

**Tabelle 5.5:** Unternehmenswertberechnung des Beispielunternehmens nach dem Equity-Ansatz

Der Equity-Ansatz hat im Rahmen der internationalen Unternehmensbewertung nur eine **geringe Verbreitung**. Dies liegt daran, dass die Anwendung des Equity-Ansatzes eine detaillierte Finanzplanung erfordert, die bei Unternehmenstransaktionen häufig nicht vorliegt. Ferner ist aus Sicht von Investoren eine detaillierte Finanzplanung weniger relevant, da das Unternehmen nach Erwerb grundsätzlich neu finanziert wird. Ferner ist im Equity-Ansatz im Gegensatz zum WACC-Ansatz keine Trennung zwischen Leistungs- und Finanzierungsbereich möglich. Dies wird jedoch von Investoren häufig gewünscht, da diese weniger an der Art der Finanzierung, sondern vielmehr an der Leistungsfähigkeit des Unternehmens interessiert sind. Trotz dieser Nachteile des Equity-Ansatzes im Vergleich zum WACC-Ansatz ist zu betonen, dass der Equity-Ansatz stets zu korrekten Unternehmensbewertungsergebnissen führt, da er die sich verändernde Kapitalstruktur im Planungszeitraum und im Terminal Value eins zu eins in die Cashflows to Equity einbezieht. Die ausschließliche Anwendung des einfachen WACC-Ansatzes kann dagegen bei einer sich verändernden Kapitalstruktur des zu bewertenden Unternehmens zu Fehlbewertungen führen. Daher ist es empfehlenswert, den Equity-Ansatz als eigenständiges Bewertungsverfahren auch im Rahmen einer internationalen Unternehmensbewertung durchzuführen. Auch wenn der Equity-Ansatz in der Transaktionspraxis nur bedingt eingesetzt werden kann, dient er zumindest als wichtiges Kontrollinstrument.

## ZUSAMMENFASSUNG

- Der Equity-Ansatz zählt zum DCF-Nettoverfahren.
- Beim Equity-Ansatz (Nettoverfahren) werden nur die Cashflows diskontiert, die ausschließlich den Eigenkapitalgebern zustehen. Die Diskontierung erfolgt dementsprechend mit den Eigenkapitalkosten für das verschuldete Unternehmen. Addiert man hierzu die Summe des nicht-betriebsnotwendigen Vermögens inkl. liquider Mittel, resultiert aus dieser Vorgehensweise direkt der Wert des Eigenkapitals.
- Als Cashflows to Equity (CFtE) werden die Cashflows bezeichnet, die ausschließlich den Eigenkapitalgebern zustehen. In ihnen werden alle aus einer Fremdfinanzierung resultierenden Zahlungsströme berücksichtigt.
- Da die Cashflows to Equity alleinig den Eigenkapitalgebern zur Verfügung stehen, werden diese mit den Eigenkapitalkosten des verschuldeten Unternehmens diskontiert.

## Aufgaben

**1.** Wie hoch ist der Cashflow to Equity? Folgende Daten des Unternehmens X sind gegeben (in Mio. US-$, wenn nicht anders angegeben):

| | |
|---|---|
| Ergebnis vor Zinsen und Steuern (EBIT): | 120 |
| Zinsaufwand: | 5 |
| Unternehmensteuersatz: | 30% |
| Abschreibungen: | 10 |
| Erhöhung von Rückstellungen: | 5 |
| Investitionen in das Anlagevermögen: | 40 |
| Investitionen in das Nettoumlaufvermögen: | 20 |
| Veränderung der Finanzschulden: | 10 |

**2.** Folgende Daten des Unternehmens X sind gegeben (in Mrd. US-$, wenn nicht anders angegeben):

| | |
|---|---|
| Der Erwartungswert der Rendite des Marktportfolio: | 11% |
| Der risikofreie Zinssatz: | 4% |
| Das Beta des unverschuldeten Unternehmens: | 1,2 |
| *g* (Wachstumsrate der ewigen Rente) | 1% |
| Bewertungsstichpunkt ist Jahresende $t(0)$ | |
| Folgende Cashflows to Equity werden angenommen: | |
| Jahr $t(1)$: | 1,2 |
| Jahr $t(2)$: | 1,5 |
| Jahr $t(3)$: | 1,8 |
| Jahr $t(4)$: | 1,4 |
| Jahr $t(5)$: | 1,6 |
| Das nicht-betriebsnotwendige Vermögen beträgt zum Jahresende $t(0)$: | 0,1 |
| Die liquiden Mittel zum Jahresende zum Jahresende $t(0)$ betragen: | 0,4 |

Wie hoch ist der Nettobarwert der gegebenen Cashflows to Equity (auf eine Nachkommastelle gerundet)?

Wie hoch ist der Nettobarwert der ewigen Rente der gegebenen Cashflows to Equity?

Wie hoch ist der Equity Value?

Die Lösungen zu diesen Aufgaben finden Sie auf der Companion Website zum Buch unter *www.pearson-studium.de.*

# Zusammenfassung Teil I

## Internationale Unternehmensbewertung nach dem DCF-Verfahren

- Die Unternehmensbewertung nach dem Discounted Cashflow (DCF)-Verfahren erfolgt durch Diskontierung der zukünftig zu erwartenden Zahlungsüberschüsse des Unternehmens auf einen bestimmten Bewertungsstichtag. Die heranzuziehenden Zahlungsüberschüsse beziehen sich dabei lediglich auf das betriebsnotwendige Vermögen. Das nicht-betriebsnotwendige Vermögen wird separat bewertet und zum Barwert der operativen Zahlungsüberschüsse addiert.
- Je nach Wahl der Zahlungsüberschüsse und Diskontierungszinssätze, unterscheidet man zwischen folgenden DCF-Verfahren:
  - Weighted-Average-Cost-of-Capital-Ansatz (WACC-Ansatz),
  - Adjusted-Present-Value-Ansatz (APV-Ansatz) und dem
  - Equity–Ansatz.
- Bei dem WACC-Ansatz werden folgende Schritte für die Ermittlung des Marktwertes des Eigenkapitals durchgeführt:
  - Berechnung der Zahlungsüberschüsse, die sowohl den Eigen- als auch den Fremdkapitalgebern zur Verfügung stehen, operative Free Cashflows genannt.
  - Diskontierung der operativen Free Cashflows mit dem durchschnittlichen, gewichteten Kapitalkostensatz (WACC), in welchem die Renditeansprüche beider Kapitalgeber Berücksichtigung finden.
  - Der WACC berücksichtigt sowohl den Einfluss der Kapitalstruktur als auch den mit der Fremdfinanzierung verbundenen Steuervorteil.
  - Ermittlung des WACC erfordert die Berechnung der Fremd- als auch der Eigenkapitalkosten.
  - Die Addition des ermittelten Barwertes der operativen Free Cashflows und des Marktwerts des nicht-betriebsnotwendigen Vermögens inkl. der liquiden Mittel ergibt den Marktwert des verschuldeten Unternehmens.
  - Subtrahiert man vom Marktwert des Gesamtkapitals den Marktwert der zinstragenden Verbindlichkeiten, erhält man den Marktwert des Eigenkapitals.
- Der APV-Ansatz gliedert sich in folgenden Schritten:
  - Berechnung der Zahlungsüberschüsse, die sowohl den Eigen- als auch den Fremdkapitalgebern zur Verfügung stehen (operative Free Cashflows).
  - Diskontierung der operativen Free Cashflows mit der Renditeanforderung der Eigenkapitalgeber für das (fiktiv) unverschuldete Unternehmen.
  - Addition des ermittelten Barwertes der operativen Free Cashflows und des Marktwerts des nicht-betriebsnotwendigen Vermögens inkl. der liquiden Mittel ergibt den Marktwert des (fiktiv) unverschuldeten Unternehmens.

  - Für die Ermittlung des Marktwerts des Gesamtkapitals des verschuldeten Unternehmens muss der Barwert der so genannten Tax Shield Cashflows hinzugefügt werden.
  - Subtrahiert man vom Marktwert des Gesamtkapitals des Unternehmens den Marktwert der zinstragenden Verbindlichkeiten, erhält man den Marktwert des Eigenkapitals.
- Die Bewertung eines Unternehmens anhand des Equity-Ansatzes erfolgt in folgenden Schritten:
  - Berechnung der Zahlungsüberschüsse, die ausschließlich den Eigenkapitalgebern zur Verfügung stehen, Cashflows to Equity genannt.
  - Diskontierung der Cashflows to Equity mit der Renditeanforderung der Eigenkapitalgeber für das verschuldete Unternehmen.
  - Addition des ermittelten Barwertes der Cashflows to Equity und des Marktwerts des nicht-betriebsnotwendigen Vermögens inkl. der liquiden Mittel ergibt den Marktwert des Eigenkapitals.
- Für die internationale Unternehmensbewertung gilt:
  - Der WACC-Ansatz ist der im internationalen Unternehmensbewertungskontext führende Ansatz.
  - Da der einfache WACC-Ansatz die Veränderung der Kapitalstruktur im Planungshorizont und im Terminal Value nicht berücksichtigt, kann die alleinige Anwendung des einfachen WACC-Ansatzes zu fehlerhaften Ergebnissen führen.
  - Auch wenn der Equity-Ansatz international wenig verbreitet ist, sollte dieser als eigenständiger Ansatz und auch zu Kontrollzwecken des Ergebnisses des WACC-Ansatzes unbedingt durchgeführt werden.
  - Sollte es zu Wertabweichungen zwischen dem einfachen WACC-Ansatz und der Equity-Ansatz kommen, muss der Ansatz des periodenspezifischen WACC durchgeführt werden.
  - Grundsätzlich sollte im Rahmen der internationalen Unternehmensbewertung stets der Ansatz des periodenspezifischen WACC angewendet werden, um korrekte Unternehmensbewertungsergebnisse sicherzustellen.

# TEIL II

## Internationale Unternehmensbewertung mit speziellen Bewertungsmethoden – Case Study Emerging Markets/High Growth Markets

## Lernziele

- Die Vorgehensweise bei Vorliegen unterschiedlicher Währungen in der internationalen Unternehmensbewertung beherrschen.
- Die Anwendbarkeit der CAPM bei der internationalen Unternehmensbewertung kritisch diskutieren.
- Methoden zur Bestimmung der wichtigsten Modellparameter des CAPM wie Länderrisikoprämie, Marktrisikoprämie und Beta beherrschen und selbstständig anwenden.
- Eine internationale Unternehmensbewertung in Emerging Markets/High Growth Markets selbstständig durchführen.
- Die Ergebnisse einer internationale Unternehmensbewertung in Emerging Markets/High Growth Markets kritisch hinterfragen und präsentieren.

# Vorüberlegungen zur internationalen Bewertung in Emerging Markets/High Growth Markets

6

ÜBERBLICK

## Lernziele

- Die Probleme bzw. Herausforderungen bei einer internationalen Bewertung in Emerging Markets/High Growth Markets kennen und kritisch hinterfragen.
- Währungseffekte innerhalb einer internationalen Bewertung kennen und berücksichtigen.
- Nachteile des CAPM in Bezug auf die Kapitalkostenberechnung in Emerging Markets/High Growth Markets kennen und auf ihre Relevanz für die Unternehmensbewertungspraxis prüfen.

Wie unterscheidet sich die internationale Unternehmensbewertung innerhalb eines Industriestaates von derjenigen innerhalb eines Emerging Markets/High Growth Markets? Welche zusätzlichen Probleme und Herausforderungen stellen sich dem Bewerter? Zugegebenermaßen wurde bei den bisherigen Ausführungen die internationale Bewertung stark vereinfacht dargestellt. So wurde in Teil I dieser Ausführungen die Sicht eines internationalen Dollar-Investoren vertreten, der seine Renditen und Cashflows ausdrücklich auf US-Dollar-Basis bestimmte. Jegliche **Währungsumrechnungen** entfielen. Auch die Notwendigkeit, Cashflows oder Diskontierungszinssätze anzupassen, um zusätzliche Risiken, wie beispielsweise **Länderrisiken**, abzubilden, wurde vernachlässigt. Während diese Vereinfachungen für entwickelte Märkte wie die USA zum Teil vertretbar waren, sind sie hinsichtlich der Bewertung in Emerging Markets/High Growth Markets oder auch anderen volatilen Märkten nicht mehr haltbar. So ergeben sich dort mitunter weit mehr Probleme und **Herausforderungen**, als dies bei einer Bewertung im eigenen Land der Fall ist. Doch worin liegen diese Herausforderungen und wie können Bewerter diese in eigenen Bewertungen berücksichtigen? Worauf sollten Unternehmensbewerter achten, wenn sie ein Unternehmen in einem Schwellenland bewerten müssen?

In diesem Kapitel sollen zunächst gängige Probleme und Herausforderungen, welche bei einer internationalen Unternehmensbewertung in Bezug auf **volatile Märkte** auftreten können, diskutiert werden. Der Fokus soll darauf liegen, dem Leser ein Gespür für die Problembereiche zu vermitteln, mit welchen er bei eigenen internationalen Bewertungen in Emerging Markets/High Growth Markets konfrontiert werden kann. Im Anschluss daran soll zunächst an einem einfachen Beispiel aufgezeigt werden, wie trotz unterschiedlicher Währungen – eines der Probleme einer internationalen Unternehmensbewertung – eine Unternehmensbewertung konsistent durchgeführt werden kann. Wie noch zu zeigen sein wird, spielt es dabei für den resultierenden Unternehmenswert keine Rolle, ob die Bewertung in lokaler Währung des zu bewertenden Unternehmens durchgeführt wurde oder in einer Referenzwährung wie beispielsweise dem Dollar oder dem Euro.

Am Ende dieses Kapitels soll die Eignung des klassischen CAPM, wie es in Teil I vorgestellt wurde, für die Eigenkapitalkostenberechnung in volatilen Märkten analysiert und kritisch hinterfragt werden. Kann das CAPM in seiner Grundform unbedenklich auch auf volatile Märkte angewandt werden oder muss es angepasst werden? Diese und weitere Fragen sollen erörtert werden.

## 6.1 Emerging Markets/High Growth Markets

Der **Begriff** Emerging Markets findet in der Praxis breite Anwendung, jedoch wird dieser kaum präzisiert und definiert. In der Literatur finden sich für Emerging Markets auch Begriffe wie „aufstrebende Märkte“ oder „LDC-Märkte“, was für „Less Developed Countries“ steht. Ganz allgemein können Emerging Markets als Märkte gekennzeichnet werden, die sich hinsichtlich Größe, Aktivitäts- und Entwicklungsgrad hin zu entwickelten Märkten befinden. „Of course, the basic idea behind the term is that these countries ‘emerge’ from less-developed status and join the group of developed countries.“[1]

Aufgrund der **hohen Wachstumsdynamik** von Emerging Markets darf kritisch hinterfragt werden, ob die von Emerging Markets angestrebte wirtschaftliche Entwicklung darauf angelegt ist, entwickelte Märkte zu erreichen, oder ob es nicht ihr Ziel ist, diese zu überholen. Wir sprechen daher im Folgenden von Emerging Markets/High Growth Markets.

In der Praxis ändern sich nicht nur die Bezeichnungen für Emerging Markets, sondern auch die Länder, die ihnen zugerechnet werden. Emerging Markets/High Growth Markets sind keine homogene, sondern eine heterogene Gruppe. Grundsätzlich können drei Kategorien von Emerging Markets/High Growth Markets unterschieden werden:[2]

- Alteingesessene Märkte, die zum Teil bereits im 19. Jahrhundert entstanden sind,
- Märkte, deren Entwicklung und Wachstum auf besondere Situationen zurückzuführen sind, und
- junge Märkte, die aufgrund ihrer Faktoren Arbeit, Ressourcen und/oder Innovationskraft eine dynamische Entwicklung aufweisen.

▶ Tabelle 6.1 zeigt die Abgrenzung von Emerging Markets/High Growth Markets gegenüber Entwicklungsländern und Industrieländern.

| Abgrenzung gegenüber Entwicklungsländern | Abgrenzung gegenüber Industrieländern |
|---|---|
| Hohe politische Stabilität | Höhere Wachstumsraten als in Industrieländern |
| Akzeptiertes Rechtssystem | Privatisierungsprozesse |
| Zugänglichkeit des Kapitalmarkts für ausländische Investoren | Nicht effizient funktionierender Kapitalmarkt |
| | Hohe Bedeutung von Schattenwirtschaft und Korruption |
| | Hohe Volatilitäten in der wirtschaftlichen Entwicklung |

**Tabelle 6.1:** Abgrenzung Emerging Markets/High Growth Markets von Entwicklungsländern und Industrieländern[3]

1 Bekaert, G./Harvey, C. R. (2002), S. 429.
2 Vgl. Errunza, V. R. (1983), S. 51 f.
3 Hofbauer, E. (2011), S. 9.

## 6.2 Berücksichtigung unterschiedlicher Währungen bei der internationalen Unternehmensbewertung

Bei den bisherigen Ausführungen wurde die Berücksichtigung unterschiedlicher Währungen und der damit verbundenen **Währungseffekte** bei einer internationalen Unternehmensbewertung weitgehend vernachlässigt. Es ist jedoch häufig der Fall, dass Jahresabschlüsse bzw. andere Finanzdaten lediglich in der einen Währung vorliegen, die Unternehmensbewertung jedoch in einer anderen Währung durchgeführt werden soll. Eine Umrechnung der Größen ist deshalb oft unumgänglich. Hierbei ist jedoch auf eine konsistente Überführung zu achten, um eine Verzerrung des Unternehmenswerts durch Währungseinflüsse und Inflation zu vermeiden.

Der **nominale Unternehmenswert** unterscheidet sich je nach gewählter Währung. So kann ein Unternehmen beispielsweise 100 Millionen US-Dollar wert sein, oder eben 600 Millionen Yuan bei einem Wechselkurs (Spot-Rate) von 6,0 CNY/$. Auch hinsichtlich der Kapitalkosten macht es einen Unterschied, ob man von 5% bezogen auf den US-Dollar spricht, oder von 8%, bezogen auf den Yuan. Bei der Diskontierung der bewertungsrelevanten Cashflows ist es deshalb unabdingbar, dass die getroffenen Annahmen hinsichtlich der verwendeten Kapitalkosten mit denen der Cashflows **identisch** sind. Dollar-Cashflows werden demnach mit einem US-Kapitalkostensatz diskontiert, Yuan-Cashflows mit einem Yuan-Kapitalkostensatz. Am grundlegenden Vorgehen innerhalb der Bewertung ändert sich jedoch nichts. Es werden nach wie vor Cashflows mit den entsprechenden Kapitalkosten diskontiert. Lediglich die zugrunde liegende Währung gilt es zu beachten.

### Wahl der Währung für die Unternehmensbewertung

Bei einer internationalen Bewertung stehen dem Bewerter grundsätzlich zwei Vorgehensweisen zur Verfügung (vgl. ▶ Abbildung 6.1). Er hat die Wahl, die Bewertung in „lokaler Währung“ oder in sogenannter „harter Währung“ durchzuführen. Unter der **lokalen Währung** ist in diesem Zusammenhang die meist volatile Inlandswährung des Emerging Markets/High Growth Markets zu verstehen. Die **harte Währung** bezieht sich auf eine Referenzwährung eines entwickelten Industrielandes, für welches ausreichend und leicht zugängliche Finanzdaten vorhanden sind. Prinzipiell macht es für die Unternehmensbewertung keinen Unterschied, in welcher Währung sie durchgeführt wird, solange die zugrunde liegenden Annahmen konsistent definiert und angewandt werden.

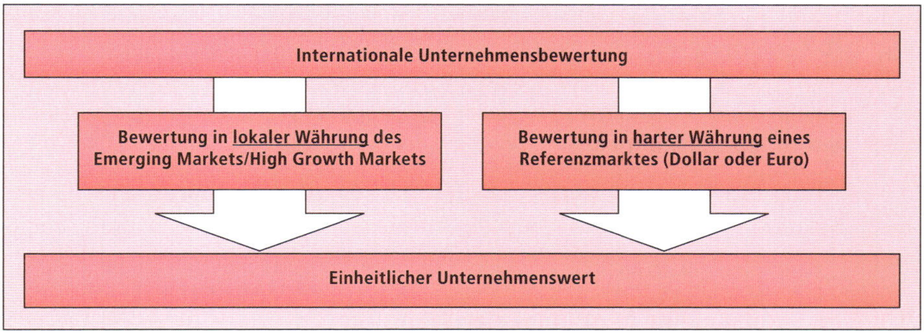


**Abbildung 6.1:** Wahl der Währung bei der internationalen Unternehmensbewertung

Nachfolgend soll anhand eines einfachen Beispiels Schritt für Schritt gezeigt werden, wie eine Bewertung in lokaler Währung und anschließend in Referenzwährung durchgeführt werden muss, um einen konsistenten Unternehmenswert zu ermitteln. Es soll als einfache Veranschaulichung der Vorgänge im Hinblick auf die später in lokaler und Referenzwährung durchzuführende Case Study dienen.

### 6.2.1 Internationale Unternehmensbewertung in lokaler Währung des Emerging Markets/High Growth Markets

Um Verzerrungen durch Währungsumrechnungen zu vermeiden, ist es generell ratsam, die gesamte Analyse und Bewertung zunächst in der **Landeswährung** des zu bewertenden Unternehmens durchzuführen. Hierzu müssen die Cashflows in lokaler Währung geplant und anschließend die Kapitalkosten, ebenso ausgedrückt in lokaler Währung, bestimmt werden. Probleme ergeben sich immer dann, wenn Parameter nicht in der Landeswährung vorhanden bzw. zu bestimmen sind. So gestaltet sich die Bestimmung des **risikolosen Zinssatzes** (und damit implizit auch die Kapitalkostenberechnung) ausgedrückt in heimischer Währung als äußerst schwierig, wenn die Regierung des entsprechenden Landes keine Anleihen begibt, bzw. dieses zwar tut, allerdings in einer anderen Währung. In solchen Situationen wählen Bewerter häufig den Weg des geringsten Widerstandes, indem sie die Diskontierungszinssätze in US-Dollar bestimmen und diese anschließend fälschlicherweise für die Diskontierung der in heimischer Währung lautenden Cashflows verwenden. Diese Inkonsistenz zwischen der Währung des Diskontierungszinssatzes und der der Cashflows führt jedoch zu falschen Unternehmenswerten.

Ein weiterer zu beobachtender Fehler ist, dass die lokalen Cashflows zuvor zwar in US-Dollar konvertiert werden, dies jedoch mittels des aktuellen Wechselkurses (Spot-Rate) geschieht, anstelle, wie es richtig wäre, mit den entsprechenden **Terminwechselkursen**. Dadurch wird jedoch implizit die aktuelle Inflationserwartung des Emerging Markets/High Growth Markets in die Cashflows eingerechnet. Um die Inflation richtig zu berücksichtigen, ist es deshalb wichtig, mit den entsprechenden Terminwechselkursen zu konvertieren.

Es sei nochmals betont, dass die Annahmen hinsichtlich Cashflows und Diskontierungszinssätze **konsistent** sein müssen, da sonst Fehlbewertungen daraus folgen. Da lokal bewertet werden soll, haben sich entsprechend die Diskontierungszinssätze nach der Währung der Cashflows auszurichten und sind demnach auch auf Basis der lokalen Währung zu bestimmen.

Die Bewertung in lokaler Währung läuft in unterschiedlichen Schritten ab, je nachdem ob Staatsanleihen in Landeswährung vorliegen oder nicht. Man unterscheidet zwei Fälle.

### Fall 1: Eine Staatsanleihe liegt in lokaler Währung vor

***Schritt 1:***

Die Planung der **Cashflows** erfolgt in lokaler Währung. Dabei ist zu beachten, dass in der Wachstumsrate die erwartete Inflation berücksichtigt wird.

***Schritt 2:***

Bestimmung der **Kapitalkosten** für den lokalen Markt. Das Vorhandensein einer Staatsanleihe entspricht dem optimalen Fall. Die Ableitung des Diskontierungszinssatzes erfolgt wie gewohnt aus der Staatsanleihe unter Berücksichtigung konsistenter Annahmen bei der Risikoprämie. Dieser Weg setzt voraus, dass die Staatsanleihe auch gehandelt wird und somit über aussagekräftige Renditen verfügt.

***Schritt 3:***

Ermittlung des **Barwerts** durch Diskontierung der Cashflows mit dem ermittelten (lokalen) Diskontierungszinssatz.

***Schritt 4:***

**Konvertierung** des Barwerts mittels Spot-Rate in die Referenzwährung (falls benötigt).

### Fall 2: Staatsanleihe liegt nicht oder nicht in lokaler Währung vor

***Schritt 1:***

Planung der **Cashflows** in lokaler Währung. Wiederum ist zu beachten, dass in der Wachstumsrate die erwartete Inflation berücksichtigt wird.

***Schritt 2:***

Bestimmung der **Kapitalkosten** für den lokalen Markt. In diesem Fall liegt die Staatsanleihe entweder überhaupt nicht vor oder ist in einer anderen Währung wie beispielsweise dem Dollar begeben. Die Kapitalkosten des lokalen Marktes können dennoch bestimmt werden, und zwar indem sie aus den Kapitalkosten eines Referenzmarktes abgeleitet werden. Die Kapitalkosten des Referenzmarktes müssen dabei zunächst bestimmt werden und anschließend unter Berücksichtigung der erwarteten Inflationsdifferenzen in einen Diskontierungszinssatz der lokalen Währung konvertiert werden. Die theoretische Fundierung für diese Konvertierung liefert der **internationale Fisher-Effekt** und die **Kaufkraftparitätstheorie**.

Die Bestimmung der lokalen Kapitalkosten erfolgt dabei nach ▶ Formel 6.1:

$$r_{\text{lokaler Markt}} = (1 + r_{\text{Referenzmarkt}}) \cdot \frac{(1 + \text{erwartete Inflation}_{\text{lokaler Markt}})}{(1 + \text{erwartete Inflation}_{\text{Referenzmarkt}})} - 1 \quad (6.1)$$

Im Fall, dass zwar eine Staatsanleihe vorliegt, diese jedoch nicht in lokaler Währung notiert ist, kann kein Diskontierungszinssatz für die lokale Bewertung bestimmt werden. Es ist demnach entweder auf die oben beschriebene Methode der Ableitung aus dem **Referenzmarkt** zurückzugreifen, oder die komplette Bewertung in der Währung des Referenzmarktes durchzuführen und entsprechend die Cashflows korrekt in Referenzwährung umzurechnen.

***Schritt 3:***

Ermittlung des **Barwerts** durch Diskontierung der Cashflows mit dem ermittelten Diskontierungszinssatz.

***Schritt 4:***

**Konvertierung** des Barwerts mittels Spot-Rate in die Referenzwährung (falls benötigt).

**Rechenbeispiel 6.1**

Am besten ist, man veranschaulicht sich eine lokale Bewertung anhand eines Beispiels.[4]

Hierzu soll der Unternehmenswert aus den aus ▶ Tabelle 6.2 vorgegebenen Cashflows und Annahmen zunächst in lokaler Währung (CNY) bestimmt und anschließend in Dollar umgerechnet werden. Bezüglich der Annahmen gibt die Währung in Klammern jeweils an, auf welcher Basis der Parameter bestimmt wurde. Wie man sieht, sind lediglich die Kapitalkosten des US-Marktes mit 8,5% bekannt, welche sich aus dem risikolosen Zins von 3,5% zuzüglich der Risikoprämie von 5,0% ergeben. Die Kapitalkosten in Yuan sind indes unbekannt. Weiterhin soll auch keine Staatsanleihe in lokaler Währung vorliegen. Die Kapitalkosten sind somit entsprechend Fall 2 aus den Kapitalkosten des US Marktes zu bestimmen. Das Wachstum im Terminal Value wird der erwarteten Inflationsrate des entsprechenden Landes gleichgesetzt. Der aktuelle Wechselkurs (Spot-Rate) liegt bei 6 CNY/$.

4 Das Beispiel wurde abgewandelt übernommen aus Damodaran, A. (2008), S. 18 ff.

### *Schritt 1: Planung der lokalen Cashflows*

| Jahr | Cashflow (CNY) |
|---|---|
| 1 | 1.000,00 |
| 2 | 1.050,00 |
| 3 | 1.102,50 |
| 4 | 1.157,63 |
| 5 | 1.215,51 |
| 6 | 1.276,27 |

| Annahmen | | |
|---|---|---|
| Risikoprämie | 5,0% | |
| Risikoloser Zins (US) | 3,5% | |
| Kapitalkosten (US) | 8,5% | |
| Inflation (US) | 2,4% | |
| Inflation (CNY) | 4,5% | |
| Spot-Rate | 6,00 CNY/$ | 0,16667 $/CNY |
| Wachstum im Terminal Value (CNY) | 4,5% | |
| Wachstum im Terminal Value (US) | 2,4% | |

**Tabelle 6.2:** Cashflows und vorgegebene Annahmen

### *Schritt 2: Ermittlung der Kapitalkosten für den lokalen Markt*

Die Kapitalkosten für China müssen entsprechend ▶ Formel 6.1 bestimmt werden:

$$r_{China} = (1 + r_{USA}) \cdot \frac{(1 + \text{erwartete Inflation}_{China})}{(1 + \text{erwartete Inflation}_{USA})} - 1$$

$$r_{China} = (1 + 0{,}085\%) \cdot \frac{(1 + 0{,}045\%)}{(1 + 0{,}024\%)} - 1 = 10{,}725\%$$

### *Schritt 3: Barwert-Bestimmung*

Anschließend können die Cashflows mit den entsprechenden Kapitalkosten diskontiert werden (vgl. ▶ Tabelle 6.3):

| Jahr | Cashflow (CNY) | % Veränderung | Present Value (CNY) |
|---|---|---|---|
| 1 | 1.000,00 CNY | | 903,14 CNY |
| 2 | 1.050,00 CNY | 5,00% | 856,44 CNY |
| 3 | 1.102,50 CNY | 5,00% | 812,16 CNY |
| 4 | 1.157,63 CNY | 5,00% | 770,16 CNY |
| 5 | 1.215,51 CNY | 5,00% | 730,34 CNY |
| 6 | 1.276,28 CNY | 5,00% | 692,58 CNY |
| Cashflow im TV | 1.333,71 CNY | 4,50% | |
| TV | 21.424,79 CNY | | 11.626,26 CNY |
| Gesamtwert (CNY) | | | 16.391,09 CNY |
| Gesamtwert (US) | | | 2.731,85 $ |

**Tabelle 6.3:** Diskontierung der Cashflows und Unternehmenswertbestimmung

Der Cashflow im Terminal Value ergibt sich wie folgt:

$$\text{Cashflow Terminal Value} = \text{Cashflow Jahr 6 in CNY} \cdot (1 + \text{Wachstum}_{CNY})$$

$$\text{Cashflow Terminal Value} = 1.276{,}28 \text{ CNY} \cdot 1{,}045 = 1.333{,}71 \text{ CNY}$$

Der Terminal Value lautet:

$$\text{Terminal Value} = \frac{\text{Cashflow Terminal Value}}{(\text{Kapitalkosten}_{CNY} - \text{Wachstum}_{CNY})} \quad (6.2)$$

$$\text{Terminal Value} = \frac{1.333{,}71 \text{ CNY}}{(10{,}725\% - 4{,}5\%)} = 21.425{,}10 \text{ CNY} \quad \textit{(Rundungsfehler)}$$

An dieser Stelle ist anzumerken, dass der Cashflows im Terminal Value im Gegensatz zur Bewertung des amerikanischen Beispielunternehmens im ersten Teil dieser Arbeit nicht an das veränderte Wachstum im Terminal Value (im Beispiel von ursprünglich 5,0% auf 4,5%) angepasst wurde.

Es ergibt sich ein Unternehmenswert in Höhe von 16.391,09 CNY.

***Schritt 4: Konvertierung des ermittelten Unternehmenswertes in die Referenzwährung***

Der Unternehmenswert in CNY kann zuletzt mit der Spot-Rate 6 CNY/$ bzw. 0,1667 $/CNY umgerechnet werden. In Dollar beträgt er 2.731,85 $ (Unstimmigkeiten sind auf Rundungsfehler zurückzuführen).

### 6.2.2 Internationale Unternehmensbewertung in harter Währung des Referenzmarktes

Da viele Emerging Markets/High Growth Markets keine Staatsanleihen in lokaler Währung begeben und sich dadurch eine Bestimmung des risikofreien Zins für die Kapitalkostenberechnung als schwierig erweisen kann, ist es oft angebracht, die Bewertung in einer **Referenzwährung** wie beispielsweise dem Dollar oder Euro durchzuführen.

Wie eingangs erläutert, ist der Unternehmenswert unabhängig von der gewählten Währung. Eine Unternehmensbewertung in harter Referenzwährung läuft in folgenden Schritten ab:

***Schritt 1:***

Planung der **Cashflows** in lokaler Währung. Dies erfolgt, um Verzerrungen der Cashflows aufgrund von Rechnungslegungsvorschriften, Steuervorschriften und dergleichen zu vermeiden.

***Schritt 2:***

Die lokalen Cashflows sind anschließend in die Referenzwährung zu **konvertieren**. Hierbei ist es wichtig, nicht die aktuelle Spot-Rate zu verwenden, sondern den jeweiligen Terminwechselkurs. Die **Terminwechselkurse** sind deshalb zunächst für die Detailjahre zu schätzen. Problematisch hierbei ist, dass diese, wenn überhaupt, nur für die letzten 18 Monate verfügbar sind. Ein Weg, die Terminwechselkurse zu bestimmen, ist, diese unter der Annahme der Kaufkraftparitätstheorie auf Basis der erwarteten Inflation der Währungen nach ▶ Formel 6.3 herzuleiten.

$$\text{Erwarteter Terminkurs (CNY/\$) in Periode t} \tag{6.3}$$

$$= \text{Spot Rate (\$/CNY)} \cdot \frac{(1+\text{erwartete Inflation}_{\text{Lokaler Markt}})^t}{(1+\text{erwartete Inflation}_{\text{Referenzmarkt}})^t}$$

Diese Terminkurse stellen sicher, dass die erwartete Inflation in den Cashflows der erwarteten Inflation in den Kapitalkosten entspricht.

***Schritt 3:***

Nachdem die Cashflows im dritten Schritt entsprechend in die Referenzwährung konvertiert worden sind, werden diese mit den **Kapitalkosten der Referenzwährung** diskontiert und der Unternehmenswert ermittelt.

***Schritt 4:***

Als letzter Schritt kann, falls erforderlich, der ermittelte Unternehmenswert mittels **Spot-Rate** in die lokale Währung zurückgerechnet werden.

Trifft man konsistente Annahmen, ergibt die Unternehmensbewertung in Referenzwährung denselben Unternehmenswert wie die Bewertung in lokaler Währung.

**Rechenbeispiel 6.1**

## Fortsetzung

An dieser Stelle soll die oben begonnene Beispielbewertung nochmals in Referenzwährung, also in Dollar, durchgeführt werden. Die zugrunde gelegten Cashflows und Annahmen sind identisch. (vgl. ▶ Tabelle 6.2).

***Schritt 1: Planung der lokalen Cashflows***

Vergleiche hierzu ▶ Tabelle 6.2.

***Schritt 2: Bestimmung der Terminwechselkurse und Konvertierung der lokalen Cashflows in Referenzwährung***

Die Terminwechselkurse sind zunächst anhand von ▶ Formel 6.3 zu bestimmen (vgl. ▶ Tabelle 6.4):

| Jahr | Erwarteter Wechselkurs | |
|---|---|---|
| Spot-Rate | 6,0000 CNY/$ | 0,1667 $/CNY |
| 1 | 6,1230 CNY/$ | 0,1633 $/CNY |
| 2 | 6,2486 CNY/$ | 0,1600 $/CNY |
| 3 | 6,3768 CNY/$ | 0,1568 $/CNY |
| 4 | 6,5075 CNY/$ | 0,1537 $/CNY |
| 5 | 6,6410 CNY/$ | 0,1506 $/CNY |
| 6 | 6,7772 CNY/$ | 0,1476 $/CNY |

**Tabelle 6.4:** Erwartete Terminwechselkurse für die entsprechenden Jahre

So errechnet sich der erwartete Wechselkurs in Jahr 2 von 6,2486 CNY/$ beispielsweise wie folgt:

$$\text{Erwarteter Wechselkurs in Jahr 2} = 6{,}00\ \text{CNY/\$} \cdot \frac{(1+0{,}045)^2}{(1+0{,}024)^2} = 6{,}2486\ \text{CNY/\$}$$

Mit den geschätzten Terminwechselkursen werden schließlich die lokalen Cashflows in Dollar umgerechnet (vgl. ▶ Tabelle 6.5):

| Jahr | Cashflow (CNY) | % Veränderung | Cashflow (US) | % Veränderung | Present Value (US) |
|---|---|---|---|---|---|
| 1 | 1.000,00 CNY | | 163,32 $ | | 150,52 $ |
| 2 | 1.050,00 CNY | 5,00% | 168,04 $ | 2,890% | 142,74 $ |
| 3 | 1.102,50 CNY | 5,00% | 172,89 $ | 2,890% | 135,36 $ |
| 4 | 1.157,63 CNY | 5,00% | 177,89 $ | 2,890% | 128,36 $ |
| 5 | 1.215,51 CNY | 5,00% | 183,03 $ | 2,890% | 121,72 $ |
| 6 | 1.276,28 CNY | 5,00% | 188,32 $ | 2,890% | 115,43 $ |
| Cashflow im TV | | | 192,84 $ | 2,400% | |
| TV | | | 3.161,31 $ | | 1.937,71 $ |
| Gesamtwert (US) | | | | | 2.731,85 CNY |
| Gesamtwert (CNY) | | | | | 16.391,09 CNY |

**Tabelle 6.5:** Diskontierung der konvertierten Dollar-Cashflows und Unternehmenswertbestimmung

Beim Cashflow im Terminal Value muss dieses Mal jedoch das Wachstum des US-Marktes berücksichtigt werden (man rechnet ja nun in Dollar). Der Cashflow im Terminal Value berechnet sich wie folgt:

$$\text{Cashflow Terminal Value} = \text{Cashflow Jahr 6 in \$} \cdot (1 + \text{Wachstum}_{US})$$

$$\text{Cashflow Terminal Value} = 188{,}32\ \$ \cdot 1{,}024 = 192{,}84\ \$$$

Auch bei der Berechnung des Terminal Value müssen die US-Kapitalkosten und das US-Wachstum berücksichtigt werden:

$$\text{Terminal Value} = \frac{\text{Cashflow Terminal Value}}{(\text{Kapitalkosten}_{US} - \text{Wachstum}_{US})}$$

$$\text{Terminal Value} = \frac{192{,}84\ \$}{(8{,}5\% - 2{,}4\%)} = 3.161{,}31\$$$

***Schritt 3: Barwert-Bestimmung***

Bestimmt man den Barwert der einzelnen Cashflows durch Diskontierung mit dem US-Kapitalkostensatz, ergibt sich ein Unternehmenswert in Höhe von 2.731,85 $.

***Schritt 4: (optional) Konvertierung des Unternehmenswertes zurück in die lokale Währung***

Der Unternehmenswert kann wiederum mit der Spot-Rate von 6 CNY/$ bzw. 0,1667 $/CNY in CNY umgerechnet werden und man erhält einen Wert von 16.391,09 CNY. Es wird deutlich, dass in Abhängigkeit davon, ob man die Unternehmensbewertung in Yuan oder in Dollar durchführt, bei konsistenter Einhaltung der Annahmen dieselben Unternehmenswerte ermittelt werden.

## 6.3 Anwendbarkeit des CAPM in Emerging Markets/High Growth Markets

Neben der Thematik rund um die Währungsumrechnung stellt sich dem Bewerter die Frage, inwieweit das CAPM zur Eigenkapitalkostenermittlung in Emerging Marktets/ High Growth Markets geeignet ist. Unter den kapitalmarkttheoretischen Modellen zur Ermittlung der Eigenkapitalkosten stellt das Capital Asset Pricing Model (CAPM) nach wie vor das Standardmodell dar. Wie oben bereits erläutert, berechnen sich die Eigenkapitalkosten im CAPM, indem zu einem risikolosen Zinssatz eine unternehmensspezifische Risikoprämie addiert wird. Dadurch, dass annahmegemäß die Investoren ihr Portfolio perfekt diversifizieren, wird das unsystematische Risiko eliminiert. Das systematische Risiko hingegen kann von den Investoren nicht beeinflusst werden. Dieses ist vom Markt demzufolge im Gleichgewicht zu vergüten und wird mit der unternehmensspezifischen Risikoprämie abgegolten. Die Betonung liegt hierbei auf „unternehmensspezifisch“, da nicht die allgemeine Marktrisikoprämie interessant ist, sondern lediglich derjenige Teil des Risikos, welcher das Unternehmen dem Marktportfolio hinzufügt. Dieser wird – wie bereits erläutert – mit dem Betafaktor gemessen, welcher das Verhalten der Rendite des Unternehmens im Vergleich zur Marktrendite beschreibt. Die große Popularität des CAPM in der Praxis kann jedoch nicht darüber hinwegtäuschen, dass seine Anwendung eine Reihe von Problemen aufwirft, insbesondere wenn es um die Bestimmung der Eigenkapitalkosten in weniger entwickelten Volkswirtschaften wie beispielsweise den Emerging Markets/High Growth Markets geht. Dabei manifestiert sich die Kritik am CAPM hautsächlich an den z.T. sehr **restriktiven Annahmen**, welche diesem Modell zugrunde liegen, sowie der methodischen Vorgehensweise bei der Bestimmung der notwendigen Parameter.

Im Folgenden soll diese Kritik aufgezeigt werden und untersucht werden, inwieweit das CAPM zur Bestimmung der Eigenkapitalkosten in volatilen Märkten geeignet ist.

## Kritik am CAPM

Ein Hauptkritikpunkt, welcher gegen das CAPM oft vorgebracht wird, ist sein **Vergangenheitsbezug**. So wird versucht, mit historisch beobachteten Daten zukünftig zu erwartende Renditen zu bestimmen. Implizit wird dabei unterstellt, dass das systematische Risiko eines Unternehmens in Zukunft konstant bleibt bzw. sich nicht signifikant ändern wird. Diese Annahme erscheint jedoch mehr als fraglich, wenn sie vor dem Hintergrund des mitunter schnellen Marktwachstums und der dynamischen Entwicklung des Unternehmenssektors in vielen Ländern betrachtet wird.[5]

Ein weiterer Kritikpunkt ist die **mangelnde Berücksichtigung des unsystematischen Risikos**. Wie bereits erwähnt, geht das Modell davon aus, dass lediglich das systematische Risiko für die Bestimmung der Eigenkapitalkosten relevant ist und die unsystematischen Risiken annahmegemäß durch Diversifikation von Seiten der Anleger eliminiert werden. Einige empirische Studien haben jedoch gezeigt, dass sogar in hoch effizienten Kapitalmärkten, wie beispielsweise dem der USA, Aktienrenditen bis zu einem gewissen Punkt von unsystematischen Einflussfaktoren wie der Marktkapitalisierung, dem Buchwert des Eigenkapitals und dem Kurs-Gewinn-Verhältnis beeinflusst werden.[6] Darüber hinaus ist eine perfekte Diversifikation in Märkten, in welchen nur wenige Firmenübernahmen durch eine Hand voll Käufer und Verkäufer stattfinden, schwer bis unmöglich zu realisieren. Diese Bedingungen liegen jedoch in vielen Emerging Markets/High Growth Markets vor. Eine nicht perfekte Diversifikation bedeutet hingegen wieder einen Anstieg des unsystematischen Risikos, für welches das CAPM ja nicht ausgelegt wurde. Doch selbst wenn genügend Diversifikationsalternativen zur Auswahl stünden, wäre nicht davon auszugehen, dass Investoren über die Mittel und Möglichkeiten verfügen, gleichzeitig in verschiedene Anlagen zu investieren, um eine perfekte Diversifikation zu gewährleisten. Weitere Untersuchungen belegen außerdem, dass das unternehmensspezifische Risiko vor allem bei nicht an einer Börse gehandelten Unternehmen einen wesentlichen Einfluss auf den Unternehmenswert haben kann. Genannt sei beispielsweise die geringere Fungibilität dieser Unternehmen. Im Falle eines geplanten Verkaufs dauert die Suche nach einem Käufer meist länger als an der Börse und ist mit weitaus höheren Transaktionskosten verbunden. Dieser Sachverhalt trifft in verstärktem Maße auf Emerging Markets/High Growth Markets zu, in welchen zumeist ein geringerer Teil der Unternehmen über die Börse gehandelt werden.[7]

Dass das **Risiko innerhalb des CAPM als Korrelation zwischen einer Markt- und Unternehmensrendite definiert** wird, ist ein weiterer Kritikpunkt. Viele Studien haben nachgewiesen, dass dies nicht der tatsächlichen Risikowahrnehmung durch Investoren entspricht. Demnach machen viele Anleger ihre Investitionsentscheidung weniger von der Varianz der Renditen als vielmehr von der Höhe bzw. der Eintrittswahrscheinlichkeit des Verlustes abhängig. Beides findet im klassischen CAPM keine Berücksichtigung.[8]

5 Vgl. Harvey, C. R. (2000), S. 3.
6 Vgl. Pereiro, L. E. (2002), S. 103 f.
7 Vgl. Pereiro, L. E. (2002), S. 105 f.
8 Vgl. Miller, K. D./Leiblein, M. J. (1996), S. 92 f.

Eine **höhere Unsicherheit** in Bezug auf Rendite und Ergebnis lässt Investments in Emerging Markets/High Growth Markets oft risikoreicher erscheinen als dies bei entwickelten Industriestaaten der Fall ist. Will man demnach das CAPM anwenden, muss dieses spezifische Risiko, auch als sogenanntes Länderrisiko bezeichnet, irgendwie quantifiziert werden.

Ein großes Problem bei der Anwendung des CAPM ist die **Annahme von perfekten Kapitalmärkten**. Oft werden hierbei vollständig integrierte Märkte unterstellt, was insbesondere in weniger entwickelten Ländern meist nicht zutrifft. In diesen herrscht meist ein hohes Maß an Marktsegmentierung vor. Im Vergleich zu entwickelten Industriestaaten verfügen die Emerging Markets/High Growth Markets tendenziell über sehr kleine Aktienmärkte, welche nur eine geringe Anzahl an gelisteten Unternehmen umfassen und zudem eine geringe Marktkapitalisierung aufweisen. Folglich sind auch die Liquidität in diesen Märkten sowie die Anzahl der Teilnehmer geringer.

Für die Gesamtwirtschaft von Emerging Markets/High Growth Markets spielen die Aktienmärkte, gemessen am Bruttoinlandsprodukt, (bisher) noch eine untergeordnete Rolle. Hinzu kommt die häufig hohe Konzentration auf wenige große Werte, was **spekulative Preismanipulationen** durch einzelne Investoren erlaubt, dadurch wiederum die Diversifikation erschwert und letztlich die Effizienz des Gesamtmarktes erheblich einschränkt.[9]

Effiziente Kapitalmärkte setzten zudem eine **hohe Informationseffizienz** voraus, welche häufig in Emerging Markets/High Growth Markets, wenn überhaupt, nur bedingt gegeben ist. Gründe hierfür liegen beispielsweise in der mangelnden Transparenz der Rechnungslegung, unzureichenden Veröffentlichungspflichten sowie den häufig weniger detaillierten Berichtssystemen in diesen Ländern, welche Informationsasymmetrien begünstigen und somit einen Vergleich von Unternehmen erschweren. Informationen neigen dazu, sich in den Händen von wenigen Investoren zu konzentrieren und fließen dementsprechend nur langsam in den Markt. Inflation, Währungskursschwankungen, die Gefahr von Enteignung, sich verändernde politische und rechtliche Rahmenbedingungen, Kapitaltransferbeschränkungen sowie Korruption tragen zur Intransparenz der Märkte bei und erschweren darüber hinaus erheblich die Beschaffung von verlässlichen Informationen. Problematisch erscheint auch, dass die Aktienmärkte häufig hohe Volatilitäten aufweisen, was die Ermittlung aussagekräftiger Durchschnittsrenditen erschwert. In diesem Zusammenhang sei außerdem genannt, dass statistisch aussagekräftige Kurs- und Renditedaten oftmals nur sehr begrenzt zur Verfügung stehen, da die meist recht jungen Aktienmärkten häufig eine zu kurze Historie aufweisen oder die Daten aufgrund von Kursmanipulationen oder staatlichen Eingriffen wenig Aussagekraft besitzen.[10]

Im Zusammenhang mit der Bewertung nicht an einer Börse gehandelter Unternehmen besteht in Emerging Markets/High Growth Markets auch häufig das Problem, dass aufgrund der geringen Anzahl gelisteter Unternehmen an den Aktienmärkten nur – wenn

9 Vgl. Pereiro, L. E. (2002), S. 105.
10 Vgl. Pereiro, L. E. (2002), S. 106; Sabal, J. (2002), S. 6.

überhaupt – **wenige Vergleichsunternehmen** existieren, welche beispielsweise zur Ableitung von Betafaktoren herangezogen werden können.[11]

Eine weitere Problematik ergibt sich bei der Zusammensetzung und Approximation des Marktportfolios innerhalb des CAPM durch lokale Indizes. Es zeigt sich, dass **lokale Wertpapierindizes** in Emerging Markets/High Growth Markets **häufig schlechte Vertreter der lokalen Märkte** darstellen, was wiederum auf die mangelnde Liquidität, die geringe Anzahl gelisteter Unternehmen und die Konzentration auf wenige große Unternehmen zurückzuführen ist. So haben beispielsweise einzelne Werte, die nicht zwingenderweise die Entwicklung des Gesamtmarktes repräsentieren, oftmals einen erheblichen Einfluss auf den Verlauf der Indizes.

Neben konzeptionellen Problemen werden auch **empirische Zweifel** bei der Anwendung des CAPM in Emerging Markets/High Growth Markets laut. Als einer der Gründe wird beispielsweise die Unzuverlässigkeit des Betafaktors in Schwellenländern angeführt. So belegen HARVEY (1995) und ESTRADA (2000) in einer Studie, dass die ermittelten Betafaktoren häufig nicht mit den Renditen des Weltmarktes korrelieren, was mitunter auf die hochvolatilen Aktienmärkte in Schwellenländern zurückzuführen ist. Ein zu geringer Betafaktor hat zur Folge, dass das systematische Risiko zu gering angesetzt wird, was letztlich zu geringen Eigenkapitalkosten führt.[12]

Die fortschreitende **Liberalisierung** des Aktienmarktes von Emerging Markets/High Growth Markets wird jedoch vermutlich in Zukunft zu einer steigenden Korrelation zwischen Aktienmärkten und Weltmarkt zur Folge haben. Dies steht auch im Einklang mit Studien von BEKAERT & HARVEY (2000) sowie BEKAERT, HARVEY & LUMSDAIN (2002), welche besagen, dass viele Entwicklungsländer ihre Kapitalmärkte liberalisiert haben bzw. weiterhin liberalisieren und dadurch die Korrelation zum Weltmarkt bisher zunahm. Das heißt, das CAPM lässt sich heute leichter begründen und steht heute auf einem theoretisch besseren Fundament, als dies noch vor 10 Jahren der Fall war.[13]

### Kann das CAPM in Emerging Markets/High Growth Markets angewendet werden?

Die Anwendung des CAPM in Emerging Markets/High Growth Markets ist nach wie vor ein **kontroverses Thema**. Dass das CAPM in seiner einfachen Form nicht für die Bewertung in Schwellenländern geeignet ist, wurde in der dargelegten Kritik am CAPM deutlich. Offen blieb hingegen, wie das CAPM anzupassen ist, um die genannten Probleme zu umgehen. Trotz der fortwährenden Diskussion über die z.T. sehr realitätsfremden Annahmen des CAPM ist es dennoch nach wie vor das Standardmodell zur Unternehmensbewertung und wird von einer Mehrheit von Praktikern bei der internationalen Unternehmensbewertung verwendet. Dies ist unter anderem auf drei Dinge zurückzuführen:

11 Vgl. Pereiro, L. E. (2002), S. 106.
12 Vgl. Estrada, J. (2000), S. 1; Harvey, C. R. (2001), S. 6.
13 Vgl. Harvey, C. R. (2001), S. 6.

Einerseits liegt die Popularität des CAPM sicherlich darin begründet, dass es sich um ein **logisch schlüssiges** und vor allem **einfach anzuwendendes Modell** handelt, das im Vergleich zu anderen Modellen oft kosten- und zeiteffizienter ist. Zudem bieten viele Finanzinformationsdienste inzwischen standardisierte Marktdaten an, was die Informationsbeschaffung erheblich erleichtert, auch wenn die Daten häufig einen „Black-Box-Charakter" haben, man also nicht immer nachvollziehen kann, wie die Daten berechnet wurden. Im Vergleich zu nicht-CAPM-basierten Modellen kann sich der Aufwand dennoch deutlich reduzieren, da hier die erforderlichen Daten oft nicht standardmäßig von Finanzdienstleistern bezogen werden können und somit selbst berechnet werden müssen.

Andererseits stellt das CAPM aufgrund seiner weiten internationalen Verbreitung mittlerweile eine, wenn nicht „die" **Standardvergleichsgröße** dar. Bewerter würden deshalb beispielsweise bei Kauf- und Verkaufstransaktionen erhebliche Nachteile in Kauf nehmen, wenn sie das Modell ignorieren würden, da es sehr wahrscheinlich ist, dass die Konkurrenz das CAPM anwendet und somit mehr Informationen über die Transaktion und demnach einen strategischen Vorteil hat.

Zuletzt sei genannt, dass in den letzten Jahren verschiedene **Varianten zum CAPM** vorgeschlagen wurden, welche versuchen, die genannten Unzulänglichkeiten bei der Unternehmensbewertung in Emerging Markets/High Growth Markets zu beseitigen. Mithilfe dieser angepassten CAPM-Modelle soll es möglich sein, auch in Emerging Markets/High Growth Markets Eigenkapitalkosten zu berechnen. Folgende Varianten des CAPM wurden vorgeschlagen:

- das globale CAPM,
- das lokale und das adjustierte lokale CAPM,
- das hybride (adjustierte) CAPM,
- das Lessard-Modell,
- das Godfrey-Espinosa-Modell,
- das Goldman-Sachs-Modell,
- das Damodaran-Modell und
- das Salomon-Smith-Barney-Modell.

Ob diese Modelle ernsthafte Alternativen zum CAPM, insbesondere in Emerging Markets/High Growth Markets sind, soll im Einzelnen im Rahmen der Anpassung der Kapitalkosten bei einer internationalen Bewertung in Schwellenländern ausführlich dargestellt und jeweils anhand einer Fallstudie verdeutlicht werden. An dieser Stelle wurden sie lediglich der Vollständigkeit halber genannt.

Bevor näher auf die Varianten des CAPM eingegangen werden kann, sollen zunächst im folgenden Kapitel einige der **Input-Parameter** des CAPM ausführlicher behandelt und im Besonderen deren Bestimmung im Kontext von volatilen Märkten untersucht werden.

## ZUSAMMENFASSUNG

- Internationale Unternehmensbewertungen in volatilen Märkten sind verglichen mit Bewertungen von Unternehmen in entwickelten Industriestaaten häufig durch weitere Probleme gekennzeichnet. Fast immer müssen weitere Risikofaktoren bei den Bewertungen mit einbezogen werden. Als Beispiele seien unterschiedliche Rechnungslegungsvorschriften und Besteuerung, Währungsunterschiede, Länderrisiken, Verfügbarkeit und Zuverlässigkeit von Informationen und Finanzdaten, die Aussagekraft von Kennzahlen, welche vom lokalen Markt abgeleitet wurden, sowie die generelle Anwendbarkeit von klassischen Bewertungsmodellen wie dem CAPM genannt.
- Häufig liegt der Fall vor, dass Jahresabschlüsse bzw. andere Finanzdaten lediglich in einer Währung vorliegen und zwecks der Bewertung in eine andere konvertiert werden müssen. Dabei ist auf eine konsistente Überführung zu achten, um Verzerrungen zu vermeiden. So ist es wichtig, dass sich die verschiedenen Bestandteile einer Unternehmensbewertung (Kapitalkosten und Cashflows) jeweils auf die gleiche Währung beziehen.
- Grundsätzlich kann eine Unternehmensbewertung in lokaler Währung oder in harter Währung eines Referenzmarktes durchgeführt werden. Trifft man konsistente Annahmen, führen beide Verfahren zu einem identischen Unternehmenswert.
- Die Unternehmensbewertung in lokaler Währung läuft prinzipiell in folgenden Schritten ab:
  1. Planung der Cashflows in lokaler Währung.
  2. Ermittlung der Kapitalkosten für den lokalen Markt.
  3. Barwert-Bestimmung.
  4. Konvertierung des ermittelten Unternehmenswerts in die Referenzwährung.
- Die Unternehmensbewertung in Referenzwährung läuft wie folgt ab:
  1. Planung der Cashflows in lokaler Währung.
  2. Bestimmung der Terminwechselkurse und Konvertierung der lokalen Cashflows in Referenzwährung.
  3. Unternehmenswertberechnung.
  4. (optional) Konvertierung des Unternehmenswertes zurück in lokale Währung.

- Unter den kapitalmarkttheoretischen Modellen zur Ermittlung der Eigenkapitalkosten stellt das Capital Asset Pricing Model (CAPM) nach wie vor das Standardmodell dar. Die große Popularität des CAPM in der Praxis kann jedoch nicht darüber hinwegtäuschen, dass seine Anwendung eine Reihe von Problemen aufwirft, insbesondere wenn es um die Bestimmung der Eigenkapitalkosten in Emerging Markets/High Growth Markets geht. Dabei manifestiert sich die Kritik am CAPM hautsächlich an den z.T. sehr restriktiven Annahmen, welche diesem Modell zugrunde liegen, sowie der methodischen Vorgehensweise bei der Bestimmung der notwendigen Parameter. So wird unter anderem der Vergangenheitsbezug, die mangelnde Berücksichtigung eventuell vorhandener unsystematischer Risiken, die Definition des Risikos als Korrelation zwischen Markt und Unternehmensrendite, die Annahmen von perfekten Kapitalmärkten und hoher Informationseffizienz, die mangelnde Verfügbarkeit von Vergleichsunternehmen und geeigneter lokaler Indizes sowie generell empirische Zweifel am CAPM als Kritik vorgebracht.
- Trotz der fortwährenden Diskussion über die z.T. sehr realitätsfremden Annahmen des CAPM ist es dennoch nach wie vor das Standardmodell zur Unternehmensbewertung und wird von einer Mehrheit von Praktikern im In- und Ausland verwendet. Dies liegt sicherlich an der leichten Umsetzbarkeit des Modells und der internationalen Verbreitung (das CAPM gilt als „Standardvergleichsgröße"). Die Kritik am CAPM wurde dadurch berücksichtigt, dass verschiedene Varianten des CAPM entwickelt wurden, welche versuchen, die genannten Unzulänglichkeiten bei der Unternehmensbewertung in Emerging Markets/High Growth Markets zu beseitigen.

## Aufgaben

1. Worin unterscheiden sich internationale Unternehmensbewertungen in volatilen Märkten von Bewertungen von Unternehmen in Industriestaaten?
2. Nennen Sie Risikofaktoren, die bei internationalen Unternehmensbewertungen in volatilen Märkten auftreten.
3. Wie unterscheiden sich Emerging Markets/High Growth Markets von Entwicklungsländern und Industrieländern?
4. Erläutern Sie, welche Möglichkeiten es gibt, unterschiedliche Währungen bei der internationalen Unternehmensbewertung zu berücksichtigen.

**5.** Erläutern Sie ausführlich die internationale Bewertung in lokaler Währung des Emerging Markets/High Growth Markets.

**6.** Erläutern Sie ausführlich die internationale Unternehmensbewertung in harter Währung des Referenzmarktes.

**7.** Wie hoch sind die Kapitalkosten in den USA und in China? Folgende Werte sind gegeben:

| | | |
|---|---|---|
| Risikoprämie: | | 5,0% |
| Risikoloser Zins (US): | | 3,0% |
| Inflation (US): | | 2,4% |
| Inflation (CNY): | | 4,5% |
| Spot-Rate: | 6,00 CNY/$ | 0,16667 $/CNY |

**8.** Wie hoch sind die Wechselkurse CNY/$ und $/CNY in den Jahren (1) bis (6)?

Folgende Werte sind gegeben:

| | |
|---|---|
| Inflation (US): | 2,4% |
| Inflation (CNY): | 4,5% |
| Spot-Rate: | 6,00 CNY/$ |

Der Wechselkurs CNY/$ beträgt im Jahr( 0) 6,00 CNY/$.

**9.** Wie hoch ist der Gesamtwert in CNY und in $? Folgende Werte sind bei einer internationalen Unternehmensbewertung in lokaler Währung gegeben:

| | |
|---|---|
| Cashflow Jahr (1) in CNY: | 1.000,00 |
| Cashflow Jahr (2) in CNY: | 1.050,00 |
| Cashflow Jahr (3) in CNY: | 1.102,50 |
| Cashflow Jahr (4) in CNY: | 1.157,63 |
| Cashflow Jahr (5) in CNY: | 1.215,51 |
| Cashflow Jahr (6) in CNY: | 1.276,28 |
| Cashflow Jahr (im TV) in CNY: | 1.333,71 |
| Wachstum im Terminal Value (CNY): | 4,50% |
| Kapitalkosten (China): | 10,21% |
| Wechselkurs im Jahr 0: | 0,1667 $/CNY |

Verwenden Sie die in Aufgabe 8 bestimmten Forward Rates.

**10.** Wie hoch ist der Gesamtwert in $ und in CNY? Folgende Werte sind gegeben bei einer internationalen Unternehmensbewertung in harter Währung des Referenzmarktes gegeben:

| | | |
|---|---|---|
| Cashflow Jahr (1) in CNY: | | 1.000,00 |
| Cashflow Jahr (2) in CNY: | | 1.050,00 |
| Cashflow Jahr (3) in CNY: | | 1.102,50 |
| Cashflow Jahr (4) in CNY: | | 1.157,63 |
| Cashflow Jahr (5) in CNY: | | 1.215,51 |
| Cashflow Jahr (6) in CNY: | | 1.276,28 |
| Cashflow Jahr (im TV) in CNY: | | 1.333,71 |
| Wechselkurs im Jahr (0): | 6,0000 CNY/$ | 0,1667 $/CNY |
| Erwarteter Wechselkurs im Jahr (1): | 6,1230 CNY/$ | 0,1633 $/CNY |
| Erwarteter Wechselkurs im Jahr (2): | 6,2486 CNY/$ | 0,1600 $/CNY |
| Erwarteter Wechselkurs im Jahr (3): | 6,3768 CNY/$ | 0,1568 $/CNY |
| Erwarteter Wechselkurs im Jahr (4): | 6,5075 CNY/$ | 0,1537 $/CNY |
| Erwarteter Wechselkurs im Jahr (5): | 6,6410 CNY/$ | 0,1506 $/CNY |
| Erwarteter Wechselkurs im Jahr (6): | 6,7772 CNY/$ | 0,1476 $/CNY |
| Wachstum im Terminal Value ($): | | 2,40% |
| Kapitalkosten (USA): | | 8,0% |
| Wechselkurs im Jahr 0: | | 6,0000 CNY/$ |

**11.** Erläutern Sie die Kritik am CAPM.

**12.** Kann das CAPM für Unternehmensbewertungen in Emerging Markets/High Growth Markets eingesetzt werden?

Die Lösungen zu diesen Aufgaben finden Sie auf der Companion Website zum Buch unter *www.pearson-studium.de.*

# Nähere Betrachtung wichtiger Modell-Parameter bei der internationalen Unternehmensbewertung mittels CAPM

7



ÜBERBLICK

## Lernziele

- Probleme bei der Bestimmung der Marktrisikoprämie im Kontext von volatilen Märkten wiedergeben.
- Verschiedene Möglichkeiten der Bestimmung der Marktrisikoprämie im Kontext von volatilen Märkten beherrschen.
- Die Notwendigkeit einer Länderrisikoprämie bei der internationalen Unternehmensbewertung in Emerging Markets/High Growth Markets erkennen.
- Ansätze der Bestimmung einer Länderrisikoprämie verstehen und anwenden.
- Betafaktoren in Schwellenländern zu bestimmen, wenn die generelle Vorgehensweise der Beta-Bestimmung nicht möglich ist.

Die Bestimmung wichtiger Input-Parameter für die Kapitalkostenberechnung mittels CAPM ist bereits in entwickelten Industriestaaten nicht immer eine allzu leichte Aufgabe. Hinsichtlich der Bestimmung in Emerging Markets/High Growth Markets ergeben sich mitunter weitere Probleme, welche die Schwierigkeit noch weiter erhöhen. So sind innerhalb der **Marktrisikoprämienbestimmung**, wie noch aufzuzeigen sein wird, auch Länderrisiken bzw. eine **Länderrisikoprämie** zu berücksichtigen. Auch die Bestimmung der notwendigen Betafaktoren gestaltet sich in Anbetracht der oft illiquiden Finanzmärkte bzw. der mangelnden Verfügbarkeit von Daten nicht börsennotierter Unternehmen als weitere Erschwernis.

Bevor im nächsten Kapitel auf die Varianten des CAPM eingegangen werden kann, soll zunächst aufgezeigt werden, wie die dafür notwendigen **Input-Parameter** zu bestimmen sind. Dies soll nun insbesondere im Zusammenhang mit Emerging Markets/High Growth Markets und der dort herrschenden Gegebenheiten geschehen. So wird zunächst kurz wiederholt, was sich hinter der Marktrisikoprämie verbirgt und wie diese für Emerging Markets/High Growth Markets bestimmt werden kann. Anschließend soll auf die Notwendigkeit einer Länderrisikoprämie eingegangen werden. Sollte es überhaupt eine Länderrisikoprämie geben und wenn ja, wie ist diese dann zu bestimmen? Ist jedes Unternehmen dem Länderrisiko in gleichem Maße ausgesetzt oder variiert es von Unternehmen zu Unternehmen? Diese und weitere Fragen werden beantwortet. Schließlich soll aufgezeigt werden, wie Betafaktoren zu bestimmen sind, wenn es sich beim zu bewertenden Unternehmen um ein nicht börsennotiertes Unternehmen handelt, folglich auch keine Renditen zur Regression vorhanden sind. Wie kann man dennoch ein „aussagekräftiges" Beta bestimmen? Hier sollen Techniken und Wege aufgezeigt werden.

# 7.1 Die Marktrisikoprämie – Definition, Einflussfaktoren und Bestimmung

In Teil I dieses Buches wurde bereits ein kurzer Überblick über die **Marktrisikoprämie** gegeben. Im Folgenden soll dieses Wissen vertieft und auch im Kontext von Emerging Markets/High Growth Markets betrachtet werden. So sollen neben Einflussfaktoren auf die Marktrisikoprämie auch verschiedene Möglichkeiten aufgeführt werden, wie diese bestimmt werden kann.

## 7.1.1 Was versteht man unter der Marktrisikoprämie?

Die Marktrisikoprämie gehört zu den wichtigsten Input-Parametern innerhalb des CAPM. Sie wird häufig als Marktpreis des systematischen Risikos interpretiert. Sie drückt also aus, wie viel Risiko in einem Markt gesehen wird und vor allem welcher Preis für das Risiko zu bezahlen ist. So beeinflusst die Höhe der Marktrisikoprämie wesentlich, welche **Rendite für eine Einzelanlage** letztlich gefordert wird. Wenn folglich die Risikoprämien steigen, bedeutet dies, dass Investoren einen höheren Preis für Risiko einfordern und letzten Endes weniger für die gleichen Cashflows/Anlagen zu zahlen bereit sind. In anderen Worten kann man die Marktrisikoprämie auch als monetären Anreiz bezeichnen, der nötig ist, um einen Investor dazu zu bewegen, anstelle in eine risikofreie Anlage in eine risikobehaftete zu investieren. Die Marktrisikoprämie hängt von zwei wesentlichen Faktoren ab:

- zum einen von der Risikoaversion der Investoren und
- zum anderen vom Risikogehalt einer Durchschnittsanlage im betrachteten Markt.

**Risikoaverse Investoren** fordern grundsätzlich eine höhere Risikoprämie als dies beispielsweise risikoneutrale Investoren tun. Steigt der empfundene Risikogehalt einer durchschnittlichen Anlage im Markt, so wird auch die Risikoprämie entsprechend ansteigen.[1]

Über das Konzept einer Risikoprämie ist man sich weitgehend einig, Uneinigkeit hingegen herrscht darüber, wie diese zu bestimmen und zu messen ist.

## 7.1.2 Bestimmung der Marktrisikoprämie

Die Bestimmung der Marktrisikoprämie gehört mit zu den **kontroversesten Angelegenheiten** der Kapitalkostenbestimmung. Laut DAMODARAN können folgende drei Vorgehensweisen zur Bestimmung einer Marktrisikoprämie unterschieden werden:[2]

Bestimmung einer Marktrisikoprämie

- durch Umfragen unter Kapitalgebern, was diese als Risikoprämie fordern,
- durch Schätzung aus in der Vergangenheit beobachteten Marktrisikoprämien oder

---

1 Vgl. Damodaran, A. (2002a), S. 37 ff.
2 Vgl. Damodaran, A. (2002a), S. 38 ff.

- durch Ableitung aus aktuellen Marktdaten und damit Bestimmung einer impliziten Marktrisikoprämie, wie dies beispielsweise auch in der Optionspreistheorie mit der Volatilität gemacht wird.

## Bestimmung durch Umfragen unter Kapitalgebern

Eine einfache, aber auch mit hohem Aufwand verbundene Methode besteht darin, Investoren danach zu fragen, was sie als Risikoprämie für die Zukunft fordern bzw. erwarten. Da die Marktrisikoprämie der durchschnittlichen Risikoprämie vieler Investoren entspricht, kann sie folglich durch **Befragung** dieser Investoren ermittelt werden. Aus Praktikabilitätsgründen konzentrieren sich diese Befragungen jedoch meist nur auf solche Investoren, die große Gelder verwalten, wie beispielsweise Portfoliomanager, Investmentfonds und dergleichen.[3]

Ein Nachteil dieser Methode liegt darin begründet, dass derlei Befragungen oft durch **aktuelle Marktstimmungen** beeinflusst werden und dadurch im Zeitablauf auch stark variieren können. Zudem haben die Risikoprämien solcher Befragungen eher einen **kurzfristigen Charakter**, da die Befragungen oft nur über kurze Zeit und nicht über mehrere Jahre hinweg durchgeführt werden.

## Bestimmung durch Schätzung aus Vergangenheitswerten

Eine weitere Möglichkeit die Marktrisikoprämie zu bestimmen ist es, diese aus **Vergangenheitswerten** herzuleiten. Bei diesem am weitesten verbreiteten Ansatz wird die Marktrisikoprämie durch Subtraktion der durchschnittlichen langfristigen Renditen von Aktien von den durchschnittlichen, langfristigen Renditen von Staatsanleihen bestimmt. Für die Aktienrenditen wird hierzu meist ein Index herangezogen. Die errechnete Differenz entspricht der historischen Marktrisikoprämie.

Während historische Daten als vermutlich beste Grundlage für die **Schätzung** einer zukünftigen Marktrisikoprämie angesehen werden können, erscheint es dennoch problematisch, wie unterschiedlich die daraus bestimmten Prämien in der Praxis sein können. So berechnen Bewerter häufig unterschiedliche Marktrisikoprämien, obwohl die verwendete Datenbasis nahezu identisch ist. Gründe hierfür liegen meist in den zur Bestimmung getroffenen **Annahmen** und der **methodischen Umsetzung**. Demnach macht es beispielsweise einen Unterschied, welcher **Index** verwendet, bzw. welche Anlage zur Bestimmung der risikoreichen Rendite herangezogen wird. Auch die **Länge** der zugrunde gelegten Zeitreihen sowie die Verwendung **arithmetischer** oder **geometrischer Durchschnittsrenditen** sind letztlich entscheidend für die Höhe der berechneten Marktrisikoprämie. In Anbetracht der vielen Wahlmöglichkeiten erscheint es deshalb nicht verwunderlich, warum viele Bewerter unterschiedliche Marktrisikoprämien aus ein und derselben Datenbasis bestimmen können. Im Folgenden sollen die methodischen Einflussfaktoren näher untersucht werden.

3 Vgl. Damodaran, A. (2002a) S. 38 ff.

### Welcher Index sollte verwendet werden?

Häufig stellt sich die Frage, welcher Index für die Bestimmung der durchschnittlichen Aktienrenditen herangezogen werden soll. Je nach Bewertungskontext stehen oft **verschiedene Indizes** zur Auswahl. Beispielsweise kann zur Bestimmung einer globalen Risikoprämie, wie sie für das globale CAPM benötigt wird, der S&P 500 oder der MSCI World verwendet werden. Für lokale Risikoprämien können unterschiedliche lokale Indizes herangezogen werden. Da es keine einheitliche Antwort auf die Frage des zu wählenden Index gibt, sollte der Bewerter den Index verwenden, welcher das Marktportfolio in der jeweiligen Bewertungssituation am besten abbildet.[4]

### Welcher Zeithorizont sollte verwendet werden, bzw. sollen eher kurze oder längere Zeitreihen zugrunde gelegt werden?

Über den zu verwendenden Zeithorizont herrscht heute ebenfalls oft Uneinigkeit. Unglücklicherweise scheinen die Marktrisikoprämien je nach verwendetem Zeithorizont mitunter deutlich zu variieren, weshalb diesem Punkt eine nicht zu vernachlässigende Bedeutung zukommt. Während sich die einen Bewerter auf die am weitesten zurückreichende Datenbasis stützen, verwenden andere hingegen nur die Daten aus der unmittelbaren Vergangenheit. Der Vorteil der Verwendung **längerer Zeitreihen** ist es, dass wirtschaftliche Krisen oder Rezessionen durch die Länge nicht zu sehr ins Gewicht fallen und den Wert „verzerren" können. Die Kehrseite hingegen ist, dass aktuelle Einschätzungen und strukturelle Veränderungen nicht bzw. nur unzureichend in den Wert einfließen.

Die Frage nach der Länge der Zeitreihen ist demnach immer mit einem **Trade-off** zwischen dem Versuch verbunden, möglichst viele Informationen einzubeziehen, um eventuelle Ausreißer durch Krisen und Rezessionen zu glätten, oder möglichst aktuelle Informationen zu verwenden, um die letzten strukturellen Änderungen und Trends zu berücksichtigen.[5]

### Welche Anlage sollte als risikofreie Rendite herangezogen werden?

Ähnlich der Frage des verwendeten Zeithorizontes ist das Problem, welche Anlage zur Bestimmung der risikofreien Rendite herangezogen wird. Sollten eher **kurzfristige oder langfristige Staatsanleihen** verwendet werden? Geht man beispielsweise von einer steigenden Zinsstrukturkurve aus ($R_f$ steigt über die Zeit an), wird die geschätzte Marktrisikoprämie ($R_M - R_f$) größer sein, als wenn man kurzfristige Anleihen als Basis für den risikolosen Zinssatz verwendet. Es wird weniger risikofreier Zins von der erwarteten Marktrendite abgezogen.

Auch bei der Wahl der Anlage gibt es **keine eindeutige Vorgehensweise** und es obliegt dem Bewerter, welche Anleihen er verwendet. In der Praxis werden jedoch häufiger langfristige Anleihen zur Bestimmung verwendet.[6]

4 Vgl. Pereiro, L. E. (2002), S. 118.
5 Vgl. Pereiro, L. E. (2002), S. 119.
6 Vgl. Damodaran, A. (2002a), S. 39.

### Sollten arithmetische oder geometrische Durchschnittsrenditen verwendet werden?

Auch hinsichtlich der Verwendung arithmetischer oder geometrischer Durchschnittsrenditen ist man sich uneinig. Während bei einem arithmetischen Durchschnitt lediglich ein einfacher Durchschnitt berechnet wird, wird bei einem geometrischen Durchschnitt der Zinseffekt mit berücksichtigt. So argumentieren manche Bewerter, dass es sich beim CAPM um ein **additives Modell** handelt, was die Verwendung von arithmetischen Durchschnitten rechtfertigt, wohingegen Kritiker sagen, dass geometrische Durchschnitte **bessere Schätzer** für zukünftige Renditen darstellen.[7] Es obliegt wiederum dem Bewerter, für welchen Durchschnitt er sich letztlich entscheidet.

### Bestimmung durch am Markt beobachtbare, implizite Risikoprämien

Schließlich kann die Marktrisikoprämie auch aus den aktuell am Markt beobachteten Renditen bestimmt werden. Die dadurch ermittelte Marktrisikoprämie wird auch als implizite Marktrisikoprämie bezeichnet. Dieser **marktgerichtete Ansatz** überwindet den Nachteil des Vergangenheitsbezuges des historischen Ansatzes. Voraussetzung ist allerdings, dass die Kurse am Aktienmarkt den fundamentalen Wert der Anlagen widerspiegeln, diese also richtig „bepreisen". Sofern diese Annahme gegeben ist, kann die Marktrisikoprämie laut DAMODARAN nach folgenden Formeln bestimmt werden (vgl. ▶ Formel 7.1 und ▶ Formel 7.2).[8] Ein Vorteil der Bestimmung einer impliziten Marktrisikoprämie liegt darin, dass sie marktgetrieben ist und zur Bestimmung keine historischen Daten benötigt.

$$\text{Aktueller Wert des Aktienmarktes (Index)} = \frac{\text{Erwartete Dividende der nächsten Periode}}{\text{Erwartete Marktrendite} - \text{Erwartete Wachstumsrate der Dividenden}} \qquad (7.1)$$

Hierbei handelt es sich letztlich um ein **Dividenden-Modell**, welches den Barwert der Dividenden unter Berücksichtigung einer konstanten Wachstumsrate bestimmt. Innerhalb des Modells können alle Parameter, bis auf die erwartete Marktrendite, leicht bestimmt werden. Löst man ▶ Formel 7.1 nach der erwarteten Rendite auf und setzt die geschätzten Parameter ein, erhält man eine implizite Marktrendite. Zieht man anschließend die risikofreie Rendite von dieser impliziten Marktrendite ab, erhält man die Marktrisikoprämie (vgl. ▶ Formel 7.2).

$$\textit{Marktrisikoprämie} = \textit{Implizite Marktrendite} - \textit{risikofreier Zinssatz} \qquad (7.2)$$

Die Berechnung soll an einem Beispiel für den S&P verdeutlicht werden.[9]

7 Vgl. Pereiro, L. E. (2002), S. 119.
8 Vgl. Damodaran, A. (2002a), S. 45.
9 Vgl. Das Beispiel wurde abgewandelt übernommen aus Damodaran, A. (2002a), S. 45.

**Rechenbeispiel 7.1**

| | |
|---|---|
| S&P Index | = 1.000 |
| Erwartete Dividendenrendite des Index in der nächsten Periode | = 5% |
| Erwartetes Wachstumsrate der Dividenden in Zukunft | = 4% |
| Risikofreier Zins | = 2% |

*Implizite Marktrendite*

$$= \frac{\textit{Erwartete Dividende}}{\textit{Aktueller Indexwert}} + \textit{Erwartete Wachstumsrate der Dividenden}$$

$$= \frac{1.000 \cdot 0{,}05}{1.000} + 0{,}04 = 0{,}09 = 9\%$$

*Marktrisikoprämie*
*= Implizite Marktrendite − risikofreier Zinssatz*
*= 9% − 2% = 7%*

## 7.1.3 Gedanken zur Risikoprämie in Emerging Markets/High Growth Markets

Ein weiteres Problem bei der Bestimmung der Marktrisikoprämie speziell in Emerging Markets/High Growth Markets liegt darin begründet, dass häufig **keine Datenhistorien** zur Verfügung stehen, bzw. wenn Daten vorhanden sind, diese aufgrund der oft hohen Volatilität in diesen Märkten nicht sehr aussagekräftig sind. Um auch für diese Märkte eine Risikoprämie bestimmen zu können, ist diese meist aus der Risikoprämie eines entwickelten Marktes zuzüglich einer Länderrisikoprämie zu bestimmen (vgl. ▶ Formel 7.3).

$$\textit{Lokale Marktrisikoprämie} = \textit{Marktrisikoprämie eines entwickelten Landes} + \textit{Länderrisikoprämie} \tag{7.3}$$

Da sich die Bestimmung der Länderrisikoprämie nicht immer einfach gestaltet, soll sie im folgenden Abschnitt ausführlicher behandelt werden.

## 7.2 Das Länderrisiko – Ein zusätzlicher Risikofaktor in Emerging Markets/High Growth Markets

Laut DAMODARAN stellen sich dem Bewertungspraktiker im Zusammenhang mit der Thematik um das Länderrisiko grundsätzlich folgende Fragen:[10]

- Sollte es überhaupt eine Länderrisikoprämie geben? Und wenn ja, wie ist diese dann zu schätzen bzw. zu quantifizieren?
- Hat man erst einmal eine Länderrisikoprämie bestimmt, wie verhält es sich dann mit der Zurechenbarkeit dieser Prämie auf einzelne Unternehmen? Oder in anderen Worten, ist jedes Unternehmen in einem Emerging Market/High Growth Market dem Länderrisiko in gleichem Maße ausgesetzt?

Diesen Fragen soll im Folgenden nachgegangen werden und im Kontext der DCF-Modelle und des CAPM erörtert werden.

### 7.2.1 Notwendigkeit einer Länderrisikoprämie

Im Zuge der internationalen Globalisierung kommt zunehmend die Frage auf, wie Unternehmen auch in volatilen Märkten bewertet werden können. Insbesondere die Bestimmung der unternehmensspezifischen Risikoprämie innerhalb der Eigenkapitalkostenbestimmung gestaltet sich als Problem. Sollten Investoren beispielsweise für ein Investment in Brasilien eine höhere Risikoprämie fordern als für ein vergleichbares in Deutschland oder den USA? Ist ein Energieversorgungsunternehmen in Brasilien risikobehafteter als ein vergleichbares in Deutschland? Viele würden diese Fragen intuitiv mit einem Ja beantworten und die geographische Lage eines Unternehmens als zusätzliche Risikoquelle aufführen. So stehen die Vorteile von derlei Investments, wie attraktive Wachstumsraten, ein hohes Renditepotenzial und weitere Möglichkeiten, das Portfolio zu diversifizieren, immer im Schatten eines erhöhten Risikos, welches Investoren dafür eingehen müssen. Genannt seien politische und ökonomische Unruhen, Kriege, Einfuhrbeschränkungen, Wechselkursschwankungen oder dergleichen. Es erscheint demnach zweckmäßig, dass Investoren für Investments in risikoreichere Länder zusätzlich eine höhere Prämie – die sogenannte **Länderrisikoprämie** – einfordern. Obwohl diese Praktik logisch erscheint, könnten dennoch folgende Argumente dagegen sprechen:[11]

- Das Länderrisiko könnte diversifizierbar und demnach vernachlässigbar sein.
- Das CAPM könnte an einen globalen Kontext angepasst werden, wodurch das Länderrisiko implizit im jeweiligen Unternehmens-Beta zum Ausdruck kommen würde.

---

10 An dieser Stelle sei darauf hingewiesen, dass die nachfolgend vorgestellten Ansätze und Ansichten auf die Arbeiten von Damodaran zurückgehen, in welchen er das Länderrisiko ausführlich behandelt:
vgl. Damodaran, A. (2003): Measuring Company Exposure to Country Risk, S. 1 f.;
vgl. Damodaran, A. (2010): Equity Risk Premiums (ERP), S. 36 f.;
vgl. Damodaran, A. (2002a): Damodaran on Valuation, S. 41 f.

11 Vgl. Damodaran, A. (2010), S. 36 ff.

## Das Länderrisiko könnte diversifizierbar sein

Zum einen muss man sich fragen, ob es sich beim Länderrisiko überhaupt um ein **systematisches Risiko** handelt. Denn wie bereits bekannt, wird bei den bisher vorgestellten kapitalmarkttheoretischen Modellen, wie dem CAPM, lediglich das systematische Risiko entlohnt. Unsystematische Risiken werden annahmegemäß von den Investoren eliminiert. Die alles entscheidende Frage ist nun, ob es sich beim Länderrisiko um ein unsystematisches und damit diversifizierbares oder um ein systematisches und demnach zu entlohnendes Risiko handelt. Nur im letztgenannten Fall würde es gerechtfertigt erscheinen, eine Länderrisikoprämie zu verlangen.

Um Aufschluss über die Diversifizierbarkeit des Länderrisikos zu bekommen, schlägt DAMODARAN vor, auf den sogenannten **marginalen Investoren** zu schauen. Unter dem Begriff „marginaler Investor“ fasst man die Investoren zusammen, welche mit höchster Wahrscheinlichkeit die Aktie handeln werden. Wenn nun dieser marginale Investor gleichzeitig ein globaler Investor ist, d.h. sein Portfolio global ausrichtet und länderübergreifend diversifiziert, sollte das Länderrisiko entsprechend wegfallen und folglich nicht beachtet werden. Die Diversifizierbarkeit des Länderrisikos ergibt sich dadurch auch nach dem **Grad der Marktsegmentierung** bzw. **Marktintegration**. Von einem segmentierten Markt spricht man dann, wenn er erhebliche Barrieren für internationale Kapitalströme aufweist. Existieren solche Barrieren hingegen nicht, so wird von einem integrierten Markt gesprochen. In einem segmentierten Markt wird der marginale Investor gewöhnlich auch nur innerhalb dieses Marktes diversifiziert sein, wohingegen er in einem integrierten, offenen Markt länderübergreifend investiert sein wird. Ob er dies auch wirklich tut, ist wiederum eine andere Frage, aber er hat zumindest die Möglichkeit dazu.

Zu den **Bestimmungsfaktoren** der Kapitalmarktintegration oder -segmentierung gehören das Maß an Kapitalkontrollen (Beschränkungen ausländischen Kapitals bzw. Beteiligungen, Steuern und Regulierungen), das Ausmaß der Informationstransparenz (Zugang zu Marktinformationen und deren Aktualität), die Verfügbarkeit von transparenten Rechnungslegungsvorschriften, das Vorhandensein institutioneller Strukturen zum Investorenschutz und die Ausprägung länderspezifischer Risiken wie das politische Risiko, die makroökonomische Stabilität oder das Liquiditätsrisiko.[12]

Der Grad der Segmentierung eines Marktes kann empirisch durch die **Korrelation von Renditen zwischen lokalen und internationalen Anlagen** gemessen werden, wobei die Stärke der Korrelation ein Indikator für das Ausmaß der Integration darstellt. Üblicherweise werden entsprechende lokale Indizes als Vertreter lokaler Anlagen herangezogen und die Korrelation zu einem globalen Marktportfolio wie beispielsweise dem Morgan Stanley Company Index World (MSCI World) bestimmt. Ein hoher Korrelationskoeffizient steht dabei für einen hohen Integrationsgrad, ein niedriger für einen geringen. ▶ Tabelle 7.1 zeigt verschiedene Korrelationen zwischen lokalem Aktienmarkt und dem MSCI World.

12 Vgl. Sercu, P./Uppal, R. (1995), S. 583.

| Index | Korrelationskoeffizient | $R^2$ |
|---|---|---|
| S & P 500 | 0,9560 | 0,9139 |
| DAX | 0,8354 | 0,6979 |
| FTSE 100 | 0,8753 | 0,7661 |
| Hang Seng | 0,8138 | 0,6623 |
| Bovespa | 0,7896 | 0,6234 |
| BSE SENSEX | 0,7079 | 0,5012 |
| Jakarta Composite | 0,6689 | 0,4474 |

**Tabelle 7.1:** Korrelation zwischen verschiedenen Märkten[13]

Die Ergebnisse solcher Regressionen werfen jedoch in ihrer Berechnung mitunter erhebliche **methodische Probleme** auf. Da die lokalen Aktienmärkte vieler Emerging Markets/High Growth Markets zu Illiquidität neigen, tendenziell nur über eine kurze Datenhistorie verfügen und lokale Indizes häufig durch wenige, nicht zwingend markttypische Werte beeinflusst werden, ist eine solche Vorgehensweise bei der Bestimmung des Integrationsgrades einer Volkswirtschaft in der Praxis in vielen Fällen kritisch zu hinterfragen.

Neben der Frage, ob der marginale Investor global diversifiziert ist, muss für die Diversifizierbarkeit des Länderrisikos noch eine weitere Bedingung erfüllt sein. Es muss gewährleistet sein, dass das Länderrisiko auch wirklich länderspezifisch ist, oder in anderen Worten, dass die **Korrelation der Märkte untereinander gering** ist. Denn nur bei geringen Korrelationen ist es möglich, das Länderrisiko in einem global diversifizierten Portfolio zu eliminieren. Wenn hingegen die Märkte untereinander eine starke positive Korrelation aufweisen, hat das Länderrisiko eine systematische Komponente und ist somit nicht diversifizierbar. Folglich ist eine Prämie gerechtfertigt. So zeigen Studien aus den 1970er und 1980er Jahren, dass die Korrelation zwischen den Ländern in der Tat gering war, was eine globale Diversifikation befürwortete und somit eine explizite Länderrisikoprämie eigentlich nicht rechtfertigt.[14]

Im Zuge der immer stärker voranschreitenden Globalisierung zeigt sich in den letzten Jahren jedoch, dass die Korrelation unter den Ländern immer mehr **zunimmt**. So sah man beispielsweise durch die Finanzkrise im Jahre 2008, wie stark die Märkte doch miteinander verflochten sind und wie Probleme von einem Markt auf einen anderen übertragen werden. Daraus lässt sich für die Zukunft folgern, dass mit fortschreitender Globalisierung das Länderrisiko vermutlich zunehmend als systematisches Risiko und somit als allgemeines Marktrisiko interpretiert werden muss.[15]

## Das CAPM könnte an einen globalen Kontext angepasst werden

Als weiteres Argument gegen eine Länderrisikoprämie wird häufig vorgebracht, dass sich das CAPM relativ leicht an einen globalen Markt anpassen lasse. Verwendet man demnach für jede Anlage weltweit die gleiche **globale Marktrisikoprämie**, würde das

13 Eigene Berechnung auf Basis von Index Kursen aus den Jahren 1999-2009 (Quelle: Bloomberg und MSCI Barra).

14 Vgl. Damodaran, A. (2010), S. 37.

15 Vgl. Damodaran, A. (2010), S. 38 ff.

Länderrisiko – so die Argumentation – schließlich durch die Höhe des Betafaktors im unternehmensspezifischen Risiko zum Ausdruck kommen. Folglich müsste beispielsweise ein Energieversorger in Brasilien ein höheres Beta und demnach höhere Eigenkapitalkosten haben als selbiger in Deutschland. Fraglich an diesem Ansatz ist jedoch die Fähigkeit des Betas, das Länderrisiko adäquat abzubilden. Zumindest theoretisch erscheint es logisch, dass bei einer Regression des Betas gegen einen globalen Index das Länderrisiko implizit berücksichtigt wird. Laut einer Studie von DAMODARAN zeigt sich jedoch, dass aufgrund der häufigen Marktgewichtung globaler Indizes, Unternehmen in entwickelten Ländern oft höhere Betas aufweisen als Unternehmen in Emerging Markets/High Growth Markets. Die höheren Betas in entwickelten Ländern hätten entsprechend höhere Eigenkapitalkosten zur Folge, was in diesem Zusammenhang unsinnig wäre.

## 7.2.2 Wie berechnet bzw. schätzt man die Länderrisikoprämie?

Akzeptiert man die Feststellung, dass das Länderrisiko systematisch und demnach nicht diversifizierbar ist, stellt sich als nächstes die Frage, wie das Länderrisiko entsprechend bestimmt bzw. geschätzt werden kann. Die **Ausgangsgleichung** zur Berechnung der allgemeinen Risikoprämie wird durch ▶ Formel 7.4 gegeben:

$$\textit{Risikoprämie des lokalen Marktes} \\ = \textit{Risikoprämie eines entwickelten Marktes} + \textbf{\textit{Länderrisikoprämie}} \qquad (7.4)$$

- **Risikoprämie des entwickelten Marktes:** Die Risikoprämie des entwickelten Marktes kann auf Grundlage der historisch beobachteten Risikoprämie geschätzt werden. Diese ergibt sich beispielsweise für die USA aus dem geometrischen oder arithmetischen Durchschnitt der Spreads von Aktienrenditen über Anleiherenditen der letzten 80 Jahre.

  Dabei unterstellt man implizit, dass es sich beim US-Markt um einen entwickelten Markt handelt, für welchen genügend Datenmaterial verfügbar ist.
- **Länderrisikoprämie:** Zur Berechnung der Länderrisikoprämie stehen folgende Vorgehensweisen zur Auswahl:[16]
  - aus den Default Spreads bzw. der sogenannten „Sovereign Yield Spread" öffentlich verfügbarer Anleihen,
  - aus Länderratings oder durch Unternehmensanleihen,
  - aus den relativen Standardabweichungen der Aktienmärkte zueinander oder
  - aus einer Kombination aus Default Spreads und relativer Standardabweichung der Aktien- und Bondmärkte zueinander.

16 Die Vorgehensweisen gehen auf Damodaran, A. (2010), S. 46 ff. zurück.

### Berechnung aus den „Default Spreads"

Die **einfachste** und zugleich **am weitesten verbreitete Methode** zur Berechnung des Länderrisikos ist es, den sogenannten Default Spread zu bestimmen. Hierzu benötigt man auf der einen Seite eine Staatsanleihe eines entwickelten Industrielandes, von der man ausgeht, dass ihr Ausfallrisiko gegen Null geht. Dies könnten beispielsweise Anleihen aus den USA oder Deutschland sein. Die Rendite der Staatsanleihe entspricht folglich dem risikolosen Zinssatz. Auf der anderen Seite benötigt man eine Anleihe, welche von der lokalen Regierung des Emerging Markets/High Growth Markets begeben wurde. Der Default Spread errechnet sich schließlich aus der Differenz der Durchschnittsrenditen (geometrisch oder arithmetisch) beider Papiere. Hier könnten anstelle der Durchschnittsrenditen auch die aktuell am Markt zu beobachtenden Renditen genommen werden. Dabei läuft man jedoch Gefahr, aktuelle **Konjunkturhochs bzw. -tiefs** in die Berechnung mit einfließen zu lassen. Durch die Bildung des Durchschnitts wird diese Problematik umgangen bzw. ausgeglichen. Da es sich bei beiden Anleihen um Staatsanleihen handelt, wird der Default Spread auch als sogenannter „Sovereign Yield Spread" bezeichnet.

Bei der Auswahl der Anleihe im lokalen Markt ist darauf zu achten, dass sie weitgehend mit den **Bedingungen** (beispielsweise hinsichtlich Laufzeit) der Staatsanleihe des entwickelten Landes übereinstimmt und auch keine weiteren Zusatzoptionen oder dergleichen enthält. Wichtig ist außerdem, auf eine einheitliche Währung zu achten, da sich Renditen in unterschiedlichen Währungen unterscheiden. So macht es sehr wohl einen Unterschied, eine Rendite von 5% in US-Dollar oder eine mit 9% in Yuan zu haben. Die Berechnung der Länderrisikoprämie richtet sich folglich danach, ob eine Unternehmensbewertung in lokaler Währung oder in harter Währung durchgeführt wird.

**Rechenbeispiel 7.2**

geometrische Durchschnittsrendite eines 10 jährigen US $ Treasury Bond = 5%

geometrische Durchschnittsrendite einer 10 jährigen brasilianischen Staatsanleihe in US $ = 8%

*Länderrisikoprämie in US $ für Brasilien = 8% − 5% = 3%*

### Bestimmung der Länderrisikoprämie aus dem Länderrating bzw. auf Basis von Unternehmensanleihen

Die Bestimmung der Länderrisikoprämie, wie sie bisher dargestellt wurde, funktioniert lediglich, wenn das zu analysierende Land Staatsanleihen in einer Währung begibt, für welche eine ausfallsichere Rendite leicht zu bestimmen ist, also beispielsweise US-$ oder Euro. Probleme ergeben sich jedoch immer dann, wenn die lokale Regierung einerseits überhaupt keine Anleihen begibt, bzw. anderseits sie zwar Anleihen begibt, dies aber nur in lokaler Währung tut. Dies ist leider für Emerging Markets/ High Growth Markets häufig der Fall.

## Länderratings

Einen Ausweg in solchen Fällen bieten unter Umständen Länderratings, wie sie beispielsweise von **Ratingagenturen** wie Moodys oder Standard and Poors veröffentlicht werden. ▶ Tabelle 7.2 zeigt einen Ausschnitt eines solchen Länderratings von Moodys. So könnte unter der Annahme, dass Länder mit dem gleichen Rating auch ein gleiches Länderrisiko besitzen, deren Staatsanleihen als Länderrisiko für das zu analysierende Land herangezogen werden. Hat beispielsweise Bulgarien keine Staatsanleihen in US-$ begeben, könnte auch eine brasilianische Staatsanleihe in US-$ herangezogen werden, da beide ein Rating von Baa3 besitzen (vgl. ▶ Tabelle 7.2). So bieten Länderratings eine einfache Möglichkeit, das Länderrisiko zu bestimmen.[17]

| Sovereigns | Foreign Currency Rating |
|---|---|
| Albania | B1 |
| Argentina | B3 |
| Armenia | Ba2 |
| Australia | Aaa |
| Austria | Aaa |
| Azerbaijan | Ba1 |
| Bahamas | A3 |
| Bahrain | A2 |
| Barbados | Baa3 |
| Belarus | B1 |
| Belgium | Aa1 |
| Belize | B3 |
| Bermuda | Aa2 |
| Bolivia | B2 |
| Bosnia and Herzegovina | B2 |
| Botswana | A2 |
| Brazil | Baa3 |
| Bulgaria | Baa3 |
| Cambodia | B2 |
| Canada | Aaa |
| Cayman Islands | Aa3 |
| Chile | A1 |
| China | A1 |
| Colombia | A1 |
| Costa Rica | Ba1 |
| Croatia | Baa3 |
| Cuba | CAA1 |

**Tabelle 7.2:** Länderratings nach Moodys[18] (Stichtag Dezember 2009)

17 Vgl. Damodaran, A. (2010), S. 48 f.
18 Entnommen von Moody's, http://v3.moodys.com/Pages/default.aspx.

Die Nachteile der Benutzung von Länderratings müssen jedoch ebenfalls zur Sprache kommen. So hinken Ratingagenturen häufig den aktuellen Marktgegebenheiten etwas hinterher bzw. reagieren zu **langsam** auf eventuelle Veränderungen in den Ausfallrisiken. Dies wurde insbesondere in der Finanzkrise 2008 deutlich.

Als weiterer Nachteil ist zu nennen, dass Ratingagenturen sich lediglich auf **Ausfallrisiken** beziehen. Andere Risiken, welche jedoch auch Einfluss auf die Aktienmärkte haben können, werden vernachlässigt. Als Beispiel ist hier z.B. ein Anstieg des Ölpreises oder des Preises anderer Rohstoffe zu nennen, was einen positiven Einfluss auf rohstoffproduzierende Länder haben kann, jedoch auch Nachteile für rohstoffkonsumierende Länder mit sich bringt.

Gelegentlich werden anstelle von Länderratings auch sogenannte **Länderrisiken-Scores** verwendet, welche von Spezialinformationsdiensten veröffentlicht werden. Das Prinzip ist hierbei ähnlich wie bei den Länderratings.

### Unternehmensanleihen (Corporate Bonds)

Ein weiterer Ausweg in Fällen der Nichtverfügbarkeit von Staatsanleihen in Fremdwährung ist es, auf Renditen von **Unternehmensanleihen gleichen Ratings** wie des zu analysierenden Landes zurückzugreifen. Wiederum trifft man die Annahme, dass Anleihen gleichen Ratings substituierbar sind. Voraussetzung ist erneut, dass das zu analysierende Land auch ein Länderrating besitzt. Trotz gleichen Ratings weisen Unternehmensanleihen häufig eine etwas höhere Risikoprämie auf als entsprechende Staatsanleihen.[19]

▶ Tabelle 7.3 zeigt **Sovereign Spreads** und **Corporate Bond Spreads**, wie sie von DAMODARAN für verschiedene Länderratings bestimmt wurden. Er bestimmte diese auf Grundlage verschiedener Staatsanleihen der Länder sowie mithilfe von Credit-Default-Swaps-Märkten.[20]

19 Vgl. Damodaran, A. (2010), S. 49.
20 Tabelle entnommen aus Damodaran, A. (2010), S. 49.

| Moody's Rating | Sovereign Bonds/CDS | Corporate Bonds |
|---|---|---|
| Aaa | 0,25% | 0,50% |
| Aa1 | 0,35% | 0,55% |
| Aa2 | 0,60% | 0,65% |
| Aa3 | 0,70% | 0,70% |
| A1 | 0,80% | 0,85% |
| A2 | 0,90% | 0,90% |
| A3 | 1,00% | 1,05% |
| Baa1 | 1,50% | 1,65% |
| Baa2 | 1,75% | 1,80% |
| Baa3 | 2,00% | 2,25% |
| Ba1 | 3,00% | 3,50% |
| Ba2 | 3,55% | 3,85% |
| Ba3 | 3,75% | 4,00% |
| B1 | 4,00% | 4,25% |
| B2 | 5,00% | 5,25% |
| B3 | 5,25% | 5,50% |
| Caa1 | 7,00% | 7,25% |
| Caa2 | 8,00% | 8,50% |
| Caa3 | 10,00% | 10,50% |

**Tabelle 7.3:** Default Spreads für verschiedene Länderratings[21] (Stand Januar 2010)

Die Werte aus ▶ Tabelle 7.3 können somit als **einfache und schnelle Methode** verwendet werden, um die Default Spreads bzw. die Länderrisikoprämie zu bestimmen. Einzige Voraussetzung ist wie gesagt, dass das jeweilige Land über ein Rating verfügt.

### Berechnung aus den relativen Standardabweichungen der Aktienmärkte

Die Standardabweichung der Renditen wird in der modernen Portfoliotheorie häufig als Kennzahl für das Risiko benutzt. Überträgt man diesen Gedanken auf die Bestimmung der Risikoprämie in Emerging Markets/High Growth Markets, so kann die **Standardabweichung des lokalen Aktienmarktes** als Approximation für diese Prämie herangezogen werden. Hat man die Risikoprämie für das Zielland erst einmal bestimmt, lässt sich daraus die Länderrisikoprämie isolieren, indem man die Risikoprämie eines Referenzmarktes von der ermittelten Risikoprämie des Ziellandes abzieht.

Die Bestimmung der Länderrisikoprämie nach diesem Verfahren verläuft demnach in folgenden drei Schritten:[22]

1. Bestimmung der relativen Standardabweichung des Ziellandes
2. Berechnung der Gesamtrisikoprämie des Ziellandes
3. Isolierung der Länderrisikoprämie aus der Gesamtrisikoprämie des Ziellandes

21 Entnommen aus Damodaran, A. (2010), S. 49.
22 Vgl Damodaran, A. (2010), S. 50.

***Schritt 1:***

In einem ersten Schritt skaliert man zunächst die Standardabweichung des Marktes des Ziellandes mit dem des Referenzmarktes und bekommt als Ergebnis ein **relatives Risikomaß** (vgl. ▶ Formel 7.5). Dieses relative Risikomaß besagt, wie viel riskanter das Zielland im Verhältnis zum Referenzmarkt ist.

$$\text{Relative Standardabweichung}_{\text{Zielland}} = \frac{\text{Standardabweichung}_{\text{Zielland}}}{\text{Standardabweichung}_{\text{Referenzmarkt}}} \qquad (7.5)$$

***Schritt 2:***

Multipliziert man die ermittelte relative Standardabweichung mit der Risikoprämie eines etablierten Referenzmarktes, wie beispielsweise dem US-Markt, ergibt sich die **allgemeine Risikoprämie** für den Markt des Ziellandes (vgl. ▶ Formel 7.6). Die Idee hinter der Multiplikation der relativen Standardabweichung des Ziellandes ist es, das Risiko des Referenzmarktes dem Risiko des Ziellandes anzupassen. Dies geschieht unter der Prämisse, dass die Standardabweichung auch wirklich ein geeignetes Maß für das Risiko ist.

$$\begin{aligned} &\mathit{Risikoprämie}_{\mathit{Zielland}} \\ &= \mathit{Risikoprämie}_{\mathit{Referenzmarkt}} \cdot \mathit{Relative\ Standardabweichung}_{\mathit{Zielland}} \end{aligned} \qquad (7.6)$$

***Schritt 3:***

Im letzten Schritt isoliert man aus der berechneten Gesamtrisikoprämie des Ziellandes den Anteil, welcher der **Länderrisikoprämie** zuzurechnen ist, indem man die Risikoprämie des Referenzmarktes abzieht (vgl. ▶ Formel 7.7).

$$\mathit{Länderrisikoprämie}_{\mathit{Zielland}} = \mathit{Risikoprämie}_{\mathit{Zielland}} - \mathit{Risikoprämie}_{\mathit{Referenzmarkt}} \qquad (7.7)$$

Nachfolgend soll ein einfaches Beispiel für die Bestimmung der Länderrisikoprämie nach diesem Verfahren gegeben werden.

**Rechenbeispiel 7.3**

| | |
|---|---|
| Zielland: | China |
| Referenzmarkt: | USA |
| Risikoprämie USA | = 5% |
| Standardabweichung China, Hang Seng | = 33,0% |
| Standardabweichung USA,S&P 500 | = 23,3% |

***Schritt 1: Bestimmung der relativen Standardabweichung des Ziellandes***

$$\text{Relative Standardabweichung}_{\text{China}} = \frac{\text{Standardabweichung}_{\text{China}}}{\text{Standardabweichung}_{\text{USA}}}$$

$$\text{Relative Standardabweichung}_{\text{China}} = \frac{33\%}{23{,}3\%} = 1{,}4163$$

***Schritt 2: Berechnung der Gesamtrisikoprämie des Ziellandes***

$$Risikoprämie_{China} = Risikoprämie_{USA} \cdot Relative\ Standardabweichung_{China}$$

$$Risikoprämie_{China} = 5\% \cdot 1{,}4163 = 0{,}0708 = 7{,}08\%$$

***Schritt 3: Isolierung der Länderrisikoprämie aus der Gesamtrisikoprämie des Ziellandes***

$$Länderrisikoprämie_{China} = Risikoprämie_{China} - Risikoprämie_{USA}$$

$$Länderrisikoprämie_{China} = 7.08\% - 5\% = 2{,}08\%$$

Die Bestimmung der Länderrisikoprämie über die relative Standardabweichung weist jedoch in der Praxis mitunter erhebliche **methodische Probleme** auf. Ein Problem liegt darin begründet, dass die Aktienmarktvolatilität abhängig von der jeweiligen Liquidität innerhalb des Marktes ist. So haben generell hochliquide Aktienmärkte eine höhere Volatilität als illiquide Aktienmärkte. Als Konsequenz würden sich folglich für die häufig illiquiden Märkte innerhalb der Emerging Markets/High Growth Markets geringere Länderrisikoprämien ergeben und somit unterschätzt werden. Ein weiteres Problem ist, dass die Standardabweichungen der Märkte in jeweils lokaler Währung ausgedrückt werden. Wie bereits beschrieben, unterscheiden sich jedoch Kennzahlen in unterschiedlichen Währungen. Eine Standardabweichung in US-$ sollte somit nicht mit einer Standardabweichung in Yuan verglichen werden. Diese Problematik ist jedoch zu umgehen, indem die Renditen bzw. Kurse des Marktes des Ziellandes konsistent in die des Referenzmarktes mit den Terminwechselkursen umgerechnet werden.[23]

### Berechnung aus einer Kombination aus Default Spreads und den relativen Standardabweichungen der Aktien- und Bondmärkte zueinander

Eine weitere Methode, die Länderrisikoprämie in einem Land zu bestimmen, besteht in der **Kombination** der beiden zuvor genannten Vorgehensweiesen. So wurde bei den Default Spreads angenommen, dass diese ein guter Indikator für das zusätzliche Risiko sind, welches man eingehen muss, wenn man in Anlagen dieses Landes investieren will. Bei den relativen Standardabweichungen wurde davon ausgegangen, dass die Standardabweichung das Risiko in Aktienmärkten des Emerging Markets/High Growth Markets hinreichend beschreibt. Wie lassen sich die beiden Ansätze nun kombinieren?

23 Vgl. Damodaran, A. (2010), S. 51 ff.

Während die **Default Spreads** einen ersten Schritt zur Bestimmung der Risikoprämie in einem Land liefern, beziehen sie sich jedoch lediglich auf die Prämie für das Ausfallrisiko. Kritiker würden jedoch argumentieren, dass häufig die Risikoprämie für Aktien höher sein müsse als lediglich das Ausfallrisiko, das auf Basis von Staatsanleihen des Landes ermittelt wurde. Aus diesem Grund soll ähnlich wie im letzten Abschnitt diesem erhöhten Risiko im Aktienmarkt durch die Multiplikation des Default Spreads mit einem relativen Risikomaß Rechnung getragen werden. Das **relative Risikomaß** ergibt sich hierbei aus dem Verhältnis zwischen der Standardabweichung des lokalen Aktienmarktindex des Ziellandes und der Standardabweichung der Staatsanleihe und soll messen, wie viel risikoreicher ein Investment in Aktien verglichen mit demjenigen in Staatsanleihen ist. Das Länderrisiko, entsprechend diesem Vorgehen, ergibt sich schließlich nach ▶ Formel 7.8. Der Default Spread wird um das erhöhte Risiko im Aktienmarkt im Vergleich zur Staatsanleihe angepasst. Die Länderrisikoprämie steigt entsprechend, wenn entweder das Länderrating sinkt (und dadurch der Default Spread steigt) oder wenn die Standardabweichung im Aktienmarkt ansteigt.[24]

$$\text{Länderrisikoprämie} = \text{Default Spread}_{\text{Zielland}} \cdot \frac{\text{Standardabweichung}_{\text{Aktienmarktindex}}}{\text{Standardabweichung}_{\text{Regierungsanleihe}}} \qquad (7.8)$$

Dieser Ansatz setzt voraus, dass zur Berechnung der Standardabweichung der Staatsanleihe diese auch **aktiv gehandelt** wird, was häufig nicht gegeben ist. Als Ausweg könnte man den Default Spread auch über das Länderrating ermitteln (vgl. ▶ Tabelle 7.3 mit Coporate und Sovereign Spreads) oder als Näherungslösung die Standardabweichung eines größeren Unternehmens im Land heranziehen, welches als ausfallsicher gilt. Andernfalls ist auf eine der beiden zuvor genannten Vorgehensweisen zurückzugreifen.

**Rechenbeispiel 7.4**

| | |
|---|---|
| Default Spread Brasilien | = 4,5% |
| Standardabweichung Brasilien, Bovespa, $ | = 34,2% |
| Standardabweichung Staatsanleihe, $ | = 28,3% |

$$\text{Länderrisikoprämie} = \text{Default Spread}_{\text{Zielland}} \cdot \frac{\text{Standardabweichung}_{\text{Aktienmarktindex}}}{\text{Standardabweichung}_{\text{Regierungsanleihe}}}$$

$$\text{Länderrisikoprämie} = 4{,}5\% \cdot 1{,}2191 = 5{,}486\%$$

24 Vgl. Damodaran, A. (2002a), S. 44; Damodaran, A. (2010), S. 52 ff.

### 7.2.3 Zurechenbarkeit der Länderrisikoprämie zu den einzelnen Unternehmen

Nachdem die Länderrisikoprämie in einem ersten Schritt ermittelt worden ist, stellt sich anschließend die Frage nach deren **Zurechenbarkeit** zu einzelnen Unternehmen innerhalb des Ziellandes. Was ist unter Zurechenbarkeit zu verstehen? Einen Bewerter interessiert für seine Unternehmensbewertung nicht die allgemeine Länderrisikoprämie als solche, sondern die Frage, in welcher Höhe diese für sein zu bewertendes Unternehmen relevant ist. Die entscheidende Frage, die sich ein Bewerter demnach stellen muss, ist, ob sich das Länderrisiko auf jedes Unternehmen im Land auf gleiche Weise auswirkt, oder ob manche Unternehmen dem Länderrisiko stärker ausgesetzt sind als andere. Je nach Annahme über die Zurechenbarkeit des Länderrisikos muss die Prämie an unterschiedlichen Stellen in die Eigenkapitalkostenberechnung einbezogen werden. Hierbei können laut DAMODARAN drei Ansätze zur Berücksichtigung des Länderrisikos unterscheiden werden:[25]

- der Additive-Ansatz („Holzhammermethode"),
- der Beta-Ansatz und
- der Lambda-Ansatz.

#### Der Additive-Ansatz

Beim Additiven-Ansatz, welcher laut DAMODARAN auch als „**Holzhammermethode**" bezeichnet werden kann, wird angenommen, dass sich das Länderrisiko auf jedes Unternehmen im Land auf gleiche Weise auswirkt. Wie der Name bereits andeutet, wird die Länderrisikoprämie hierbei additiv dem risikolosen Zins hinzugerechnet (vgl. ▶ Formel 7.9).

$$r_{EK} = r_{Risikofreier\,Zins} + Beta \cdot Marktrisikoprämie + \boldsymbol{Länderrisikoprämie} \tag{7.9}$$

**Rechenbeispiel 7.5**

| | |
|---|---|
| Länderrisikoprämie Brasilien | = 8% |
| Risikoloser Zinssatz | = 3% |
| Beta | = 0,7 |
| Marktrisikoprämie | = 6% |

$$r_{EK} = 3\% + 0{,}7 \cdot 6\% + 8\% = 15{,}2\%$$

25 Vgl. Damodaran, A. (2002a), S. 59; Damodaran, A. (2003), S. 14.

Wichtig hierbei ist, dass auf Konsistenz bei der Währung geachtet wird. Wenn beispielsweise der risikolose Zins auf US-$-Basis bestimmt wurde, so müssen die restlichen Parameter ebenfalls auf US-$-Basis bestimmt werden. Gegebenenfalls sind die Zahlen entsprechend umzurechnen.

## Der Beta-Ansatz

Im Gegensatz zur additiven Methode wird beim Beta-Ansatz angenommen, dass sich das Länderrisiko unterschiedlich auf die einzelnen Unternehmen im Land auswirkt. Die Höhe der Auswirkung kommt dabei im Beta zum Ausdruck. Dabei gilt, dass sich das Länderrisikos des Unternehmens **proportional** zum Marktrisiko verhält. Entsprechend sind Unternehmen mit einem höheren Beta dem Länderrisiko verstärkt ausgesetzt als Unternehmen mit einem niedrigen Beta (vgl. ▶ Formel 7.10).

$$r_{EK} = r_{Risikofreier\ Zins} + Beta \cdot [\ Marktrisikoprämie + \mathbf{Länderrisikoprämie}] \quad (7.10)$$

**Rechenbeispiel 7.6**

| | |
|---|---|
| Länderrisikoprämie Brasilien | = 8% |
| Risikoloser Zinssatz | = 3% |
| Beta | = 0,7 |
| Marktrisikoprämie | = 6% |

$$r_{EK} = 3\% + 0{,}7 \cdot [\ 6\% + 8\%\ ] = 12{,}8\%$$

Fraglich an diesem Ansatz ist, ob der Betafaktor eine geeignete Kennzahl ist, das Länderrisiko auszudrücken.

## Der Lambda-Ansatz

Der Lambda-Ansatz stellt DAMODARANs bevorzugte Methode zur Zurechnung der Länderrisikoprämie dar, da er es erlaubt, dass das Länderrisiko eines Unternehmens vom Marktrisiko abweichen kann. Neben dem Betafaktor $\beta$ führt er einen neuen Faktor **Lambda** $\lambda$ zur Messung des individuellen Länderrisikos ein. Das Lambda skaliert wie der Betafaktor in der Gegend um 1. Ein Lambda von 1 impliziert demnach ein Unternehmen mit durchschnittlichem Länderrisiko, wohingegen ein Lambda von über bzw. unter 1 aussagt, dass das Unternehmen dem Länderrisiko jeweils stärker (schwächer) als durchschnittlich ausgesetzt ist.[26]

Durch Einführung des Lambda-Faktors entsteht aus dem ursprünglichen Ein-Faktorenmodell ein **Zwei-Faktorenmodell** mit dem Länderrisiko als zweiten Faktor und

26 Damodaran, A. (2003), S. 18.

Lambda als Maßzahl der Ausprägung des Länderrisikos. Die Berechnung der Eigenkapitalkosten ergibt sich demnach im Lambda-Ansatz wie folgt (vgl. ▶ Formel 7.11).[27]

$$r_{EK} = r_{Risikofreier\ Zins} + Beta \cdot Marktrisikoprämie + Lambda \cdot \mathbf{Länderrisikoprämie} \tag{7.11}$$

Doch wie kann das Lambda bestimmt werden, bzw. welche Faktoren beeinflussen es?

DAMODARAN nennt hauptsächlich folgende drei Faktoren, welche den Lambda-Faktor entscheidend beeinflussen:

- die Höhe der tatsächlich erzielten Umsätze des Unternehmens im zu betrachteten Land,
- die Lage der Produktionsstätten und
- das Risikomanagement.

Es scheint einleuchtend zu sein, dass ein Unternehmen, welches 20% seiner Umsätze beispielsweise in China erzielt, dem Länderrisiko weit weniger ausgesetzt ist als ein Unternehmen, das dort 80% erbringt.

Des Weiteren kann ein Unternehmen, welches überhaupt keinen Umsatz im betreffenden Land erzielt, auch dann dem Länderrisiko ausgesetzt sein, wenn es Produktionsstätten dort unterhält. So können zum Beispiel politische Unruhen oder dergleichen die Produktionspläne wesentlich verzögern, was problematischer wird, wenn die Produktionsstätten nicht ohne weiteres verlagert werden können (z.B. Bergbau).[28]

Schließlich sollten Unternehmen, welche **aktives Risikomanagement** betreiben und sich z.B. gegen spezielle Risiken durch Versicherungen bzw. Derivate absichern, dem Länderrisiko weniger ausgesetzt sein und folglich ein geringeres Lambda haben. Es gilt jedoch zu beachten, dass das Risikomanagement meist sehr kostspielig ist und somit ein Trade-off zwischen Kosten der Versicherung auf der einen und dem zu tragenden Länderrisiko auf der anderen Seite existiert. [29]

Natürlich gibt es noch weit mehr **Einflussfaktoren** als die drei genannten. Das Länderrisiko sollte im optimalen Falle aus mehreren dieser Faktoren bestimmt werden. Jedoch sei an dieser Stelle erneut die Datenproblematik in Erinnerung gerufen. Viele der benötigten Informationen sind häufig nicht öffentlich zugänglich, wie bspw. Finanztransaktionen zur Absicherung von Risiken, weshalb eine auf diesen Informationen beruhende Berechnung kaum möglich ist.

Welche Methoden schlägt DAMODARAN nun zur Bestimmung und Berechnung des Lambda vor? Leider fehlt es an einer eindeutigen **formalen Definition** des Lambda Faktors, wie sie beispielsweise vom Betafaktor her bekannt ist. Beim Betafaktor weiß man aus dem CAPM, dass er sich aus dem Verhältnis der Kovarianz zur Varianz der

27 Damodaran, A. (2003), S. 18.
28 Damodaran, A. (2003), S. 19.
29 Damodaran, A. (2003), S. 19.

Renditen ergibt. Das Fehlen einer formalen Definition wurde in jüngster Vergangenheit stark am Lambda-Ansatz kritisiert.[30]

DAMODARAN schlägt drei mögliche Verfahren zur Bestimmung des Lambdas vor:[31]

- Bestimmung des Lambda aus Daten über die im jeweiligen Land erzielten Umsätze,
- Bestimmung des Lambda durch Vergleich der Veränderung der Buchgewinne über die Zeit oder
- Bestimmung des Lambda durch Nutzung von Marktpreisdaten.

### Bestimmung des Lambda aus Daten über die im jeweiligen Land erzielten Umsätze

Wie bereits angedeutet, erscheint es logisch, dass Unternehmen, die ihren Hauptumsatz in einem Land erzielen, dem Länderrisiko dieses Landes verstärkt ausgesetzt sein müssen. Da das **Durchschnittslambda** über alle Aktien eines Marktes hinweg 1 ergeben muss – das Länderrisiko muss ja von irgendjemanden getragen werden – kann nicht einfach der prozentuale Umsatz, den das Unternehmen in Markt erzielt, für den Lambda-Faktor genommen werden, sondern muss nach ▶ Formel 7.12 bestimmt werden.

$$\mathit{Lambda}_j = \frac{\text{Anteil der Umsätze des Unternehmens } j \text{ im betreffenden Land}}{\text{Anteil der Umsätze eines durchschnittlichen Unternehmens im betreffenden Land}} \quad (7.12)$$

Neben dem Anteil der Umsätze des Unternehmens im betreffenden Land muss der durchschnittliche Umsatz eines Unternehmens im Land bestimmt werden. Während erstgenanntes relativ einfach über entsprechende Unternehmensberichte bestimmt werden kann, erscheint letztgenanntes problematisch. Als einfache **Näherungslösung** zur Bestimmung der Umsätze eines durchschnittlichen Unternehmens schlägt DAMODARAN vor, auf Exportstatistiken zurückzugreifen, wie sie z.B. von der Weltbank veröffentlicht werden. Nimmt man die Exportstatistiken als Näherung für den Anteil, der durch Export erzielten Umsätze eines durchschnittlichen Unternehmens im Land, so kann durch Abzug von 1 der Anteil bestimmt werden, welcher das Unternehmen im Land selbst generiert hat.

**Rechenbeispiel 7.7**

Prozentualer Anteil der Exporte am Bruttoinlandsprodukt = 60%

Umsätze des Unternehmens A im betreffenden Land (in Prozent) = 10%

Umsätze des Unternehmens B im betreffenden Land (in Prozent) = 90%

30 Vgl. Kruschwitz, L./Löffler, A./Mandl, G. (2011).
31 Damodaran, A. (2003), S. 19 ff.

Bestimmung des Anteils der im Land erzielten Umsätze eines durchschnittlichen Unternehmens durch:

$$100\% - 60\% = 40\%$$

Berechnung von Lambda gemäß ▶ Formel 7.12:

$$Lambda_{Unternehmen\ A} = \frac{10\%}{40\%} = 0{,}25$$

$$Lambda_{Unternehmen\ B} = \frac{90\%}{40\%} = 2{,}25$$

Wie zu sehen, ist das Lambda im Falle von Unternehmen B, welches weit mehr Umsatz im Land erzielt und damit dem Länderrisiko verstärkt ausgesetzt ist, deutlich höher.

### Bestimmung des Lambda durch Vergleich der Veränderung der Buchgewinne über die Zeit

Dem zweiten Ansatz liegt die Idee zugrunde, dass die Gewinne eines Unternehmens wachsen sollten, wenn das Länderrisiko abnimmt, und fallen sollten, wenn es zunimmt. Durch Vergleich der Veränderung der **Buchgewinne** über die Zeit ist es möglich eine Zu- bzw. Abnahme des Länderrisikos zu verdeutlichen. DAMODARAN trägt hierzu die prozentuale Veränderung der Gewinne eines Unternehmens zusammen mit der prozentualen Veränderung einer Anleihe desselben Landes in ein Schaubild ab, um Schlüsse über das Lambda ziehen zu können. Leider liefert er jedoch innerhalb dieses Ansatzes keine explizite Rechenmethode für das Lambda, sondern belässt es bei einer einfachen Visualisierung der Veränderungen.

### Bestimmung des Lambda durch Nutzung von Marktpreisdaten

Ein Nachteil der zwei bisher genannten Ansätze liegt darin begründet, dass die jeweils **benötigten Daten** häufig nur wenige Male pro Jahr veröffentlicht werden. Aktienpreise hingegen sind täglich verfügbar und spiegeln die Meinungen der Anleger sowie neue Informationen schneller wider. Gelingt es eine **marktbasierte Kennzahl** für das Länderrisiko zu finden, könnte man durch eine Sensitivitätsanalyse des Aktienpreises eines Unternehmens im Verhältnis zu dieser marktbasierten Kennzahl eine Schätzung für das Lambda ermitteln.[32]

Als Maßzahl für die Messung des Länderrisikos zieht DAMODARAN eine vom Land **emittierte Anleihe** heran. Er begründet dies damit, dass Anleihepreise steigen, wenn Länderrisiken von Investoren optimistischer eingeschätzt werden und sinken sollten, wenn die Einschätzung pessimistischer ausfällt. Die Steigung der Regression der

32 Damodaran, A. (2003), S. 23 ff.

Aktienrenditen des zu betrachtenden Unternehmens mit den Bondrenditen sollte demnach eine gute Näherung für das Lambda liefern.

Ein Nachteil dieses Ansatzes soll nicht unerwähnt bleiben. So weisen Lambdas, die mittels gezeigter Regression ermittelt werden, einen **großen Standardfehler** auf. Zudem setzt die gezeigte Methode auch die Verfügbarkeit von genügend Datenmaterial zur Anleihe voraus. Dies erfordert einerseits hohe Umsätze und entsprechend hohe Liquidität der Anleihe, andererseits den Handel in einer stabilen Währung.[33]

**Rechenbeispiel 7.8**

Regression der Renditen eines Unternehmens mit einer vom betroffenen Land emittierten Anleihe liefert folgende Regressionsgerade:

$$Rendite = 0{,}0134 + 0{,}234\ Rendite_{Anleihe}$$

Daraus kann ein Lambda von 0,23 abgeleitet werden.

## 7.3 Der Betafaktor

Bei Bestimmung des Betafaktors stellen sich dem Bewerter in der Praxis ähnliche Fragen zur methodischen Vorgehensweise, wie sie bereits für die Bestimmung der Marktrisikoprämie gestellt wurden. So sind Fragen wie die **Wahl des Vergleichsindex** zu beantworten sowie die **Länge** der verwendeten Datenhistorien festzulegen. Zudem ergeben sich weitere Probleme, wenn beispielsweise keine **Datenhistorien** verfügbar sind bzw. nicht veröffentlicht werden.

### 7.3.1 Methodische Fragen zur Bestimmung des Betafaktor

Ähnlich den Herausforderungen bei der Bestimmung der Marktrisikoprämie wird der Bewerter auch bei der Ermittlung des Betafaktors in der Praxis mit folgenden Problemen konfrontiert:[34]

#### Welcher Index soll verwendet werden?

Wie bereits bekannt, wird der Betafaktor mit Hilfe einer linearen Regression zwischen Unternehmensrenditen und Renditen des Marktportfolios ermittelt. Dabei stellt sich die Frage, welcher Index als Näherung für das Marktportfolio ausgewählt werden soll. Je nach Wahl des Index ergeben sich unterschiedliche Werte für den Betafaktor. Um einen möglichst aussagekräftigen Betafaktor zu bestimmen, sollte ein Index verwendet werden, bei dem die Regression eine **hohe Erklärungsgüte** aufweist. Diese drückt sich durch ein hohes Bestimmtheitsmaß aus.

33 Damodaran, A. (2003), S. 24.
34 Vgl. Pereiro, L. E. (2002), S. 122 f.

### Wie lang soll die Datenhistorie sein und sollen Tages-, Wochen- oder Monatsdaten verwendet werden?

Der Betafaktor ist abhängig von der Länge der herangezogenen Datenreihen, wobei nicht feststeht, welche Zeitspanne die besten statistischen Ergebnisse liefert. In einigen Studien[35] wurde beispielsweise festgestellt, dass sehr lange Zeitreihen von 15 bis 20 Jahren nicht unbedingt bessere Ergebnisse liefern als kürzere Zeitreihen von 5 bis 10 Jahren. Unter dem Gesichtspunkt, dass Betafaktoren eines Unternehmens im Zeitablauf simultan zu den Unternehmensrisiken schwanken, wäre es vermutlich sinnvoll, **aktuellere und kürzere Zeitreihen** für die Berechnung des Unternehmensbetas heranzuziehen. So wäre sichergestellt, dass auch das aktuelle Risiko berücksichtigt wird. Dessen ungeachtet muss der Bewerter selbst abwägen, welche Zeitspanne für die entsprechende Unternehmensbewertung unter den gegebenen Umständen angemessen ist. Neben der Frage der Länge der Zeitreihen stellt sich auch diejenige nach einem geeigneten **Analyseintervall**. Auch hier konnte bislang nicht festgestellt werden, ob tägliche, wöchentliche oder monatliche Datenreihen zu besseren Ergebnissen bei der Ermittlung eines Betafaktors führen.

Zusammenfassend lässt sich sagen, dass die Ermittlung eines Betafaktors mit vielen **Wahlmöglichkeiten** hinsichtlich der Input-Größen verbunden ist und dadurch für ein und dasselbe Unternehmen mehrere Betafaktoren existieren können.[36] Da in der Praxis oft Betafaktoren von Informationsdienstleistern herangezogen werden, sollte man berücksichtigen, dass man je nach Wahl des Dienstleisters auch unterschiedliche Betafaktoren erhält. Um die Konsistenz zu wahren, sollten deshalb extern bezogene Betafaktoren lediglich von ein und demselben Anbieter angefordert werden. Ist dies nicht möglich, so können die Betafaktoren auch als Durchschnitt aus den Betas unterschiedlicher Datenquellen ermittelt werden.[37]

## 7.3.2 Bestimmung von Betafaktoren in volatilen Märkten bei nicht Verfügbarkeit von Finanzdaten

Die Bestimmung eines geeigneten Betafaktors bei der Unternehmensbewertung in volatilen Märkten kann sich als durchaus komplizierter gestalten als in etablierten Märkten. Dies liegt vor allem daran, dass in volatilen Märkten die erforderlichen **Datenreihen** für die Ermittlung des Betafaktors häufig nicht verfügbar sind oder nicht veröffentlicht werden. Um auch in solchen Märkten angemessene Betafaktoren bestimmen zu können, werden im Folgenden mehrere Verfahren aufgezeigt.[38] Die Wahl des Verfahrens hängt hierbei von zwei Faktoren ab:

- Einerseits muss entschieden werden, ob ein unternehmensbasierter oder ein branchenbasierter Betafaktor ermittelt werden soll. Dabei ist der branchenbasierte

35 Vgl. Karels, G. V./Sackley, W. H. (1993); Beaver, W.,/ Manegold, J. (1975).
36 Vgl. Pereiro, L. E. (2002), S. 122.
37 Vgl. Pereiro, L. E. (2002) , S. 123.
38 Verfahren gehen auf Pereiro zurück: Pereiro, L. E. (2002), S. 123 ff.

Betafaktor verglichen zum unternehmensbasierten meist mit erheblich weniger Aufwand verbunden.

- Andererseits muss festgestellt werden, inwieweit die erforderlichen Daten für die Ermittlung der entsprechenden Betas zur Verfügung stehen. Je nachdem, ob Daten zur Verfügung stehen, werden dementsprechend alternative Verfahren angewendet.

Aus den möglichen Umständen ergeben sich vier Konstellationen die in ▶ Abbildung 7.1 veranschaulicht werden:

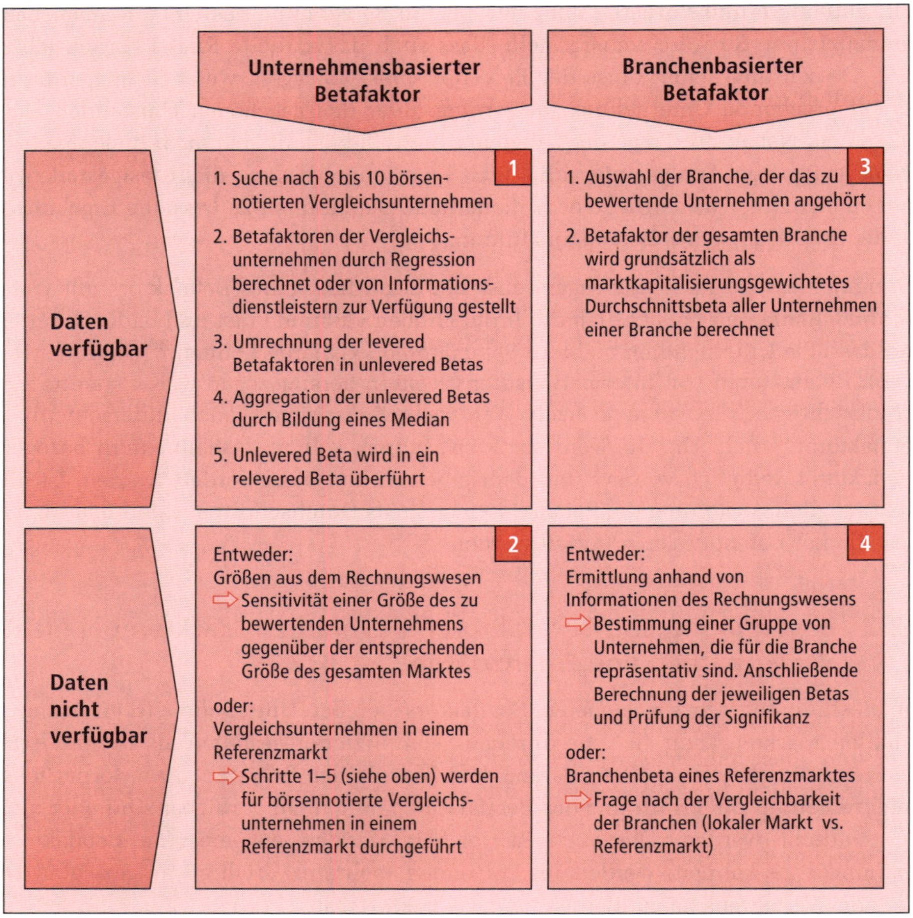


**Abbildung 7.1:** Verschiedene Möglichkeiten der Betafaktorenbestimmung in volatilen Märkten

## Quadrant 1

Entscheidet man sich für einen **unternehmensbasierten Betafaktor** und sind auch die erforderlichen Daten verfügbar, so muss im ersten Schritt eine kleine Anzahl an börsennotierten Vergleichsunternehmen (die sogenannte Peer Group) ermittelt werden. Diese Unternehmen sollten mit dem zu bewertenden Unternehmen hinsichtlich der wichtigsten Werttreiber vergleichbar sein und in folgenden Gesichtspunkten Ähnlichkeit aufweisen:

- Produkt- und Dienstleistungsportfolio,
- Kundenstruktur, Marketingstrategie, Marktumfeld,
- Industriestruktur,
- Wettbewerbssituation,
- Materialwirtschaft - und Kostenmanagement,
- Eigen- und Fremdkapitalstruktur, sowie
- Aufwand- und Ertragsstruktur, Cashflow-Struktur und Dividendenentwicklung.

Im Idealfall findet man 8 bis 10 börsennotierte Vergleichsunternehmen, die mit dem zu bewertenden Unternehmen möglichst viele Übereinstimmungen aufzeigen.

Im nächsten Schritt wird für jedes **Vergleichsunternehmen** jeweils ein Betafaktor ermittelt. Dieser kann entweder anhand einer linearen Regression zwischen der historischen Rendite des Vergleichsunternehmens und den Renditen eines Index berechnet werden, oder man zieht Betafaktoren heran, die von Informationsdienstleistern zur Verfügung gestellt werden. In beiden Fällen erhält man zunächst levered Betas, also Betafaktoren, die die spezifischen Finanzierungsstrukturen der jeweiligen Unternehmen berücksichtigen. Bevor diese Betafaktoren für die weitere Berechnung der Eigenkapitalkosten verwendet werden können, müssen diese zunächst in **unlevered Betas** überführt werden, sodass die spezifischen Finanzierungsstrukturen der Vergleichsunternehmen eliminiert werden.

Anschließend werden diese unlevered Betas der jeweiligen Unternehmen durch Bildung eines Median **aggregiert** und durch Anpassung an die Finanzierungsstruktur des zu bewertenden Unternehmens in ein relevered Beta überführt. Lediglich dieses **relevered Beta** kann zur Ermittlung der Eigenkapitalkosten in CAPM-basierten Modellen eingesetzt werden.[39]

Problematisch wird es dahingegen, vor allem in Emerging Markets/High Growth Markets, wenn beispielsweise nur sehr wenige Vergleichsunternehmen in Frage kommen und diese möglicherweise die oben genannten Kriterien nicht erfüllen oder womöglich nicht börsennotiert sind und daher die erforderlichen Kapitalmarktdaten fehlen. Ist dies der Fall, kann es unter Umständen ratsam sein, ein anderes Verfahren zur Berechnung eines aussagekräftigen Betafaktors anzuwenden.[40]

## Quadrant 2

Existieren für die Ermittlung eines unternehmensbasierten Betafaktors keine Kapitalmarktdaten, muss der Betafaktor auf eine andere Art und Weise als oben beschrieben ermittelt werden. Hierbei kann der Betafaktor einerseits mit Hilfe von Größen aus dem

39 Vgl. Pereiro, L. E. (2002), S. 124.
40 Vgl. Pereiro, L. E. (2002), S. 124.

Rechnungswesen, andererseits anhand von Betas eines Referenzmarktes berechnet werden.[41]

Bei der Berechnung des Betafaktors anhand von Größen aus dem **Rechnungswesen** muss die Sensitivität des operativen Ergebnisses oder des Nettogewinns des zu bewertenden Unternehmens gegenüber der entsprechenden Größe des gesamten Marktes ermittelt werden.[42]

Dieses Verfahren bringt den Vorteil mit sich, dass möglicherweise Größen aus dem Rechnungswesen eher verfügbar sind als Kapitalmarktdaten. Auf der anderen Seite hängen aber die entsprechenden Größen des Rechnungswesens sehr stark von der **Bilanzpolitik** der Unternehmen ab und erschweren dadurch einen konsistenten Vergleich. Außerdem kann die statistische Signifikanz bemängelt werden, da lediglich aus den Jahresergebnissen der Unternehmen eine Sensitivität ermittelt wird, die oftmals nur auf einen Zeitraum von zehn Jahren beschränkt sind und daher für die statistische Analyse nur wenige Datenpunkte zur Verfügung stehen.[43]

Sind diese Nachteile entscheidungsrelevant, so kann das unternehmensbasierte Beta bei nicht vorhandenen Kapitalmarktdaten in dem entsprechenden Land alternativ auch über börsennotierte Vergleichsunternehmen in einem **Referenzmarkt** berechnet werden. Diese alternative Möglichkeit ist mit dem Verfahren aus dem ersten Fall quasi identisch. Der einzige Unterschied liegt darin, dass nicht Vergleichsunternehmen aus dem lokalen Markt herangezogen werden, sondern geeignete Vergleichsunternehmen in einem Referenzmarkt gesucht werden, bspw. in den USA. Anschließend werden für die Berechnung des unternehmensbasierten Betafaktors die einzelnen Schritte in gleicher Weise wie oben erläutert durchgeführt.

### Quadrant 3

Fällt die Entscheidung auf einen **branchenbasierten Betafaktor**, oder sind keine geeigneten Vergleichsunternehmen zu finden, so kann auch das Beta der gesamten Branche des zu bewertenden Unternehmens ermittelt und verwendet werden. Dieses branchenbasierte Beta benötigt keine detaillierte Analyse bestimmter Vergleichsunternehmen und ist daher mit wesentlich weniger Aufwand verbunden. Dennoch besteht die Gefahr, dass das zu bewertende Unternehmen nicht von denselben Werttreibern beeinflusst wird wie die entsprechende Branche und dadurch das ermittelte Branchenbeta zu Fehleinschätzungen des Unternehmens verleitet. Die Branchenbetas werden bei vorhandenen Kapitalmarktdaten grundsätzlich als marktkapitalisierungsgewichtete Durchschnittsbetas aller Unternehmen einer Branche berechnet.[44]

41 Vgl. Pereiro, L. E. (2002), S. 125.
42 Vgl. Pereiro, L. E. (2002), S. 125.
43 Vgl. Pereiro, L. E. (2002), S. 126 und 127.
44 Vgl. Pereiro, L. E. (2002), S. 124.

### Quadrant 4

Sind wiederum keine Kapitalmarktdaten für die Ermittlung eines branchenbasierten Betafaktors vorhanden, so können Branchenbetas entweder anhand von Informationen des Rechnungswesens berechnet werden, oder man zieht Branchenbetas eines Referenzmarktes bspw. der USA heran.

Möchte man einen branchenbasierten Betafaktor mit Hilfe von Informationen des **Rechnungswesens** ermitteln, so wird im ersten Schritt eine Gruppe von Unternehmen bestimmt, die für die Branche repräsentativ sind und für die Rechnungslegungsinformationen vorliegen. Für jedes dieser Unternehmen werden Betafaktoren aus den Größen des Rechnungswesens ermittelt, woraufhin diese anschließend auf ihre statistische Signifikanz zu prüfen sind. Es werden lediglich die signifikanten Betas ausgesucht und aus diesen der Median und damit das Branchenbeta gebildet.

Einfacher ist hingegen das Heranziehen von Branchenbetas eines **Referenzmarktes**. Diese Alternative ist vor allem in den Situationen interessant, in denen es beispielsweise keine geeigneten Vergleichsunternehmen gibt und die entsprechende Branche in dem betreffenden Land nicht existiert. Mit dieser Situation wird man vor allem in Emerging Markets/High Growth Markets häufiger konfrontiert, weshalb dort oft Branchenbetas der USA verwendet werden. Hierbei muss jedoch beachtet werden, dass man durch das Heranziehen von Branchenbetas eines Referenzmarktes davon ausgeht, dass ein positiver Zusammenhang zwischen der Branche des Referenzmarktes und der Branche des zu bewertenden Unternehmens besteht.

## ZUSAMMENFASSUNG

- Die Marktrisikoprämie gehört zu den wichtigsten Input-Parametern innerhalb des CAPM. Sie wird häufig als Marktpreis des systematischen Risikos interpretiert. Sie drückt demnach aus, wie viel Risiko in einem Markt gesehen wird und vor allem welcher Preis für das Risiko zu bezahlen ist. So beeinflusst die Höhe der Marktrisikoprämie wesentlich, welche Rendite für eine Einzelanlage letztlich gefordert wird.
- Folgende drei Möglichkeiten der Bestimmung der Marktrisikoprämie wurden vorgestellt:
  1. Bestimmung durch Umfragen unter Kapitalgebern, was diese als Risikoprämie fordern.
  2. Bestimmung durch Schätzung aus in der Vergangenheit beobachteten Marktrisikoprämien.
  3. Bestimmung durch Ableitung aus aktuellen Marktdaten und damit Bestimmung einer impliziten Marktrisikoprämie, wie dies beispielsweise auch in der Optionspreistheorie mit der Volatilität gemacht wird.

- Im Zusammenhang mit der Länderrisikoprämie wurden die Fragen erörtert, ob es überhaupt eine Länderrisikoprämie geben sollte, und wenn ja, wie diese anschließend auf einzelne Unternehmen innerhalb eines Landes zugerechnet werden könnte.
- Als Argument gegen eine Länderrisikoprämie wurde die Frage angeführt, ob es sich beim Länderrisiko überhaupt um ein systematisches Risiko handelt bzw. ob es diversifizierbar ist. Wenn der „marginale Investor" sein Portfolio global diversifizieren kann, spielt die Länderrisikoprämie eine geringere Rolle. Entscheidend für die Diversifizierbarkeit ist hierbei das Maß der Marktsegmentierung bzw. Marktintegration.
- Zur Bestimmung der Länderrisikoprämie wurden vier Verfahren vorgestellt:
  1. Bestimmung aus den Default Spreads bzw. der sogenannten „Sovereign Yield Spread" öffentlich verfügbarer Anleihen.
  2. Bestimmung aus Länderratings oder durch Unternehmensanleihen.
  3. Bestimmung aus den relativen Standardabweichungen der Aktienmärkte zueinander.
  4. Bestimmung aus einer Kombination aus Default Spreads und relativer Standardabweichung der Aktien- und Bondmärkte zueinander.
- Hat man die Länderrisikoprämie erfolgreich bestimmt, stellt sich die Frage der Zurechenbarkeit zu einzelnen Unternehmen im jeweiligen Land. Dabei wurde der Additive Ansatz, der Beta Ansatz und der Lambda Ansatz unterschieden.
  - Beim Additiven-Ansatz wird angenommen, dass sich das Länderrisiko auf jedes Unternehmen im Land auf gleiche Weise auswirkt. Wie der Name bereits andeutet, wird die Länderrisikoprämie hierbei additiv dem risikolosen Zins hinzugerechnet.
  - Beim Beta-Ansatz wird angenommen, dass sich das Länderrisiko unterschiedlich auf die einzelnen Unternehmen im Land auswirkt. Die Höhe der Auswirkung kommt dabei im Beta zum Ausdruck. Entsprechend sind Unternehmen mit einem höheren Beta dem Länderrisiko verstärkt ausgesetzt als Unternehmen mit einem niedrigen Beta.
  - Beim Lambda-Ansatz wird neben dem Betafaktor $\beta$ der Faktor Lambda $\lambda$ zur Messung des individuellen Länderrisikos eingeführt. Durch Einführung des Lambda-Faktors entsteht aus dem ursprünglichen Ein-Faktorenmodell ein Zwei-Faktorenmodell mit dem Länderrisiko als zweiten Faktor und Lambda als Maßzahl der Ausprägung des Länderrisikos. Das Lambda skaliert wie der Betafaktor in der Gegend um 1. Ein Lambda von 1 impliziert demnach ein Unternehmen mit durchschnittlichem Länderrisiko, wohingegen ein Lambda von über bzw. unter 1 aussagt, dass das Unternehmen dem Länderrisiko jeweils stärker (schwächer) als durchschnittlich ausgesetzt ist.

- Bei Bestimmung des Betafaktors wurde auf die Problematik der Wahl eines geeigneten Vergleichsindex sowie die Länge der Datenhistorien eingegangen. Zudem wurde gezeigt, wie in volatilen Märkten bei Nichtverfügbarkeit von Finanzdaten dennoch ein Betafaktor bestimmt werden kann. Je nachdem, ob ein unternehmensbasierter oder ein branchenbasierter Betafaktor bestimmt werden soll, und ob Daten verfügbar sind oder nicht, wurden unterschiedliche Verfahren vorgestellt.

## Aufgaben

1. Erläutern Sie die Bestimmung der Marktrisikoprämie durch Umfragen unter Kapitalgebern, welche Risikoprämie gefordert wird.

2. Erläutern Sie die Bestimmung der Marktrisikoprämie durch Schätzung aus in der Vergangenheit beobachteten Marktrisikoprämien.

3. Erläutern Sie die Bestimmung der Marktrisikoprämie durch Ableitung aus aktuellen Marktdaten und damit die Bestimmung einer impliziten Marktrisikoprämie.

4. Folgende Werte sind gegeben:

| | |
|---|---|
| S&P Index Stand: | 1.000 |
| Erwartete Dividendenrendite des Index in der nächsten Periode: | 6% |
| Erwartetes Wachstumsrate der Dividenden in Zukunft | 5% |
| Risikofreier Zins | 2% |

   Wie hoch ist die implizite Marktrendite?

   Wie hoch ist die Marktrisikoprämie?

5. Erläutern Sie kritisch die Notwendigkeit einer Länderrisikoprämie.

6. Welche Argumente sprechen gegen die Verwendung einer Länderrisikoprämie?

7. Erläutern Sie ausführlich die Berechnung der Länderrisikoprämie aus den Default Spreads bzw. der sogenannten „Sovereign Yield Spread“ öffentlich verfügbarer Anleihen.

**8.** Wie hoch ist die Länderrisikoprämie in US $ für Brasilien? Folgende Werte sind gegeben:

geometrische Durchschnittsrendite eines 10 jährigen US $ Treasury Bond = 5%

geometrische Durchschnittsrendite einer 10 jährigen brasilianische Staatsanleihe in US $ = 8%

**9.** Erläutern Sie ausführlich die Berechnung der Länderrisikoprämie aus Länderratings oder durch Unternehmensanleihen.

**10.** Erläutern Sie ausführlich die Berechnung der Länderrisikoprämie aus den relativen Standardabweichungen der Aktienmärkte zueinander.

**11.** Wie hoch ist die Länderrisikoprämie für China? Folgende Informationen und Werte sind gegeben:

| | |
|---|---|
| Zielland: | China |
| Referenzmarkt: | USA |
| Risikoprämie USA: | 5% |
| Standardabweichung China, Hang Seng: | 32,0% |
| Standardabweichung USA,S&P 500: | 24,3% |

**12.** Erläutern Sie ausführlich die Berechnung der Länderrisikoprämie aus einer Kombination aus Default Spreads und relativer Standardabweichung der Aktien- und Bondmärkte zueinander.

**13.** Wie hoch ist die Länderrisikoprämie für Brasilien? Folgende Wert sind gegeben:

| | |
|---|---|
| Default Spread Brasilien: | 4,5% |
| Standardabweichung Brasilien, Bovespa, $: | 35,2% |
| Standardabweichung Staatsanleihe, $: | 26,3% |

**14.** Welche Möglichkeiten der Zurechenbarkeit der Länderrisikoprämie zu einzelnen Unternehmen im jeweiligen Land schlägt DAMODARAN vor?

**15.** Erläutern Sie ausführlich den additiven Ansatz. Nennen Sie die zugrunde liegende Formel.

**16.** Wie hoch sind die Eigenkapitalkosten des Unternehmens gemäß dem additiven Ansatz? Folgende Werte sind gegeben:

| | |
|---|---|
| Länderrisikoprämie Brasilien: | 7% |
| Risikoloser Zinssatz: | 3% |
| Beta: | 0,8 |
| Marktrisikoprämie: | 5,5% |

**17.** Erläutern Sie ausführlich den Beta Ansatz. Nennen Sie die zugrunde liegende Formel.

**18.** Wie hoch sind die Eigenkapitalkosten des Unternehmens gemäß dem Beta Ansatz? Folgende Werte sind gegeben:

| | |
|---|---|
| Länderrisikoprämie Brasilien: | 7% |
| Risikoloser Zinssatz: | 3% |
| Beta: | 0,8 |
| Marktrisikoprämie: | 5,5% |

**19.** Erläutern Sie ausführlich den Lambda Ansatz. Nennen Sie die zugrunde liegende Formel.

Welche drei möglichen Verfahren zur Bestimmung des Lambdas schlägt DAMODARAN vor? Erläutern Sie diese Verfahren und nennen sie Vor- und Nachteile.

Bestimmen Sie das Lambda für Unternehmen A und B aus Daten über die im jeweiligen Land erzielten Umsätze. Folgende Werte sind gegeben:

| | |
|---|---|
| Prozentualer Anteil der Exporte am Bruttoinlandsprodukt: | 55% |
| Umsätze des Unternehmens A im betreffenden Land (in Prozent): | 20% |
| Umsätze des Unternehmens B im betreffenden Land (in Prozent): | 80% |

Die Lösungen zu diesen Aufgaben finden Sie auf der Companion Website zum Buch unter *www.pearson-studium.de.*

# Internationale Unternehmensbewertung in Emerging Markets/High Growth Markets

8



ÜBERBLICK

## Lernziele

- Ein erweitertes Vorgehensmodell zur internationalen Bewertung von Unternehmen speziell im Kontext volatiler Märkte kennen und anwenden.
- Anpassung der Cashflows im Hinblick auf die Risiken in volatilen Märkten vornehmen.
- Verschiedene Varianten des CAPM kennenlernen und deren Anwendung zur Anpassung der Kapitalkosten im Einzelnen nachvollziehen und anwenden können.
- Den Unternehmenswert nach den verschiedenen CAPM-basierten und nicht-CAPM-basierten Modellen berechnen.
- Eine Bewertung in lokaler und in Referenzwährung durchführen können.
- Werttreiber eventuell vorhandener unsystematischer Risiken kennenlernen.
- Die Ergebnisse einer internationalen Unternehmensbewertung in Emerging Markets/High Growth kritisch beurteilen.

Die internationale Bewertung von Unternehmen speziell in Emerging Markets/High Growth Markets oder anderen volatilen Märkten stellt den Bewertungspraktiker häufig vor vielfältige Probleme. So sind neben makroökonomischen auch politische oder wirtschaftliche Risiken der jeweiligen Länder in der Bewertung zu berücksichtigen. Auch länderspezifische Rechnungslegungsvorschriften sowie internationale Besteuerung kommen als weitere Erschwernisse hinzu. Häufig bilden die Cashflows, welche aus den Jahresabschlüssen abgeleitet wurden, nicht die tatsächliche Leistungskraft des zu bewertenden Unternehmens ab und müssen folglich entsprechend angepasst werden. Doch auf was ist bei dieser Anpassung zu achten bzw. in welchen Bereichen treten diese Verzerrungen am meisten auf? Auch die klassischen kapitalmarkttheoretischen Bewertungsmodelle, wie das CAPM, scheinen nur unzureichend den Umständen in volatilen Märkten Rechnung zu tragen. Sie bilden die dort zusätzlich auftretenden Risiken nur unzureichend ab. Diese **mangelnde Berücksichtigung der Zusatzrisiken** führt dazu, dass die Kapitalkosten zu niedrig angesetzt werden und demnach die berechneten Unternehmenswerte zu hoch ausfallen. Wie ist das CAPM anzupassen, um das erhöhte Risiko adäquat abzubilden? Welche **Varianten des CAPM** existieren bzw. gibt es noch weitere nicht-CAPM-basierte Modelle, welche zur Kapitalkostenberechnung herangezogen werden können? Diese und weitere Fragen sollen in diesem Kapitel beantwortet werden. So soll zunächst gezeigt werden, wie das aus Abschnitt 1.5.1 (siehe auch Kapitel 8.1, erster Abschnitt) bekannte Vorgehensmodell zur internationalen Bewertung eines Industriestaates erweitert werden muss, um auch zur Bewertung eines Unternehmens in einem Schwellenland herangezogen werden zu können. Ziel ist es, dem Bewerter eine Vorgehensweise an die Hand zu geben, an der er sich bei der Erstellung eigener internationaler Unternehmensbewertungen orientieren kann. Dabei muss neben der Anpassung der Cashflows auch die Anpassung der

Kapitalkosten thematisiert werden. Bei letzterem wird der Fokus darauf liegen, verschiedene Varianten des CAPM vorzustellen, aber auch nicht-CAPM-basierte Modelle sollen präsentiert werden. Zudem müssen aufgrund z.T. unvollkommener Diversifikation eventuell vorhandene unsystematische Risiken mit in die Bewertung einbezogen werden. Da es sich bei der Berücksichtigung dieser unsystematischer Risikofaktoren jedoch um ein nicht ganz unumstrittenes Thema handelt, welches in der Praxis stark diskutiert und noch intensiv erforscht wird, vor allem auch im Hinblick darauf, „ob“ und „wie“ diese Risiken zu berücksichtigen sind, kann hier lediglich eine grundlegende Vorstellung der verschiedenen Ausprägungen dieser Risiken erfolgen. Folglich verbleibt es beim Bewerter, wie er unsystematische Risiken im eigenen Modell einbeziehen will. Schließlich stellt sich dem Bewerter die Frage der Modellauswahl und damit, welches Modell er konkret für seine Bewertung auswählen und verwenden soll. Auch hierzu sollen Anhaltspunkte für den Praktiker gegeben werden.

## 8.1 Erweitertes Vorgehensmodell zur internationalen Bewertung in volatilen Märkten

Um den Gegebenheiten und dem erhöhten Risiko in volatilen Märkten gerecht zu werden, ist das aus Kapitel 1.5.1 bekannte **5-Schritte-Vorgehensmodell** zur internationalen Bewertung zu erweitern. So muss unter anderem die bereits angesprochene Währungsproblematik einbezogen werden sowie die Risikoanpassung und Adjustierung der Cashflows und der Kapitalkosten vorgenommen werden. Schließlich sind noch eventuell vorhandene unsystematische Risiken einzubeziehen. Das erweiterte Vorgehensmodell zur internationalen Bewertung in volatilen Märkten läuft somit in folgenden Schritten ab (vgl. ▶ Abbildung 8.1).

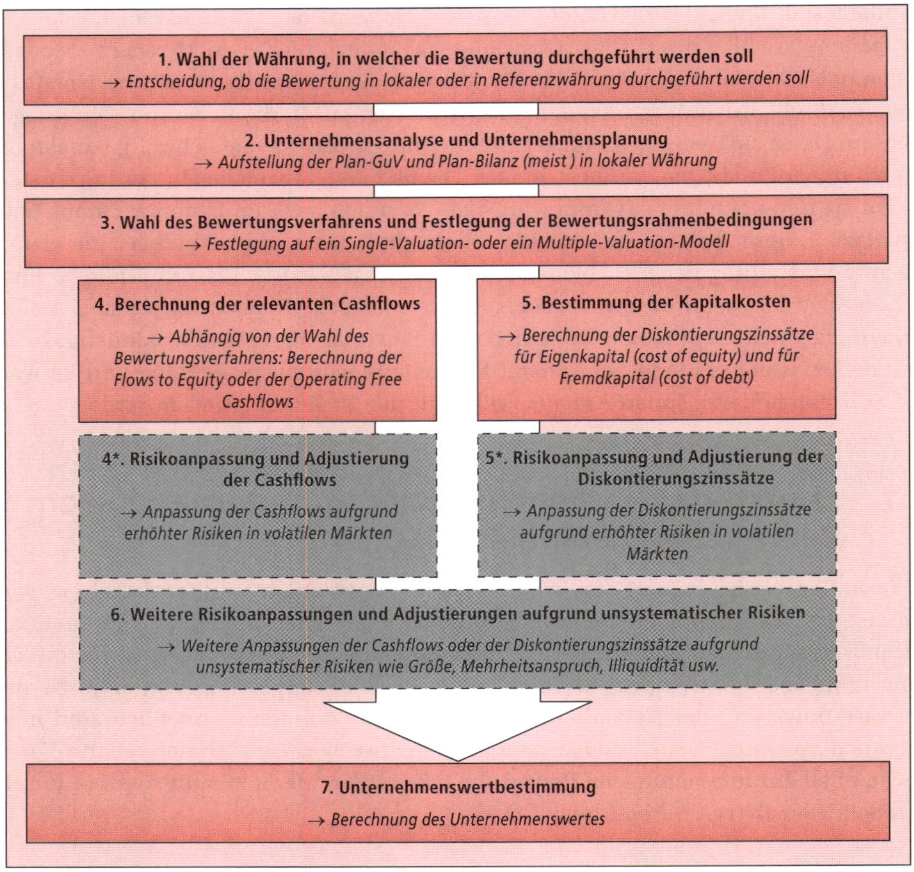


**Abbildung 8.1:** Erweitertes Vorgehensmodell zur internationalen Unternehmensbewertung

**1.** Zunächst muss in einem ersten Schritt festgelegt werden, in welcher Währung die Bewertung durchgeführt werden soll. Diese kann in lokaler Währung oder in der Währung eines Referenzmarktes wie beispielsweise Euro oder Dollar geschehen. Mit der Festlegung auf eine Währung wird folglich auch implizit festgelegt, auf welcher Basis die notwendigen Parameter berechnet werden sollen. Denn wie bereits mehrfach erwähnt, sind einheitliche Annahmen essentiell für eine konsistente Bewertung.

**2.** Im zweiten Schritt erfolgt die Analyse des Unternehmens und seines Umfeldes. Daran anschließend wird die Unternehmensplanung durchgeführt und eine Plan-Bilanz und Plan-GuV erstellt, welche den Ausgangspunkt für weitere Berechnungen darstellen. Die Planung der Cashflows erfolgt dabei meist in lokaler Währung, um Verzerrungen aus Jahresabschlüssen zu vermeiden. Diese sind gegebenenfalls mittels Terminwechselkursen in die entsprechende Referenzwährung zu überführen.

**3.** Die Wahl eines Bewertungsverfahrens, also ob Einzelbewertungsverfahren, Mischverfahren oder Gesamtbewertungsverfahren gewählt werden, erfolgt im dritten Schritt. Im Folgenden sollen insbesondere innerhalb der DCF-Verfahren der WACC-Ansatz und der Equity-Ansatz im Mittelpunkt stehen. Zusätzlich sind im dritten Schritt die Rahmenbedingungen der Bewertung festzulegen. So ist zu entscheiden, ob lediglich ein Bewertungsverfahren (Single-Valuation-Methode) oder mehrere Bewertungsverfahren (Multiple-Value-Methode) zur Anwendung kommen sollen, und ob der Unternehmenswert als Unternehmenswertspanne oder als synthetischer Wert veröffentlicht werden soll.

**4.** Im vierten sowie im erweiterten vierten Schritt werden die relevanten Cashflows bestimmt. Diese sind jedoch aufgrund der in volatilen Märkten herrschenden Umstände häufig hinsichtlich inhärenter Risiken anzupassen und zu adjustieren. Neben verschiedenen Rechnungslegungsvorschriften sind hierbei insbesondere auch die internationale Besteuerung und dergleichen zu berücksichtigen

**5.** Im fünften sowie im erweiterten fünften Schritt werden die Kapitalkosten mittels kapitalmarkttheoretischer Modelle bestimmt. Auch hier sind aufgrund des erhöhten Risikos in Emerging Markets/High Growth Markets Anpassungen und Adjustierungen vorzunehmen. Hierzu wurden von Wissenschaftlern und Praktikern verschiedene Abwandlungen des CAPM, wie beispielsweise das globale CAPM, das lokale CAPM, das adjustierte lokale CAPM, das (adjustierte) hybride CAPM, das Lessard-Modell, das Godfrey-Espinosa-Modell, das Goldman-Sachs-Modell, das Damodaran-Modell und das Salomon-Smith-Barney-Modell vorgeschlagen. Auch nicht-CAPM-basierte Modelle wie das Estrada-Modell, das Erb-Harvey-Viskanta-Modell (EHVM), die Arbitrage Pricing Theory (APT) und der simulationsbasierte Ansatz können zur Anwendung kommen. Beide Möglichkeiten der Kapitalkostenbestimmung sollen in diesem Kapitel genauer erläutert und vorgestellt werden.

**6.** Im sechsten Schritt erfolgt die Risikoanpassung und Adjustierung aufgrund unsystematischer Risiken. Diese blieben bisher unberücksichtigt, da sie im Modellrahmen des CAPM annahmegemäß durch Diversifikation eliminiert werden können. Häufig zeigt es sich jedoch, dass diese Diversifikation, insbesondere in Emerging Markets/High Growth Markets, nicht immer gegeben ist, weil Investoren diese nicht ohne weiteres umsetzen können. Folglich stellt sich die Frage, ob und vor allem wie unsystematische Risiken zu berücksichtigen sind.

**7.** Schließlich ist im letzten Schritt der Unternehmenswert zu bestimmen. Je nach gewähltem Modell (Single-Valuation oder Multiple-Valuation) handelt es sich hierbei um eine Unternehmenswertspanne oder einen synthetischen Unternehmenswert. Diesen Unternehmenswert gilt es gegebenenfalls in weitere Währungen mittels Spot-Rates umzurechnen und entsprechend zu veröffentlichen.

Da die Wahl der Währung, die Unternehmensanalyse und Planung sowie die Wahl des Bewertungsverfahrens bereits in den vorangegangenen Kapiteln beschrieben wurden, soll in den folgenden Abschnitten der Fokus auf die Schritte vier, fünf und sechs, demnach auf den Anpassungen der Cashflows, der Diskontierungszinssätze sowie der unsystematischen Risikofaktoren liegen. Hinsichtlich der **Cashflows** soll beispielsweise gezeigt werden, was bei unterschiedlichen Rechnungslegungsvorschriften, internationaler Besteuerung und Verzerrungen der tatsächlichen Leistungskraft des Unternehmens zu berücksichtigen ist. Da jedoch im Rahmen dieser Ausführungen verständlicherweise nicht allen Gegebenheiten der unterschiedlichen Märkte Rechnung getragen werden kann, soll vielmehr der Versuch unternommen werden, ein Gespür für die verschiedenen Fragestellungen innerhalb der einzelnen Problemfelder zu vermitteln.

Für die Bestimmung und Anpassung der **Diskontierungszinssätze** sollen verschiedene CAPM-basierte und nicht CAPM-basierte Modelle und die jeweils zugrunde liegenden Annahmen herausgearbeitet werden. So wird unter anderem gezeigt, wie Länderrisiken und dergleichen im CAPM berücksichtigt werden können. Viele bisher theoretisch behandelte Themen werden dabei wiederholt und in der praktischen Anwendung aufgezeigt. Die Berechnung der verschiedenen Schritte soll im Einzelnen durch eine Case Study verdeutlicht werden. Diese soll aus didaktischen Gründen sowohl in lokaler Währung als auch in der Währung des Referenzmarktes (hier wiederum aus der Sicht eines internationalen Dollar-Investoren) aufgezeigt werden.

## 8.2 Anpassung der Unternehmensplanung und der Cashflows

Für eine internationale Unternehmensbewertung ergeben sich bei der Unternehmensplanung und der Aufstellung der bewertungsrelevanten Cashflows mitunter weit mehr Probleme als dies bei Bewertungen im Heimatland der Fall ist. Dies ist auf die oft **unterschiedlichen Ausgangsbedingungen** in den jeweiligen Ländern zurückzuführen, welche sich z.T. erheblich vom Heimatland unterscheiden können. Die Jahresabschlüsse der vergangenen Jahre sind deshalb um Einflüsse zu **bereinigen**, die die Beurteilung der tatsächlichen Leistungskraft des zu bewertenden Unternehmens beeinträchtigen. Solche Einflüsse werden beispielsweise durch länderspezifische Rechnungslegungsvorschriften, internationale Besteuerung und Währungsumrechnungen verursacht oder liegen in der mangelnden Objektivität des Managements, die Ertragslage des Unternehmens korrekt darzustellen. Letzt genanntes tritt häufig bei eigentümergeführten Unternehmen in Emerging Markets/High Growth Markets auf, indem Firmenbesitzer nicht zwischen ihrer Managementvergütung und einer Gewinnbeteiligung trennen, bzw. persönliche Ausgaben als Unternehmensausgaben veranschlagen und dadurch eine zu hohe Aufwandsverrechnung ausweisen.

Da eine ausführliche Darstellung der in den jeweiligen Ländern herrschende Rechnungslegungsvorschriften oder der internationalen Besteuerung den Rahmen dieser Ausführungen sprengen würde, soll lediglich auf die wichtigsten Punkte innerhalb der einzelnen Problembereiche eingegangen werden. Ziel soll es sein, dass der Leser ein Gespür für die relevanten Fragestellungen in den jeweiligen Bereichen bekommt. Bei tiefergehender Auseinandersetzung mit der Materie sei auf Spezialliteratur zum jeweiligen Thema verwiesen.

Bei der Berücksichtigung des erhöhten Risikos in volatilen Märkten gilt es darauf zu achten, dass es zu keiner **Doppelberücksichtigung** der Risiken kommt. So dürfen entsprechende Risiken, welche bereits in die Cashflows einbezogen wurden, nicht nochmals in den Diskontierungszinssätzen berücksichtigt werden. Denn Sicherheitsabschläge in den Cashflows und Sicherheitsaufschläge in den Diskontierungszinssätzen führen mit mathematischer Sicherheit zu geringeren Unternehmenswerten. Ein sicherheitsbewusster Bewerter, welcher Risiken doppelt berücksichtigt – sei es bewusst oder unbewusst – darf sich demnach nicht wundern, wenn seine bewerteten Unternehmen in Emerging Markets/High Growth Markets immer als zu teuer erscheinen.

Anschließend soll auf Anpassungen der Cashflows aufgrund

- länderspezifischer Rechnungslegungsvorschriften,
- zu hoher Managementvergütung,
- zu hoher Aufwandsverrechnung,
- unterschiedlicher internationaler Besteuerung und
- von Inflation

näher eingegangen werden.

## 8.2.1 Anpassungen der Cashflows aufgrund länderspezifischer Rechnungslegungsvorschriften

Aufgrund landesspezifischer Bilanzierungsrichtlinien, bilanzpolitischer Maßnahmen oder gesetzlicher Vorschriften sind Gewinn- und Verlustrechnungen sowie Bilanzen über Ländergrenzen hinweg nur schwer miteinander vergleichbar. Sie stellen die tatsächliche Vermögens- und Ertragslage oft nur sehr **verzerrt** dar, was die Einschätzung der wirtschaftlichen Situation eines Unternehmens stark erschweren kann. Dies gilt in besonderem Maße für Schwellenländer, die häufig ganz andere Bilanzierungskonventionen aufweisen, als dies in entwickelten Ländern der Fall ist. Während Unterschiede in den weltweiten Rechnungslegungsstandards sicherlich noch eine Weile andauern werden, sieht man bereits eine erste **Harmonisierung** dadurch, dass immer mehr Länder dazu übergehen, ihre Rechnungslegungsvorschriften den IFRS (International Financial Reporting Standards) oder den US-GAAP anzupassen. Von anderen Ländern wird erwartet, früher oder später die am weitesten verbreiteten Rechnungslegungsstandards IFRS oder US-GAAP zu übernehmen, um die internationale Vergleichbarkeit und Transparenz von Unternehmen für Investoren und Bewerter in aller Welt zu vereinfachen. Darüber hinaus näherten sich IFRS und US-GAAP über die letzten Jahre zunehmend an. Internationale Rechnungslegungsunterschiede sollten demnach in Zukunft immer weiter an Bedeutung verlieren, je stärker diese Harmonisierung voranschreitet und auch Unternehmen in Emerging Markets/High Growth Markets diese Standards übernehmen.

Bis dahin sind Unterschiede in der Rechnungslegung bei der internationalen Bewertung jedoch nach wie vor ein Problem. Da die zu planenden Cashflows direkt an die Rechnungslegung vergangener Vergleichsperioden anknüpfen, kann die Bewertung dadurch wesentlich beeinflusst werden. Dies trifft insbesondere dann zu, wenn Cashflow-Prognosen unter **Zuhilfenahme von Finanzkennzahlen** aus Emerging Markets/High Growth Markets als Bezugsgröße abgeleitet werden. Es ist deshalb zu prüfen, ob Bilanzen sowie Gewinn- und Verlustrechnungen den tatsächlichen Erfolg der vergangenen Jahre wiedergeben oder gegebenenfalls zu bereinigen sind. Unter Umständen ist es auch in Erwägung zu ziehen, die nach lokalen Standards erstellten Jahresabschlüsse zum Zweck der Unternehmensbewertung in den internationalen IFRS Standard überzuleiten, da dieser bezüglich der Beurteilung der wirtschaftlichen Leistungsfähigkeit eines Unternehmens eine höhere Aussagekraft besitzt.

Zu den wichtigsten und in der Handhabung **umstrittensten Rechnungslegungsunterschieden** gehören unter anderen die Bilanzierung von Rückstellungen und Pensionen, des Goodwill und anderer immaterieller Vermögensgegenständen, die Fremdwährungsumrechnung, die Neubewertung von Sachanlagen, die aktiven latenten Steuern (deferred taxes) und die Konsolidierung.[1] Im Anschluss sollen die einzelnen Punkte kurz angesprochen werden. Für eine ausführlichere Beschreibung vergleiche hierzu Copeland (2000).[2]

Für Emerging Markets/High Growth Markets gilt, dass neben den genannten Unterschieden weitere Vorschriften bezüglich einer **Inflationsbuchhaltung**, **Hyperinflation** oder aber komplizierter und sich schnell verändernder **Steuernormen** hinzukommen können, welche die Unternehmensanalyse und -planung zusätzlich erschweren.

- **Rückstellungen**

  Rückstellungen werden in der Bilanz für ungewisse Verbindlichkeiten gebildet und sind zum Zeitpunkt der Bilanzerstellung hinsichtlich Grund, Auszahlungszeitpunkt oder Höhe noch nicht genau bestimmt. Sie sollen zukünftige Kosten oder zu erwartende Verluste decken und diese Aufwendungen dem Geschäftsjahr ihrer wirtschaftlichen Verursachung zurechnen. Unternehmen bilden Rückstellungen, indem sie ihren Gewinn verringern und eine „Reserve"-Position in den Passiva der Bilanz aufbauen. Die Regeln für die Rückstellungsbildung können von Land zu Land variieren. So erlauben einige Länder Rückstellungen lediglich für spezifische und identifizierte zukünftige Kosten oder Verluste zu bilden, währenddessen andere Länder Rückstellungen auch für unerwartete Kosten erlauben. Unternehmen in Ländern mit flexiblen Vorschriften nutzen Rückstellungen häufig für bilanzpolitische Maßnahmen. Sie managen ihre Gewinne, indem sie die Rückstellungen in guten Jahren erhöhen und in schlechten Jahren senken und dadurch ihre Steuerschuld beeinflussen. Solche bilanzpolitische Praktiken können zu erheblichen Verzerrungen der Bilanzen und Gewinn- und Verlustrechnungen führen und sind entsprechend zu bereinigen und in der Unternehmensbewertung zu berücksichtigen. Zudem kommt, dass Rückstellungen in manchen Ländern auch steuerabzugsfähig sind, was es auch zu beachten gilt.

---

1 Vgl. Copeland, T./ Koller, T., Murrin, J. (2000), S. 358 ff.
2 Vgl. Copeland, T./ Koller, T., Murrin, J. (2000), S. 358 ff.

- **Pensionen**

  Pensions- bzw. Rentensysteme unterscheiden sich z.T. deutlich von Land zu Land. Manche Länder verpflichten Unternehmen ihre Pensionskassen von unabhängigen Pensionsfunds oder Versicherungsgesellschaften verwalten zu lassen, während in anderen Ländern die Pensionsverpflichtungen als Verbindlichkeiten in der Gewinn- und Verlustrechnung aufgeführt werden und vom Unternehmen aus den laufenden operativen Erträgen zu bezahlen sind. Die richtige Berücksichtigung von Pensionsverpflichtungen bzw. die Ermittlung des in der Planung anzusetzenden Pensionsaufwandes gehöht mit zu den komplexesten Fragestellungen im Rahmen der Unternehmensbewertung.

- **Goodwill und Immaterielles Vermögen**

  Mitunter wird in der Praxis häufig die Frage gestellt, ob zu dem mit DCF-Verfahren ermittelten Unternehmenswert noch ein Goodwill z.B. für Know-how, Markenrechte o.Ä. hinzugerechnet werden müsste.

  Dem ist entgegenzuhalten, dass es sich bei den DCF-Verfahren um ein Gesamtbewertungsverfahren handelt, welches implizit davon ausgeht, dass der Unternehmenswert durch finanzielle Überschüsse bestimmt wird, welche durch das Zusammenwirken aller materiellen und immateriellen Faktoren im Unternehmen erzielt werden. In der Regel liegt der Barwert dieser Cashflows über der Summe der Einzelwerte der eingesetzten materiellen und immateriellen Vermögensgegenstände. Es ist demnach davon auszugehen, dass alle betriebsnotwendigen materiellen und immateriellen Vermögensgegenstände bereits im Barwert dieser Überschüsse enthalten sind. Sie dürfen somit nicht noch einmal separat in die Unternehmensbewertung einfließen, um eine Doppelzählung zu vermeiden. Lediglich das nichtbetriebsnotwendige immaterielle Vermögen wird – analog zu den anderen nichtbetriebsnotwendigen Vermögensgegenständen – separat bewertet und zum Barwert der Cashflows addiert.

  Da sich die Bilanzierung des Goodwill wiederum von Land zu Land unterscheiden kann, müssen die Jahresabschlüsse um eventuelle Verzerrungen bereinigt werden.[3]

- **Fremdwährungsumrechnung**

  Probleme ergeben sich häufig dadurch, dass Unternehmen Anlagen, Umsätze, Verbindlichkeiten und dergleichen in Fremdwährung besitzen und diese entsprechend in Jahresabschlüssen umgerechnet und aggregiert werden müssen. Durch die Aggregation und Konvertierung der Fremdwährung können mitunter erhebliche Verzerrungen in den Jahresabschlüssen entstehen. Besonders deutlich wird dies beispielsweise, wenn eine Tochtergesellschaft ihre Umsätze an die Muttergesellschaft in ihrer lokalen Währung berichtet. Je nach Wechselkurs wird die Tochtergesellschaft immer unterschiedliche Beträge berichten. Die Handhabung von Währungsumrechnungen innerhalb von Jahresabschlüssen und Bilanzen unterscheidet sich je nach Rechnungslegungsvorschriften. Die „current rate method“ besagt, dass alle Anlagen in Fremdwährung zum aktuellen Währungskurs umgerechnet werden.

3 Vgl. Ernst, D./Schneider, S./Thielen, B. (2010), S. 137.

Als weitere Möglichkeit gibt es die „temporal method“, bei welcher Anlagen in Fremdwährung häufig zu historischen Wechselkursen konvertiert werden. Um solche Verzerrungen aus Jahresabschlüssen zu beseitigen und in der Bewertung zu berücksichtigen, ist dies, wenn überhaupt, lediglich bei internen Bewertungen möglich, wo man auf Daten des internen Rechnungswesens zugreifen kann. Hinsichtlich externer Bewertungen bleibt häufig kaum mehr übrig, als den Zahlen aus den Jahresabschlüssen zu vertrauen und diese zu übernehmen. Dies kann sich jedoch in Schwellenländern als problematisch erweisen. So gilt es, solche Einflüsse auf die Jahresabschlüsse bei der Unternehmens- und Cashflowplanung soweit wie möglich zu berücksichtigen.

- **Neubewertung von Sachanlagen**

  In einigen Ländern können Sachanlagen neubewertet werden, um Inflation oder Preisänderungen Rechnung zu tragen. Die Idee hinter dieser Neubewertung ist es, das Unternehmen auf Basis aktueller Kosten abzubilden.

  So können in manchen Ländern diese Neubewertungen jährlich vorgenommen werden, wohingegen dies in anderen Ländern lediglich unter bestimmten Bedingungen oder überhaupt nicht möglich ist. Wird nicht neubewertet, reflektieren die Sachanlagen immer die historischen Anschaffungskosten. Für die Unternehmensbewertung ist es wichtig zu wissen, ob und wie Sachanlagen bewertet wurden, um entsprechende Cashflows daraus abzuleiten.

- **Aktive latente Steuern**

  Aktive latente Steuern entstehen, wenn der IFRS-Bilanzwert kleiner ist als der Steuerbilanzwert und es sich um zeitliche oder quasi-permanente Differenzen handelt. Da sich die Unterschiedsbeträge oft erst nach einigen Jahren ausgleichen, haben sie einen langfristigen Charakter und müssen entsprechend berücksichtigt werden.

- **Konsolidierung**

  Die meisten Länder erwarten eine Konsolidierung der Bilanzen, wenn eine Muttergesellschaft die Tochtergesellschaft zu mehr als 50% besitzt bzw. wenn ein sogenannter „controlling interest“ besteht.

  Konzernverflechtungen können die Ableitung der Cashflows auch erheblich erschweren, wenn nicht z.T. unmöglich machen.

### 8.2.2 Anpassungen der Cashflows aufgrund zu hoher Managementvergütung

Ein häufiges Problem bei nicht börsennotierten, eigentümergeführten Unternehmen – insbesondere in Emerging Markets/High Growth Markets – sind Verzerrungen in den Jahresabschlüssen bezüglich der **Vergütung des Managements**, da Eigentümer und Manager häufig in ein und derselben Person auftreten. Nicht selten liegen die Gehälter, welche sich die Eigentümer für ihre erbrachte Managementleistung auszahlen, weit über dem Marktdurchschnitt vergleichbarer Positionen. Der Grund hierfür liegt in der mangelnden Kenntnis bzw. der mangelnden Anerkennung unterschiedlicher

Vergütungsarten bezüglich Eigentümer und Manager. Bei Eigentümern und Managern handelt es sich jedoch um verschiedene Rollen, welche es zu differenzieren gilt und welche unterschiedlich vergütet werden müssen. Während **Dividenden** eine Verzinsung für das vom Eigentümer investierte Kapital und eine Entschädigung für das übernommene Risiko darstellen, soll das **Gehalt** des Managers normalerweise lediglich für den individuell geleisteten Arbeitseinsatz entschädigen. Dennoch kombinieren viele Eigentümer-Manager häufig beide Vergütungsbestandteile zu einem aggregierten „Gehalt", welches sie sich ausbezahlen. Problematisch hierbei ist, dass die Gehälter innerhalb der Gewinn- und Verlustrechnung Bestandteil der operativen Kosten sind und diese folglich entsprechend zu hoch angesetzt werden. Demnach vermindert dieses Vorgehen fälschlicherweise die bewertungsrelevanten Cashflows und es resultiert ein zu geringer Unternehmenswert. Als Konsequenz empfiehlt es sich, die Gewinn- und Verlustrechnung um die Differenz zwischen marktgerechter und tatsächlich ausbezahlter Vergütung zu bereinigen. Der Differenzbetrag muss dabei als Dividendenzahlung für zukünftige Gewinne interpretiert werden. Bei einer Unternehmensbewertung müssen diese Erträge bzw. Unternehmensleistung sorgfältig differenziert und zu den Cashflows addiert werden.

Eine **marktgerechte Vergütung** kann durch Vergleiche und Benchmarks zu ähnlichen börsennotierten Unternehmen bestimmt werden. Diese marktgerechte Vergütung kann jedoch durch unterschiedliche Faktoren variieren. So spielt die Volkswirtschaft, in welcher das Unternehmen operiert, eine wichtige Rolle. In einer wachsenden Volkswirtschaft werden generell höhere Gehälter bezahlt als in einer stagnierenden. Zudem ist die aktuelle Konjunkturphase entscheidend. In Boomphasen werden höhere Gehälter bezahlt, während in Abschwüngen die Gehälter eher sinken. Tendenziell unterscheiden sich die Gehälter auch je nach Größe des Unternehmens. Große Unternehmen tendieren dazu, im Durchschnitt höhere Gehälter zu zahlen, als dies kleine Unternehmen tun. Des Weiteren werden in aufstrebenden Branchen im Durchschnitt höhere Gehälter gezahlt als in etablierten. Wie man sieht, gestaltet sich die Bestimmung einer marktgerechten Vergütung nicht immer als einfache Aufgabe. Nichtsdestotrotz sollte versucht werden, die durch zu hohe Managementvergütung verzerrte Gewinn- und Verlustrechnung zu bereinigen.[4]

### 8.2.3 Anpassungen der Cashflows aufgrund zu hoher Aufwandsverrechnung

Neben einer zu hohen Managementvergütung handelt es sich bei einer zu hohen Aufwandsverrechnung um eine weitere Cashflow bezogene Verzerrung der Gewinn- und Verlustrechnung. Diese **zu hohe Aufwandsverrechnung** entsteht durch die mangelhafte Trennung von persönlichen und unternehmensbezogenen Ausgaben seitens der Eigentümer-Manager. Infolgedessen finden häufig die persönlichen Ausgaben des Eigentümers Einzug in die Gewinn- und Verlustrechnung des Unternehmens, was wiederum einen verminderten Cashflow und somit einen zu niedrigen Unterneh-

4 Vgl. Pereiro, L. E. (2002), S. 95.

menswert zur Folge hat. Im Rahmen einer Unternehmensbewertung sollte deshalb der sorgfältige Bewerter alle Kostenpositionen, welche persönlicher Natur und nicht im Zusammenhang mit den operativen Tätigkeiten des Unternehmens stehen, aus der Gewinn und Verlustrechnung eliminieren. Ähnlich der Anpassung bei einer zu hohen Managementvergütung kann die ermittelte Differenz als Dividendenzahlung für zukünftige Gewinne interpretiert werden und zu den bewertungsrelevanten Cashflows addiert werden.[5]

### 8.2.4 Anpassungen der Cashflows aufgrund unterschiedlicher internationaler Besteuerung

Besteuerungssysteme in einzelnen Ländern sind sehr unterschiedlich und wandeln sich ständig. Beispielsweise müssen bestimmte Gewinne, welche im einen Land versteuert werden müssen, nicht notwendigerweise auch in allen anderen Ländern versteuert werden. Bei der Unternehmensbewertung sind deshalb die entsprechenden **landesspezifischen Steuergesetze** zu berücksichtigen. Ferner ist es notwendig, den für das Unternehmen relevanten Steuersatz zu kennen. Die Besteuerungssysteme der einzelnen Länder in der eigenen Unternehmensbewertung korrekt zu berücksichtigen, gestaltet sich dabei häufig aufgrund der dort mangelnden Transparenz als sehr schwierige Aufgabe.

Im Rahmen der Unternehmensbewertung kommt der Behandlung von Unternehmenssteuern und persönlichen Steuern eine große Bedeutung zu. In vielen Ländern ist **die Besteuerung von Körperschaften und Personen** integriert, um eine Doppelbesteuerung der Dividenden teilweise oder gar ganz zu vermeiden. Folglich verwenden manche Länder einen Ansatz der Dividendenanrechnung, welcher den Aktionären eine Steuergutschrift auf einen Teil oder sämtliche vom Unternehmen bereits entrichteten Steuern einräumt. Diese Dividendenanrechnung erhöht dabei implizit den Cashflow, der an die Aktionäre fließt, und zwar um den Betrag, den der Staat effektiv weniger einnimmt. Er hat meist die Form einer Steuerschulderleichterung oder einer Steuergutschrift. Die Dividendenanrechnung kann sich dabei auf zweifache Weise auf den Unternehmenswert auswirken. Zum einen ist ein Unternehmen mit Sitz in einem Land, in welchem eine Form der Dividendenanrechnung praktiziert wird, wegen der höheren Cashflows vor persönlichen Steuern höher zu bewerten als ein entsprechendes Unternehmen mit Sitz in einem Land, das Dividenden doppelt besteuert.

Zum anderen kann sich die im Zusammenhang mit dem System der Dividendenanrechnung gewählte **Dividendenpolitik** eines Unternehmens auf dessen Gesamtwert auswirken. Mit der Entscheidung über die Höhe der Gewinnausschüttungen bestimmt die Unternehmensführung auch darüber, wie viel der potenziellen Steuergutschrift den Anteilseignern zugutekommt. Dieser Umgang hinsichtlich der Dividendenanrechnung ist jedoch bei der Unternehmensbewertung sehr umstritten. Es gibt Verfechter, die diese persönlichen Steuergutschriften nicht in die Unternehmensbewertung einbeziehen wollen.

5 Vgl. Pereiro, L. E. (2002), S. 95 f.

Im Rahmen der DCF-Verfahren stellt sich nun die Frage, wie die steuerlichen Auswirkungen zu berücksichtigen sind. Es zeigt sich, dass Steuern grundsätzlich sowohl einen Einfluss auf die Cashflows als auch auf die Kapitalkosten haben können. Einerseits mindern Steuerabgaben die Mittel, die letztlich den Kapitalgebern zufließen. Sie müssen deshalb bei der Berechnung der bewertungsrelevanten Cashflows abgezogen werden. Bei manchen DCF-Verfahren werden die Cashflows jedoch unverändert belassen und man begeht dadurch einen systematischen Fehler. Dieser wird jedoch, wie bereits erläutert, bei der Bestimmung des Diskontierungszinssatzes wieder ausgeglichen, d.h. der Einfluss der Steuer wird nicht bei den Cashflows, sondern innerhalb des Diskontierungszinssatzes berücksichtigt. Hinsichtlich der Steuerauswirkungen auf den Diskontierungszinssatz ist generell zwischen den Eigenkapitalkosten und den Fremdkapitalkosten zu unterscheiden. In die Eigenkapitalkosten fließen ausschließlich die persönlichen Steuern des Anteilseigners ein. Bei Berechnung der Fremdkapitalkosten hingegen sind grundsätzlich alle Ertragssteuerarten mit den entsprechenden Steuersätzen zu berücksichtigen, die bei der Berechnung der Cashflow ausgeklammert wurden. Es lässt sich demnach festhalten, dass man bei der Berücksichtigung der Steuern aufpassen muss, in welche Parameter – Cashflows oder Diskontierungszinssatz – man diese einfließen lassen will, um eine Doppelberücksichtigung zu vermeiden.

### 8.2.5 Anpassungen der Cashflows aufgrund von Inflation

Bei den bisherigen Ausführungen blieben die Auswirkungen von Inflation auf die Bewertung unberücksichtigt. Unter **Inflation** versteht man einen andauernden signifikanten Anstieg des Preisniveaus. Wenn es keine Inflation gäbe, würde die Kaufkraft des Geldes über die Zeit hinweg konstant bleiben, oder in anderen Worten ausgedrückt, würde jede Geldeinheit denselben Warenkorb von Gütern und Dienstleitungen auch in Zukunft kaufen können. 100 Euro in einem Jahr könnten folglich genauso viele Waren kaufen wie 100 Euro heute. Wenn Inflation vorliegt, benötigt man in Zukunft jedoch mehr Geld zum Kauf desselben Warenkorbes als heute. Geht man wie in ▶ Tabelle 8.1 beispielsweise von einer Inflationsrate von 10% aus, so dürften nicht die linken Cashflows angesetzt werden, sondern die um die Inflationsrate angepassten Cashflows. 110 Euro in einem Jahr sind dementsprechend „real" so viel wert wie 100 Euro heute, bzw. können dieselbe Gütermenge heute kaufen.[6]

| Jahr | Cashflows | Rechnung | Inflationsangepasste Cashflows |
|---|---|---|---|
| 1 | 100 | 100 · 1,1 | 110 |
| 2 | 110 | 110 · 1,1 | 121 |
| 3 | 121 | 121 · 1,1 | 133,1 |

**Tabelle 8.1:** Inflationsangepasste Cashflows

6 Vgl. Sabal, J. (2002), S. 134 f.

Hinsichtlich der Inflation ist zu entscheiden, ob die Unternehmensplanung und damit die Aufstellung der Plan-GuV und Plan-Bilanz auf Basis von **Nominal- oder Realwerten** durchgeführt werden soll. Da häufig sowohl Umsätze als auch einzelne Kostenarten und Investitionen in Zukunft unterschiedlichen Preisänderungsraten unterliegen können, ist es generell einfacher und korrekter, die Planungen mit nominalen statt realen Werten vorzunehmen. So liegt ein Vorteil in der Bewertung auf Basis von nominalen Werten darin, dass die für die Wertermittlung zu berücksichtigende Ertragsbesteuerung und die Finanzierung der Veränderung des Nettoumlaufvermögens ebenfalls auf Basis nominaler Jahresabschlüsse ermittelt werden. Ein Nachteil nominaler Cashflows ergibt sich jedoch in hochinflationären Ländern, da dort die bewertungsrelevanten Kennzahlen aufgrund der dort herrschenden Inflation häufig einen geringen Aussagegehalt haben und folglich zumindest theoretisch bedeutungslos sind. Dies liegt oft darin begründet, dass in den meisten Ländern Jahresabschlüsse nicht um Inflationseffekte bereinigt werden. So werden meist Aktiva und Passiva zu historischen Anschaffungskosten geführt und nicht jährlich unter Berücksichtigung der aktuellen Inflation und des aktuellen Währungsstands neu bewertet. Als Folge kommt es zu Verzerrungen beim Sachanlage- und Vorratsvermögen gegenüber anderen Bilanzpositionen sowie gegenüber der Gewinn- und Verlustrechnung. Darüber hinaus sollten im Terminal Value das reale Wachstum und die erwarteten realen Renditen einbezogen werden, um die wahre wirtschaftliche Situation des Unternehmens nach der Detailplanungsperiode bestimmen zu können. Um zu überprüfen, ob die Inflationsauswirkungen in hochinflationären Ländern richtig berücksichtigt wurden, kann es unter Umständen sinnvoll sein die Größen sowohl in nominalen als auch in realen Größen zu bestimmen, da unter konsistenten Annahmen dasselbe Ergebnis herauskommen sollte.

Viele Bewerter ziehen es jedoch vor, die erwartete Inflation nicht in den Cashflows, sondern in den Kapitalkosten zu berücksichtigen. Hier gilt es erneut, einerseits auf eine eventuelle **Doppelberücksichtigung** hinzuweisen, andererseits ist auf die Konsistenz innerhalb der Bewertung zu achten. Werden die Diskontierungszinssätze beispielsweise auf realer Basis bestimmt, so müssen die zu bewertenden Cashflows auch auf realer Basis bestimmt werden. Selbiges gilt analog auch für Diskontierungszinssätze und Cashflows auf nominaler Basis. Bei der Verwendung nominaler Größen für die Unternehmensplanung wird in der Literatur darauf verwiesen, die zu verwendende Inflationsrate näherungsweise aus der Differenz zwischen nominalen Zinsen für risikolose Staatsanleihen und den erwarteten Realzinsen abzuleiten. Die erwartete Inflationsrate kann aber auch aus der Zinsstrukturkurve von Staatsanleihen abgeleitet werden, da sich in den Nominalzinsen implizit die Erwartungen der Anleger auf eine reale Rendite sowie auf einen angemessenen Ausgleich für die erwartete Inflation widerspiegeln.[7]

7 Pereiro, L. E. (2002), S. 99 f.

Viele Praktiker verwenden meist **nominale Daten**, welche sie von Finanzinformationsdiensten erhalten und bestimmen daraus nominale Cashflows. Wollen sie hingegen die Bewertung in realen Größen durchführen, können diese aus den nominalen Werten nach ▶ Formel 8.1 und ▶ Formel 8.2 abgeleitet werden:

$$r_{\text{erwartete Inflation}} = \frac{(1 + r_{\text{Nominal}})}{(1 + r_{\text{Real}})} - 1 \qquad (8.1)$$

$$\text{Cashflows Real} = \frac{\text{Nominaler Cashflow}_{\text{in t}}}{(1 + r_{\text{erwartete Inflation}})} \qquad (8.2)$$

Die Bewertung auf Basis realer Größen soll im Rahmen dieser Ausführungen jedoch nicht näher betrachtet werden. Im Folgenden sollen stets nominale Werte zugrunde gelegt werden.

**Fallstudie**

Bei dem Beispielunternehmen der nachfolgenden Fallstudie handelt es sich um ein fiktives chinesisches Verpackungsunternehmen.

Die Daten der letzten drei Jahre aus dem Rechnungswesen stellen die Basis der Unternehmensbewertung dar. Bei den Zahlen handelt es sich um absolute Zahlen in Mio. CNY.

Bei der Ermittlung der Cashflows wurde darauf geachtet, dass die vorhandenen Jahresabschlüsse zunächst um Verzerrungen bereinigt und die Cashflows folglich entsprechend angepasst wurden. Die Annahmen für die Planung wurden vom Management vorgegeben.

WWW.PEARSON-STUDIUM.DE CWS COMPANION WEBSITE

## Gewinn- und Verlustrechnung:

| Positionen Jahresabschluss (Absolute Zahlen in Mio. CNY) | Ist $t_2$ | Ist $t_1$ | Ist $t_0$ | Plan $t_1$ | Plan $t_2$ | Plan $t_3$ | Plan $t_4$ | Plan $t_5$ | Plan $t_6$ |
|---|---|---|---|---|---|---|---|---|---|
| **Nettoumsatz** | **2.232,3** | **2.237,9** | **2.401,8** | **2.580,1** | **2.787,6** | **3.003,2** | **3.241,6** | **3.509,0** | **3.798,4** |
| *Wachstum Nettoumsatz p.a. (in %)* | | *9,7%* | *9,2%* | *7,4%* | *8,0%* | *7,7%* | *7,9%* | *8,2%* | *8,2%* |
| Bestandsveränderungen | 3,8 | 6,3 | 13,0 | 7,7 | 8,0 | 8,2 | 8,5 | 8,8 | 9,0 |
| **Gesamtleistung** | **2.236,1** | **2.244,1** | **2.414,8** | **2.587,9** | **2.795,6** | **3.011,4** | **3.250,1** | **3.517,7** | **3.807,5** |
| ./. Materialaufwand bzw. Wareneinsatz | 2.236,1 | 2.244,1 | 2.414,8 | 1.774,1 | 1.916,5 | 2.064,5 | 2.228,1 | 2.411,6 | 2.610,2 |
| *in % der Gesamtleistung* | *100,0%* | *100,0%* | *100,0%* | *68,6%* | *68,6%* | *68,6%* | *68,6%* | *68,6%* | *68,6%* |
| **Rohertrag** | **685,3** | **737,8** | **744,0** | **813,8** | **879,1** | **946,9** | **1.022,0** | **1.106,2** | **1.197,3** |
| *in % der Gesamtleistung* | *30,6%* | *32,9%* | *30,8%* | *31,4%* | *31,4%* | *31,4%* | *31,4%* | *31,4%* | *31,4%* |
| ./. Personalaufwand | 175,7 | 224,4 | 246,6 | 242,1 | 261,6 | 281,8 | 304,1 | 329,1 | 356,2 |
| *in % der Gesamtleistung* | *7,9%* | *10,0%* | *10,2%* | *9,4%* | *9,4%* | *9,4%* | *9,4%* | *9,4%* | *9,4%* |
| ./. sonst. betrieblicher Aufwand | 206,1 | 211,2 | 235,7 | 244,9 | 264,5 | 285,0 | 307,6 | 332,9 | 360,3 |
| *in % der Gesamtleistung* | *9,2%* | *9,4%* | *9,8%* | *9,5%* | *9,5%* | *9,5%* | *9,5%* | *9,5%* | *9,5%* |
| + sonst. betrieblicher Ertrag | 3,8 | 5,6 | 10,9 | 7,5 | 8,1 | 8,7 | 9,4 | 10,2 | 11,0 |
| *in % der Gesamtleistung* | *0,2%* | *0,2%* | *0,5%* | *0,3%* | *0,3%* | *0,3%* | *0,3%* | *0,3%* | *0,3%* |
| **EBITDA** | **307,3** | **307,8** | **272,7** | **334,3** | **361,1** | **389,0** | **419,8** | **454,4** | **491,8** |
| ./. Abschreibungen | - | - | - | 54,4 | 56,0 | 57,8 | 59,6 | 61,4 | 63,3 |
| *in % der Gesamtleistung* | *0,0%* | *0,0%* | *0,0%* | *2,1%* | *2,0%* | *1,9%* | *1,8%* | *1,7%* | *1,7%* |
| **Ergebnis vor Zinsen u. Steuern (EBIT)** | **221,3** | **223,7** | **193,4** | **279,9** | **305,0** | **331,2** | **360,2** | **393,0** | **428,5** |
| + Zinsertrag | 0,8 | 1,4 | 2,0 | 0,7 | 0,8 | 0,8 | 0,8 | 0,8 | 0,9 |
| *in % der Gesamtleistung* | *0,0%* | *0,1%* | *0,1%* | *0,0%* | *0,0%* | *0,0%* | *0,0%* | *0,0%* | *0,0%* |
| + Zinsertrag aus Überschussliquidität | - | - | - | 2,5 | 2,4 | 2,5 | 2,6 | 2,8 | 3,0 |
| *in % der Gesamtleistung* | *0,0%* | *0,0%* | *0,0%* | *0,1%* | *0,1%* | *0,1%* | *0,1%* | *0,1%* | *0,1%* |
| ./. Zinsaufwand | 30,4 | 31,3 | 32,8 | 22,9 | 22,8 | 22,6 | 22,4 | 22,2 | 22,1 |
| *in % der Gesamtleistung* | *1,4%* | *1,4%* | *1,4%* | *0,9%* | *0,8%* | *0,8%* | *0,7%* | *0,6%* | *0,6%* |
| ./. Zinsaufwand aus Finanzierungslücke | - | - | - | - | - | - | - | - | - |
| *in % der Gesamtleistung* | *0,0%* | *0,0%* | *0,0%* | *0,0%* | *0,0%* | *0,0%* | *0,0%* | *0,0%* | *0,0%* |
| ./. a.o. Aufwand/Ertrag | - | - | - | - | - | - | - | - | - |
| *in % der Gesamtleistung* | *0,0%* | *0,0%* | *0,0%* | *0,0%* | *0,0%* | *0,0%* | *0,0%* | *0,0%* | *0,0%* |
| **Ergebnis vor Steuern (EBT)** | **191,7** | **193,8** | **162,7** | **260,2** | **285,4** | **311,9** | **341,2** | **374,3** | **410,3** |
| ./. Steuern auf Einkommen und Ertrag | 19,0 | 6,3 | 9,6 | 65,0 | 71,4 | 78,0 | 85,3 | 93,6 | 102,6 |
| **Jahresergebnis (EAT)** | **172,7** | **187,6** | **153,1** | **195,1** | **214,1** | **233,9** | **255,9** | **280,7** | **307,7** |

**Tabelle 8.2:** Gewinn- und Verlustrechnung des chinesischen Beispielunternehmens

## Bilanz Aktiva:

| Positionen Jahresabschluss (Absolute Zahlen in Mio. CNY) | Ist $t_2$ | Ist $t_1$ | Ist $t_0$ | Plan $t_1$ | Plan $t_2$ | Plan $t_3$ | Plan $t_4$ | Plan $t_5$ | Plan $t_6$ |
|---|---|---|---|---|---|---|---|---|---|
| Finanzanlagen | 3,8 | 4,9 | 4,1 | 4,2 | 4,4 | 4,5 | 4,6 | 4,8 | 4,9 |
| Sachanlagevermögen | 312,8 | 271,7 | 240,6 | 302,4 | 367,8 | 436,9 | 510,0 | 587,2 | 668,7 |
| immaterielles Vermögen | 8,4 | 7,6 | 7,5 | 7,7 | 8,0 | 8,2 | 8,5 | 8,8 | 9,0 |
| **Anlagevermögen** | **324,9** | **284,2** | **252,2** | **314,4** | **380,1** | **449,7** | **523,1** | **600,7** | **682,6** |
| Vorräte | 136,1 | 154,2 | 172,1 | 173,4 | 187,3 | 201,8 | 217,8 | 235,7 | 255,1 |
| Forderungen L.u.L. | 993,3 | 918,5 | 1.000,0 | 1.071,7 | 1.157,7 | 1.247,1 | 1.345,9 | 1.456,8 | 1.576,7 |
| sonst. Umlaufvermögen | 77,6 | 109,1 | 101,8 | 108,2 | 123,5 | 128,6 | 139,5 | 152,2 | 163,6 |
| **Umlaufvermögen** | **1.207,0** | **1.181,8** | **1.273,9** | **1.353,3** | **1.468,6** | **1.577,5** | **1.703,2** | **1.844,7** | **1.995,4** |
| **Liquide Mittel** | **184,1** | **154,9** | **148,2** | **52,8** | **54,4** | **56,1** | **57,9** | **59,7** | **61,5** |
| Überschussliquidität | - | - | - | 180,8 | 172,8 | 181,6 | 189,1 | 199,3 | 218,1 |
| **Summe Aktiva** | **1.716,0** | **1.620,9** | **1.674,3** | **1.901,3** | **2.076,0** | **2.264,9** | **2.473,3** | **2.704,4** | **2.957,7** |

**Tabelle 8.3:** Plan Bilanz-Aktiva des chinesischen Beispielunternehmens

**Bilanz Passiva und Berechnung der Überschussliquidität:**

| Positionen Jahresabschluss (Absolute Zahlen in Mio. CNY) | Ist $t_2$ | Ist $t_1$ | Ist $t_0$ | Plan $t_1$ | Plan $t_2$ | Plan $t_3$ | Plan $t_4$ | Plan $t_5$ | Plan $t_6$ |
|---|---|---|---|---|---|---|---|---|---|
| Grundkapital | 428,2 | 475,2 | 535,5 | 552,1 | 569,2 | 586,8 | 604,9 | 623,7 | 642,9 |
| Rücklagen | 150,6 | 147,5 | 181,7 | 265,4 | 359,2 | 463,8 | 580,5 | 710,8 | 855,8 |
| Jahresergebnis | 172,7 | 187,6 | 153,1 | 195,1 | 214,1 | 233,9 | 255,9 | 280,7 | 307,7 |
| **Eigenkapital** | **751,5** | **810,3** | **870,4** | **1.012,6** | **1.142,4** | **1.284,5** | **1.441,4** | **1.615,1** | **1.806,5** |
| langfristige Bankverbindlichkeiten | 244,9 | 208,9 | 183,7 | 181,9 | 180,0 | 178,1 | 176,3 | 174,5 | 172,7 |
| Rückstellungen | 149,1 | 129,2 | 158,5 | 166,6 | 175,2 | 184,3 | 193,8 | 203,8 | 214,3 |
| **langfristiges Fremdkapital** | **394,0** | **338,1** | **342,2** | **348,5** | **355,2** | **362,4** | **370,1** | **378,2** | **386,9** |
| Finanzierungslücke | - | - | - | - | - | - | - | - | - |
| kurzfristige Bankverbindlichkeiten | 92,9 | 78,5 | 64,8 | 64,8 | 64,8 | 64,8 | 64,8 | 64,8 | 64,8 |
| Verbindlichkeiten L.u.L. | 453,3 | 373,8 | 375,7 | 452,6 | 488,9 | 526,7 | 568,4 | 615,2 | 665,9 |
| sonst. kurzfristige Vbk. | 24,3 | 20,1 | 21,3 | 22,8 | 24,7 | 26,6 | 28,7 | 31,0 | 33,6 |
| **kurzfristiges Fremdkapital** | **570,6** | **472,4** | **461,8** | **540,2** | **578,3** | **618,0** | **661,8** | **711,0** | **764,2** |
| **Summe Passiva** | **1.716,0** | **1.620,9** | **1.674,3** | **1.901,3** | **2.076,0** | **2.264,9** | **2.473,3** | **2.704,4** | **2.957,7** |

**Nebenrechnung: Überlaufventil**

| (Absolute Zahlen in Mio. CNY) | Ist $t_2$ | Ist $t_1$ | Ist $t_0$ | Plan $t_1$ | Plan $t_2$ | Plan $t_3$ | Plan $t_4$ | Plan $t_5$ | Plan $t_6$ |
|---|---|---|---|---|---|---|---|---|---|
| Aktiva ohne Überschussliquidität | | | | 1.720,5 | 1.903,1 | 2.083,3 | 2.284,2 | 2.505,1 | 2.739,6 |
| Passiva ohne Finanzierungslücke | | | | 1.901,3 | 2.076,0 | 2.264,9 | 2.473,3 | 2.704,4 | 2.957,7 |
| Differenz | | | | 180,8 | 172,8 | 181,6 | 189,1 | 199,3 | 218,1 |
| **Überschussliquidität** | | | | **180,8** | **172,8** | **181,6** | **189,1** | **199,3** | **218,1** |
| **Finanzierungslücke** | | | | - | - | - | - | - | - |
| Differenz von Aktiva Passiva | | | | - | - | - | - | - | - |
| Aktiva = Passiva? | | | | OK | OK | OK | OK | OK | OK |

**Tabelle 8.4:** Plan Bilanz-Passiva und Berechnung der Überschussliquidität des chinesischen Beispielunternehmens

## 8.3 Anpassung der Kapitalkosten (Diskontierungszinssätze)

Bei einer Unternehmensbewertung in volatilen Märkten können neben den Cashflows auch die Kapitalkosten bzw. Diskontierungszinssätze zur Anpassung herangezogen werden, je nachdem, wo man die zusätzlichen Risiken einbeziehen will. Die Bestimmung der Kapitalkosten kann hierbei einerseits mittels eines **CAPM-basierten Modells** oder andererseits auf Grundlage **nicht-CAPM-basierter Modelle** ermittelt werden. Bisher wurde jedoch lediglich auf das CAPM zurückgegriffen. Dieses scheint in Anbetracht der geäußerten Kritik in seiner Grundform jedoch nicht für die Bewertung in volatilen Märkten geeignet zu sein. Wissenschaftler und Praktiker haben deshalb eine Reihe von Varianten zum CAPM vorgeschlagen, welche versuchen sollen, die Unzulänglichkeiten innerhalb von Schwellenländern zu beseitigen bzw. zumindest zu vermindern. Mit Hilfe dieser angepassten Modelle soll es möglich sein, auch in volatilen Märkten wie den Emerging Markets/High Growth Markets Eigenkapitalkosten berechnen zu können. Die Berechnung der Eigenkapitalkosten erweist sich dabei häufig als problematischer und komplexer als die Ermittlung der Fremdkapitalkosten.

Neben den CAPM-basierten Modellen sollen aber auch nicht-CAPM-basierte Modelle als alternative Möglichkeit der Kapitalkostenbestimmung vorgestellt werden. So soll zunächst auf die CAPM-basierten Modelle eingegangen werden und im Anschluss die nicht-CAPM-basierten Modell vorgestellt werden. Die Berechnungen und Einzelschritte innerhalb der Modelle sollen wiederum anhand einer Case Study verdeutlicht werden. Basis der Case Study bildet hierbei die im vorigen Abschnitt vorgestellte Plan-GuV und Plan-Bilanz.

### 8.3.1 Ermittlung der Eigenkapitalkosten mittels CAPM-basierter Modelle

Grundlage der CAPM-basierten Modelle bildet, wie der Name bereits vermuten lässt, das klassische CAPM wie es in Teil I erläutert wurde. Da jedoch das klassische CAPM – wie bereits erwähnt – nicht ohne Bedenken auf volatile Märkte, wie den Emerging Markets/High Growth Markets übertragen werden kann, wurden folgende **Varianten und Abwandlungen** vorgeschlagen, welche im Anschluss näher erläutert werden sollen:[8]

- globales CAPM,
- lokales und adjustiertes lokales CAPM, sowie
- hybride CAPM-Modelle.

In der Praxis werden diese Modelle meist vor den nicht-CAPM-basierten Modellen bevorzugt, da sich die Datenbeschaffung für die einzelnen Parameter aufgrund der weiten Verbreitung des CAPM häufig einfacher gestaltet, als dies bei den nicht-CAPM-basierten Modellen der Fall ist.

#### Globales CAPM

Das globale CAPM wurde erstmals von SOLNIK eingesetzt.[9] Teilweise findet sich in der Literatur auch die Bezeichnung **International CAPM** oder **internationales CAPM**.

Das globale CAPM[10] basiert auf der Annahme, dass die Märkte **weltweit integriert** sind und ein **freier Kapital- und Informationsfluss** auch über Ländergrenzen hinweg gegeben ist. Internationale Investoren sind folglich in der Lage, mit Leichtigkeit jeglichen Markt zu betreten und auch wieder zu verlassen. Dies können sie jeweils mit minimalen Transaktionskosten erreichen. Ein Investor, welcher die Annahmen integrierter Kapitalmärkte und freiem Kapital- und Informationsfluss akzeptiert, kann das globale CAPM anwenden. Sind diese Annahmen hingegen nicht erfüllt, existieren beispielsweise Barrieren für internationale Kapitalströme, eignet sich das globale CAPM nicht zur Bestimmung der Eigenkapitalkosten. Da derlei Barrieren häufig für Emerging

8 Die im Folgenden verwendete Notation in den Formeln entspricht der Notation von Pereiro, vgl. Pereiro, L. E. (2006), S. 39 ff. Damit soll eine bessere Vergleichbarkeit mit den Originalquellen ermöglicht werden.

9 Vgl. Solnik, B. H. (1974a), S. 537 ff.; Solnik, B. H. (1974b), S. 365 ff.; Solnik, B. H. (1977), S. 503 ff.

10 Grundlegende Ausführungen zum globalen CAPM können folgenden Publikationen entnommen werden: O'Brien, T. J. (1999), Stulz, R. (1999) und Schramm, R. M./Wang, H. N. (1999).

Markets/High Growth Markets und andere, noch junge Märkte, vorliegen, eignet sich das Modell eher für die Verwendung in entwickelten Märkten, welche den Bedingungen eines perfekten Kapitalmarkts wesentlich näher kommen.[11]

Das **globale CAPM** ergibt sich nach ▶ Formel 8.3 wie folgt:

$$C_E = R_{f,G} + B_{L,G} \cdot (R_{M,G} - R_{f,G}) \tag{8.3}$$

| | | |
|---|---|---|
| $C_E$ | Cost of equity capital | Eigenkapitalkosten |
| $R_{f,G}$ | Global riskfree rate | Globaler risikoloser Zinssatz |
| $B_{L,G}$ | Beta of the local target company computed against the global market index | Globales Unternehmensbeta = lokales Unternehmensbeta berechnet gegen globales Marktportfolio (Unternehmensrenditen vs. Renditen des globalen Index) |
| $R_{M,G}$ | Global market return | Globale Marktrendite |

**Fallstudie**

Die Eigenkapitalkosten lassen sich aus der globalen risikolosen Rendite, dem globalen Unternehmensbeta und der globalen Marktrisikoprämie ermitteln.

### Ermittlung der globalen risikolosen Rendite

Für die Bestimmung des globalen risikolosen Zinssatzes ($R_{f,G}$) ist es in der Praxis üblich, den US-amerikanischen Markt als Vertreter des Weltmarktes heranzuziehen, da die USA am ehesten einem effizienten Markt entsprechen. Für die Bewertung im Rahmen dieser Ausführungen wurde der globale risikolose Zinssatz als geometrische Durchschnittsrendite einer 10 jährigen US-Staatsanleihe mit 4,08% bestimmt.

### Ermittlung der globalen Marktrisikoprämie

Die globale Marktrisikoprämie entspricht dem Unterschied zwischen der erwarteten Rendite des globalen Marktportfolios $R_{M,G}$ und der globalen risikofreien Rendite ($R_{f,G}$). Bereits zahlreiche Studien haben sich mit ihrer Berechnung auseinandergesetzt. Je nach den zugrundegelegten Annahmen wurden Werte zwischen 2,5% und 8,5% ermittelt.[12]

11 Vgl. Pereiro, L. E. (2002), S. 107.
12 Vgl. Pereiro, L. E. (2002), S. 118.

Problematisch bei der Bestimmung ist, dass die ideale globale Risikoprämie auf einem globalen, über einen langen Zeitraum gemessenen Index basieren müsste. Leider weisen die vorhandenen globalen Indizes wie beispielsweise der MSCI World keine sehr lange Datenhistorie auf. Die Verwendung solcher globaler Indizes ist demnach immer kritisch zu hinterfragen.

In diesen Ausführungen soll eine globale Marktrisikoprämie von 5% angenommen werden.

### Ermittlung des globalen Unternehmensbetas

Wie aus der Gleichung zum globalen CAPM ersichtlich, ergeben sich die Eigenkapitalkosten des zu bewertenden Unternehmens durch Multiplikation des globalen Unternehmensbetas mit der globalen Marktrisikoprämie. Im unternehmensspezifischen Beta kommt das Risiko zum Ausdruck, welches das Unternehmen dem Marktportfolio hinzufügt und welches demnach im Marktgleichgewicht vergütet werden muss.

Für die Ermittlung des globalen Unternehmensbetas wurde zunächst beschlossen, einen unternehmensbasierten Betafaktor mittels einer Peer Group bei vorhandenen Kapitalmarktdaten zu bestimmen, wie es in Teil I bzw. Kapitel 3.3 bereits vorgestellt wurde.

***Schritt 1: Suche nach einer Peer Group***

Zunächst wurde in einem ersten Schritt eine Peer Group für das zu bewertende Verpackungsunternehmen ermittelt

***Schritt 2: Bestimmung der (levered) Betafaktoren der Peer Group***

Im zweiten Schritt wurden die jeweiligen (levered) Betas für die gefundenen Peer Group Unternehmen ermittelt, indem die Unternehmensrenditen der Peer Group Unternehmen gegen den MSCI World regressiert wurden. Wie in der Finanzpraxis üblich, wurden jeweils Jahresbetas unter Berücksichtigung der Tagesrenditen der letzten 250 Tage ermittelt. ▶ Abbildung 8.2 oben zeigt die Ergebnisse der Regression – levered Beta und Bestimmtheitsmaß – für die Foshan Huaxin Packaging Co., Ltd. ▶ Abbildung 8.2 unten zeigt die Ergebnisse der Regressionen der Peer Group in einer Übersicht.

**Foshan Huaxin Packaging Co., Ltd.**

MSCI World 250 Tage

| Beta | y-Achsenabschnitt | $R^2$ |
|---|---|---|
| 0,3393 | 0,0032 | 0,0331 |

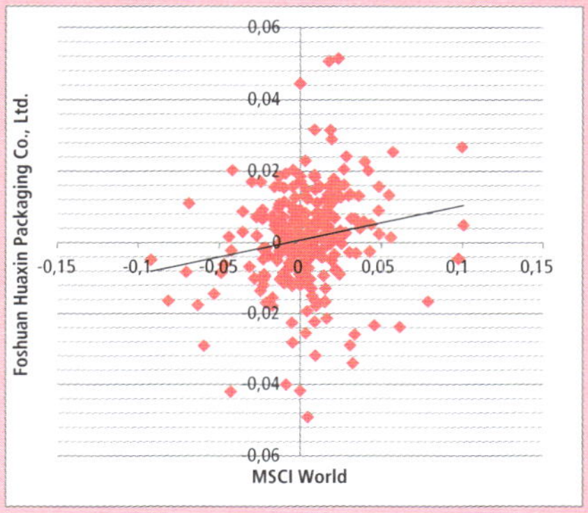


**Huangshan Novel Co., Ltd.**

MSCI World 250 Tage

| Beta | y-Achsenabschnitt | $R^2$ |
|---|---|---|
| 0,4685 | 0,0035 | 0,0576 |

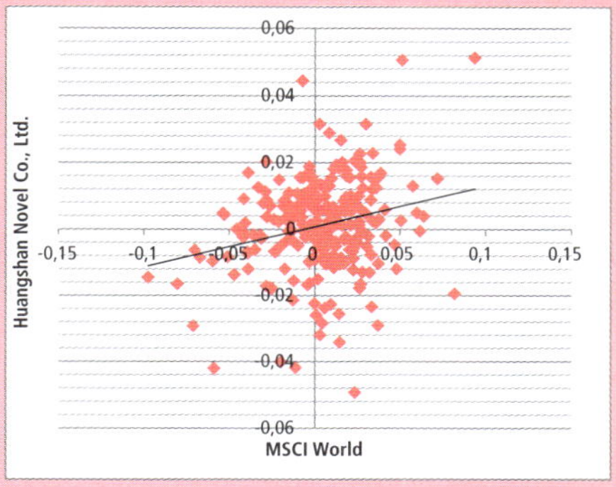


| Unternehmensname | 250Tage Betas MSCI World | |
|---|---|---|
| | lev. Beta | R2 |
| Foshan Huaxin Packaging Co.,Ltd. | 0,3393 | 0,0331 |
| Huangshan Novel Co., Ltd. | 0,4685 | 0,0576 |
| JiangSu QiongHua High-Tech Co., Ltd. | 0,2689 | 0,0169 |
| Shandong Pharmaceutical Glass Co., Ltd | 0,2278 | 0,0160 |
| Shiner International, Inc. | 0,4661 | 0,0095 |
| Zhejiang Great Southeast Packaging Co. | -0,0597 | 0,0004 |
| Zhuhai Zhongfu Enterprise Company Ltd | 0,3417 | 0,3417 |
| Xiamen Hexing Packaging Printing Co.,Ltd | 0,2496 | 0,0052 |
| **Durchschnitt** | 0,2878 | 0,0601 |
| **Median** | 0,3041 | 0,0169 |

**Abbildung 8.2:** Bestimmung der levered Betas durch Regression der Peer Group Renditen mit dem MSCI World

### *Schritt 3: Umrechnung der levered Betafaktoren in unlevered Betafaktoren*

Im dritten Schritt, wurden wie in ▶ Tabelle 8.5 zu sehen, aus den bestimmten levered Betas die unlevered Betas nach ▶ Formel 8.4 berechnet:

$$\beta_u = \frac{\beta_v}{1+(1-t)\cdot\frac{FK}{EK}} \tag{8.4}$$

### *Schritt 4: Aggregation der unlevered Betas durch Bildung des Medians*

Im vierten Schritt wurden die unlevered Betas aggregiert, indem der Durchschnitt und der Median gebildet wurde.

### *Schritt 5: Relevern des bestimmten unlevered Beta*

Im letzten Schritt wurde das aggregierte unlevered Beta mit dem Verschuldungsgrad (*FK/EK* = 0,92) und dem Steuersatz (25%) des Beispielunternehmens relevered. Als Ergebnis bekommt man ein globales Unternehmensbeta von 0,4100 (vgl. ▶ Tabelle 8.5).

| Unternehmensname | Symbol | Börsen-platz | levered Beta | Bestimmtheits-maß | FK / EK | Steuer-satz | unlevered Beta |
|---|---|---|---|---|---|---|---|
| Foshan Huaxin Packaging Co.,Ltd. | 200986 CH | Shenzen | 0,3393 | 0,0331 | 46,51% | 25,00% | 0,2515 |
| Huangshan Novel Co., Ltd. | 002014 CH | Shenzen | 0,4685 | 0,0576 | 11,20% | 25,00% | 0,4322 |
| JiangSu QiongHua High-Tech Co., Ltd. | 002002 CH | Shenzen | 0,2689 | 0,0169 | 45,23% | 25,00% | 0,2008 |
| Shandong Pharmaceutical Glass Co., Ltd | 600529 CH | Shenzen | 0,2278 | 0,0160 | 19,33% | 25,00% | 0,1989 |
| Shiner International, Inc. | BEST UR | Nasdaq | 0,4661 | 0,0095 | 9,59% | 25,00% | 0,3307 |
| Xiamen Hexing Packaging Printing Co.,Ltd | 002228 CH | Shenzen | -0,0597 | 0,0004 | 54,57% | 25,00% | -0,0431 |
| Zhejiang Great Southeast Packaging Co. | 002263 CH | Shenzen | 0,3417 | 0,3417 | 51,41% | 25,00% | 0,2553 |
| Zhuhai Zhongfu Enterprise Company Ltd | 000659 CH | Shenzen | 0,2496 | 0,0052 | 45,13% | 25,00% | 0,2329 |
| **Durchschnitt** | | | 0,2878 | 0,0601 | 0,3537 | 0,2500 | 0,2324 |
| **Median** | | | 0,3041 | 0,0164 | | | **0,2422** |

Relevern →

| relevered Beta |
|---|
| 0,4100 |

**Tabelle 8.5:** Bestimmung eines aggregierten Betafaktors durch delevern und relevern

Da aufgrund des geringen Bestimmtheitsmaßes die Erklärungsgüte des ermittelten Betafaktors nicht sehr aussagekräftig erscheint und auch keine weiteren aussagekräftigen unternehmens- bzw. branchenspezifischen Daten verfügbar waren, wurde ein anderer Ansatz gewählt.

Hierzu wurde der Betafaktor durch Regression des MSCI China gegen den MSCI World bestimmt. Implizit wird demnach die Annahme getroffen, dass der MSCI China die Renditeentwicklung der Verpackungsbranche stabil wiedergibt, was kritisch zu hinterfragen ist. Aufgrund fehlender Möglichkeiten, das Beta anderweitig zu bestimmen, liefert dieses Vorgehen jedoch die beste Schätzung für das gesuchte globale Unternehmensbeta.

▶ Abbildung 8.3 zeigt die Ergebnisse der Regression des MSCI China mit dem MSCI World.

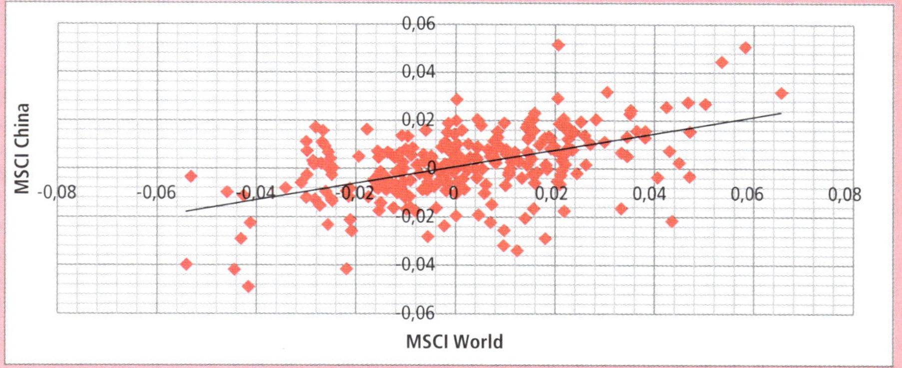


**Ergebnis:**

| | |
|---|---|
| Beta | **0,723** |
| $R^2$ | **0,251** |

**Abbildung 8.3:** Regression des MSCI China mit dem MSCI World

## Bestimmung der Eigenkapitalkosten durch das globale CAPM

Nachdem die einzelnen Parameter bestimmt wurden, können die Eigenkapitalkosten nach dem globalen CAPM wie folgt bestimmt werden (vgl. ▶ Tabelle 8.6).

| Parameter | Basis | Zeithorizont | Wert |
|---|---|---|---|
| $R_{f,G}$ | Durchschnittliche Umlaufrendite eines 17-jährigen US T-Bonds | 250 Tage | 4,07% |
| $B_{L,G}$ | Börsennotierte Vergleichsunternehmen vs. CSI 300 Index | 250 Tage | 0,7232 |
| $R_{M,G} - R_{f,G}$ | Index des US Kapitalmarktes *(hier werden 5% angenommen)* | 1926-1997 | 5% |
| CE | | | **7,68%** |

**Tabelle 8.6:** Bestimmung der Eigenkapitalkosten nach dem globalen CAPM

## Lokales CAPM und adjustiertes lokales CAPM

Das lokale CAPM geht auf PEREIRO[13] zurück und stellt wie das globale CAPM eine Variation des klassischen CAPM dar. In der Literatur wird das lokale CPAM teilweise auch als **Domestic CAPM** oder **Segmented CAPM** bezeichnet.

Das lokale CAPM stellt gewissermaßen die Gegenseite des globalen CAPM dar. Während das globale CAPM von integrierten Märkten ausgeht, setzt das lokale CAPM **segmentierte Märkte** voraus. In segmentierten Märkten liegen erhebliche **Barrieren** für den internationalen Kapital- und Informationsfluss vor. So handelt es sich um ein Modell, das sich für gut diversifizierte Investoren eignet, die jedoch auf einen lokalen Markt beschränkt sind.

13 Vgl. Pereiro, L. E. (2001).

Im Gegensatz zu integrierten Märkten können vorhandene Länderrisiken ($R_C$) in segmentierten Märkten **nicht** durch internationale, geographische Diversifikation **eliminiert werden**, weshalb sie in innerhalb der Eigenkapitalkosten zu berücksichtigen sind.[14]

In segmentierten Märkten kann das lokale CAPM als Variante zur Bestimmung der Eigenkapitalkosten nach folgender Formel verwendet werden (vgl. ▶ Formel 8.5 und ▶ Formel 8.6):

**Formel zum lokalen CAPM:**

$$C_E = R_{f,L} + B_{L,L} \cdot (R_{M,L} - R_{f,L}) \qquad (8.5)$$

$$\text{mit} \quad R_{f,L} = R_{f,G} + R_C \qquad (8.6)$$

| | | |
|---|---|---|
| $C_E$ | Cost of equity capital | Eigenkapitalkosten |
| $R_{f,L}$ | Local riskfree rate | Lokaler risikoloser Zinssatz |
| $R_{f,G}$ | Global riskfree rate | Globaler risikoloser Zinssatz |
| $R_C$ | Country risk premium | Länderrisikoprämie |
| $B_{L,L}$ | Local company beta computed against a local market index | Lokales Unternehmensbeta = lokales Unternehmensbeta berechnet gegen lokales Marktportfolio (Unternehmensrenditen vs. Renditen des lokalen Index) |
| $R_{M,L}$ | Return of the local market | Lokale Marktrendite |

Ein Problem des lokalen CAPM besteht darin, dass es dazu neigt, Risiken zu überschätzen. Einer Studie von ERB, HARVEY und VISKANTA (1995) zufolge führt die Berücksichtigung des Länderrisikos im einfachen lokalen CAPM in einem gewissen Umfang zu einer **doppelten Berücksichtigung**, da bereits Teile des Länderrisikos in der Marktrisikoprämie enthalten sind.[15] PEREIRO[16] schlägt vor, diese doppelte Berücksichtigung durch einen **Korrekturfaktor** zu neutralisieren, welcher dem **Bestimmtheitsmaß** ($R_i^2$) der Regression der Volatilität des lokalen Aktienmarktes mit der Variation des Länderrisikos entspricht. $R_i^2$ drückt folglich den Teil der Aktienvolatilität aus, welcher durch das Länderrisiko verursacht wird. Als Maß für die Variation des Länderrisikos wird der **Morgan Stanley EMBI Index** verwendet. Mindert man das lokale CAPM folglich um den Faktor $(1 - R_i^2)$ wird das Aktienkursrisiko um das Ausmaß der Doppelzählung vermindert. Es wird demnach lediglich die Aktienvolatilität einbezogen, welche nicht durch das Länderrisiko verursacht wird.[17]

14 Vgl. Pereiro, L. E. (2002), S. 108.
15 Vgl. Erb, C. B./Harvey, C. R./Viskanta, T. E. (1995), S. 74 ff.
16 Vgl. Pereiro, L. E. (2001).
17 Vgl. Pereiro, L. E. (2002), S. 111 f.

Die Formel für das adjustierte lokale CAPM lautet wie folgt (vgl. ▶ Formel 8.7):

**Formel zum adjustierten lokalen CAPM:**

$$C_E = R_{f,G} + R_C + B_{L,L} \cdot (R_{M,L} - R_{f,L}) \cdot (1 - R_i^2) \qquad (8.7)$$

| | | |
|---|---|---|
| $C_E$ | Cost of equity capital | Eigenkapitalkosten |
| $R_{f,G}$ | Global riskfree rate | Globaler risikoloser Zinssatz |
| $R_{f,L}$ | Local riskfree rate | Lokaler risikoloser Zinssatz |
| $R_C$ | Country risk premium | Länderrisikoprämie |
| $B_{L,L}$ | Local company beta computed against a local market index | Lokales Unternehmensbeta = lokales Unternehmensbeta berechnet gegen lokales Marktportfolio (Unternehmensrenditen vs. Renditen des lokalen Index) |
| $R_{M,L}$ | Return of the local market | Lokale Marktrendite |
| $R_i^2$ | Variance in the equity volatility of the target company i that is explained by country risk | Korrekturfaktor |

Außerdem erscheint am lokalen CAPM problematisch, dass sich in einer globalisierten Welt, wie sie heute zumindest teilweise existiert, kaum Investoren finden lassen, deren gesamtes Portfolio sich nur auf einen bestimmten lokalen Markt beschränken lässt. Auch wenn sich vielleicht noch ein gewisses **Home-Bias** in den Portfolien vieler Investoren nachweisen lässt, erscheint die praktische Relevanz dieses Ansatzes dennoch fragwürdig.

Ferner wird kritisiert, dass aufgrund der oft schwach ausgeprägten und damit ineffizienten Kapitalmärkte in vielen Emerging Markets/High Growth Markets die für den Ansatz notwendigen **Daten** zur Berechnung der Input-Parameter nicht vorhanden, oder wenn vorhanden, nicht besonders aussagekräftig sind.

**Fallstudie**

**Ermittlung des lokalen risikofreien Zinssatzes**

Wie ▶ Formel 8.6 zu entnehmen ist, setzt sich der lokale Zinssatz ($R_{f,L}$) aus dem globalen risikolosen Zinssatz ($R_{f,G}$) zuzüglich einer Länderrisikoprämie ($R_C$) zusammen. Wie zu sehen, handelt es sich hierbei um den in bereits vorgestellten additiven Ansatz der Länderrisiko Berücksichtigung, d.h. das Länderrisiko betrifft alle Unternehmen im lokalen Markt gleichermaßen. Während der globale risikolose Zinssatz bereits im Rahmen des globalen CAPM mit 4.08% bestimmt wurde, muss im Folgenden zunächst die Länderrisikoprämie bestimmt werden. Hierzu wurden vier Möglichkeiten aufgezeigt. ▶ Abbildung 8.4 gibt eine Übersicht über die Ergebnisse der Länderrisikoprämienberechnung nach den verschiedenen Methoden.

| Ergebnis: | |
|---|---|
| Vier Möglichkeiten zur Ermittlung der Länderrisikoprämie | |
| **1.) Berechnung aus Default Spreads** | |
| Länderrisikoprämie China ( = Souvereign Yield Spread) | 1,10% |
| **2.) Berechnung aus den relativen Standardabweichungen der Aktienmärkte** | |
| Annualisierte Standardabweichung Aktienmarktindex (China) | 32,48% |
| Annualisierte Standardabweichung Aktienmarktindex (USA) | 26,93% |
| Relative Standardabweichung | 1,2061 |
| Risikoprämie USA | 5,00% |
| Risikoprämie China | 6,03% |
| Länderrisikoprämie China | 1,03% |
| **3.) Berechnung aus einer Kombination aus Default Spreads und relativer Standardabweichung der Aktienmärkte** | |
| Default Spread China | 1,1027% |
| Annualisierte Standardabweichung Aktienmarktindex (China) | 32,48% |
| Annualisierte Standardabweichung Staatsanleihe (China) | 4,232% |
| Länderrisikoprämie China | 8,46% |
| **4.) Default Spreads nach Länderratings** | |
| Länderrisikoprämie China | 0,80% |

**Abbildung 8.4:** Übersicht über die Berechnung der Länderrisikoprämie

- **Bestimmung durch Default Spreads**

  Beim ersten Ansatz wurde die Länderrisikoprämie als Default Spread aus der Differenz der geometrischen Durchschnittsrendite einer Staatsanleihe des lokalen Marktes (5,17%) und der geometrischen Durchschnittsrendite des globalen risikolosen Zinssatzes (4,07%) bestimmt. Sie beträgt 1,10%.

- **Bestimmung durch relative Standardabweichung der Aktienmärkte**

  Beim zweiten Ansatz wurde die Länderrisikoprämie aus den relativen Standardabweichungen der Aktienmärkte bestimmt. Hierzu wurden zunächst die annualisierten Standardabweichungen des chinesischen und des US Aktienindizes berechnet und ein relatives Risikomaß aus dem Verhältnis beider Standardabweichungen gebildet.

$$\text{Relative Standardabweichung}_{\text{China}} = \frac{\text{Standardabweichung}_{\text{China}}}{\text{Standardabweichung}_{\text{USA}}} = \frac{32{,}48\%}{26{,}93\%} = 1{,}2061$$

  Diese relative Standardabweichung wurde mit der Marktrisikoprämie des US Marktes, welche mit 5% bekannt ist, multipliziert und die Gesamtrisikoprämie des chinesischen Marktes bestimmt.

$$\textit{Risikoprämie China} = \textit{Risikoprämie USA} \cdot \textit{Relative Standardabweichung China} = 5\% \cdot 1{,}2061 = 6{,}03\%$$

Um die Länderrisikoprämie zu erhalten, wurde schließlich von dieser Gesamtrisikoprämie die Risikoprämie des US-Marktes wieder abgezogen.

*Länderrisikoprämie China*
*= Risikoprämie China – Risikoprämie USA*
= 6,03% – 5,0 % =1,03%

- **Bestimmung durch Kombination aus Default Spreads und relativer Standardabweichung der Aktien- und Bondmärkte**

Beim dritten Ansatz handelt es sich um eine Art Kombination der ersten beiden Ansätze.

$$\text{Länderrisikoprämie} = \text{Default Spread}_{\text{China}} \cdot \frac{\text{Standardabweichung}_{\text{Aktienmarktindex (China)}}}{\text{Standardabweichung}_{\text{Regierungsanleihe (China)}}}$$

$$= 1{,}1027\% \cdot \frac{32{,}48\%}{4{,}232\%} = 8{,}46\%$$

Zunächst wurden hierbei die annualisierten Standardabweichungen des lokalen, chinesischen Aktienmarktes sowie der lokalen Staatsanleihe bestimmt und ein relatives Risikomaß durch deren Verhältnis gebildet. Der berechnete Default Spread von 1,10% wird schließlich mit dieser relativen Standardabweichung „korrigiert" um dem erhöhten Risiko des Aktienmarktes Rechnung zu tragen.

- **Bestimmung durch Länderratings**

Der einfachste Weg die Länderrisikoprämie zu bestimmen, besteht darin das chinesische Länderrating heranzuziehen. Aus ▶ Tabelle 8.7 ergibt sich für das chinesische Länderrating von A1 eine Risikoprämie von 0,80%.

Wie zu sehen variiert die Länderrisikoprämie je nach gewählter Methode und reicht von 0,80% bis 8,46%. Es verbleibt letztlich beim Bewerter, welchen Ansatz er wählt. Infolge der hohen Volatilitäten, welche im Jahr 2009 zu beobachten waren, wird der Ansatz mit den Standardabweichungen kritisch hinterfragt. So soll im Folgenden die Länderrisikoprämie mit dem Default Spread von 1,10% angesetzt werden.

Nachdem die Länderrisikoprämie bestimmt wurde, ergibt sich schließlich eine lokale risikofreie Rendite von

$$R_{f,L} = R_{f,G} + R_C\,(\textit{Länderrisikoprämie}) = 4{,}07\% + 1{,}10\% = 5{,}17\%$$

## Bestimmung der lokalen Marktrisikoprämie

Wie bereits an anderer Stelle erwähnt, gestaltet sich die Berechnung der lokalen Marktrisikoprämie wegen der in Schwellenländern häufig herrschenden hohen Volatilität der Renditen als komplexe Aufgabe. Aus entsprechenden Marktindizes berechnete Prämien erweisen sich oft als nicht plausibel. Diese nicht plausiblen Ergebnisse können aufgrund der z.T. noch recht jungen Kapitalmärkte zu Stande kommen, wenn einerseits nur sehr kurze Zeitreihen verfügbar sind und andererseits diese aufgrund der großen Marktdynamik eine große Schwankungsbreite aufweisen.[18]

Sind keine lokalen Daten verfügbar, kann die Marktrisikoprämie auch aus der Prämie eines entwickelten Marktes, zuzüglich einer Länderrisikoprämie bestimmt werden.

*Lokale Marktrisikoprämie*
*= Marktrisikoprämie eines entwickelten Landes + Länderrisikoprämie*

Als Marktrisikoprämie eines entwickelten Landes wurde der US Kapitalmarkt ($R_{M,US} - R_{f,US} = 5\%$) herangezogen. Die Länderrisikoprämie wurde bereits oben ermittelt ($R_C = 1{,}10\%$). So ergibt sich eine lokale Marktrisikoprämie von 6,1%.

▶ Tabelle 8.7 zeigt die aus der Homepage von DAMODARAN entnommenen Länderrisikoprämien Stand 01.01.2011.

| Land | Region | Länderrisiko |
|---|---|---|
| Albania | Eastern Europe & Russia | 6,00% |
| Angola | Africa | 4,88% |
| Argentina | Central and South America | 9,00% |
| Armenia | Eastern Europe & Russia | 4,13% |
| Australia | Australia & New Zealand | 0,00% |
| Austria | Western Europe | 0,00% |
| Azerbaijan | Eastern Europe & Russia | 3,60% |
| Bahamas | Caribbean | 1,73% |
| Bahrain | Middle East | 2,25% |
| Bangladesh | Asia | 4,88% |
| Barbados | Caribbean | 3,00% |
| Belarus | Eastern Europe & Russia | 7,50% |
| Belgium | Western Europe | 0,38% |
| Belize | Central and South America | 9,00% |

18 Vgl. Pereiro, L. E. (2002), S. 120 ff.

| Land | Region | Länderrisiko |
|---|---|---|
| Bermuda | Caribbean | 0,75% |
| Bolivia | Central and South America | 6,00% |
| Bosnia and Herzegovina | Eastern Europe & Russia | 7,50% |
| Botswana | Africa | 1,50% |
| Brazil | Central and South America | 2,63% |
| Bulgaria | Eastern Europe & Russia | 3,00% |
| Cambodia | Asia | 7,50% |
| Canada | North America | 0,00% |
| Cayman Islands | Caribbean | 1,05% |
| Chile | Central and South America | 1,05% |
| China | Asia | 1,05% |
| Colombia | Central and South America | 3,00% |
| Costa Rica | Central and South America | 3,00% |
| Croatia | Eastern Europe & Russia | 3,00% |
| Cuba | Caribbean | 10,50% |
| Cyprus | Western Europe | 1,50% |
| Czech Republic | Eastern Europe & Russia | 1,28% |
| Denmark | Western Europe | 0,00% |
| Dominican Republic | Caribbean | 6,00% |
| Ecuador | Central and South America | 12,75% |
| Egypt | Africa | 4,88% |
| El Salvador | Central and South America | 4,13% |
| Estonia | Eastern Europe & Russia | 1,28% |
| Fiji Islands | Asia | 6,00% |
| Finland | Western Europe | 0,00% |
| France | Western Europe | 0,00% |
| Georgia | Western Europe | 4,88% |
| Germany | Western Europe | 0,00% |
| Greece | Western Europe | 10,50% |
| Guatemala | Central and South America | 3,60% |
| Honduras | Central and South America | 7,50% |
| Hong Kong | Asia | 0,38% |
| Hungary | Eastern Europe & Russia | 3,00% |

| Land | Region | Länderrisiko |
|---|---|---|
| Iceland | Western Europe | 3,00% |
| India | Asia | 3,60% |
| Indonesia | Asia | 3,60% |
| Ireland | Western Europe | 3,60% |
| Isle of Man | Financial Center | 0,00% |
| Israel | Middle East | 1,28% |
| Italy | Western Europe | 0,75% |
| Jamaica | Caribbean | 9,00% |
| Japan | Asia | 0,75% |
| Jordan | Middle East | 4,13% |
| Kazakhstan | Eastern Europe & Russia | 2,63% |
| Korea | Asia | 1,28% |
| Kuwait | Middle East | 0,75% |
| Latvia | Eastern Europe & Russia | 3,00% |
| Lebanon | Middle East | 6,00% |
| Lithuania | Eastern Europe & Russia | 2,25% |
| Luxembourg | Financial Center | 0,00% |
| Macao | Asia | 1,05% |
| Malaysia | Asia | 1,73% |
| Malta | Western Europe | 1,28% |
| Mauritius | Africa | 2,63% |
| Mexico | Central and South America | 2,25% |
| Moldova | Eastern Europe & Russia | 9,00% |
| Mongolia | Asia | 6,00% |
| Montenegro | Eastern Europe & Russia | 4,88% |
| Morocco | Africa | 3,60% |
| Netherlands | Western Europe | 0,00% |
| New Zealand | Australia & New Zealand | 0,00% |
| Nicaragua | Central and South America | 9,00% |
| Norway | Western Europe | 0,00% |
| Oman | Middle East | 1,28% |
| Pakistan | Asia | 9,00% |
| Panama | Central and South America | 3,00% |

| Land | Region | Länderrisiko |
|---|---|---|
| Papua New Guinea | Asia | 6,00% |
| Paraguay | Central and South America | 6,00% |
| Peru | Central and South America | 3,00% |
| Philippines | Asia | 4,13% |
| Poland | Eastern Europe & Russia | 1,50% |
| Portugal | Western Europe | 4,13% |
| Qatar | Middle East | 0,75% |
| Romania | Eastern Europe & Russia | 3,00% |
| Russia | Eastern Europe & Russia | 2,25% |
| Saudi Arabia | Middle East | 1,05% |
| Singapore | Asia | 6,00% |
| Slovakia | Eastern Europe & Russia | 0,00% |
| Slovenia | Eastern Europe & Russia | 1,28% |
| South Africa | Africa | 0,75% |
| Spain | Western Europe | 1,73% |
| Sri Lanka | Asia | 0,75% |
| St, Vincent & the Grenadines | Caribbean | 6,00% |
| Suriname | Caribbean | 4,88% |
| Sweden | Western Europe | 0,00% |
| Switzerland | Western Europe | 0,00% |
| Taiwan | Asia | 1,05% |
| Thailand | Asia | 2,25% |
| Trinidad and Tobago | Caribbean | 2,25% |
| Tunisia | Africa | 3,00% |
| Turkey | Asia | 4,13% |
| Ukraine | Eastern Europe & Russia | 7,50% |
| United Arab Emirates | Middle East | 0,75% |
| United Kingdom | Western Europe | 0,00% |
| United States of America | North America | 0,00% |
| Uruguay | Central and South America | 3,60% |
| Venezuela | Central and South America | 6,00% |
| Vietnam | Asia | 6,00% |

**Tabelle 8.7:** Werte für die Länderrisikoprämie unterschiedlicher Staaten[19]

19 Quelle: http://pages.stern.nyu.edu/~adamodar/New_Home_Page/datafile/ctryprem.html

## Bestimmung des lokalen Unternehmensbetas

Für die Ermittlung des globalen Unternehmensbetas wurde beschlossen, einen unternehmensbasierten Betafaktor mittels einer Peer Group bei vorhandenen Kapitalmarktdaten zu bestimmen.

***Schritt 1: Suche nach einer Peer Group***

Zunächst wurde hierzu in einem ersten Schritt eine Peer Group ermittelt.

***Schritt 2: Bestimmung der (levered) Betafaktoren der Peer Group***

Im zweiten Schritt wurden die jeweiligen (levered) Betas für die gefundenen Peer Group Unternehmen ermittelt. Dies wurde jeweils für drei verschiedene Indizes, dem Hang Seng Index, dem Shanghai Index und dem CSI 300 durchgeführt. Ziel sollte es sein, den Index zu bestimmen, welcher die höchste Erklärungsgüte für die berechneten Betafaktoren aufweist. ▶ Abbildung 8.5 zeigt die Ergebnisse der Regression – levered Beta und Bestimmtheitsmaß – für die Foshan Huaxin Packaging Co., Ltd. ▶ Tabelle 8.8 zeigt die Ergebnisse der Regressionen in einer Übersicht.

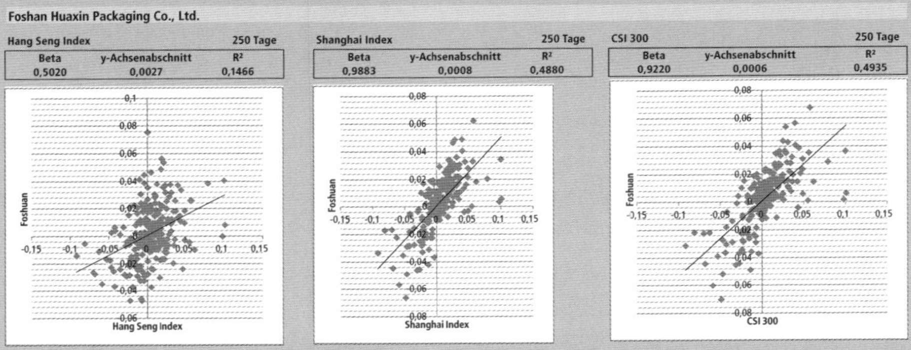


**Abbildung 8.5:** Regression der Renditen der Foshuan Ltd mit verschiedenen Indizes

| Unternehmensname | 250Tage Betas | | | | | |
|---|---|---|---|---|---|---|
| | Hang Seng Index | | Shanghai Index | | CSI 300 | |
| | lev. Beta | R2 | lev. Beta | R2 | lev. Beta | R2 |
| Foshan Huaxin Packaging Co.,Ltd. | 0,5020 | 0,1466 | 0,9883 | 0,4880 | 0,9220 | 0,4935 |
| Huangshan Novel Co., Ltd. | 0,4625 | 0,1146 | 0,9003 | 0,3848 | 0,8432 | 0,3927 |
| JiangSu QiongHua High-Tech Co., Ltd. | 0,2318 | 0,0246 | 0,5241 | 0,0956 | 0,4897 | 0,0957 |
| Shandong Pharmaceutical Glass Co., Ltd | 0,3502 | 0,0790 | 0,8935 | 0,4493 | 0,8302 | 0,4530 |
| Shiner International, Inc. | -0,0473 | 0,0002 | 0,4793 | 0,0165 | 0,4755 | 0,0191 |
| Xiamen Hexing Packaging Printing Co.,Ltd | 0,5654 | 0,0985 | 1,0699 | 0,3064 | 1,0034 | 0,3140 |
| Zhejiang Great Southeast Packaging Co. | 0,3138 | 0,0335 | 0,9825 | 0,2861 | 0,9187 | 0,2935 |
| Zhuhai Zhongfu Enterprise Company Ltd | 0,4506 | 0,1057 | 1,0414 | 0,4963 | 0,9787 | 0,5127 |
| **Durchschnitt** | 0,3536 | 0,0753 | 0,8599 | 0,3154 | 0,8077 | 0,3218 |
| **Median** | 0,4004 | 0,0888 | 0,9414 | 0,3456 | 0,8810 | 0,3534 |

**Tabelle 8.8:** Übersicht über Betafaktoren und Bestimmtheitsmaße der Regressionen zwischen chinesischen Vergleichsunternehmen und lokalen Indizes

Wie zu sehen ist, lieferte der CSI 300 die beste Erklärungsgüte, weshalb er als Vergleichsindex gewählt wurde.

***Schritt 3: Umrechnung der levered Betafaktoren in unlevered Beta***

Im dritten Schritt wurden, wie in ▶ Tabelle 8.9 zu sehen, aus den mittels des CSI 300 bestimmten levered Betas die unlevered Betas nach ▶ Formel 8.8 berechnet:

$$\beta_u = \frac{\beta_v}{1+(1-t)\cdot\frac{FK}{EK}} \quad (8.8)$$

***Schritt 4: Aggregation der unlevered Betas durch Bildung des Median***

Im vierten Schritt wurden die unlevered Betas aggregiert, indem der Durchschnitt und Median gebildet wurde.

***Schritt 5: Relevern des bestimmten unlevered Beta***

Im letzten Schritt wurde das aggregierte unlevered Beta mit dem Verschuldungsgrad (*FK*/*EK* = 0,92) und dem Steuersatz (25%) des Beispielunternehmens relevered. Als Ergebnis bekommt man ein relevered Beta von 1,1939, welches dem lokalen Unternehmensbeta entspricht.

| Unternehmensname | levered Beta | Bestimmtheitsmaß | FK / EK | Steuersatz | unlevered Beta |
|---|---|---|---|---|---|
| Foshan Huaxin Packaging Co.,Ltd. | 0,9220 | 0,4935 | 46,51% | 25,00% | 0,6836 |
| Huangshan Novel Co., Ltd. | 0,8432 | 0,3927 | 11,20% | 25,00% | 0,7779 |
| JiangSu QiongHua High-Tech Co., Ltd. | 0,4897 | 0,0957 | 45,23% | 25,00% | 0,3657 |
| Shandong Pharmaceutical Glass Co., Ltd | 0,8302 | 0,4530 | 19,33% | 25,00% | 0,7251 |
| Shiner International, Inc. | 0,4755 | 0,0191 | 9,59% | 25,00% | 0,3374 |
| Xiamen Hexing Packaging Printing Co.,Ltd | 1,0034 | 0,3140 | 54,57% | 25,00% | 0,7242 |
| Zhejiang Great Southeast Packaging Co. | 0,9187 | 0,2935 | 51,41% | 25,00% | 0,6864 |
| Zhuhai Zhongfu Enterprise Company Ltd | 0,9787 | 0,5127 | 45,13% | 25,00% | 0,9130 |
| **Durchschnitt** | 0,8077 | 0,3218 | 0,3537 | 0,2500 | 0,6516 |
| **Median** | 0,8810 | 0,3534 | | | **0,7053** |

Relevern →

| relevered Beta |
|---|
| 1,1939 |

Tabelle 8.9: Bestimmung des aggregierten relevered Betas

### Bestimmung des Korrekturfaktors (Bestimmtheitsmaßes) für das adjustierte lokale CAPM

Für den Korrekturfaktor wurde analog zu Pereiro das Bestimmtheitsmaß herangezogen, welches sich aus der Regression der lokalen annualisierten Monatsvolatilitäten der Renditen des MSCI China mit den annualisierten Monatsvolatilitäten der Renditen des Morgan Stanley EMBI+ ergibt.[20] Dabei wurde angenommen, dass der EMBI+ einen geeigneten Index darstellt, die Variation des Länderrisikos zu messen. Da das Bestimmtheitsmaß angibt, wie viel der Aktienvolatilität auf das Länderrisiko zurückzuführen ist, ist es demnach nötig als Korrekturfaktor $(1-R_i^2)$ zu verwenden, um lediglich den Teil der Aktienvolatilität zu bekommen, welcher eben *nicht* auf das Länderrisiko zurückgeht. Ziel ist es ja gerade, die Doppelberücksichtigung des Länderrisikos in der Aktienschwankung zu eliminieren.

Für die genannte Regression wurde ein Bestimmtheitsmaß von 0,0325 ermittelt.[21]

Fasst man die Ergebnisse zusammen, ergeben sich für das lokale CAPM folgende Eigenkapitalkosten (vgl. ▶ Tabelle 8.10).

| Parameter | Basis | Zeithorizont | Wert |
|---|---|---|---|
| $R_{f,G}$ | Durchschnittliche Umlaufrendite eines 17-jährigen US T-Bonds | 250 Tage | 4,07% |
| $R_C$ | Länderrisikoprämie: aus Default Spreads | 250 Tage | 1,10% |
| $R_{f,L}$ | $=(R_{f,G} + R_C)$ | 250 Tage | 5,17% |
| $B_{L,L}$ | Börsennotierte Vergleichsunternehmen vs. CSI 300 Index | 250 Tage | 1,1939 |
| $R_{M,G} - R_{f,G}$ | Index des US Kapitalmarktes *(hier werden 5% angenommen)* | 1926-1997 | 5% |
| $R_{M,L} - R_{f,L}$ | Lokale Marktrisikoprämie = Globale Marktrisikoprämie + Länderrisikoprämie | 250 Tage | 6,10% |
| $R_i^2$ | Regression zwischen annualisierten Monatsvolatilitäten der chinesischen Aktienmarktrenditen (hier: MSCI China) und den Monatsvarianzen des sich im Morgan Stanley EMBI+ wiederspiegelnden Länderrisikos | | 0,0325 |
| $C_E$ | einfach | | 12,46% |
| $C_E$ | modifiziert (adjustiert) | | 12,44% |

**Tabelle 8.10:** Bestimmung der Eigenkapitalkosten nach dem lokalen CAPM

## Hybride CAPM-Modelle

Die Bestimmung wichtiger Parameter wie der lokalen Marktrisikoprämie oder des lokalen Betafaktors wird durch die hohe Volatilität, welche in vielen Schwellenländern vorzufinden ist, erheblich erschwert. Das Problem der mangelnden Verlässlichkeit lokaler Datenreihen kann durch die Verwendung hybrider CAPM-Modelle verringert werden, die auf eine **Kombination** aus globalen und lokalen Daten zurückgreifen.

Zu den hybriden CAPM-Modellen zählen:

- (adjustiertes) hybrides CAPM,
- das Lessard-Modell,

20 Vgl. Pereiro, L. E. (2002), S. 111 f.

21 Aus Mangel an Datenmaterial wurden anstelle des EMBI+ die Renditen der Staatsanleihe herangezogen.

- das Godfrey-Espinosa-Modell,
- das Goldman-Sachs-Modell,
- das Damodaran-Modell und
- das Salomon-Smith-Barney-Modell.

## (Adjustiertes) hybrides CAPM und Lessard-Modell

Beim hybriden CAPM[22] wird die **globale Marktrisikoprämie** ($R_{M,G} - R_{f,G}$) mit Hilfe eines **Länderbetas** ($BC_{L,G}$) an den **lokalen Markt** angepasst (vgl. ▶ Formel 8.9). Der Vorteil dieses Ansatzes liegt darin, dass die leichter zu beschaffenden Daten des Weltmarktes genutzt werden können.

Hybrides CAPM:

$$C_E = R_{f,G} + R_C + BC_{L,G} \cdot B_{G,G} \cdot (R_{M,G} - R_{f,G}) \qquad (8.9)$$

| | | |
|---|---|---|
| $C_E$ | Cost of equity capital | Eigenkapitalkosten |
| $R_{f,G}$ | Global riskfree rate | Globaler risikoloser Zinssatz |
| $R_C$ | Country risk premium | Länderrisikoprämie |
| $BC_{L,G}$ | Country beta (relative sensitivity of the returns of the local [emerging] stock market to the global market returns | Länderbeta = Zusammenhang zwischen den Renditen des lokalen Marktes und dem Weltmarktportfolio |
| $B_{G,G}$ | Average unlevered beta of comparable companies quoting in the global market (relevered with the financial structure of the target company) | Durchschnittsbeta vergleichbarer Unternehmen im Weltmarkt = Zusammenhang zwischen Renditen vergleichbarer Unternehmen des Weltmarktes und dem Weltmarktportfolio |
| $R_{M,G}$ | Return of the global market | Globale Marktrendite |

Wie beim lokalen CAPM kann beim hybriden CAPM durch den **Korrekturfaktor** $R_i^2$ wiederum die Doppelberücksichtigung des Länderrisikos eliminiert werden. Deshalb wird auch von einem **adjustierten hybriden CAPM** gesprochen. Der Name „hybrid", was so viel bedeutet wie „**gemischt**" oder „**gebündelt**", steht hingegen für die Tatsache, dass sowohl lokale als auch globale Risikoparameter berücksichtigt werden. Das adjustierte hybride CAPM ergibt sich nach ▶ Formel 8.10.[23]

**Formel zum adjustierten hybriden CAPM:**

$$C_E = R_{f,G} + R_C + BC_{L,G} \cdot B_{G,G} \cdot (R_{M,G} - R_{f,G}) \cdot (1 - R_i^2) \qquad (8.10)$$

| | | |
|---|---|---|
| $C_E$ | Cost of equity capital | Eigenkapitalkosten |
| $R_{f,G}$ | Global riskfree rate | Globaler risikoloser Zinssatz |

22 Vgl. Pereiro, L. E. (2001).
23 Vgl. Pereiro, L. E. (2002), S. 111 ff.

| | | |
|---|---|---|
| $R_C$ | Country risk premium | Länderrisikoprämie |
| $BC_{L,G}$ | Country beta (relative sensitivity of the returns of the local [emerging] stock market to the global market returns | Länderbeta = Zusammenhang zwischen den Renditen des lokalen Marktes und dem Weltmarktportfolio |
| $B_{G,G}$ | Average unlevered beta of comparable companies quoting in the global market (relevered with the financial structure of the target company) | Durchschnittsbeta vergleichbarer Unternehmen im Weltmarkt = Zusammenhang zwischen Renditen vergleichbarer Unternehmen des Weltmarktes und dem Weltmarktportfolio |
| $R_{M,G}$ | Return of the global market | Globale Marktrendite |
| $R_i^2$ | Variance in the equity volatility of the target company i that is explained by country risk | Korrekturfaktor |

**Fallstudie** Für die Bestimmung der Eigenkapitalkosten mittels dem adjustierten hybriden CAPM kann hinsichtlich des globalen risikolosen Zinssatzes ($R_{f,G}$), der Länderrisikoprämie ($R_C$), der globalen Marktrisikoprämie ($R_{M,G} - R_{f,G}$) sowie bezüglich des Korrekturfaktors $R_i^2$ auf die im Rahmen der anderen Modelle bestimmten Werte zurückgegriffen werden. Für deren ausführliche Bestimmung sei auf die obigen Ausführungen verwiesen. Folglich ist lediglich das Länderbeta ($BC_{L,G}$) und das globale Beta ($B_{G,G}$) der Weltmarktvergleichsunternehmen zu bestimmen.

### Bestimmung des Länderbetas ($BC_{L,G}$)

Für die Anpassung des globalen Marktrisikos auf die Gegebenheiten des lokalen Marktes wird das Länderbeta verwendet. Dieses ergibt sich durch Regression des MSCI China mit dem MSCI World. Das Länderbeta entspricht folglich dem bereits im Rahmen des globalen CAPM pauschal bestimmten Unternehmensbetas. Zur Erinnerung: Dieses wurde aus Mangel an besserem Datenmaterial durch selbige Regression ermittelt.

### Bestimmung des globalen Betas ($B_{G,G}$) vergleichbarer Unternehmen im Weltmarkt

Für die Ermittlung des globalen Beta vergleichbarer Unternehmen im Weltmarkt wurde analog zum Vorgehen beim lokalen CAPM beschlossen, einen unternehmensbasierten Betafaktor mittels einer globalen Peer Group auf Basis vorhandener Kapitalmarktdaten zu ermitteln. Hierzu sollten die Renditen der letzten 250 Tage der Vergleichsunternehmen herangezogen werden.

***Schritt 1: Suche nach einer globalen Peer Group***

Zunächst wurde in einem ersten Schritt eine globale Peer Group von Unternehmen in der Verpackungsindustrie ermittelt. Wiederum stellvertretend für den globalen Markt wurden hierbei lediglich die Marktdaten von US-amerikanischen Vergleichsunternehmen herangezogen, die Peer Group demnach auf Basis des US-Marktes ermittelt.

### *Schritt 2: Bestimmung der (levered) Betafaktoren der Peer Group*

Im zweiten Schritt wurden die jeweiligen (levered) Betas für die gefundenen Peer Group Unternehmen ermittelt.

Erneut wurde dies für drei verschiedene Indizes, dem NYSE Composite, dem S&P 500, und dem Wilshire 5000 durchgeführt. Ziel war, es den Index mit der höchsten Erklärungsgüte für die berechneten Betafaktoren herauszufinden. ▶ Abbildung 8.6 zeigt die Ergebnisse der Regression – levered Beta und Bestimmtheitsmaß – für die Ball Corp. ▶ Tabelle 8.11 zeigt die Ergebnisse der Regressionen im Überblick.

Ball Corp.

| NYSE Composite | | 250 Tage | S&P 500 | | 250 Tage | Wilshire 5000 | | 250 Tage |
|---|---|---|---|---|---|---|---|---|
| Beta | y-Achsenabschnitt | $R^2$ | Beta | y-Achsenabschnitt | $R^2$ | Beta | y-Achsenabschnitt | $R^2$ |
| 0,6541 | 0,0001 | 0,4709 | 0,7235 | 0,0001 | 0,4815 | 0,7101 | 0,0000 | 0,4753 |

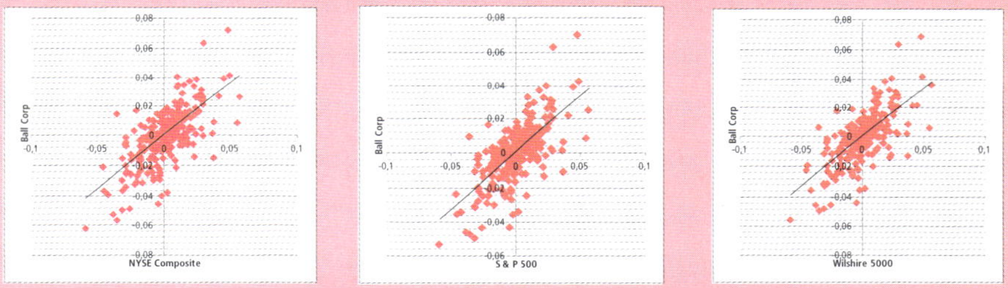


**Abbildung 8.6:** Regression der Ball Corp. mit verschiedenen Indizes

| Unternehmensname | 250Tage Betas | | | | | |
|---|---|---|---|---|---|---|
| | NYSE Composite | | S & P 500 | | Wilshire 5000 | |
| | lev. Beta | R2 | lev. Beta | R2 | lev. Beta | R2 |
| Ball Corp. | 0,4709 | 0,4709 | 0,7235 | 0,4815 | 0,7101 | 0,4753 |
| Bemis Co. | 0,8747 | 0,6016 | 0,9555 | 0,6001 | 0,9232 | 0,5738 |
| CLARCOR Inc. | 0,9580 | 0,4635 | 1,0659 | 0,4796 | 1,0687 | 0,4939 |
| Crown Holdings Inc. | 0,5630 | 0,2758 | 0,6113 | 0,2718 | 0,6110 | 0,2781 |
| Graphic Packaging Intl Corp | 1,9568 | 0,3242 | 2,1773 | 0,3355 | 2,1266 | 0,3279 |
| Greif Inc | 1,1514 | 0,5476 | 1,2459 | 0,5359 | 1,2400 | 0,5439 |
| MeadWestvaco | 1,5146 | 0,6676 | 1,6471 | 0,6599 | 1,6477 | 0,6765 |
| Owens-Illinois | 1,4203 | 0,4269 | 1,5130 | 0,4050 | 1,4869 | 0,4006 |
| Packaging Corp. | 1,3679 | 0,5019 | 1,5107 | 0,5117 | 1,4830 | 0,5052 |
| Pactiv Corp. | 1,0485 | 0,4111 | 1,1376 | 0,4045 | 1,1029 | 0,3895 |
| Rock-Tenn 'A' | 1,1680 | 0,4710 | 1,2629 | 0,4603 | 1,2575 | 0,4675 |
| Sealed Air | 1,1473 | 0,6173 | 1,2378 | 0,6005 | 1,2103 | 0,5882 |
| Sonoco Products | 0,8943 | 0,4665 | 0,9765 | 0,4649 | 0,9573 | 0,4577 |
| **Mittelwert** | 1,1181 | 0,4805 | 1,2358 | 0,4778 | 1,2173 | 0,4752 |
| **Median** | 1,1473 | 0,4709 | 1,2378 | 0,4796 | 1,2103 | 0,4753 |

**Tabelle 8.11:** Ergebnisse der Regressionen zwischen den amerikanischen Vergleichsunternehmen und verschiedenen amerikanischen Indizes

Wie zu sehen ist, ergaben sich für den S&P 500 die besten Ergebnisse, weshalb er im weiteren Verlauf als Index verwendet wurde.

Die Schritte 3 bis 5, also die Umrechnung der levered Betafaktoren in unlevered Betafaktoren, die Aggregation der unlevered Betas durch Bildung des Median sowie das anschließende Relevern mit dem Verschuldungsgrad (*FK*/*EK* = 0,92) und Steuersatz (25%) des zu bewertenden Unternehmens, ergeben sich analog zum Vorgehen beim lokalen CAPM. ▶ Tabelle 8.12 fasst die Ergebnisse zusammen.

| Unternehmensname | levered Beta | Bestimmtheitsmaß | FK / EK | Steuersatz | unlevered Beta |
|---|---|---|---|---|---|
| Ball Corp. | 0,7235 | 0,4815 | 50,00% | 40,00% | 0,5565 |
| Bemis Co. | 0,9555 | 0,6001 | 50,00% | 40,00% | 0,7350 |
| CLARCOR Inc. | 1,0659 | 0,4796 | 50,00% | 40,00% | 0,8199 |
| Crown Holdings Inc. | 0,6113 | 0,2718 | 50,00% | 40,00% | 0,4702 |
| Graphic Packaging Intl Corp | 2,1773 | 0,3355 | 50,00% | 40,00% | 1,6748 |
| Greif Inc | 1,2459 | 0,5359 | 50,00% | 40,00% | 0,9583 |
| MeadWestvaco | 1,6471 | 0,6599 | 50,00% | 40,00% | 1,2670 |
| Owens-Illinois | 1,5130 | 0,4050 | 50,00% | 40,00% | 1,1639 |
| Packaging Corp. | 1,5107 | 0,5117 | 50,00% | 40,00% | 1,1621 |
| Pactiv Corp. | 1,1376 | 0,4045 | 50,00% | 40,00% | 0,8750 |
| Rock-Tenn 'A' | 1,2629 | 0,4603 | 50,00% | 40,00% | 0,9715 |
| Sealed Air | 1,2378 | 0,6005 | 50,00% | 40,00% | 0,9521 |
| Sonoco Products | 0,9765 | 0,4649 | 50,00% | 40,00% | 0,7511 |
| **Durchschnitt** | 1,2358 | 0,4778 | 0,5000 | 0,4000 | 0,9506 |
| **Median** | 1,2378 | 0,4796 | | | **0,9521** |

Relevern → 

| relevered Beta |
|---|
| 1,6118 |

**Tabelle 8.12:** Bestimmung des globalen aggregierten Betafaktors durch delevern und relevern

Nachdem alle Input-Parameter bestimmt wurden, können die Eigenkapitalkosten nach dem adjustierten hybriden CAPM wie folgt bestimmt werden (vgl. ▶ Tabelle 8.13).

| Parameter | Basis | Zeithorizont | Wert |
|---|---|---|---|
| $R_{f,G}$ | Durchschnittliche Umlaufrendite eines 17-jährigen US T-Bonds | 250 Tage | 4,07% |
| $R_{C}$ | Länderrisikoprämie: aus Default Spreads | 250 tage | 1,10% |
| $R_{f,L}$ | $=(R_{f,G}+R_{C})$ | 250 tage | 5,17% |
| $BC_{L,G}$ | Regression zwischen MSCI China und MSCI World | 250 tage | 0,7232 |
| $B_{G,G}$ | Durchschnittsbeta vergleichbarer Unternehmen im Weltmerkt (hier: US-Markt) | 250 Tage | 1,6118 |
| $R_{M,G}-R_{f,G}$ | Index des US Kapitalmarktes *(hier werden 5% angenommen)* | 1926-1997 | 5% |
| $Ri^2$ | Regression zwischen annualisierten Monatsvolatilitäten der chinesischen Aktienmarktrenditen (hier: MSCI China) und den Monatsvarianzen des sich im Morgan Stanley EMBI+ wiederspiegelnden Länderrisikos | | 0,0325 |
| $C_{E}$ | einfach | | 11,00% |
| $C_{E}$ | modifiziert (adjustiert) | | 10,81% |

**Tabelle 8.13:** Bestimmung der Eigenkapitalkosten nach dem (adjustierten) hybriden CAPM

Ein Spezialfall des hybriden CAPM, bei dem anstelle des globalen Marktes der Markt in den USA herangezogen wird, ist das Lessard-Modell.[24] Das Länderrisiko wird bei diesem Modell berechnet, indem das Beta eines vergleichbaren Projektes in den **USA** mit dem Länderbeta eines projektspezifischen Betas multipliziert wird:

Formel Lessard-Modell:

$$C_E = R_{f,US} + R_C + BC_{L,US} \cdot B_{US} \cdot (R_{M,US} - R_{f,US}) \tag{8.11}$$

| | | |
|---|---|---|
| $C_E$ | Cost of equity capital | Eigenkapitalkosten |
| $R_{f,US}$ | U.S. risk free rate | Risikoloser Zinssatz der USA |
| $R_C$ | Country risk premium | Länderrisikoprämie |
| $BC_{L,US}$ | Country beta (relative sensitivity of the returns of the local [emerging] stock market to the U.S. market returns) | Länderbeta = Zusammenhang zwischen den Renditen des lokalen Marktes und dem US-Marktportfolio |
| $B_{US}$ | Beta of a U.S.-based project that is comparable to the project | Beta eines vergleichbaren Projektes in den USA |
| $R_{M,US}$ | Return of the U.S. stock market index | Marktrendite der USA |

## Godfrey-Espinosa-Modell

Ein weiteres Modell zur Bestimmung der Eigenkapitalkosten bildet das Godfrey-Espinosa-Modell[25], benannt nach ihren beiden Entwicklern GODFREY und ESPINOSA. Es wird, wie ▶ Formel 8.12 und ▶ Formel 8.13 veranschaulichen, wie folgt bestimmt:

**Formel zum Godfrey-Espinosa-Modell:**

$$C_E = R_{f,US} + R_C + B_{Mod.} \cdot (R_{M,US} - R_{f,US}) \tag{8.12}$$

$$B_{Mod.} = \frac{\sigma_L}{\sigma_{US}} \cdot 0{,}6 \tag{8.13}$$

| | | |
|---|---|---|
| $C_E$ | Cost of equity capital | Eigenkapitalkosten |
| $R_{f,US}$ | U.S. riskfree rate | Risikoloser Zinssatz der USA |
| $R_C$ | Country risk premium | Länderrisikoprämie |
| $B_{Mod.}$ | Modified beta | Modifizierter Betafaktor |
| $B_{G,G}$ | Average unlevered beta of comparable companies quoting in the global market (relevered with the financial structure of the target company) | Durchschnittsbeta vergleichbarer Unternehmen im Weltmarkt = Zusammenhang zwischen Renditen vergleichbarer Unternehmen des Weltmarktes und dem Weltmarktportfolio |
| $R_{M,US}$ | Return of the U.S. stock market index | Marktrendite der USA |

24 Vgl. Lessard, D. R. (1996).
25 Godfrey, S./Espinosa, R. A. (1996).

| | | |
|---|---|---|
| $\sigma_L$ | Standard deviation of returns in the local market | Standardabweichung der Renditen im lokalen Markt |
| $\sigma_{US}$ | Standard deviation of returns in the U.S. equity market | Standardabweichung der Renditen im US-amerikanischen Markt |

Eine strikte Grundannahme dieses Modells ist es, dass der **Korrelationskoeffizient** zwischen dem Bezugsmarkt und dem Markt des entsprechenden Schwellenlandes 1 betragen muss, diese folglich **perfekt korrelieren** müssen.

Da ein Teil des Länderrisikos bereits in der Marktrisikoprämie enthalten zu sein scheint, werden durch Addition der Länderrisikoprämie wiederum Risiken teilweise **doppelt berücksichtigt**. Um diese Doppelberücksichtigung auszugleichen, modifizieren GODFREY und ESPINOSA das Beta um einen **Korrekturfaktor** in Höhe von 0,6. Dieser Korrekturfaktor beruht auf einer Studie von ERB, HARVEY und VISKANTA, welche belegt, dass ca. 40% der Schwankungen auf den Aktienmärkten durch Schwankungen des Länderrisikos erklärt werden können und demnach lediglich die restlichen 60% zu berücksichtigen sind.[26]

COMPANION WEBSITE WWW.PEARSON-STUDIUM.DE

**Fallstudie**

Für die Berechnung der Eigenkapitalkosten nach dem Godfrey-Espinosa-Modell kann auf die Daten der vorangegangenen Modelle zurückgegriffen werden. Alle Daten sind soweit hinreichend bekannt. So wurde beim risikolosen Zinssatz der USA ($R_{f,US}$) in Höhe von 4,07% auf die 17 jährige Staatsanleihe zurückgegriffen. Auch die Länderrisikoprämie ($R_C$) in Höhe von 1,10% wurde nach dem Default Spread Ansatz übernommen. Die Marktrisikoprämie der USA ($R_{M,US}-R_{f,US}$) ist auch mit 5% bekannt.

Der modifizierte Betafaktor ($B_{Mod.}$) wurde aus dem um den Korrekturfaktor 0,6 angepassten Quotienten der Standardabweichung der lokalen Marktrenditen mit den Standardabweichungen des amerikanischen Aktienmarktes bestimmt (vgl. ▸Formel 8.13). Für diese Standardabweichungen wurden die im lokalen CAPM bestimmten Standardabweichungen des CSI 300 und des S&P 500 verwendet.

$$B_{Mod.} = \frac{32,48\%}{26,93\%} \cdot 0,6 = 0,7237$$

26 Vgl. Godfrey, S./Espinosa, R. (1996), S. 80 ff.; Estrada, J. (2000), S. 3.

Die Eigenkapitalkosten ergeben sich wie folgt (vgl. ▶ Tabelle 8.14):

| Parameter | Basis | Zeithorizont | Wert |
|---|---|---|---|
| $R_{f,US}$ | Durchschnittliche Umlaufrendite eines 17-jährigen US T-Bonds | 250 Tage | 4,07% |
| $R_C$ | Länderrisikoprämie: aus Default Spreads | 250 tage | 1,10% |
| $B_{Mod.}$ | $(\sigma_L / \sigma_{US}) \cdot 0{,}6$ | | 0,7237 |
| $\sigma_L$ | hier wird die lokale Aktienmarktvolatilität des MSCI China berechnet | 250 Tage | 32,48% |
| $\sigma_{US}$ | hier wird die Aktienmarktvolatilität des MSCI World berechnet | 250 Tage | 26,93% |
| $R_{M,G}$-$R_{f,G}$ | Index des US Kapitalmarktes *(hier werden 5% angenommen)* | 1926-1997 | 5% |
| $C_E$ | | | **8,79%** |

**Tabelle 8.14:** Bestimmung der Eigenkapitalkosten nach dem Godfrey-Espinosa-Modell

## Goldman-Sachs-Modell

Das Goldman-Sach-Modell wurde von MARISCAL und HARGIS[27] entwickelt. Es ist dem Godfrey-Espinosa-Modell sehr ähnlich, enthält jedoch eine bessere Anpassung, um Doppelzählungen zu vermeiden. Zur Vermeidung von Doppelzählungen wird beispielsweise die berechnete Rendite mit $(1-R)$ multipliziert, wobei $R$ die **Korrelation** der Dollarrenditen zwischen dem lokalen Aktienmarkt und der zur Messung des Länderrisikos verwendeten Staatsanleihe beschreibt. Darüber hinaus wird durch die Integration eines **lokalen Unternehmensbeta** $B_{LL}$ und einer **unternehmensspezifischen Risikoprämie** $R_{Id}$ die Berechnung unternehmensspezifischer Eigenkapitalkosten ermöglicht. Die unternehmensspezifische Risikoprämie ergibt sich aus den speziellen Charakteristika des Unternehmens (bspw. zyklische Industrie, Anteil der Erlöse außerhalb des Heimatmarkts).

Die unternehmensspezifischen Eigenkapitalkosten (vgl. ▶ Formel 8.14) werden wie folgt bestimmt:

**Formel zum Goldman-Sachs-Modell:**

$$C_E = R_{f,US} + R_C \cdot \left(\frac{\sigma_L}{\sigma_{US}}\right) \cdot B_{L,L} \cdot (R_{M,US} - R_{f,US}) \cdot (1-R) + R_{Id} \tag{8.14}$$

| | | |
|---|---|---|
| $C_E$ | Cost of equity capital | Eigenkapitalkosten |
| $R_{f,US}$ | U.S. riskfree rate | Risikoloser Zinssatz der USA |
| $R_C$ | Country risk premium | Länderrisikoprämie |
| $B_{Mod.}$ | Modified beta | Modifizierter Betafaktor |
| $B_{L,L}$ | Local company beta computed against a local market index | Lokales Unternehmensbeta = lokales Unternehmensbeta berechnet gegen lokales Marktportfolio (Unternehmensrenditen vs. Renditen des lokalen Index) |

27 Vgl. Mariscal, J. O./Hargis, K. A. (1999), S. 1 ff.

| | | |
|---|---|---|
| $R_{M,US}$ | Return of the U.S. stock market index | Marktrendite der USA |
| $\sigma_L$ | Standard deviation of returns in the local market | Standardabweichung der Renditen im lokalen Markt |
| $\sigma_{US}$ | Standard deviation of returns in the U.S. equity market | Standardabweichung der Renditen im US-amerikanischen Markt |
| $R$ | Correlation of dollar returns between the local stock market and the sovereign bond used to measure country risk, | Korrelation der Dollarrenditen zwischen dem lokalen Aktienmarkt und der zur Messung des Länderrisikos verwendeten Staatsanleihe |
| $R_{Id}$ | Idiosyncratic risk premium related to the special features of the target firm (e.g., specific firm credit rating as embodied in its corporate debt spread, industry cyclicality, percentage of revenues coming from the target country, etc) | Unternehmensspezifische Risikoprämie |

Aus praktischer Sicht ist zu kritisieren, dass aus dem Modell nicht hervorgeht, wie bei der Berechnung der unternehmensspezifischen Risikoprämie konkret vorzugehen ist. Auf Grund des großen Gestaltungsspielraums ergibt sich ein **hohes Maß an Subjektivität**.

WWW.PEARSON-STUDIUM.DE CWS COMPANION WEBSITE

**Fallstudie** Für die Berechnung der Eigenkapitalkosten nach dem Goldman-Sachs-Modell kann weitgehend auf die Daten der vorangegangenen Modelle zurückgegriffen werden.

So wurde beim risikolosen Zinssatz der USA ($R_{f,US}$) in Höhe von 4,07% auf die 17 jährige Staatsanleihe zurückgegriffen. Die Länderrisikoprämie ($R_C$) in Höhe von 1,10% wurde nach dem Default Spread Ansatz übernommen. Die Marktrisikoprämie der USA ($R_{M,US}-R_{f,US}$) ist mit 5% bekannt. Die Standardabweichungen der Renditen im lokalen Markt ($\sigma_L$) von 32,48%, sowie der Renditen im US-amerikanischen Markt($\sigma_{US}$) von 26,93% wurden, wie beim Godfrey-Espinosa-Modell berechnet, übernommen. Das lokale Unternehmensbeta ($B_{L,L}$) beträgt 1,1939, wie bereits im lokalen CAPM bestimmt. Für den Anpassungsfaktor R wurde auf das bereits bestimmte Bestimmtheitsmaß (siehe adjustiertes lokales und hybrides CAPM) zurückgegriffen und die Wurzel gezogen. Da ein praktisches Vorgehen bei der Berechnung der unternehmensspezifische Risikoprämie ($R_{id}$) im Modell nicht angegeben wird, wurde sie mit 5% angenommen.

Die Eigenkapitalkosten ergeben sich schließlich wie folgt (vgl. ▶ Tabelle 8.15):

| Parameter | Basis | Zeithorizont | Wert |
|---|---|---|---|
| $R_{f,US}$ | Durchschnittliche Umlaufrendite eines 17-jährigen US T-Bonds | 250 Tage | 4,07% |
| $R_C$ | Länderrisikoprämie: aus Default Spreads | 250 Tage | 1,10% |
| $\sigma_L$ | hier wird die lokale Aktienmarktvolatilität des MSCI China berechnet | 250 Tage | 32,48% |
| $\sigma_{US}$ | hier wird die Aktienmarktvolatilität des MSCI World berechnet | 250 Tage | 26,93% |
| $B_{L,L}$ | Börsennotierte Vergleichsunternehmen vs. CSI 300 Index | 250 Tage | 1,1939 |
| $R_{M,G}$-$R_{f,G}$ | Index des US Kapitalmarktes *(hier werden 5% angenommen)* | 1926-1997 | 5% |
| R | Anpassungsfaktor zur Vermeidung von Doppelzählungen | | 0,1803 |
| $R_{id}$ | unternehmensspezifische Risikoprämie | | 5% |
| $C_E$ | | | **9,13%** |

**Tabelle 8.15:** Bestimmung der Eigenkapitalkosten nach dem Goldman-Sachs-Modell

## Damodaran-Modell

Das Damodaran-Modell[28] basiert auf dem bereits ausführlich besprochenen Lambda-Ansatz von DAMODARAN. DAMODARAN verwendet in seinem Ansatz aus dem Jahre 2002 die Berechnung eines unternehmensspezifischen Länderrisikos. Dieses **unternehmensspezifische Länderrisiko** zeigt auf, dass Unternehmen in einem Land in Abhängigkeit von ihrer Branche und Größe einem unterschiedlichen Risiko ausgesetzt sind. Das unternehmensspezifische Länderrisiko wird dadurch berechnet, dass die Länderrisikoprämie mit dem Lambda-Faktor $\lambda$ multipliziert wird. $\lambda$ steht für den unternehmensspezifischen Umgang mit Länderrisiken.

**Formel zum Damodaran-Modell:**

$$C_E = R_{f,US} + R_C \cdot \lambda + B_{L,L} \cdot (R_{M,US} - R_{f,US}) \qquad (8.15)$$

| | | |
|---|---|---|
| $C_E$ | Cost of equity capital | Eigenkapitalkosten |
| $R_{f,US}$ | U.S. riskfree rate | Risikoloser Zinssatz der USA |
| $R_C$ | Country risk premium | Länderrisikoprämie |
| $\lambda$ | Firm-specific exposure to country risk ranging from zero to one | Unternehmensspezifische Abhängigkeit vom Länderrisiko mit einem Wert zwischen null und eins |
| $B_{L,L}$ | Local company beta computed against a local market index | Lokales Unternehmensbeta = lokales Unternehmensbeta berechnet gegen lokales Marktportfolio (Unternehmensrenditen vs. Renditen des lokalen Index) |
| $R_{M,US}$ | Return of the U.S. stock market index | Marktrendite der USA |

Das Damodaran-Modell ist eine **leichte Modifikation** des traditionellen CAPM. Daher ist es in der Praxis recht problemlos umzusetzen. Kritisch hervorzuheben ist, dass die

28 Vgl. Damodaran, A. (2002b).

von DAMODARAN vorgeschlagenen Möglichkeiten zur Schätzung von $\lambda$ den unternehmerischen Umgang mit Länderrisiken nur grob abbilden.[29]

COMPANION WEBSITE

**Fallstudie** Für die Berechnung der Eigenkapitalkosten nach dem Damodaran-Modell kann weitgehend auf die Daten der vorangegangenen Modelle zurückgegriffen werden.

So wurde beim risikolosen Zinssatz der USA ($R_{f,US}$) in Höhe von 4,07% auf die 17 jährige Staatsanleihe zurückgegriffen. Die Länderrisikoprämie ($R_C$) in Höhe von 1,10% wurde nach dem Default Spread Ansatz übernommen. Die Marktrisikoprämie der USA ($R_{M,US}-R_{f,US}$) ist mit 5% bekannt. Das lokale Unternehmensbeta ($B_{L,L}$) beträgt 1,1939, wie bereits im lokalen CAPM bestimmt. Für den Lambdafaktor wurde ein Wert von 0,7 bestimmt.

Die Eigenkapitalkosten ergeben sich schließlich wie folgt (vgl. ▶ Tabelle 8.16):

| Parameter | Basis | Zeithorizont | Wert |
|---|---|---|---|
| $R_{f,US}$ | Durchschnittliche Umlaufrendite eines 17-jährigen US T-Bonds | 250 Tage | 4,07% |
| $R_C$ | Länderrisikoprämie: aus Default Spreads | 250 Tage | 1,10% |
| $\lambda$ | Lambdafaktor | | 0,7000 |
| $B_{L,L}$ | Börsennotierte Vergleichsunternehmen vs. CSI 300 Index | 250 Tage | 1,1939 |
| $R_{M,G}-R_{f,G}$ | Index des US Kapitalmarktes *(hier werden 5% angenommen)* | 1926-1997 | 5% |
| $C_E$ | | | **10,81%** |

Tabelle 8.16: Bestimmung der Eigenkapitalkosten nach dem Damodaran-Modell

## Salomon-Smith-Barney-Modell

ZENNER und AKAYDIN[30] haben das globale CAPM modifiziert. In diesem Ansatz wird die Länderrisikoprämie **mit unternehmensspezifischen Risiken** multipliziert und wie folgt umgesetzt:

**Formel zum Salomon-Smith-Barney-Modell:**

$$C_E = R_{f,H} + R_C \cdot \left(\frac{\gamma_1 + \gamma_2 + \gamma_3}{30}\right) + B_{L,G} \cdot (R_{M,G} - R_{f,G}) \qquad (8.16)$$

| | | |
|---|---|---|
| $C_E$ | Cost of equity capital | Eigenkapitalkosten |
| $R_{f,H}$ | Risk free rate of the home country of the multinational corporation doing the valuation | Risikoloser Zinssatz des Heimatlandes, indem das multinationale Unternehmen, das die Bewertung durchführt, sitzt. |
| $R_{f,G}$ | Global riskfree rate | Globaler risikoloser Zinssatz |

29 Siehe dazu auch die fundamentale Kritik von Kruschwitz, Löffler und Mandl an dem Damodaran-Modell. Kruschwitz, L./Löffler, A./Mandl, G. (2011).

30 Vgl. Zenner, M./Akaydin, E. (2002).

| | | |
|---|---|---|
| $R_C$ | Country risk premium | Länderrisikoprämie |
| $\gamma_1$ | Firm-related score from 0 to 10 with a 0 indicating the best access to capital markets | Zugang zu Kapitalmärkten (Skala von 0-10, wobei 0 den besten Zugang zu Kapitalmärkten angibt) |
| $\gamma_2$ | Industry score from 0 to 10 with a 0 indicating the least susceptibility of the industry to political intervention | Anfälligkeit des Investments für politische Risiken (Skala von 0-10, wobei 0 die geringste Anfälligkeit für politische Intervention angibt) |
| $\gamma_3$ | Home country firm score from 0 to 10 with a 0 indicating that the investment at the local level constitutes only a small portion of the firm's total assets | Bedeutung des Investments für das investierende Unternehmen (Skala von 0-10, wobei 0 angibt, dass das Investment nur einen geringen Anteil der Assets des Unternehmens ausmacht) |
| $B_{L,G}$ | Beta of the local target company computed against the global market index | Globales Unternehmensbeta = lokales Unternehmensbeta berechnet gegen globales Marktportfolio (Unternehmensrenditen vs. Renditen des globalen Index) |
| $R_{M,G}$ | Global market return | Globalen Marktrendite |

Positiv an diesem Modell ist hervorzuheben, dass es erstmals auch das **Unternehmen** einbezieht, das die Investition durchführen möchte. Dies führt dazu, dass unterschiedliche Unternehmen für dieselbe Investition im selben Land unterschiedliche Eigenkapitalkosten errechnen. Kritisch anzumerken ist, dass die Berechnung von $\gamma_1$, $\gamma_2$ und $\gamma_3$ von den Unternehmen festzulegen ist und daher auf **subjektiven Einschätzungen** des Bewerters beruht. Ferner ergibt sich bei der praktischen Umsetzung des Modells das Problem, dass im risikolosen Zinssatz des Heimatlandes $R_{f,H}$ bereits das Länderrisko eingepreist ist, dieses aber durch die Multiplikation der Länderrisikoprämie mit unternehmensspezifischen Risiken nochmals einbezogen wird. Um eine **Doppelzählung** zu vermeiden und die Idee des Salomon-Smith-Barney-Modells beizubehalten, empfehlen wir, anstelle des risikolosen Zinssatzes des Heimatlandes $R_{f,H}$ den risikolosen Zinssatz der USA $R_{f,US}$ zu verwenden.

**Fallstudie**

Für die Berechnung der Eigenkapitalkosten nach dem Salomon-Smith-Barney-Modell kann weitgehend auf die Daten der vorangegangenen Modelle zurückgegriffen werden.

Die Länderrisikoprämie ($R_C$) in Höhe von 1,10% wurde nach dem Default Spread Ansatz übernommen. Die Marktrisikoprämie der USA ($R_{M,US}-R_{f,US}$) ist mit 5% bekannt. Das globale Unternehmensbeta ($B_{L,G}$) wurde im globalen CAPM Modell mit 0,7232 bestimmt. Für die Gammafaktoren wurden Werte von $\gamma_1=4$, $\gamma_2=2$ und $\gamma_3=4$ angenommen.

Die Eigenkapitalkosten ergeben sich schließlich wie folgt (vgl. ▶ Tabelle 8.17):

| Parameter | Basis | Zeithorizont | Wert |
|---|---|---|---|
| $R_{f,H}$ | Durchschnittliche Umlaufrendite eines 17-jährigen US T-Bonds | 250 Tage | 4,07% |
| $R_C$ | Länderrisikoprämie: aus Default Spreads | 250 tage | 1,10% |
| $\gamma_1$ | Bewertung Zugang zum Kapitalmarkt | | 4 |
| $\gamma_2$ | Bewertung politische Anfälligkeit | | 2 |
| $\gamma_3$ | Bewertung Anteil des Investments für Unternehmen | | 4 |
| $B_{L,G}$ | Durchschnittsbeta vergleichbarer Unternehmen im Weltmerkt (hier: US-Markt) | 250 Tage | 0,7232 |
| $R_{M,G} - R_{f,G}$ | Index des US Kapitalmarktes *(hier werden 5% angenommen)* | 1926-1997 | 5% |
| $C_E$ | | | 8,05% |

**Tabelle 8.17:** Bestimmung der Eigenkapitalkosten nach dem Salomon-Smith-Barney-Modell

## 8.3.2 Ermittlung der Eigenkapitalkosten mittels nicht-CAPM-basierter Modelle

Die Ergebnisse, welche bei Anwendung der CAPM-Varianten in Emerging Markets/High Growth Markets resultieren, konnten bisher empirisch weder vollständig bestätigt noch widerlegt werden.[31] Aufgrund der teilweise methodischen und konzeptionellen Schwächen des CAPM haben Praktiker und Wissenschaftler jedoch weitere, **nicht-CAPM-basierte Modelle** für die Berechnung der Eigenkapitalkosten entwickelt. Im Folgenden sollen vier dieser Modelle vorgestellt werden:

- das Estrada-Modell,
- das Erb-Harvey-Viskanta-Modell (EHVM),
- die Arbitrage Pricing Theory (APT) und
- der simulationsbasierte Ansatz.

Während das **Estrada-Modell** hinsichtlich der Datenbeschaffung in der Praxis als durchaus praktikabel und folglich als interessante Alternative zu den CAPM-basierten Modellen angesehen werden kann, trifft dies nicht auf die drei zuletzt genannten Modelle in vollem Umfang zu. Beim **Erb-Harvey-Viskanta-Modell** (EHVM) und der **Arbitrage Pricing Theory** (APT) handelt es sich um sogenannte **Mehrfaktorenmodelle**, welche versuchen, die vorhandenen Risiken durch mehrere Faktoren abzubilden. Die Bestimmung dieser Faktoren setzt häufig einen erheblichen Mehraufwand hinsichtlich der Datenbeschaffung voraus. Die erforderlichen Daten sind unter den in Emerging Markets/High Growth Markets herrschenden Problemen und Herausforderungen jedoch häufig nicht zu ermitteln. Der Zusatznutzen rechtfertigt oft nicht den Mehraufwand.[32]

Der **simulationsbasierte Ansatz** kann grundsätzlich die methodischen Probleme, die zwischen CAPM-basierten und nicht-CAPM-basierten Modellen bestehen, überwinden und die Länderrisiken in die Cashflows einbauen. Als problematisch erweisen sich jedoch die Datenbeschaffung und der in der Unternehmensbewertungspraxis noch wenig verbreitete Umgang mit Monte-Carlo-Simulations-Modellen.

31 Vgl. Pereiro, L. E. (2002), S. 113.
32 Vgl. Pereiro, L. E. (2002), S. 113.

Ein Vorteil der nicht-CAPM-basierten Modelle liegt in ihrer **Gesamtrisikobetrachtung**, weshalb sie häufig auch als Gesamtrisikomodelle bezeichnet werden. Im Gegensatz zu CAPM-basierten Modellen, welche per Definition lediglich systematische Risiken berücksichtigen, beziehen die nicht-CAPM-basierten Modelle zumindest auch teilweise vorhandene unsystematische Risiken in die Eigenkapitalkostenberechnung mit ein.

## Estrada-Modell

Das Estrada-Modell, benannt nach dem spanischen Ökonomen JAVIER ESTRADA, ähnelt auf den ersten Blick dem klassischen CAPM (vgl. ▶ Formel 8.17 und ▶ Formel 8.18).[33]

**Formel zum Estrada-Modell:**

$$C_E = R_{f,US} + (R_{M,G} - R_{f,G}) \cdot RM_i \tag{8.17}$$

$$RM_i = \frac{semi\text{-}\sigma_{L,M}}{semi\text{-}\sigma_G} \tag{8.18}$$

| | | |
|---|---|---|
| $C_E$ | Cost of equity capital | Eigenkapitalkosten |
| $R_{f,G}$ | Global riskfree rate | Globaler risikoloser Zinssatz |
| $R_{M,G}$ | Global market return | Globalen Marktrendite |
| $RM_i$ | Downside risk measure, the ratio between the semi standard deviation of returns with respect to the mean in market i and the semi standard deviation of returns with respect to the mean in the world market | Maß für das Downside-Risiko (Verhältnis zwischen der Semistandardabweichung der Renditen in Bezug auf den Mittelwert des Marktes i und der Standardabweichung der Renditen in Bezug auf den Mittelwert des Weltmarktes) |
| semi-$\sigma_{L,M}$ | Semi standard deviation of returns with respect to the mean in market i | Semistandardabweichung der Renditen des lokalen Marktes |
| semi-$\sigma_G$ | Semi standard deviation of returns with respect to the mean in the world market | Semistandardabweichung der Renditen des Weltmarktes |

Der entscheidende Unterschied liegt darin begründet, dass Estrada anstelle des Betafaktors ein sogenanntes **Downside-Risikomaß** (RMi) verwendet. Dies begründet er dadurch, dass rationale Investoren normalerweise lediglich die negativen Abweichungen vom Erwartungswert als Risiko interpretieren, die positiven hingegen als Chance. Im klassischen CAPM wird das Risiko hingegen als Varianz der Renditen und demnach als positive oder negative Abweichung interpretiert. Diese Form des Risikomaßes wurde häufig am CAPM kritisiert. Indem nun ein Downside Risikomaß verwendet wird, wird versucht, diese Problematik des CAPM zu umgehen.

Das Downside-Risikomaß wird durch das Verhältnis der Semistandardabwiechung der Renditen des lokalen Bezugsmarktes mit der Semistandardabweichung der Rendi-

33 Vgl. Estrada, J. (2000), S. 19 ff.

ten des Weltmarktes berechnet (vgl. ▶ Formel 8.18). In die **Semistandardabweichung** wird lediglich die negative Abweichung vom Erwartungswert berücksichtigt.[34]

Studien von ESTRADA (2000), HARVEY (1995) sowie ERB, HARVEY und VISKANTA (1996) haben gezeigt, dass systematische Risiken in Schwellenländern häufig nicht signifikant mit den Aktienrenditen korreliert sind, was vermutlich auf die **mangelnde Integration** dieser Märkte mit dem Weltmarkt zurückzuführen ist. Auf der anderen Seite wurde eine **signifikante Korrelation** des Downside-Risikos mit den Aktienrenditen festgestellt, was ESTRADAs Modell rechtfertigte.[35]

Weiterhin fanden HARVEY und ESTRADA heraus, dass die mittels CAPM ermittelten Betafaktoren häufig zu klein schienen, um auf Eigenkapitalkosten zu schließen, welche Investoren bei durchgeführten Transaktionen für angemessen hielten.[36] So argumentiert ESTRADA, dass sein Modell die teilweise segmentierten Märkte innerhalb von Emerging Markets/High Growth Markets besser wiedergibt, da es Ergebnisse liefert, welche zwischen den zu niedrigen Werten des CAPM und den zu hohen Werten anderer Gesamtrisikomodellen liegen.[37]

**Fallstudie**

Wiederum können für die risikolose Rendite des US-Marktes ($R_{f,US}$ = 4,07%) sowie für die globale Marktrisikoprämie ($R_{M,US} - R_{f,US}$ = 5%) auf die Daten vorhergehender Modelle zurückgegriffen werden.

Für die Bestimmung des Downside-Risikomaßes mussten zunächst die Semistandardabweichungen des lokalen chinesischen Marktes und die des Weltmarktes berechnet werden. Für den lokalen Markt wurde die Renditen des MSCI China und für den Weltmarkt die des MSCI World herangezogen. Für beide Renditereihen werden zunächst die negativen Abweichungen vom Erwartungswert bestimmt. Anschließend werden diese quadriert und deren Varianz – die sogenannte Downside-Varianz – bestimmt. Um die Semistandardabweichung der Indizes zu berechnen, wird schließlich jeweils die Wurzel aus der Downside-Varianz gezogen. Für das Downside-Risikomaß wurde ein Wert von 1,9988 bestimmt.

Nach dem Estrada-Modell ergeben sich folgende Eigenkapitalkosten (vgl. ▶ Tabelle 8.18).

| Parameter | Basis | Zeithorizont | Wert |
|---|---|---|---|
| $R_{f,US}$ | Durchschnittliche Umlaufrendite eines 17-jährigen US T-Bonds | 250 Tage | 4,07% |
| $R_{MG} - R_{fG}$ | Index des US Kapitalmarktes *(hier werden 5% angenommen)* | 1926-1997 | 5% |
| $RM_i$ | Semistandardabweichung MSCI China / Semistandardabweichung MSCI World | 250 Tage | 1,9988 |
| $C_E$ | | | 14,06% |

**Tabelle 8.18:** Bestimmung der Eigenkapitalkosten nach dem Estrada-Modell

34 Vgl. Estrada, J. (2000), S. 19 ff. und Pereiro, L. E. (2002), S. 113.
35 Vgl. Estrada, J. (2000), S. 3 und S. 9.
36 Vgl. Estrada, J. (2000), S. 12.
37 Vgl. Pereiro, L. E. (2002), S. 113 f.

## Erb-Harvey-Viskanta-Modell (EHVM)

Für **Volkswirtschaften ohne Aktienmarkt** schlagen ERB, HARVEY und VISKATA (1996) die Verwendung eines auf Länderkreditrisikoratings basierenden Modells vor. In diesen Länderkreditrisikoratings werden unter anderem politische Risiken, Wechselkursrisiken, Inflation und andere typische Länderrisiken berücksichtigt.[38]

**Formel zum Erb-Harvey-Viskanta-Modell:**

$$R_{i,t+1} = \gamma_0 + \gamma_1 \cdot \ln\left(CCR_{i,t}\right) + \varepsilon_{i,t+1} \quad (8.19)$$

| | | |
|---|---|---|
| $R$ | Semiannual return in U.S. dollars for country i | Halbjährliche Rendite in US-Dollar für das Land i |
| $\gamma_1$ | Regression constant | Regressionskontante |
| $\gamma_2$ | Regression coefficient | Regressionskoeffizient |
| $CCR$ | Country credit rating | Länderkreditrating |
| $\varepsilon$ | Regression residual | Regressionsresiduum |

Da es sich beim EHVM-Modell um ein **Gesamtrisikomodell** handelt, sei noch erwähnt, dass in der Regel die ermittelten Eigenkapitalkosten höher sind als die des Downside-Risikomodells von ESTRADA.[39]

Die Kritik an diesem Modell konzentriert sich im Wesentlichen auf zwei Punkte. Zum einen werden bei Verwendung von Länderkreditratings **unternehmensspezifische Risiken** nicht berücksichtigt, zum anderen stellen diese Ratings häufig sehr **subjektive Risikomaße** dar, da bei deren Bestimmung oft qualitative Inputs verwendet werden und eine willkürliche Gewichtung der Einflussgrößen erfolgt.[40]

## Arbitrage Pricing Theory (APT)

Die Arbitrage Pricing Theory (APT) kann als eine allgemeinere Form des CAPM betrachtet werden, da es mehrere Faktoren zur Bestimmung der Risikoprämien zulässt.[41] Die APT wird folglich auch als **Mehrfaktorenmodell** bezeichnet. Die Eigenkapitalkosten können nach der APT wie folgt bestimmt werden (vgl. ▶ Formel 8.20):

**Formel zum Arbitrage Pricing Theory (APT):**

$$C_E = R_f + (R_{M,1} - R_f) \cdot B_1 + (R_{M,2} - R_f) \cdot B_2 + \ldots + (R_{M,k} - R_f) \cdot B_k \quad (8.20)$$

| | | |
|---|---|---|
| $C_E$ | Cost of equity capital | Eigenkapitalkosten |
| $R_f$ | Riskfree rate | Risikoloser Zinssatz |

38 Vgl. Erb, C. B./Harvey, C. R./Viskanta, T. E.( 1996a), S. 46 ff.; Erb, C. B./Harvey, C. R./Viskanta, T. E. (1995), S.74 ff.; Pereiro, L. E. (2002), S. 114.

39 Vgl. Pereiro, L. E. (2002), S. 114.

40 Vgl. Estrada, J. (2000), S. 4.

41 Vgl. Damodaran, A. (2002a), S. 33 f.

| | | |
|---|---|---|
| $R_{M,k}$ | Lokal market return of the factor k | Rendite des lokalen Marktes, die vom k-ten Faktor abhängt und unabhängig von allen anderen Faktoren ist |
| $B_k$ | Sensitivity of the jth asset to factor k | Sensibilität der Aktienrenditen gegenüber dem k-ten Faktor |

Anstelle nur eines Faktors für das systematische Risiko (Marktrisiko), wie dies beispielsweise innerhalb des CAPM der Fall ist, kann innerhalb der APT theoretisch eine **beliebige Anzahl** unterschiedlicher Faktoren berücksichtigt werden. Die Größen in Klammer geben jeweils die Risikoprämie für den Faktor im Modell an. Die Betas geben die Sensitivität der Rendite gegenüber dem jeweiligen Faktor wieder. Können die Faktoren aus den verfügbaren Daten jeweils extrahiert werden, kann die APT die Eigenkapitalkosten theoretisch genauer bestimmen wie das CAPM, bzw. die „Werttreiber" der Eigenkapitalkosten transparent machen.

Doch welche **Faktoren** sind entscheidend? Laut einer Studie von CHEN, ROLL und ROSS (1986) sind folgende fünf Einflussfaktoren entscheidend für die Höhe der Eigenkapitalkosten:[42]

- die industrielle Produktion,
- Veränderungen in den Ausfallprämien,
- Veränderungen der Zinsstrukturkurve,
- unerwartete Inflation und
- Veränderungen der realen Rendite.

Die Hauptkritik an der APT liegt in ihrer **schwierigen praktischen Anwendbarkeit** begründet. So sind die Faktoren, welche per Definition nicht miteinander korrelieren dürfen, häufig unter hohem Aufwand aus dem verfügbaren Datenmaterial zu extrahieren. Obwohl die Faktoranalyse und neuere statistische Verfahren hierfür Lösungsmöglichkeiten anbieten und folglich eine Anwendung ermöglichen, findet die APT in der Praxis dennoch generell wenig Anklang.[43]

Auch im Hinblick auf die Verwendung der APT in Schwellenländern ergibt sich die bekannte Problematik, dass das zugrunde liegende **Datenmaterial** häufig unzuverlässig ist und demnach die Ermittlung der Faktoren erschwert wird.[44]

### Simulationsbasierter Ansatz

Ein weiterer, nicht CAPM-basierter Ansatz zur Erfassung von Länderrisiken stützt sich auf simulationsbasierte Bewertungsansätze.[45] Bei simulationsbasierten Bewertungsansätzen können **Länderrisiken** (wie z.B. die Unsicherheit über die Inflation, die Möglichkeit der Enteignung oder Zahlungsunfähigkeit des Staates) unmittelbar bei der

42 Vgl. Chen, N. F./Roll,R. R./Ross, S. A. (1986), S. 384 ff.
43 Vgl. Sabal, J. (2003), S. 12.
44 Vgl. Pereiro, L. E. (2002), S. 110.
45 Siehe Gleißner, W. (2011) und in der Anwendung Ernst / Gleißner „Simulationsbasierte Bewertung und Länderrisikoprämie", erscheint in Kürze.

**Simulation** der unsicheren zukünftigen Erträge und Cashflows des Unternehmens berücksichtigt werden.

Ausgehend von der Unternehmensplanung wird mittels **Monte-Carlo-Simuation** eine große repräsentative Anzahl von **Zukunftsszenarien** des Unternehmens und die Implikationen für die zukünftigen Cashflows berechnet. Sämtliche Länderrisiken, wie die beispielhaft angegebenen, können Planabweichungen auslösen und werden bei der Szenarioberechnung berücksichtigt. Sie führen ceteris paribus zu einer größeren „Bandbreite" der Cashflows und einem größeren Risikomaß, also beispielsweise Standardabweichung oder Value-at-Risk der Cashflows. Eine Zunahme des (nicht diversifizierten) Risikoumfangs führt dabei unter sonst gleichen Bedingungen zu einem höheren risikogerechten Diskontierungszinssatz oder Risikoabschlag (bei der Sicherheitsäquivalentmethode). Damit ist eine eigenständige Erfassung über eine „Länderrisikoprämie" nicht erforderlich.

Der Vorteil der Ableitung des bewertungsrelevanten Risikoumfangs aus den unsicheren Cashflows, ermittelt mittels Simulation, besteht darin, dass auch Diversifikationseffekte zwischen „länderbezogenen Risiken" und „sonstigen unternehmensbezogenen Risiken" **automatisch erfasst** sind – die „künstliche" Trennung ist nicht erforderlich. Zudem wird eine adäquate Bewertung ausgehend von **Wahrscheinlichkeitsverteilungen** der unsicheren Cashflows auch dann möglich, wenn keine historischen Kapitalmarktdaten (Aktienrenditen) als Grundlage der Risikoqualifizierung (wie für die Bestimmung des Betafaktors im CAPM) vorliegen. Dies ist bei der Bewertung von Unternehmen in Emerging Marketss/High Growth Markets von Bedeutung, da in diesen Ländern häufig noch keine entwickelten Kapitalmärkte existieren

Insgesamt wird es durch den Ansatz damit möglich, auch Länderrisiken in einer konsistenten Weise im Kontext der Bewertung zu berücksichtigen. Die Bewertung ausgehend von den unsicheren Cashflows nimmt dabei die Perspektive eines **langfristig engagierten Investors** ein, der Cashflow-Risiken (nicht jedoch temporäre Kursschwankungen) zu tragen hat, also die Perspektive einer „Unternehmensbewertung in engerem Sinne" (im Vergleich zum Risikoverständnis eines kurzfristig engagierten Aktionärs, der sich mit „Kursschwankungsrisiken" befasst).

Nachteilig bei diesem Ansatz ist die Datenbeschaffung, die häufig auf **subjektiven Annahmen** und **Einschätzungen** beruht. Ferner ist bei der Umsetzung problematisch, dass simulationsbasierte Ansätze in der Berwertungspraxis nur sehr eingeschränkt Anwendung finden.

### 8.3.3 Übersicht über die Berechnung der Modelle zur internationalen Unternehmensbewertung

| Modell | Beschreibung |
|---|---|
| **CAPM-basierte Modelle** | |
| Globales CAPM | $C_E = R_{f,G} + B_{L,G} \cdot (R_{M,G} - R_{f,G})$ |
| Lokales CAPM (einfach) | $C_E = R_{f,G} + R_C + B_{L,L} \cdot (R_{M,L} - R_{f,L})$ |
| Adjustiertes Lokales CAPM | $C_E = R_{f,G} + R_C + B_{L,L} \cdot (R_{M,L} - R_{f,L}) \cdot (1 - R_i^2)$ |
| Hybrides CAPM | $C_E = R_{f,G} + R_C + BC_{L,G} \cdot B_{G,G} \cdot (R_{M,G} - R_{f,G})$ |
| Adjustiertes Hybrides CAPM | $C_E = R_{f,G} + R_C + BC_{L,G} \cdot B_{G,G} \cdot (R_{M,G} - R_{f,G}) \cdot (1 - R_i^2)$ |
| Lessard-Modell | $C_E = R_{f,US} + R_C + BC_{L,US} \cdot B_{US} \cdot (R_{M,US} - R_{f,US})$ |
| Godfrey-Espinosa-Modell | $C_E = R_{f,US} + R_C + (\sigma_L/\sigma_{US}) \cdot 0{,}6 \cdot (R_{M,US} - R_{f,US})$ |
| Goldman-Sachs-Modell | $C_E = R_{f,US} + R_C + (\sigma_L/\sigma_{US}) \cdot B_{L,L} \cdot (R_{M,US} - R_{f,US}) \cdot (1 - R) + R_{id}$ |
| Damodaran-Modell | $C_E = R_{f,US} + R_C \cdot \lambda + B_{L,L} \cdot (R_{M,US} - R_{f,US})$ |
| Salomon-Smith-Barney-Modell | $C_E = R_{f,H} + R_C \cdot [(\gamma_1 \cdot \gamma_2 \cdot \gamma_3) / 30] + B_{L,G} \cdot (R_{M,G} - R_{f,G})$ |
| **Nicht-CAPM-basierte Modelle** | |
| Estrada-Modell | $C_E = R_{f,US} + RM_i \cdot (R_{M,G} - R_{f,G})$ |
| Erb-Harvey-Viskanta-Modell | $CS_{i,t+1} = \gamma_0 + \gamma_1 \cdot \ln(CCR_{it}) + \varepsilon_{i,t+1}$ |
| Arbitrage-Pricing-Modell | $C_E = R_f + (R_{M1} - R_f) \cdot B_1 + (R_{M2} - R_f) \cdot B_2 + \ldots + (R_{Mk} - R_f) \cdot B_k$ |

**Tabelle 8.19:** Übersicht über die Berechnung der Modelle zur internationalen Unternehmensbewertung

### 8.3.4 Vergleich der Modelle

▶ Tabelle 8.20 zeigt die Vor- und Nachteile der vorgestellten Modelle auf.

| | Vorteile | Nachteile |
|---|---|---|
| **CAPM-basierte Modelle** | | |
| **Globales CAPM** | ■ Einfache Anwendung<br>■ Verlässliche Daten verfügbar | ■ Geringe Integration der Emerging Markets/High Growth Markets |
| **Lokales CAPM** | ■ Verständlicher Ansatz | ■ Verlässliche Daten nicht verfügbar<br>■ Emerging Markets/High Growth Markets sind meist nicht vollständig segmentiert |
| **Adjustiertes lokales CAPM** | ■ Verständlicher Ansatz<br>■ Keine Doppelzählung von Länderrisiken | ■ Verlässliche Daten nicht verfügbar<br>■ Emerging Markets/High Growth Markets sind meist nicht vollständig segmentiert |

| | Vorteile | Nachteile |
|---|---|---|
| **Hybrides CAPM** | ■ Differenzierte Betrachtung der einzelnen Risikoarten<br>■ Berechnung eines projektspezifischen Betas<br>■ Verlässliche globale Daten verfügbar | ■ Verlässliche lokale Daten nicht verfügbar |
| **Adjustiertes hybrides CAPM** | ■ Differenzierte Betrachtung der einzelnen Risikoarten<br>■ Berechnung eines projektspezifischen Betas<br>■ Verlässliche globale Daten verfügbar<br>■ Keine Doppelzählung von Länderrisiken | ■ Verlässliche lokale Daten nicht verfügbar |
| **Lessard-Modell** | ■ Differenzierte Betrachtung der einzelnen Risikoarten<br>■ Berechnung eines projektspezifischen Betas<br>■ Verlässliche globale Daten verfügbar | ■ Verlässliche lokale Daten nicht verfügbar<br>■ Als Vergleichsmarkt USA |
| **Godfrey-Espinosa-Modell** | ■ Differenzierte Betrachtung der einzelnen Risikoarten<br>■ Verlässliche globale Daten verfügbar | ■ Länderrisiko nicht für alle Investments identisch<br>■ Improvisierte Multiplikation mit 0,6<br>■ Verlässliche lokale Daten nicht verfügbar |
| **Goldman-Sachs-Modell** | ■ Berechnung unternehmensspezifischer Kapitalkosten<br>■ Verlässliche globale Daten verfügbar | ■ Berechnung der unternehmensspezifischen Risikoprämie<br>■ Verlässliche lokale Daten nicht verfügbar |
| **Damodaran-Modell** | ■ Berechnung unternehmensspezifischer Kapitalkosten<br>■ Verlässliche globale Daten verfügbar | ■ Berechnung von $\lambda$ nur durch grobe Schätzung möglich<br>■ Verlässliche lokale Daten nicht verfügbar |
| **Salomon-Smith-Barney-Modell** | ■ Berechnung unternehmensspezifischer Kapitalkosten<br>■ Verlässliche globale Daten verfügbar | ■ Berechnung von $\gamma_1, \gamma_2, \gamma_3$ beruht auf subjektiver Einschätzung<br>■ Verlässliche lokale Daten nicht verfügbar |

| | Vorteile | Nachteile |
|---|---|---|
| **Nicht-CAPM-basierte Modelle** | | |
| **Estrada-Modell** | ■ Nur Erfassung der negativen Abweichung von einer prognostizierten Größe (entspricht der Alltagsdefinition von Risiko) | ■ Downside-Risikomaß noch eher unbekannt<br>■ Mangel an theoretischer Fundierung |
| **Erb-Harvey-Viskanta-Modell (EHVM)** | ■ Einfache Anwendung<br>■ Verlässliche Daten verfügbar<br>■ Anwendung auch ohne Aktienmarkt bzw. verlässliche Marktinformationen möglich | ■ Länderrisiko nicht für alle Investments identisch<br>■ Mangel an theoretischer Fundierung |
| **Arbitrage Pricing Theory (APT)** | ■ Zum Teil höhere Erklärungskraft als CAPM | ■ Faktorauswahl schwierig<br>■ Verlässliche Daten nicht verfügbar |
| **Simulationsbasierter Ansatz** | ■ „länderbezogenen Risiken" und „sonstigen unternehmensbezogenen Risiken" werden automatisch erfasst<br>■ „künstliche" Trennung zwischen systematischen und unsystematischen Risiken nicht erforderlich<br>■ adäquate Bewertung ausgehend von Wahrscheinlichkeitsverteilungen der unsicheren Cashflows auch dann möglich, wenn keine historischen Kapitalmarktdaten (Aktienrenditen) als Grundlage der Risikoqualifizierung vorliegen | ■ Datenbeschaffung schwierig<br>■ Geringe Anwendung von Monte-Carlo-Simulation in der Bewertungspraxis |

**Tabelle 8.20:** Vergleichende Gegenüberstellung der CAPM-basierten und nicht-CAPM-basierten Modelle[46]

## 8.3.5 Modellauswahl

Die sich nun stellende Frage ist, welches dieser Modelle letztlich für die Ermittlung der Eigenkapitalkosten herangezogen werden soll bzw. welches für die nachfolgende Unternehmenswertberechnung praktisch zum „besten" Ergebnis führt. Tatsache ist,

46 In Anlehnung an Hofbauer, E. (2011), S. 126.

dass es **keine allgemeingültige Antwort** auf diese Frage gibt. Demnach existiert nicht „die“ Methode, welche in allen Bewertungssituationen zum „besten“ Ergebnis führt. Vor allem im internationalen Kontext muss bei der Durchführung einer Unternehmensbewertung berücksichtigt werden, dass die Rahmenbedingungen in den einzelnen Ländern z.T. stark variieren können. Dementsprechend sollte man vor der **Auswahl eines Modells** zur Ermittlung der Eigenkapitalkosten auf der einen Seite die gegebenen Umstände der Unternehmensbewertung, auf der anderen Seite die jeweils zugrunde liegenden Annahmen der zur Verfügung stehenden Modelle analysieren. Nur so kann sichergestellt werden, dass die verwendeten Modelle bestmöglich mit der Bewertungssituation abgestimmt sind.

Bei der Analyse der gegebenen Umstände muss zum Beispiel untersucht werden, inwieweit der **relevante Markt** in den Weltmarkt integriert ist oder ob erhebliche Barrieren für internationale Kapitalströme existieren. Außerdem sollte die Frage geklärt werden, ob der Investor global oder lediglich lokal diversifiziert ist. Je nach Grad der Integration des Marktes und der Diversifikation des Investors können unterschiedliche Modelle zur Ermittlung der Eigenkapitalkosten herangezogen werden. Zum anderen muss auch die Verfügbarkeit der erforderlichen Datenbasis untersucht werden. Sind die zur Durchführung der einzelnen Modelle benötigten Datenreihen nicht vorhanden, so kann letztlich auch das entsprechende Modell nicht verwendet werden.

Sind schließlich die gegebenen Umstände ausgiebig analysiert worden, muss überprüft werden, ob diese mit den jeweiligen Grundgedanken und zugrunde gelegten Annahmen des gewählten Modells in Einklang stehen.

Wirft man einen genaueren Blick auf die zugrunde gelegten Annahmen der einzelnen Modelle, stellt man beispielsweise fest, dass das **globale CAPM** von einem integrierten Markt ausgeht und daher für Unternehmensbewertungen in segmentierten Märkten eher ungeeignet ist.

In Märkten, in welchen demnach gravierende Barrieren für internationale Kapitalströme existieren, ist es empfehlenswert, das **lokale CAPM** anzuwenden.[47] Was jedoch beim lokalen CAPM in volatilen Märkten problematisch erscheint, sind einerseits die im Zeitablauf oft nicht konstanten Marktrisikoprämien bzw. Betafaktoren und andererseits die Unzugänglichkeit und Unzuverlässigkeit lokaler Daten.[48]

Das **hybride CAPM** versucht dieses Problem zu umgehen, indem die globale Marktrisikoprämie mit Hilfe eines Länderbetas an den lokalen Markt angepasst wird. Der Vorteil dabei ist, dass einfach zugängliche Daten des Weltmarktes genutzt werden können und sowohl lokale als auch globale Risikoparameter berücksichtigt werden. Ist demnach der Markt, in welchem sich das zu bewertende Unternehmen befindet, eher segmentiert und sind lokale Datenreihen nur schwer verfügbar oder nicht aussagekräftig, so erscheint es sinnvoll, das hybride CAPM anzuwenden.[49]

47 Vgl. Pereiro, L. E. (2002), S. 107 f.; O'Brien, T. J. (1999); Stulz, R. (1999), S.8 ff.; Schramm, R. M./Wang, H. N. (1999), S. 63 ff.

48 Vgl. Pereiro, S. 114 ff.

49 Vgl. Lessard, D. (1996), S. 52 ff.; Pereiro, L. E. (2002), S. 111, 112 und 116.

Betrachtet man hingegen das **Godfrey-Espinosa-Modell**, so erkennt man, dass die Anwendung dieses Modells nicht in jeder Bewertungssituation sinnvoll erscheint. Die vorausgesetzte perfekte Korrelation zwischen Referenzmarkt und lokalem Markt ist vor allem bei der Anwendung in Schwellenländern häufig nicht gegeben. Außerdem ist der angenommene Korrekturfaktor von 0,6 im Zeitablauf vermutlich nicht konstant. Desweitern begibt nicht jedes Land in Dollar notierte Staatsanleihen, die jedoch für die Durchführung dieses Modells benötigt werden.[50]

Zieht man die Anwendung des **Estrada-Modells** in Erwägung, so lassen sich zwei Vorteile erkennen. Zum einen wird ein Teil des unsystematischen Risikos berücksichtigt, was sich vor allem in volatilen Märkten als vorteilhaft erweisen kann und zum anderen scheint die Definition des Risikos als Downside-Risiko eher plausibel zu sein. Das Estrada-Modell setzt allerdings bezüglich des Datenmaterials funktionierende Aktienmärkte voraus.[51]

Befindet man sich aber in einem Land ohne funktionierende Aktienmärkte, so ist das Heranziehen des **Erb-Harvey-Viskanta-Modells** sinnvoller. Nachteilig sind bei diesem Modell zum einen die nicht Berücksichtigung von unternehmensspezifischen Risiken und zum anderen die größtenteils subjektiv festgelegten Risikomaße der Ratings.[52]

**Simulationsbasierte Bewertungsansätze** können unabhängig vom Entwicklungsstand von Kapitalmärkten angewendet werden. Eine adäquate Bewertung ausgehend von Wahrscheinlichkeitsverteilungen der unsicheren Cashflows ist auch dann möglich, wenn keine historischen Kapitalmarktdaten (Aktienrenditen) als Grundlage der Risikoqualifizierung (wie für die Bestimmung des Betafaktors im CAPM) vorliegen.

Nachdem die Umstände der Unternehmensbewertung analysiert und die zugrunde gelegten Annahmen der Modelle ausgiebig untersucht wurden, kann abgewogen werden, welches der Modelle am besten den gegebenen Umständen gerecht wird. Letzten Endes bleibt es jedoch am Bewerter zu entscheiden, welches Modell in der entsprechenden Bewertungssituation zum „**besten**“ Ergebnis führt.

Möchte man sich hingegen nicht auf ein Modell festlegen, so kann man auch mehrere Modelle heranziehen und die daraus resultierenden Unternehmenswerte entweder als Unternehmenswertspanne darstellen oder in einen einzelnen synthetischen Wert aggregieren.[53]

▶ Abbildung 8.7 zeigt den Entscheidungsweg und die zur Verfügung stehenden Modelle.

50 Vgl. Estrada, J. (2000), S. 19 ff.; Pereiro, L. E. (2002), S. 116.
51 Vgl. Estrada, J. (2000), S. 19 ff.
52 Vgl. Erb, C. B./Harvey, C. R./Viskanta, T. E. (1996a), S. 46 ff.
53 Vgl. Pereiro, L. E. (2002), S. 188 ff.

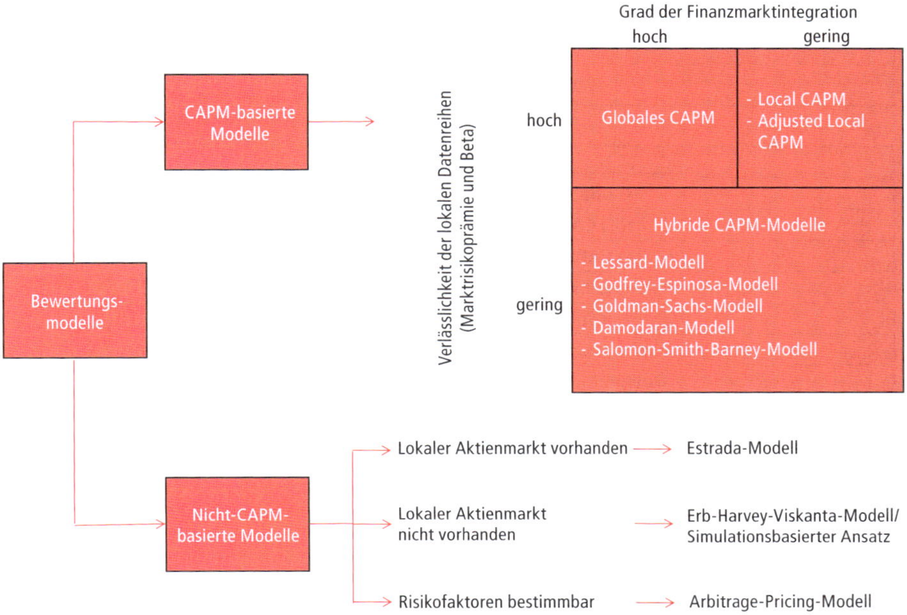


**Abbildung 8.7:** Entscheidungsweg zur Modellauswahl[54]

## 8.3.6 Eigenkapitalkosten der verschiedenen Modelle im Überblick

Die mithilfe der unterschiedlichen Modelle berechneten Eigenkapitalkosten der Case Study weisen mitunter starke Unterschiede auf. Dies ist darauf zurückzuführen, dass die jeweiligen Modelle auf unterschiedlichen Annahmen beruhen und verschiedene Input-Daten verwendet wurden.

**Fallstudie**

▶ Tabelle 8.21 fasst die ermittelten Ergebnisse der unterschiedlichen CAPM-basierten und nicht-CAPM-basierten Modelle zur Bestimmung der Eigenkapitalkosten zusammen:



54 In Anlehnung an Hofbauer, E. (2011), S. 128 und dort angegebener Literatur.

| Übersicht: | |
|---|---|
| Modell | Eigenkapitalkosten |
| | |
| CAPM-basierte Modelle: | |
| Globales CAPM | 7,68% |
| Lokales CAPM (einfach) | 12,46% |
| Lokales CAPM (modifiziert) | 12,44% |
| Hybrides CAPM (einfach) | 11,00% |
| Hybrides CAPM (modifiziert) | 10,81% |
| Godfrey-Espinosa-Modell | 8,79% |
| Goldman-Sachs-Modell | 9,13% |
| Damodaran-Modell | 10,81% |
| Salmon-Smith-Barney-Modell | 8,05% |
| | |
| Nicht-CAPM-basierte Modelle: | |
| Estrada-Modell | 14,06% |
| Erb-Harvey-Viskanta-Modell (EHV) | - |
| Arbitrage-Pricing-Modell (APM) | - |
| | |

**Tabelle 8.21:** Übersicht über die Ergebnisse der CAPM-basierten und nicht-CAPM-basierten Modelle

Im Rahmen der CAPM-basierten Modelle bilden das globale und das lokale CAPM die Unter- bzw. Obergrenze. Die Ergebnisse der anderen CAPM-basierten Modelle befinden sich innerhalb dieser Grenzen. Im Gegensatz dazu verzeichnen die nicht-CAPM-basierten Modelle im Normalfall höhere Werte, da sie auch Teile des unsystematischen Risikos mit berücksichtigen.[55]

### 8.3.7 Ermittlung der Fremdkapitalkosten

Nachdem die Eigenkapitalkosten mittels verschiedener CAPM-basierter und nicht-CAPM-basierter Modelle bestimmt wurden, müssen die Fremdkapitalkosten bestimmt werden.

Wie bereits bekannt, setzt sich der Fremdkapitalzins aus zwei Komponenten zusammen, dem **risikolosen Zinssatz** und einem **Risikozuschlag**, welcher von der Bonität des Schuldners abhängig ist (vgl. ▶ Formel 8.21).

$$r_{FK} = r_f + \text{Risikozuschlag} \qquad (8.21)$$

Sofern das Unternehmen über ein **Rating** verfügt, lassen sich die Fremdkapitalkosten aus dem risikofreien Zinssatz zuzüglich dem Risikozuschlag (Spread) für Unterneh-

55 Vgl. Pereiro, L. E. (2002), S. 115.

mensanleihen gleichen Risikos ableiten. Da vor allem in Schwellenländer die zu bewertenden Unternehmen häufig jedoch kein Rating besitzen, kann man als Alternative versuchen, auf die Ratings von Vergleichsunternehmen zurückzugreifen. Besitzen auch diese kein Rating, kann dieser Ansatz nicht umgesetzt werden.

Als Ausweg kann als **Näherungslösung** der effektiv gezahlte Zinsaufwand herangezogen werden. Dieser ergibt sich aus dem Verhältnis von Zinsaufwand und den zinstragenden Verbindlichkeiten. (vgl. ▶ Formel 8.22).

$$r_{FK} = \frac{\text{Zinsaufwand}}{\text{Zinstragende Verbindlichkeiten}} \tag{8.22}$$

Ausgehend von diesen Fremdkapitalkosten kann der implizite Risikozuschlag rückwirkend ermittelt werden, indem ▶ Formel 8.21 nach diesem entsprechend aufgelöst wird.

Weiterhin ist zu berücksichtigen, dass die Renditeforderung der Fremdkapitalgeber ($r_{FK}$) nicht den Fremdkapitalkosten des Unternehmens entspricht, da Zinsaufwendungen teilweise steuerlich abzugsfähig sind. Diese Steuerersparnis entspricht dem bereits bekannten **Tax Shield**.

Die Fremdkapitalkosten sind wie folgt zu bestimmen (vgl. ▶ Formel 8.23).

$$r_{FK} = (r_f + r_{RZ}) - (r_f + r_{RZ}) \cdot t = (r_f + r_{RZ}) \cdot (1 - t) \tag{8.23}$$

| | | |
|---|---|---|
| $r_{FK}$ | = | Renditeforderung der Fremdkapitalgeber |
| $r_f$ | = | Risikofreier Zinssatz |
| $r_{RZ}$ | = | Risikozuschlag |
| $(r_f \cdot r_{RZ}) \cdot t$ | = | Tax Shield (Steuerersparnis) |
| $t$ | = | Unternehmenssteuersatz |

**Fallstudie**

Der Fremdkapitalkostensatz wird aus Mangel eines Ratings für das zu bewertende Unternehmen bzw. für Vergleichsunternehmen aus dem effektiv gezahlten Zinsaufwand ermittelt. Der effektiv gezahlte Zinssatz kann aus den Annahmen zur Planung entnommen werden und beträgt 9,3%. Daraus ergibt sich nach ▶ Formel 8.21 für den Risikozuschlag ein Wert von 5,23%. Nach Berücksichtigung des unternehmensspezifischen Steuersatzes von 25% erhält man einen Fremdkapitalkostensatz von 6,98%. ▶ Tabelle 8.22 zeigt die Berechnung des Fremdkapitalkostensatzes im Überblick.

WWW.PEARSON-STUDIUM.DE CWS COMPANION WEBSITE

| Parameter | Erklärungen | Ergebnis |
|---|---|---|
| $r_f$ | Durchschnittliche Umlaufrendite eines 17-jährigen US T-Bonds | 4,07% |
| Risikozuschlag | Zu bewertendes Unternehmen **mit** Rating:<br>Risikozuschlag (Spread) berechnet aus Unternehmensanleihen gleichen Risikos | Daten nicht vorhanden |
| | Zu bewertendes Unternehmen **ohne** Rating:<br>Ableitung des Ratings von gerateten Vergleichsunternehmen und anschließende Berechnung des Risikozuschlags aus den entsprechenden Unternehmensanleihen | Daten nicht vorhanden |
| | Zu bewertendes Unternehmen und Vergleichsunternehmen **ohne** Rating:<br>Ergibt sich rückwirkend berechnet aus durchschnittlich berechnetem Fremdkapitalkostensatz abzüglich dem risikofreien Zinssatz | 5,23% |
| $K_{FK}$ | **Fremdkapitalkosten vor Steuern** | **9,30%** |
| Steuern | Steuersatz am Bewertungsstichtag = **25%** | 2,33% |
| $K_{FK}$ | **Fremdkapitalkosten nach Steuern** | **6,98%** |

Tabelle 8.22: Ermittlung der Fremdkapitalkosten

## 8.4 Weitere Anpassungen aufgrund unsystematischer Risiken

Bei Bestimmung der Risikoprämie wird nicht das gesamte Risiko einer Investition berücksichtigt. Wie bereits an mehrfacher Stelle erläutert, geht das CAPM davon aus, dass Anleger entsprechend den Modellprämissen die Möglichkeit haben, das unsystematische Risiko durch Diversifikation zu eliminieren, weshalb für diese Risiken auch keine Aufschläge erwartet werden dürfen. Lediglich für systematische, nicht diversifizierbare Risiken wird eine **Risikoprämie** bezahlt.

Wie im Rahmen der **Kritik am CAPM** aufgezeigt wurde, wird eine Bewertung jedoch häufig aus Sicht einzelner Anleger durchgeführt, welche nicht die Möglichkeit einer Diversifikation haben. Als Beispiel seien der Kauf ganzer Unternehmen oder Beteiligungen genannt. Auch bei Kleinaktionären wird eine Diversifikation mitunter in Frage gestellt, da die hohen Preise für einzelne Aktien es ihnen erschwert, ein alle Titel umfassendes Marktportfolio abzubilden. Dies gilt in noch größerem Maße für Anleger in Emerging Markets/High Growth Markets, welche z.T. erheblich größeren Marktbarrieren gegenüberstehen als dies bei Anlegern innerhalb von Industriestaaten der Fall ist. Werden relevante unsystematische Risiken in diesen Fällen nicht in die Berechnungen einbezogen, sind die ausschließlich auf Basis des CAPM bestimmten Eigenkapitalkosten zu gering und demnach die Unternehmenswerte zu hoch. Aus diesem Grund werden in der Praxis bei der Verwendung von CAPM-basierten Modellen Anpassungen für diejenigen unsystematischen Risiken vorgenommen, welchen das jeweilige Bewertungsobjekt und Bewertungssubjekt ausgesetzt sind. Hier spielt auch die jeweilige Werttheorie eine Rolle.

Die Anpassungen können dadurch erfolgen, dass eine **Risikoprämie** im Kapitalkostensatz berücksichtigt wird, relevante unsystematische Risiken bereits bei der Modellierung der zukünftigen Cashflows mit einfließen oder am Ende ein Abschlag auf den errechneten Unternehmenswert vorgenommen wird. In der Bewertungspraxis wird häufig ein Zuschlag auf den Kapitalkostensatz gewählt. Bei der Berücksichtigung derartiger Zuschläge besteht jedoch die Gefahr, dass Risiken **doppelt** erfasst werden. Ferner sind Zuschläge für unsystematische Risiken **nicht CAPM-konform**, da diese in der CAPM-Welt durch Diversifikation eliminiert werden können. Es ist auch kritisch anzumerken, dass keine empirische und modelltheoretische Relation zwischen den Zuschlägen für systematische Risiken und den Zuschlägen für unsystematische Risiken bestehen, so dass das geschlossene CAPM durch subjektive Zuschläge für unsystematische Risiken gesprengt und ad absurdum geführt wird. Sinnvoller wäre es, nicht das geschlossene CAPM um unsystematische Risiken zu erweitern, sondern gleich die Renditeforderung der Eigenkapitalinvestoren zu ermitteln und diesen Wert als Eigenkapitalkostensatz zu verwenden.

Trotz der bekannten Kritik an der aufgezeigten Vorgehensweise werden in der **Unternehmensbewertungspraxis** Zuschläge für unsystematische Risiken verwendet, da das CAPM häufig die konkret vorliegende Bewertungssituation mit seinen Modellprämissen unzureichend abbildet.

Als Komponenten des unsystematischen Risikos sollen im Folgenden drei Werttreiber erläutert und deren Relevanz in Bezug auf die Bewertung näher untersucht werden:

- Unternehmensgröße (Größeneffekte),
- Paketzuschlag (Mehrheitsabschlag) und
- Mobilitätszuschlag (Liquiditäts-, Fungibilitätszuschlag).

## 8.4.1 Unternehmensgröße (Größeneffekte)

Ein Werttreiber des unsystematischen Risikos bildet die **Unternehmensgröße** und der daraus resultierende **Größeneffekt**. Dieser in der Literatur stark diskutierte und umstrittene Größeneffekt besagt, dass kleinere Unternehmen generell höheren Renditeforderungen unterliegen als größere. Ein Grund hierfür liegt darin begründet, dass kleinere Unternehmen häufig anfälliger bezüglich Negativmeldungen sind als große, bereits über einen längeren Zeitraum etablierte Unternehmen mit einem soliden Geschäftsverlauf und Kreditrating. So scheinen etablierte Unternehmen häufig einen „längeren Atem" in turbulenten Zeiten zu haben als kleinere Unternehmen. Nichts destotrotz kann der Größeneffekt nicht einfach als „Gesetz" verallgemeinert werden.

In der Bewertungspraxis wird den CAPM-basierten Kapitalkosten dennoch häufig eine **Prämie** von bis zu 4% für den Größeneffekt je nach Marktkapitalisierung des zu bewertenden Unternehmens zugeschlagen. Alternativ kann die Höhe des Risikozuschlags auch aus dem **Spread** bzw. der Differenz der bei Banken erhältlichen Kreditzinsen kleinerer Unternehmen gegenüber größeren Unternehmen geschätzt werden.[56]

56 Vgl. Pereiro, L. E. (2002), S. 178 f.

**Größeneffekte** spielen bei Unternehmen in volatilen Märkten eine wichtige Rolle, da die Fähigkeit, Abwärtsbewegungen der Märkte auszugleichen von existenzieller Bedeutung ist.

### 8.4.2 Paketzuschlag (Mehrheitsabschlag)

Durch wesentliche Kontrollrechte sowie der Möglichkeit, aktiv auf die Geschäftspolitik des Unternehmens einzuwirken, wird der Erwerb einer **Mehrheitsbeteiligung** im Gegensatz zu einer **Minderheitsbeteiligung** als weniger risikoreich und somit wertvoller eingestuft. Folglich wird der Erwerber auch bereit sein, einen höheren Preis für den Mehrheitsanteil zu bezahlen. Vor diesem Hintergrund wird beim Kauf von größeren Anteilspakten an Unternehmensbeteiligungen ein sogenannter **Paketzuschlag** hinzuaddiert. Ein Zuschlag kann jedoch nur dann erfolgen, wenn als Basis der objektivierte Unternehmenswert zuvor berechnet wurde. Denn ist der Käufer der Ansicht, durch seine Einflussnahme auf die Unternehmenspolitik die Cashflows nachhaltig zu verbessern und somit seinen subjektiven Unternehmenswert zu steigern, so wird er bereit sein, einen Paketzuschlag auf den objektiven Wert zu bezahlen. Dies allerdings nur bis maximal zur Höhe der Differenz zwischen seinem subjektiven und dem objektivierten Unternehmenswert.[57]

Alternativ zu einem Zuschlag auf den berechneten Unternehmenswert kann auch ein **Abschlag** auf den Diskontierungszinssatz vorgenommen werden, weshalb man neben dem Paketzuschlag manchmal auch von einem Mehrheitsabschlag spricht.

Der Mehrheitszuschlag kann **empirisch** durch Vergleich der Aktienkurse desselben Unternehmens in unterschiedlichen Situationen ermittelt werden. Hierzu werden die Kurse der öffentlich an der Börse gehandelten Aktien den Kursen der Aktien nach einer Übernahme des Mehrheitsanteils innerhalb eines M&A-Deals gegenübergestellt und entsprechend der Zuschlag bestimmt. So weisen verschiedene ältere Studien für die USA einen Zuschlag von bis zu 31-36% auf den Wert des Eigenkapitals auf.[58]

In Emerging Markets/High Growth Markets sind **Kontrollrechte** von großer Bedeutung, da aufgrund interkultureller Unterschiede und Abhängigkeiten von lokalen Mitgesellschaftern eine aktive Steuerung des Unternehmens deutlich erschwert wird. Negative Erfahrungen von Joint Ventures, bei denen lokale Partner 50% + 1 Aktie besaßen, zeigen, dass erfolgreiche Investments in Emerging Markets/High Growth Markets eine Mehrheitsbeteiligung erfordern.

### 8.4.3 Mobilitätszuschlag (Liquiditäts-, Fungibilitätszuschlag)

Als eine weitere unsystematische Komponente gilt die **Liquidität** bzw. **Fungibilität** der Anlage. Die Anteile eines **börsengelisteten Unternehmens** können generell schneller, einfacher, kostengünstiger und mit einer höheren Sicherheit bezüglich des Trans-

57 Vgl. Ernst, D./Schneider, S./Thielen, B. (2010), S. 74.
58 Vgl. Pereiro, L. E. (2002), S. 182.

aktionswertes gehandelt werden als solche **nicht börsennotierter Unternehmen**. Anlagen mit hoher Liquidität und geringeren Transaktionskosten werden demnach von Investoren als wertvoller eingestuft und bevorzugt. Die Liquidität der Anlagen und das Fehlen von Transaktionskosten gehören zu den Prämissen des CAPM. Häufig sind diese Voraussetzungen jedoch gerade bei Beteiligungen an nicht-börsennotierten Unternehmen nicht gegeben, was deren Fungibilität z.T. erheblich einschränkt. Dies gilt in noch höherem Maße für Emerging Markets/High Growth Markets. Ein Verkaufsprozess kann sich demnach mitunter lange hinziehen und mit nicht unerheblichen Kosten verbunden sein.

Um der fehlenden Mobilität (Fungibilität, Liquidität) Rechnung zu tragen, wird oft ein **Zuschlag** bei der Risikoprämie hinzu addiert oder anlog ein **Abschlag** auf den berechneten Unternehmenswert vorgenommen. Die Höhe eines solchen Abschlags kann anhand der Gegenüberstellung von Anteilswerten nicht börsennotierter Unternehmen und Anteilswerten börsennotierter Vergleichsunternehmen ermittelt werden. Abhängig von dem zugrunde gelegten Analysezeitraum und der geographischen Orientierung haben in diesem Zusammenhang zahlreiche Studien **Abschlagswerte** zwischen 25% und 50% ermittelt. PEREIRO (2002) hat beispielsweise für Argentinien einen Wert von 35% ermittelt, welcher in etwa dem für die USA ermittelten und in der Praxis häufig anzutreffenden Wert entspricht.[59]

Hinsichtlich des **Mobilitätsrisikos** gilt es noch anzumerken, dass dieses lediglich das Risiko für den Fall vergütet, dass sich der Eigenkapitalgeber in Zukunft veranlasst sieht, sich unplanmäßig von seinen Unternehmensanteilen zu trennen. Die Betonung liegt hier auf dem Wort unplanmäßig. Denn in solchen Situationen besteht das Risiko, dass der erzielbare Verkaufspreis unter dem Barwert der noch erwarteten Cashflows des Unternehmens zum Zeitpunkt des Verkaufs liegen kann. Dies kann beispielsweise bei Verkauf unter Zeitdruck auftreten. Unter das Mobilitätsrisiko fällt folglich nur die Unsicherheit, sich bei einem notwendigen Verkauf gegenüber der Weiterführung des Unternehmens schlechter zu stellen. Nicht darunter fällt das Risiko, dass die ursprünglichen Ertragserwartungen nicht eintreten. Letztgenanntes Risiko wird bereits in der Risikoprämie für das systematische Risiko bzw. in einem Zuschlag für das unsystematische Risiko abgegolten.

Es wird in der Praxis häufig beobachtet, dass im Hinblick auf fehlende Liquidität mitunter beachtliche **Zuschläge** auf die Risikoprämie aufgeschlagen werden (bzw. wiederum analog **Abschläge** auf den berechneten Unternehmenswert), was jedoch bei gegebener Definition des Mobilitätsrisikos nicht unproblematisch erscheint. So ist anzunehmen, dass diese hohen Zuschläge auch noch andere Risikokomponenten beinhalten und Risiken folglich doppelt erfasst werden. Um diese Doppelerfassung zu vermeiden ist eine strikte gedankliche Trennung der einzelnen Komponenten notwendig und erforderlich.

Zum Abschluss sei uns noch eine Bemerkung zu den genannten Zuschlägen gestattet. Die Zuschläge werden in der Unternehmensbewertungspraxis häufig verwendet, um

59 Vgl. Pereiro, L. E. (2002), S. 180.

Ergebnisse von Preisverhandlungen im Unternehmensbewertungsmodell nachzubilden. Dies führt uns auf die grundlegende Diskussion über **„Wert“** und **„Preis“**. „Wert“ und „Preis“ stimmen nur auf vollkommenen Kapitalmärkten überein. Ist dies – wie in der Praxis zu beobachten – nicht der Fall, so wird es immer Differenzen zwischen dem Wert eines Unternehmens und dem Preis, der als Ergebnis von Preisverhandlungen resultiert, geben. Ob es sinnvoll ist, die Brücken zwischen „Wert“ und „Preis“ in der Unternehmensbewertung zu schlagen, hängt vom Bewertungsanlass und den Zielen des Bewerters ab. Wissenschaftlich kann diese Vorgehensweise jedoch nicht begründet werden.

## 8.5 Berechnung des Unternehmenswerts

Nachdem die Ermittlung der Eigenkapitalkosten, die Bestimmung der Fremdkapitalkosten und eventuell notwendige Anpassungen aufgezeigt wurden, kann im nächsten Schritt der **Unternehmenswert** berechnet werden. An dieser Stelle stehen, aufgrund der verschiedenen CAPM-Varianten mehrere Ergebnisse hinsichtlich der Eigenkapitalkosten zur Verfügung. Will man sich nicht auf einen Eigenkapitalkostensatz festlegen, so kann auch jeweils für jedes Modell ein Unternehmenswert bestimmt werden. Dabei ist das Vorgehen zur Berechnung eines Unternehmenswertes vom Prinzip bei allen CAPM-basierten und nicht-CAPM-basierten Modellen identisch, außer dass für die Eigenkapitalkosten jeweils unterschiedliche Werte eingesetzt werden.

Aus diesem Grund wird im Folgenden lediglich die detaillierte Berechnung des Unternehmenswertes am Beispiel des Eigenkapitalkostensatzes aus dem **hybriden CAPM** dargestellt. Die Bewertung des Unternehmens mit den Ergebnissen für die Eigenkapitalkosten aus den anderen Modellen verläuft analog und wird lediglich zusammenfassend abgebildet.

Die detaillierte Berechnung des Unternehmenswertes wird hierbei auf den WACC-Ansatz und den Equity-Ansatz beschränkt. Bei beiden Verfahren kann die Berechnung im internationalen Kontext sowohl in lokaler Währung als auch in der Währung des Referenzmarktes, also in einer harten Währung durchgeführt werden.

Im Folgenden soll deshalb zunächst der Unternehmenswert in harter – aus Sicht des Dollar Investoren folglich in US-Dollar – und anschließend in lokaler Währung berechnet werden.

### 8.5.1 Berechnung des Unternehmenswertes nach dem WACC-Ansatz

#### Berechnung des Unternehmenswertes in harter Währung

Beim WACC-Ansatz müssen im letzten Schritt der Unternehmenswertermittlung die **operativen Free Cashflows** mit dem **gewichteten Kapitalkostensatz** (WACC) diskontiert werden. Bevor jedoch die operativen Free Cashflows diskontiert werden können, wird man bei der Ermittlung des WACC zunächst mit einem Zirkularitätsproblem konfrontiert. Hierbei benötigt man zur Berechnung des WACC den Marktwert des Eigenkapitals, welcher gleichzeitig das Ergebnis der Unternehmensbewertung darstellt. Dieses Problem kann durch Iteration gelöst werden, indem mehrere Schätzungen des WACC durchgeführt werden, bis der Marktwert des Eigenkapitals aus der Unternehmensbewertung dem Marktwert des Eigenkapitals entspricht, der in die Berechnung des WACC einfließt.[60]

Bei der Berechnung des Unternehmenswertes **in harter Währung** muss vor Diskontierung der Cashflows mit dem WACC darauf geachtet werden, dass sowohl der **Diskontierungszinssatz** als auch die **Cashflows** in **harter Währung**, also in US-$, vorliegen. Da die Kapitalkosten in den meisten Fällen schon auf Basis von US-$-Daten vorliegen, müssen lediglich die in lokaler Währung geplanten Cashflows konvertiert werden. An dieser Stelle müssen die **Terminwechselkurse** für die Detailjahre bestimmt werden, um damit die Cashflows in eine harte Währung konvertieren zu können. Erst anschließend dürfen die in US-$ konvertierten Cashflows mit dem auf Basis von US-$-Daten ermittelten Diskontierungszinssatz diskontiert werden.

Nach Diskontierung der operativen Free Cashflows mit dem WACC erhält man nach Addition des separat zu bewertenden nicht-betriebsnotwendigen Vermögens zunächst den Wert des Gesamtkapitals. Um anschließend den Wert des Eigenkapitals ermitteln zu können, muss noch der Marktwert des Fremdkapitals abgezogen werden. Bevor jedoch das nicht-betriebsnotwendige Vermögen und der Marktwert des Fremdkapitals hinzuaddiert bzw. subtrahiert werden können, müssen diese Positionen mit dem Wechselkurs in $t = 0$, den **Spot Rates**, in die entsprechende harte Währung konvertiert werden.

In der nachfolgenden Case Study soll die Berechnung des Unternehmenswertes in **harter Währung** nach dem WACC-Ansatz anhand des chinesischen Beispielunternehmens Schritt für Schritt verdeutlicht werden.

**Fallstudie**

Für die Case Study mussten zur Bestimmung der Terminwechselkurse zunächst folgenden Daten recherchiert werden[61]:

| | |
|---|---|
| Inflation der USA in $t = 0$ (Jahr 2009): | −0,4 % |
| Inflation von China in $t = 0$ (Jahr 2009): | −0,7 % |
| Wechselkurs in $t = 0$ (Jahr 2009): | 6,8307 CNY/$ |
| Wechselkurs in $t = -1$ (Jahr 2008): | 6,9477 CNY/$ |
| Wechselkurs in $t = -2$ (Jahr 2007): | 7,6058 CNY/$ |

60 Vgl. Ernst, D./Schneider, S./Thielen, B. (2010), S. 49.

61 Quelle der Wechselkurse: Board of governors of the federal reserve system (*www.federalreserve.gov*); Quelle der Inflationsraten: International Monetary Fund (=> *www.principalglobalindicators.org*) und OECD Stats Extracts (=> Comsumer Prices-Annual Inflation).

Anhand dieser Daten und der folgenden Formel können die Terminwechselkurse berechnet werden:

$$\text{Erwarteter Terminwechselkurs (CNY/\$) in Periode t}$$

$$= \text{Spot Rate (\$/CNY)} \cdot \frac{(1+\text{erwartete Inflation}_{\text{lokaler Markt}})^t}{(1+\text{erwartete Inflation}_{\text{Referenzmarkt}})^t}$$

Terminwechselkurse:

| Jahr | 0 | t-2 | t-1 | t0 | t1 | t2 | t3 | t4 | t5 | t6 |
|---|---|---|---|---|---|---|---|---|---|---|
| Wechselkurs (CNY/$) | 0 | 7,6058 | 6,9477 | 6,8307 | 6,8101 | 6,7896 | 6,7692 | 6,7488 | 6,7284 | 6,7082 |
| Wechselkurs ($/CNY) | 0 | 0,1315 | 0,1439 | 0,1464 | 0,1468 | 0,1473 | 0,1477 | 0,1482 | 0,1486 | 0,1491 |

**Tabelle 8.23:** Berechnung der Terminwechselkurse

Mittels der Terminwechselkurse werden in einem nächsten Schritt die in CNY geplanten operativen Free Cashflows in US-$ konvertiert:

| | | Plan t1 | Plan t2 | Plan t3 | Plan t4 | Plan t5 | Plan t6 |
|---|---|---|---|---|---|---|---|
| | Multiplikator | 0,929 | 0,863 | 0,802 | 0,746 | 0,693 | 0,644 |
| | Terminwechselkurs ($/CNY) | 0,1468 | 0,1473 | 0,1477 | 0,1482 | 0,1486 | 0,1491 |
| CNY | operative Free Cashflows (CFs) | 209,3 | 150,5 | 176,4 | 184,0 | 196,2 | 215,7 |
| $ | operative Free Cashflows (CFs) | 30,74 | 22,17 | 26,06 | 27,26 | 29,15 | 32,16 |

**Tabelle 8.24:** Konvertierung der Cashflows in US-$

Der Cashflow-Wert im Terminal Value wird mittels folgender Formel bestimmt:

$$\textit{Cashflow Terminal Value} = \textit{Cashflow}_{\textit{Jahr 6 in \$}} \cdot (1 + \textit{Wachstum}_{US})$$

Das Wachstum der USA wurde mit der amerikanischen Inflationsrate angesetzt:

$$\textit{Cashflow Terminal Value} = 32{,}16 \cdot (1+(-0{,}4\%)) = 32{,}03$$

| | | Plan t1 | Plan t2 | Plan t3 | Plan t4 | Plan t5 | Plan t6 | Endwert TV |
|---|---|---|---|---|---|---|---|---|
| CNY | operative Free Cashflows (CFs) | 209,3 | 150,5 | 176,4 | 184,0 | 196,2 | 215,7 | - |
| $ | operative Free Cashflows (CFs) | 30,74 | 22,17 | 26,06 | 27,26 | 29,15 | 32,16 | 32,03 |

**Tabelle 8.25:** Ermittlung des Cashflows im Terminal Value in harter Währung (WACC-Ansatz)

Der Terminal Value lässt sich wie folgt ermitteln:

$$\text{Terminal Value} = \frac{\text{Cashflow Terminal Value}}{\text{Kapitalkosten}_{\text{US}} - \text{Wachstum}_{\text{US}}} = \frac{\text{Cashflow Terminal Value}}{\text{WACC}_{\text{US}} - \text{Inflation}_{\text{US}}}$$

Für die Kapitalkosten wird an dieser Stelle der WACC eingesetzt, welcher aus dem Ergebnis des hybriden CAPM abgeleitet wurde. Auf die genaue Ermittlung des WACC wird auf der nächsten Seite eingegangen:

$$\textit{Terminal Value} = 32{,}032 \;/\; (\mathbf{10{,}32041\%} - (-0{,}4\%)) = 298{,}79$$

Ermittlung des Terminal Value:

| | | | Plan t1 | Plan t2 | Plan t3 | Plan t4 | Plan t5 | Plan t6 | Endwert TV |
|---|---|---|---|---|---|---|---|---|---|
| | Inlfation (USA) in t=0 | -0,400% | | | | | | | |
| | Inlfation (China) in t=0 | -0,700% | | | | | | | |
| | Wechselkurs ($/CNY) in t=0 | 0,1464 | | | | | | | |
| | WACC | 10,32041% | | | | | | | |
| | Multiplikator | | 0,906 | 0,822 | 0,745 | 0,675 | 0,612 | 0,555 | 0,555 |
| | Terminwechselkurs ($/CNY) | | 0,1468 | 0,1473 | 0,1477 | 0,1482 | 0,1486 | 0,1491 | |
| CNY | operative Free Cashflows (CFs) | | 209,33 | 150,54 | 176,37 | 183,95 | 196,15 | 215,74 | 295,2 |
| $ | operative Free Cashflows (CFs) | | 30,74 | 22,17 | 26,06 | 27,26 | 29,15 | 32,16 | 32,032 |
| $ | Terminal Value | | | | | | | | 298,79 |

**Tabelle 8.26:** Ermittlung des Terminal Value in harter Währung (WACC-Ansatz)

Die Diskontierung der Cashflows kann anhand folgender Formel erfolgen:

$$Barwert = \sum_{t=1}^{n} \frac{oFCF_t}{(1+WACC)^t} + \frac{TV_{oFCF}}{(1+WACC)^n}$$

Der Multiplikator in ▶ Tabelle 8.26 wurde dabei als Zwischenschritt zur Vereinfachung der Diskontierung eingeführt.

| | | | Plan t1 | Plan t2 | Plan t3 | Plan t4 | Plan t5 | Plan t6 | Endwert TV |
|---|---|---|---|---|---|---|---|---|---|
| | Inlfation (USA) in t=0 | -0,400% | | | | | | | |
| | Inlfation (China) in t=0 | -0,700% | | | | | | | |
| | Wechselkurs ($/CNY) in t=0 | 0,1464 | | | | | | | |
| | WACC | 10,32041% | | | | | | | |
| | Multiplikator | | 0,906 | 0,822 | 0,745 | 0,675 | 0,612 | 0,555 | 0,555 |
| | Terminwechselkurs ($/CNY) | | 0,1468 | 0,1473 | 0,1477 | 0,1482 | 0,1486 | 0,1491 | |
| CNY | operative Free Cashflows (CFs) | | 209,33 | 150,54 | 176,37 | 183,95 | 196,15 | 215,74 | 295,2 |
| $ | operative Free Cashflows (CFs) | | 30,74 | 22,17 | 26,06 | 27,26 | 29,15 | 32,16 | 32,032 |
| $ | Terminal Value | | | | | | | | 298,79 |
| $ | **Barwert der Free Cashflows und des Termina Value** | | **27,86** | **18,22** | **19,41** | **18,40** | **17,84** | **17,84** | **165,74** |
| $ | **Enterprise Value** | **285,31** | Summe | | | | | | |

**Tabelle 8.27:** Diskontierung der operativen Free Cashflows in harter Währung

In nächsten Schritt wird das separat zu bewertende nicht-betriebsnotwendige Vermögen hinzuaddiert. Daraus resultiert der Gesamtunternehmenswert. Anschließend wird der Marktwert des Fremdkapitals abgezogen, um zum Marktwert des Eigenkapitals zu gelangen. Diese müssen jedoch mit dem Wechselkurs in $t_0$ in US-$ konvertiert werden:

| | | | Plan t1 | Plan t2 | Plan t3 | Plan t4 | Plan t5 | Plan t6 | Endwert TV |
|---|---|---|---|---|---|---|---|---|---|
| | Inlfation (USA) in t=0 | -0,400% | | | | | | | |
| | Inlfation (China) in t=0 | -0,700% | | | | | | | |
| | Wechselkurs ($/CNY) in t=0 | 0,1464 | | | | | | | |
| | WACC | 10,32041% | | | | | | | |
| | Multiplikator | | 0,906 | 0,822 | 0,745 | 0,675 | 0,612 | 0,555 | 0,555 |
| | Terminwechselkurs ($/CNY) | | 0,1468 | 0,1473 | 0,1477 | 0,1482 | 0,1486 | 0,1491 | |
| CNY | operative Free Cashflows (CFs) | | 209,33 | 150,54 | 176,37 | 183,95 | 196,15 | 215,74 | 295,2 |
| $ | operative Free Cashflows (CFs) | | 30,74 | 22,17 | 26,06 | 27,26 | 29,15 | 32,16 | 32,032 |
| $ | Terminal Value | | | | | | | | 298,79 |
| $ | **Barwert der Free Cashflows und des Termina Value** | | **27,86** | **18,22** | **19,41** | **18,40** | **17,84** | **17,84** | **165,74** |
| $ | **Enterprise Value** | **285,31** | | | | | | | |
| CNY | + nicht-betriebsnotwendiges Vermögen | - | | | | | | | |
| $ | + nicht-betriebsnotwendiges Vermögen | - | | | | | | | |
| CNY | + liquide Mittel | 148,23 | | | | | | | |
| $ | + liquide Mittel | 21,70 | | | | | | | |
| $ | **Entity Value (Gesamtunternehmenswert)** | **307,01** | | | | | | | |
| CNY | ./. zinstragende Verbindlichkeiten $t_0$ | 248,50 | | | | | | | |
| $ | ./. zinstragende Verbindlichkeiten $t_0$ | 36,38 | | | | | | | |
| $ | **Equity Value (Wert des Eigenkapitals)** | **270,63** | | | | | | | |

**Tabelle 8.28:** Ermittlung des Marktwertes des Eigenkapitals in harter Währung nach dem WACC-Verfahren

Als nächster Schritt muss aus dem geschätzten WACC der genaue WACC-Wert ermittelt werden. Zur genauen Berechnung des WACC wird folgende Formel verwendet:

$$WACC = r_{EK} \cdot \frac{EK}{GK} + r_{FK} \cdot \frac{FK}{GK}$$

Daraus ergeben sich schließlich folgende Zahlen für die hybride Variante des CAPM:

$$\text{EK-Anteil:} \quad \frac{EK}{GK} = \frac{285{,}31 - 36{,}38}{285{,}31} = \frac{248{,}93}{285{,}31} = 87{,}25\%$$

$$\text{FK-Anteil:} \quad \frac{FK}{GK} = 1 - 87{,}25\% = 12{,}75\%$$

$$WACC = \quad 10{,}81\% \cdot 87{,}25\% \quad + \quad 6{,}98\% \cdot 12{,}75\% = \quad 10{,}32\%$$

Wird der WACC in einem Tabellenkalkulationsprogramm wie Excel mittels oben genannter Formel bestimmt, löst Excel das entstehende Zirkularitätsproblem iterativ und man erhält nach Verknüpfung aller Formeln automatisch die gesuchten Werte:

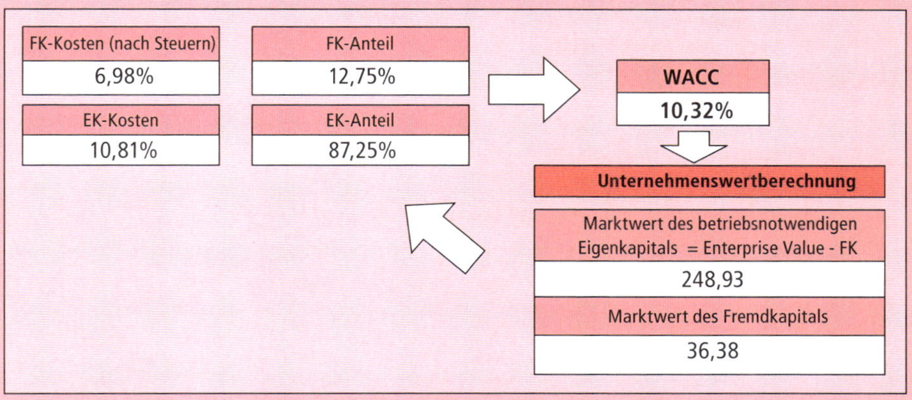


**Abbildung 8.8:** Lösung des Zirkularitätsproblems

Zusammenfassend müssen für die Bewertung in **harter Währung** folgende Schritte durchgeführt werden:

1. Zunächst grobe Schätzung des WACC

2. Vor Diskontierung der operativen Free Cashflows muss darauf geachtet werden, dass:

   Währung der Cashflows = Währung des Diskontierungszinssatzes (hier also beide in harter Währung)

   Konvertierung der in lokaler Währung geplanten Cashflows erforderlich:

   – Ermittlung der Terminwechselkurse

   – Anschließende Konvertierung der in lokaler Währung geplanten, operativen Free Cashflows mit den Terminwechselkursen

3. Berechnung des Cashflows im Terminal Value

4. Ermittlung des Terminal Value

5. Diskontierung der operativen Free Cashflows und des Terminal Value

6. Barwerte der operativen Free Cashflows und des Terminal Value summieren (Ergebnis = Enterprise Value)

7. Addition des separat zu bewertenden nicht-betriebsnotwendigen Vermögens, welches davor in Dollar konvertiert werden muss (Ergebnis = Entity Value)

8. Abzug des Marktwertes des Fremdkapitals, welches ebenfalls davor in harte Währung konvertiert werden muss (Ergebnis = Equity Value)

9. Marktwert des Eigenkapitals wird in die Formel für die genaue Bestimmung des WACC eingesetzt (Das Zirkularitätsproblem wird hierbei von Excel automatisch gelöst, sobald die Formel für die WACC Berechnung verknüpft wird)

**Fallstudie**

## Fortsetzung

Führt man die einzelnen Schritte für alle CAPM-basierten und nicht-CAPM-basierten Modelle durch, erhält man folgende Ergebnisse bei der WACC Ermittlung:

| Gewichteter Kapitalkostensatz (WACC) | | | | | | |
|---|---|---|---|---|---|---|
| | CAPM-basierte Modelle | | | | | Nicht-CAPM-basierte |
| **Modell** | Globales CAPM | Lokales CAPM (einfach) | Lokales CAPM (modifiziert) | Hybrides CAPM | Godfrey-Espinosa-Modell | Estrada-Modell |
| **EK-Kosten** | 7,68% | 12,46% | 12,44% | 10,81% | 8,79% | 14,06% |
| **FK-Kosten (nach Steuern)** | | | | 6,98% | | |
| **Marktwert des betriebs-notwendigen** | 350,64 | 215,50 | 215,73 | 248,93 | 306,64 | 190,39 |
| **Marktwert des Fremd-kapitals** | | | | 36,38 | | |
| **EK-Anteil** | 90,60% | 85,56% | 85,57% | 87,25% | 89,39% | 83,96% |
| **FK-Anteil** | 9,40% | 14,44% | 14,43% | 12,75% | 10,61% | 16,04% |
| | | | **WACC = EK-Kosten · EK-Anteil + FK-Kosten · FK-Anteil** | | | |
| **WACC** | **7,62%** | **11,66%** | **11,65%** | **10,32%** | **8,60%** | **12,93%** |

**Tabelle 8.29:** Ergebnisse der gewichteten Kapitalkosten im WACC-Ansatz

Bei der Unternehmenswertberechnung in harter Währung ergeben sich nach den unterschiedlichen Varianten folgende Werte:

| **Übersicht:** | | | | | | |
|---|---|---|---|---|---|---|
| **Modell für die Ermittlung der Eigenkapitalkosten** | *Zahlen in Prozent* | | | *Absolute Zahlen in Mio. $* | | |
| | EK-Kosten | FK-Kosten | WACC | Enterprise Value | Entity Value | Equity Value |
| **CAPM-basierte Modelle** | | | | | | |
| Globales CAPM | 7,68% | 6,98% | 7,62% | 387,02 | 408,72 | **372,34** |
| Lokales CAPM (einfach) | 12,46% | 6,98% | 11,66% | 251,88 | 273,58 | **237,20** |
| Lokales CAPM (modifiziert) | 12,44% | 6,98% | 11,65% | 252,11 | 273,81 | **237,43** |
| Hybrides CAPM | 10,81% | 6,98% | 10,32% | 285,31 | 307,01 | **270,63** |
| Godfrey-Espinosa-Modell | 8,79% | 6,98% | 8,60% | 343,02 | 364,72 | **328,34** |
| **Nicht-CAPM-basierte Modelle** | | | | | | |
| Estrada-Modell | 14,06% | 6,98% | 12,93% | 226,77 | 248,47 | **212,09** |

**Tabelle 8.30:** Übersicht über die Ergebnisse der Unternehmenswertberechnungen in harter Währung nach dem WACC-Ansatz

## Berechnung des Unternehmenswertes in lokaler Währung

Auch bei der Berechnung des Unternehmenswertes in **lokaler Währung** muss vor Diskontierung der Cashflows darauf geachtet werden, dass sowohl der Diskontierungszinssatz als auch die Cashflows in lokaler Währung vorliegen.

Da die **Cashflows** in der Regel in **lokaler Währung** geplant werden und daher schon in der entsprechenden Währung vorhanden sind, muss man nur noch den **Diskontierungszinssatz** in **lokaler Währung** bestimmen. Für die Bestimmung des Diskontierungszinssatzes in lokaler Währung fehlt jedoch häufig das erforderliche Datenmaterial, bzw. die entsprechenden Daten liegen nur in harter Währung vor. Daher lässt sich der Diskontierungszinssatz meistens nur in harter Währung berechnen. Dieser auf Basis von Daten des **Referenzmarktes** ermittelte Diskontierungszinssatz kann jedoch mithilfe von **Inflationsraten** der entsprechenden Länder in einen Diskontierungszinssatz des lokalen Landes überführt werden. Erst mit diesem **„lokalen" Diskontierungszinssatz** dürfen die in lokaler Währung lautenden Cashflows diskontiert werden.

Ist der Sachverhalt mit den Währungen geklärt und liegen sowohl Cashflows als auch Diskontierungszinssatz in lokaler Währung vor, können die Cashflows problemlos diskontiert werden. Die nachfolgenden Schritte bei der Berechnung des Unternehmenswertes sind ähnlich wie bei der Unternehmenswertberechnung in harter Währung, außer dass in diesem Fall die Cashflows und die jeweiligen Positionen zuvor nicht konvertiert werden müssen, weil der Diskontierungszinssatz schon im ersten Schritt in die lokale Währung umgewandelt wird.

Die nachfolgende Case-Study soll die einzelnen Schritte verdeutlichen:

**Fallstudie**

Die erforderlichen Daten sind dieselben wie bei der Unternehmenswertermittlung in harter Währung:

| | |
|---|---|
| Inflation der USA in $t = 0$ (Jahr 2009): | −0,4 % |
| Inflation von China in $t = 0$ (Jahr 2009): | −0,7 % |
| Wechselkurs in $t = 0$ (Jahr 2009): | 6,8307 CNY/$ |
| Wechselkurs in $t = -1$ (Jahr 2008): | 6,9477 CNY/$ |
| Wechselkurs in $t = -2$ (Jahr 2007): | 7,6058 CNY/$ |

Der erste Schritt besteht darin den Diskontierungszinssatz des Referenzmarktes in einen Diskontierungszinssatz der lokalen Währung bzw. des lokalen Marktes zu konvertieren.

Folgende Formel liefert den gesuchten Kapitalkostensatz:

$$r_{\text{lokaler Markt}} = (1 + r_{\text{Referenzmarkt}}) \cdot \frac{(1 + \text{erwartete Inflation}_{\text{lokaler Markt}})}{(1 + \text{erwartete Inflation}_{\text{Referenzmarkt}})} - 1$$

$$r_{\text{lokaler Markt}} = \left((1 + 10{,}3204\%) \cdot \frac{(1 + (-0{,}7\%))}{(1 + (-0{,}4\%\ ))}\right) - 1 = 9{,}9881\%$$

| | |
|---|---|
| Inflation (USA) in t=0 | -0,40% |
| Inflation (China) in t=0 | -0,70% |
| Wechselkurs ($/CNY) in t=0 | 0,146398 |
| Kapitalkosten (USA) => WACC | 10,3204% |
| | |
| Kapitalkosten (China) =>WACC | **9,98812%** |

**Tabelle 8.31:** Ermittlung des Diskontierungszinssatzes im lokalen Markt

Auch hier muss der Cashflow-Wert im Terminal Value mittels folgender Formel bestimmt werden:

$$\textit{Cashflow Terminal Value} = \textit{Cashflow}_{\textit{Jahr 6 in CNY}} \cdot (1 + \textit{Wachstum}_{\textit{China}})$$

Wiederum wird für das Wachstum die Inflationsrate angesetzt. Da hierbei mit Cashflows in lokaler Währung gerechnet wird, muss entsprechend auch die chinesische Inflationsrate eingesetzt werden:

$$\textit{Cashflow Terminal Value} = 215{,}74 \cdot (1+(-0{,}7\%)) = 214{,}23$$

| | | | Plan t1 | Plan t2 | Plan t3 | Plan t4 | Plan t5 | Plan t6 | Endwert TV |
|---|---|---|---|---|---|---|---|---|---|
| | Inflation (USA) in t=0 | -0,40% | | | | | | | |
| | Inflation (China) in t=0 | -0,70% | | | | | | | |
| | Wechselkurs ($/CNY) in t=0 | 0,146398 | | | | | | | |
| | Kapitalkosten (USA) => WACC | 10,3204% | | | | | | | |
| | Kapitalkosten (China) =>WACC | **9,98812%** | | | | | | | |
| | Multiplikator | | 0,9092 | 0,8266 | 0,7516 | 0,6833 | 0,6213 | 0,5648 | 0,5648 |
| CNY | operative Free Cashflows (CFs) | | 209,334 | 150,538 | 176,372 | 183,955 | 196,152 | 215,738 | 214,227 |

**Tabelle 8.32:** Ermittlung des Cashflows im Terminal Value in lokaler Währung (WACC-Ansatz)

Als nächstes muss der Terminal Value ermittelt werden. Hier sollte darauf geachtet werden, dass das Land der eingesetzten Inflation auch dem Land der Kapitalkosten entspricht (in diesem Fall entsprechend China):

$$\text{Terminal Value} = \frac{\text{Cashflow Terminal Value}}{\text{Kapitalkosten}_{\text{China}} - \text{Wachstum}_{\text{China}}}$$

$$\text{Terminal Value} = \frac{214{,}227}{9{,}98812\% - (-0{,}7\%)} = 2.004{,}35$$

Ermittlung des Terminal Value:

| | | | Plan t1 | Plan t2 | Plan t3 | Plan t4 | Plan t5 | Plan t6 | Endwert TV |
|---|---|---|---|---|---|---|---|---|---|
| | Inflation (USA) in t=0 | -0,40% | | | | | | | |
| | Inflation (China) in t=0 | -0,70% | | | | | | | |
| | Wechselkurs ($/CNY) in t=0 | 0,146398 | | | | | | | |
| | Kapitalkosten (USA) => WACC | 10,3204% | | | | | | | |
| | Kapitalkosten (China) =>WACC | **9,98812%** | | | | | | | |
| | Multiplikator | | 0,9092 | 0,8266 | 0,7516 | 0,6833 | 0,6213 | 0,5648 | 0,5648 |
| CNY | operative Free Cashflows (CFs) | | 209,334 | 150,538 | 176,372 | 183,955 | 196,152 | 215,738 | 214,227 |
| CNY | Terminal Value | | | | | | | | **2.004,35** |

**Tabelle 8.33:** Ermittlung des Terminal Value in lokaler Währung (WACC-Ansatz)

Die Cashflows werden auch hier anhand folgender Barwertformel diskontiert:

$$Barwert = \sum_{t=1}^{n} \frac{oFCF_t}{(1+WACC)^t} + \frac{TV_{oFCF}}{(1+WACC)^n}$$

| | | | Plan t1 | Plan t2 | Plan t3 | Plan t4 | Plan t5 | Plan t6 | Endwert TV |
|---|---|---|---|---|---|---|---|---|---|
| | Inflation (USA) in t=0 | -0,40% | | | | | | | |
| | Inflation (China) in t=0 | -0,70% | | | | | | | |
| | Wechselkurs ($/CNY) in t=0 | 0,146398 | | | | | | | |
| | Kapitalkosten (USA) => WACC | 10,3204% | | | | | | | |
| | Kapitalkosten (China) =>WACC | 9,98812% | | | | | | | |
| | Multiplikator | | 0,9092 | 0,8266 | 0,7516 | 0,6833 | 0,6213 | 0,5648 | 0,5648 |
| CNY | operative Free Cashflows (CFs) | | 209,334 | 150,538 | 176,372 | 183,955 | 196,152 | 215,738 | 214,227 |
| CNY | Terminal Value | | | | | | | | 2.004,35 |
| CNY | Barwert der Free Cashflows und des Termina Value | | 190,32 | 124,44 | 132,55 | 125,70 | 121,86 | 121,86 | 1.132,14 |
| CNY | Enterprise Value | 1.948,87 | Summe | | | | | | |

**Tabelle 8.34:** Diskontierung der operativen Free Cashflows in lokaler Währung

In dem nächsten Schritt wird das separat bewertete, nicht-betriebsnotwendige Vermögen hinzuaddiert und man erhält den Gesamtunternehmenswert. Anschließend wird der Marktwert des Fremdkapitals abgezogen, um zum Marktwert des Eigenkapitals zu gelangen. Im Gegensatz zu der Unternehmenswertberechnung in Dollar werden in diesem Fall die Bestandteile in lokaler Währung berechnet:

| | | | Plan t1 | Plan t2 | Plan t3 | Plan t4 | Plan t5 | Plan t6 | Endwert TV |
|---|---|---|---|---|---|---|---|---|---|
| | Inflation (USA) in t=0 | -0,40% | | | | | | | |
| | Inflation (China) in t=0 | -0,70% | | | | | | | |
| | Wechselkurs ($/CNY) in t=0 | 0,146398 | | | | | | | |
| | Kapitalkosten (USA) => WACC | 10,3204% | | | | | | | |
| | Kapitalkosten (China) =>WACC | 9,98812% | | | | | | | |
| | Multiplikator | | 0,9092 | 0,8266 | 0,7516 | 0,6833 | 0,6213 | 0,5648 | 0,5648 |
| CNY | operative Free Cashflows (CFs) | | 209,334 | 150,538 | 176,372 | 183,955 | 196,152 | 215,738 | 214,227 |
| CNY | Terminal Value | | | | | | | | 2.004,35 |
| CNY | Barwert der Free Cashflows und des Termina Value | | 190,32 | 124,44 | 132,55 | 125,70 | 121,86 | 121,86 | 1.132,14 |
| CNY | Enterprise Value | 1.948,87 | | | | | | | |
| CNY | + nicht-betriebsnotwendiges Vermögen | - | | | | | | | |
| CNY | + liquide Mittel | 148,23 | | | | | | | |
| CNY | Entity Value (Gesamtunternehmenswert) | 2.097,10 | | | | | | | |
| CNY | ./. zinstragende Verbindlichkeiten t0 | 248,50 | | | | | | | |
| CNY | Equity Value (Wert des Eigenkapitals) | 1.848,60 | | | | | | | |

**Tabelle 8.35:** Ermittlung des Marktwertes des Eigenkapitals in lokaler Währung nach dem WACC-Ansatz

Wird der Marktwert des Eigenkapitals anschließend mit dem Wechselkurs in t=0 in die Dollar konvertiert, so erhält man den Marktwert des Eigenkapitals in Dollar. Dieser muss identisch sein mit dem Ergebnis der Unternehmenswertberechnung in harter Währung sein:

$$\textit{Marktwert des Eigenkapitals}_{\textit{harte Währung}} = \textit{Marktwert des Eigenkapitals}_{\textit{lokale Währung}} \cdot \textit{Wechselkurs}_{\textit{in } t=0}$$

$$\textit{Marktwert des Eigenkapitals}_{\textit{harte Währung}} = 1.848{,}60 \cdot 0{,}146398 = \mathbf{270{,}63}$$

Wie der in Dollar konvertierte Wert des Eigenkapitals aus der lokalen Bewertung erkennen lässt, ist dieser mit dem Ergebnis aus der Unternehmenswertberechnung in harter Währung identisch.

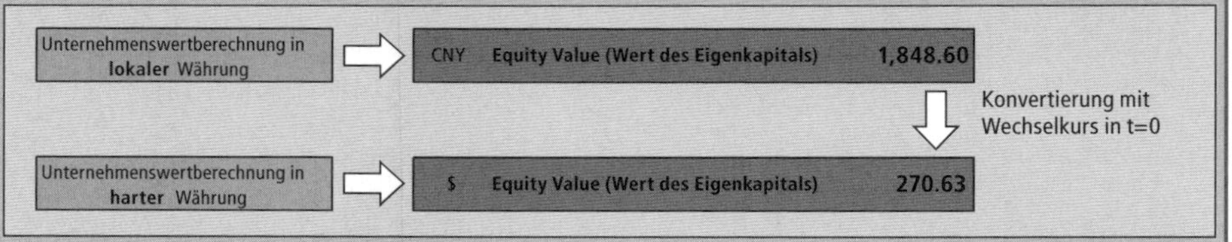


**Abbildung 8.9:** Übereinstimmung der Ergebnisse nach Konvertierung der Währungen

Führt man die einzelnen Schritte für alle CAPM-Variationen durch und setzt für die EK-Kosten jeweils andere Werte ein, so erhält man folgende Zahlen:

| Übersicht: | | | | | | |
|---|---|---|---|---|---|---|
| **Modell für die Ermittlung der Eigenkapitalkosten** | *Zahlen in Prozent* | | | *Absolute Zahlen in Mio. CNY* | | |
| | EK-Kosten | FK-Kosten | WACC | Enterprise Value | Entity Value | Equity Value |
| **CAPM-basierte Modelle** | | | | | | |
| Globales CAPM | 7,68% | 6,98% | 7,62% | 2.643,63 | 2.791,86 | **2.543,36** |
| Lokales CAPM (einfach) | 12,46% | 6,98% | 11,66% | 1.720,53 | 1.868,76 | **1.620,26** |
| Lokales CAPM (modifiziert) | 12,44% | 6,98% | 11,65% | 1.722,12 | 1.870,34 | **1.621,84** |
| Hybrides CAPM | 10,81% | 6,98% | 10,32% | 1.948,87 | 2.097,10 | **1.848,60** |
| Godfrey Espinosa Modell | 8,79% | 6,98% | 8,60% | 2.343,09 | 2.491,32 | **2.242,82** |
| **Nicht-CAPM-basierte Modelle** | | | | | | |
| Estrada-Modell | 14,06% | 6,98% | 12,93% | 1.549,00 | 1.697,23 | **1.448,72** |

Umrechnung mit Wechselkurs in t = 0 (=0.146398$/CNY)

| Übersicht: | | | | | | |
|---|---|---|---|---|---|---|
| **Modell für die Ermittlung der Eigenkapitalkosten** | *Zahlen in Prozent* | | | *Absolute Zahlen in Mio. $* | | |
| | EK-Kosten | FK-Kosten | WACC | Enterprise Value | Entity Value | Equity Value |
| **CAPM-basierte Modelle** | | | | | | |
| Globales CAPM | 7,68% | 6,98% | 7,62% | 387,02 | 408,72 | **372,34** |
| Lokales CAPM (einfach) | 12,46% | 6,98% | 11,66% | 251,88 | 273,58 | **237,20** |
| Lokales CAPM (modifiziert) | 12,44% | 6,98% | 11,65% | 252,11 | 273,81 | **237,43** |
| Hybrides CAPM | 10,81% | 6,98% | 10,32% | 285,31 | 307,01 | **270,63** |
| Godfrey Espinosa Modell | 8,79% | 6,98% | 8,60% | 343,02 | 364,72 | **328,34** |
| **Nicht-CAPM-basierte Modelle** | | | | | | |
| Estrada-Modell | 14,06% | 6,98% | 12,93% | 226,77 | 248,47 | **212,09** |

**Tabelle 8.36:** Übersicht über die Ergebnisse der Unternehmenswertberechnungen in harter und lokaler Währung nach dem WACC-Ansatz

Wie abgebildet ergeben sich nach der Konvertierung der Marktwerte des Eigenkapitals in lokaler Währung die Marktwerte des Eigenkapitals in Dollar.

Die Ergebnisse der Unternehmensbewertungen in den jeweiligen Währungen sind demnach nach Umrechnung in die jeweils andere Währung identisch. Folglich ist es für den Unternehmenswert nicht von Bedeutung, ob die Bewertung in lokaler oder in harter Währung des Referenzmarktes durchgeführt wird.

Zusammenfassend müssen für die Bewertung in **lokaler Währung** folgende Schritte durchgeführt werden:

1. Zunächst grobe Schätzung des WACC

2. Vor Diskontierung der operativen Free Cashflows muss darauf geachtet werden, dass:

   Währung der Cashflows = Währung des Diskontierungszinssatzes (hier also beide in *lokaler* Währung)

   Umwandlung des Diskontierungszinssatzes in lokaler Währung:

   - Bestimmung des Diskontierungszinssatzes des Referenzmarktes
   - Anschließend kann mit Hilfe des Diskontierungszinssatzes des Referenzmarktes und mit den Inflationsraten der jeweiligen Länder der gesuchte Diskontierungszinssatz des lokalen Marktes ermittelt werden

3. Berechnung des Cashflows im Terminal Value

4. Ermittlung des Terminal Value

5. Diskontierung der operativen Free Cashflows und des Terminal Value

6. Barwerte der operativen Free Cashflows und des Terminal Value aufsummieren (Ergebnis = Enterprise Value)

7. Addition des separat zu bewerteten nicht-betriebsnotwendigen Vermögens in lokaler Währung (Ergebnis = Entity Value)

8. Abzug des Marktwertes des Fremdkapitals in lokaler Währung (Ergebnis = Equity Value)

9. Marktwert des Eigenkapitals wird in die Formel für die genaue Bestimmung des WACC eingesetzt (Das Zirkularitätsproblem wird hierbei von Excel automatisch gelöst, sobald die Formel für die WACC Berechnung eingetragen wird)

10. Der Unternehmenswert kann, falls erforderlich, mittels Wechselkurs in t=0 in Dollar konvertiert werden

## 8.5.2 Berechnung des Unternehmenswertes nach dem Equity-Ansatz

Beim Equity-Ansatz werden im ersten Schritt die **Cashflows to Equity** ermittelt. Da es sich bei diesen Zahlungsüberschüssen um Cashflows handelt, die ausschließlich den Eigenkapitalgebern zur Verfügung stehen, dürfen diese nicht mit dem WACC, sondern nur mit den Forderungen der **Eigenkapitalgeber** diskontiert werden.

**Fallstudie** Für die Diskontierungszinssätze ergeben sich die bereits ermittelten Eigenkapitalkosten aus den CAPM-basierten und nicht-CAPM-basierten Modellen (vgl. ▶ Tabelle 8.37):

| Eigenkapitalkostensatz (Equity) | | | | | | |
|---|---|---|---|---|---|---|
| **Modell** | **CAPM-basierte Modelle** | | | | | **Nicht-CAPM-basierte Modelle** |
| | Globales CAPM | Lokales CAPM (einfach) | Lokales CAPM (modifiziert) | Hybrides CAPM | Godfrey Espinosa Modell | Estrada-Modell |
| **EK-Kosten** | **7,68%** | **12,46%** | **12,44%** | **10,81%** | **8,79%** | **14,06%** |

**Tabelle 8.37:** Ergebnisse der ermittelten Eigenkapitalkosten nach den verschiedenen CAPM-Varianten

Nachdem der Barwert der Cashflows to Equity und der Terminal Value ermittelt wurde, muss anschließend nur das separat zu bewertende nicht-betriebsnotwendige Vermögen hinzuaddiert werden. Im Gegensatz zum WACC-Ansatz erhält man bereits an dieser Stelle den **Marktwert des Eigenkapitals**, ohne den Marktwert des Fremdkapitals abziehen zu müssen. Dies liegt daran, dass die herangezogenen Cashflows so ermittelt wurden, dass alle, aus einer Fremdfinanzierung resultierenden Zahlungen schon berücksichtigt wurden.

Auch an dieser Stelle soll die Unternehmenswertberechnung zunächst in **harter** und anschließend in **lokaler Währung** durchgeführt werden. Bei beiden Varianten müssen hinsichtlich der Währungen dieselben Aspekte wie beim Entity-Verfahren berücksichtigt werden.

### Berechnung des Unternehmenswertes in harter Währung

Die Berechnung des Unternehmenswertes erfolgt in diesem Fall analog wie bei der Unternehmenswertermittlung nach dem WACC-Ansatz in harter Währung. Die Währungsumrechnungen, die Berechnung des Cashflows im Terminal Value und die Berechnung des Terminal Value werden demnach identisch durchgeführt wie bei der Unternehmenswertberechnung in harter Währung nach dem WACC-Ansatz.

Unterschiede gibt es lediglich in folgenden Punkten:

- Die Cashflows entsprechen hier den Cashflows to Equity, und nicht den operativen Free Cashflows.
- Als Diskontierungsfaktor wird anstatt des WACC der Eigenkapitalkostensatz des verschuldeten Unternehmens herangezogen.
- Nachdem die Barwerte des Cashflows to Equity und des Terminal Value summiert worden sind, muss für die Ermittlung des Marktwertes des Eigenkapitals das separat zu bewertende nicht-betriebsnotwendige Vermögen hinzuaddiert werden. An dieser Stelle muss demnach nicht wie beim WACC-Ansatz noch das Fremdkapital abgezogen werden, um zum Marktwert des Eigenkapitals zu gelangen!

Zusammenfassend müssen folgende Schritte durchgeführt werden:

1. Als Diskontierungsfaktor wird der Eigenkapitalkostensatz des verschuldeten Unternehmens herangezogen

2. Vor Diskontierung der Cashflows to Equity muss darauf geachtet werden, dass:

   Währung der Cashflows = Währung des Diskontierungszinssatzes (hier also beide in harter Währung)

   Konvertierung der, in lokaler Währung geplanten Cashflows erforderlich

   - Ermittlung der Terminwechselkurse
   - Anschließende werden die in lokaler Währung geplanten Cashflows to Equity mit den Terminwechselkursen konvertiert

3. Berechnung des Cashflows im Terminal Value

4. Ermittlung des Terminal Value

5. Diskontierung der Cashflows to Equity und des Terminal Value

6. Barwerte der Cashflows to Equity und des Terminal Value aufsummieren

7. Hinzurechnung des separat bewerteten nicht-betriebsnotwendigen Vermögens, welches zuvor in harte Währung konvertiert werden muss (Ergebnis = Equity Value)

**Fallstudie** Für die detaillierte Darstellung der Unternehmenswertberechnung nach dem Equity-Ansatz in harter Währung wird als Diskontierungszinssatz der Eigenkapitalkostensatz des hybriden CAPM herangezogen.

| | | | Plan t1 | Plan t2 | Plan t3 | Plan t4 | Plan t5 | Plan t6 | Endwert TV |
|---|---|---|---|---|---|---|---|---|---|
| | Inlfation (USA) in t=0 | -0,400% | | | | | | | |
| | Inlfation (China) in t=0 | -0,700% | | | | | | | |
| | Wechselkurs ($/CNY) in t=0 | 0,1464 | | | | | | | |
| | EK-Kosten des verschuldeten Unternehmens | 10,8093% | | | | | | | |
| | Multiplikator | | 0,902 | 0,814 | 0,735 | 0,663 | 0,599 | 0,540 | 0,540 |
| | Terminwechselkurs ($/CNY) | | 0,1468 | 0,1473 | 0,1477 | 0,1482 | 0,1486 | 0,1491 | |
| CNY | Cashflow to Equity | | 190,24 | 131,60 | 157,58 | 165,31 | 177,65 | 197,38 | 280,81 |
| $ | Cashflow to Equity | | 27,94 | 19,38 | 23,28 | 24,49 | 26,40 | 29,42 | 29,31 |
| $ | Terminal Value | | | | | | | | 261,44 |
| $ | Summe der Barwerte der CF to Equity und des TV | 247,28 | 25,21 | 15,78 | 17,11 | 16,25 | 15,80 | 15,89 | 141,23 |
| CNY | + nicht-betriebsnotwendiges Vermögen | - | | | | | | | |
| $ | + nicht-betriebsnotwendiges Vermögen | - | | | | | | | |
| CNY | + liquide Mittel | 148,23 | | | | | | | |
| $ | + liquide Mittel | 21,70 | | | | | | | |
| $ | Equity Value (Wert des Eigenkapitals) | 268,98 | | | | | | | |

**Tabelle 8.38:** Ermittlung des Marktwertes des Eigenkapitals in harter Währung nach dem Equity-Ansatz

Werden hier für die Eigenkapitalkosten auch alle anderen CAPM-basierten und nicht-CAPM-basierten Modelle eingesetzt, erhält man folgende Ergebnisse in harter Währung:

| **Übersicht:** | | |
|---|---|---|
| **Modell für die Ermittlung der Eigenkapitalkosten** | *Zahlen in Prozent* | *Absolute Zahlen in Mio. $* |
| | EK-Kosten | Equity Value |
| **CAPM-basierte Modelle** | | |
| Globales CAPM | 7,68% | **370,82** |
| Lokales CAPM (einfach) | 12,46% | **235,48** |
| Lokales CAPM (modifiziert) | 12,44% | **235,71** |
| Hybrides CAPM | 10,81% | **268,98** |
| Godfrey Espinosa Modell | 8,79% | **326,78** |
| **Nicht-CAPM-basierte Modelle** | | |
| Estrada-Modell | 14,06% | **210,30** |

**Tabelle 8.39:** Übersicht über die Ergebnisse der Unternehmenswertberechnungen in harter Währung nach dem Equity-Ansatz

## Berechnung des Unternehmenswertes in lokaler Währung

Die Berechnung des Unternehmenswertes erfolgt auch in lokaler Währung analog wie bei der Unternehmenswertermittlung nach dem WACC-Ansatz in lokaler Währung. Die Währungsumrechnungen, die Berechnung des Cashflows im Terminal Value und die Berechnung des Terminal Value werden auch hier wie beim WACC-Ansatz in lokaler Währung durchgeführt. Wie oben bereits erläutert, liegen die Unterschiede lediglich darin, dass mit Cashflows to Equity und nicht operativen Free Cashflows gerechnet wird, dass man mit dem Eigenkapitalkostensatz und nicht mit dem WACC diskontiert und dass am Ende nur das separat zu bewertetende nicht-betriebsnotwendige Vermögen hinzuaddiert werden muss, um zum Marktwert des Eigenkapitals zu gelangen.

Zusammenfassend müssen folgende Schritte durchgeführt werden:

**1.** Als Diskontierungsfaktor wird der Eigenkapitalkostensatz des verschuldeten Unternehmens herangezogen

**2.** Vor Diskontierung der Cashflows to Equity Cashflows darauf achten, dass:

Währung der Cashflows = Währung des Diskontierungszinssatzes (hier also beide in lokaler Währung)

Umwandlung des Diskontierungszinssatzes in lokaler Währung:

1. Bestimmung des Diskontierungszinssatzes des Referenzmarktes
2. Anschließend kann mit Hilfe des Diskontierungszinssatzes des Referenzmarktes und mit den Inflationsraten der jeweiligen Länder der gesuchte Diskontierungszinssatz des lokalen Marktes ermittelt werden

**3.** Berechnung des Cashflows im Terminal Value

**4.** Ermittlung des Terminal Value

**5.** Diskontierung der Cashflows to Equity und des Terminal Value

**6.** Barwerte des Cashflows to Equity und des Terminal Value aufsummieren

**7.** Hinzurechnung des separat zu bewertenden nicht-betriebsnotwendigen Vermögens, welches davor in eine lokale Währung konvertiert werden muss (Ergebnis = Equity Value)

**8.** Der Unternehmenswert kann falls erforderlich mittels Wechselkurs in $t=0$ in Dollar konvertiert werden

COMPANION WEBSITE

**Fallstudie**

Für die detaillierte Darstellung der Unternehmenswertberechnung nach dem Equity Ansatz in lokaler Währung, wird als Diskontierungszinssatz der Eigenkapitalkostensatz des hybriden CAPM herangezogen.

| | | | Plan t1 | Plan t2 | Plan t3 | Plan t4 | Plan t5 | Plan t6 | Endwert TV |
|---|---|---|---|---|---|---|---|---|---|
| | Inlfation (USA) in t=0 | -0,40% | | | | | | | |
| | Inlfation (China) in t=0 | -0,70% | | | | | | | |
| | Wechselkurs ($/CNY) in t=0 | 0,1464 | | | | | | | |
| | EK- Kosten des verschuldeten Unternehmens (USA) | 10,80932% | | | | | | | |
| | Kapitalkosten (China) | 10,47556% | | | | | | | |
| | Multiplikator | | 0,905 | 0,819 | 0,742 | 0,671 | 0,608 | 0,550 | 0,550 |
| CNY | Cashflow to Equity | | 190,24 | 131,60 | 157,58 | 165,31 | 177,65 | 197,38 | 196,00 |
| CNY | Terminal Value | | | | | | | | 1.753,81 |
| CNY | **Summe der Barwerte der CF to Equity und des TV** | **1.689,08** | **172,20** | **107,82** | **116,87** | **110,98** | **107,95** | **108,57** | **964,69** |
| CNY | + nicht-betriebsnotwendiges Vermögen | - | | | | | | | |
| CNY | + liquide Mittel | 148,23 | | | | | | | |
| CNY | **Equity Value (Wert des Eigenkapitals)** | **1.837,30** | | | | | | | |

**Tabelle 8.40:** Ermittlung des Marktwertes des Eigenkapitals in lokaler Währung nach dem Equity-Ansatz

Werden hier ebenfalls für die Eigenkapitalkosten auch alle anderen CAPM-basierten und nicht-CAPM-basierten Modelle eingesetzt, so erhält man folgende Ergebnisse in lokaler Währung:

| **Übersicht:** | | |
|---|---|---|
| **Modell für die Ermittlung der Eigenkapitalkosten** | *Zahlen in Prozent*<br>EK-Kosten | *Absolute Zahlen in Mio. CNY*<br>Equity Value |
| **CAPM-basierte Modelle** | | |
| Globales CAPM | 7,68% | 2.532,96 |
| Lokales CAPM (einfach) | 12,46% | 1.608,47 |
| Lokales CAPM (modifiziert) | 12,44% | 1.610,06 |
| Hybrides CAPM | 10,81% | 1.837,30 |
| Godfrey Espinosa Modell | 8,79% | 2.232,15 |
| **Nicht-CAPM-basierte Modelle** | | |
| Estrada-Modell | 14,06% | 1.436,52 |

**Tabelle 8.41:** Übersicht über die Ergebnisse der Unternehmenswertberechnungen in lokaler Währung nach dem Equity-Ansatz

Die Ergebnisse der Unternehmenswertberechnungen in der lokalen Währung müssen auch in diesem Fall, nach der Konvertierung mit dem Wechselkurs in $t = 0$, den Ergebnissen der Unternehmenswertberechnung in harter Währung entsprechen.

| Übersicht: | | |
|---|---|---|
| | *Unternehmenswertberechnung in lokaler Währung* | *Unternehmenswertberechnung in harter Währung* |
| **Modell für die Ermittlung der Eigenkapitalkosten** | *Absolute Zahlen in Mio. CNY* | *Absolute Zahlen in Mio. $* |
| | Equity Value | Equity Value |
| **CAPM-basierte Modelle** | | |
| Globales CAPM | 2.532,96 | 370,82 |
| Lokales CAPM (einfach) | 1.608,47 | 235,48 |
| Lokales CAPM (modifiziert) | 1.610,06 | 235,71 |
| Hybrides CAPM | 1.837,30 | 268,98 |
| Godfrey Espinosa Modell | 2.232,15 | 326,78 |
| **Nicht-CAPM-basierte Modelle** | | |
| Estrada-Modell | 1.436,52 | 210,30 |

Konvertierung mit Wechselkurs in t=0 (=0.146398$/CNY)

**Tabelle 8.42:** Gegenüberstellung der Ergebnisse der Unternehmenswertberechnungen in lokaler und harter Währung nach dem Equity-Ansatz

## ZUSAMMENFASSUNG

- Zur Durchführung einer internationalen Bewertung in volatilen Märkten wurde ein erweitertes Vorgehensmodell vorgestellt, welches folgende Schritte beinhaltete:
  1. Wahl der Währung, in welcher die Bewertung durchgeführt werden soll
  2. Unternehmensanalyse und Unternehmensplanung
  3. Wahl des Bewertungsverfahrens und Festlegung der Bewertungsrahmenbedingungen
  4. Berechnung der relevanten Cashflows (einschließlich eventuell notwendiger Risikoanpassungen und Adjustierungen)
  5. Bestimmung der Kapitalkosten (einschließlich eventuell notwendiger Risikoanpassungen und Adjustierungen)
  6. Weitere Anpassung aufgrund unsystematischer Risiken
  7. Unternehmenswertbestimmung

- Für eine internationale Bewertung ergeben sich bei der Unternehmensplanung und der Ermittlung der bewertungsrelevanten Cashflows mitunter weit mehr Probleme, als dies bei Bewertungen im Heimatland der Fall ist. Dies ist auf die oft unterschiedlichen Ausgangsbedingungen in den jeweiligen Ländern zurückzuführen, welche sich z.T. erheblich vom Heimatland unterschieden können. Die Jahresabschlüsse der vergangenen Jahre sind deshalb um Einflüsse zu bereinigen, die die Beurteilung der tatsächlichen Leistungskraft des zu bewertenden Unternehmens beeinträchtigen. So wurde auf folgende Anpassungen der Cashflows näher eingegangen:
  - Anpassungen aufgrund länderspezifischer Rechnungslegungsvorschriften,
  - Anpassungen aufgrund zu hoher Managementvergütung,
  - Anpassungen aufgrund zu hoher Aufwandsverrechnung,
  - Anpassungen aufgrund unterschiedlicher internationaler Besteuerung und
  - Anpassungen aufgrund von Inflation.
- Bei einer Unternehmensbewertung in volatilen Märkten können neben den Cashflows auch die Kapitalkosten bzw. Diskontierungszinssätze zur Anpassung herangezogen werden, je nachdem, wo man die zusätzlichen Risiken einbeziehen will. Die Bestimmung der Kapitalkosten kann hierbei einerseits mittels CAPM-basierter Modelle oder andererseits auf Grundlage nicht-CAPM-basierter Modelle ermittelt werden.
  - Als CAPM-basierte Modelle wurden folgende Varianten vorgestellt:
    - das globale CAPM,
    - das lokale und adjustierte lokale CAPM,
    - das (adjustierte) hybride CAPM,
    - das Lessard-Modell,
    - das Godfrey-Espinosa-Modell,
    - das Goldman-Sachs-Modell,
    - das Damodaran-Modell und
    - das Salomon-Smith-Barney-Modell.
  - Als nicht-CAPM-basierte Modelle wurden vorgestellt:
    - das Estrada-Modell,
    - das Erb-Harvey-Viskanta-Modell (EHVM),
    - die Arbitrage Pricing Theory (APT) und
    - der simulationsbasierte Ansatz.

Auf die Frage, welches dieser Modelle letztlich zur Ermittlung der Eigenkapitalkosten herangezogen werden soll und welches zum „besten" Ergebnis führt, gibt es keine allgemeingültige Antwort. Demnach existiert nicht „die" Methode, welche in allen Bewertungssituationen zum „besten" Ergebnis führt. Vor allem im internationalen Kontext muss bei der Durchführung einer Unternehmensbewertung berücksichtigt werden, dass die Rahmenbedingungen in den einzelnen Ländern z.T. stark variieren können.

Dementsprechend sollte man vor der Auswahl eines Modells für die Ermittlung der Eigenkapitalkosten auf der einen Seite die gegebenen Umstände der Unternehmensbewertung und auf der anderen Seite die jeweils zugrunde liegenden Annahmen der zur Verfügung stehenden Modelle analysieren. Nur so kann sichergestellt werden, dass die verwendeten Modelle bestmöglich mit der Bewertungssituation abgestimmt sind.

- Bei Bestimmung der Risikoprämie wird nicht das gesamte Risiko einer Investition berücksichtigt. Das CAPM geht davon aus, dass Anleger entsprechend den Modellprämissen die Möglichkeit haben, das unsystematische Risiko durch Diversifikation zu eliminieren, weshalb für diese Risiken auch keine Aufschläge erwartet werden dürfen. Lediglich für systematische, nicht diversifizierbare Risiken wird eine Risikoprämie bezahlt. Häufig wird eine Bewertung jedoch aus Sicht einzelner Anleger durchgeführt, welche nicht die Möglichkeit zu dieser Diversifikation haben. Geschieht dies, müssen die entstehenden unsystematischen Risiken in die Bewertung einbezogen werden. So wurden folgende drei Werttreiber bzw. Komponenten des unsystematischen Risikos erläutert und in Bezug auf die Bewertung untersucht:
  - Unternehmensgröße (Größeneffekte),
  - Paketzuschlag (Mehrheitsabschlag) und
  - Mobilitätszuschlag (Liquiditäts-, Fungibilitätszuschlag).
- Nachdem die Ermittlung der Eigenkapitalkosten, die Bestimmung der Fremdkapitalkosten und eventuell notwendige Anpassungen aufgezeigt wurden, wurde der Unternehmenswert berechnet. Da an dieser Stelle aufgrund der verschiedenen CAPM-basierten und nicht-CAPM-basierten Modelle mehrere Ergebnisse hinsichtlich der Eigenkapitalkosten zur Verfügung standen, wurde eine detaillierte Unternehmenswertbestimmung lediglich am Beispiel des hybriden CAPM dargestellt. Die Bewertung wurde zudem auf den WACC Ansatz und den Equity Ansatz beschränkt, jedoch bei beiden Bewertungsmethoden sowohl in lokaler Wertung als auch in Währung des Referenzmarktes durchgeführt. Das Vorgehen wurde anhand einer detaillierten Case Study verdeutlicht.

## Aufgaben

**1.** Erläutern Sie ausführlich das erweiterte Vorgehensmodell zur Durchführung einer internationalen Unternehmensbewertung in volatilen Märkten.

**2.** Welche Probleme können sich im Rahmen einer internationalen Unternehmensbewertung bei der Unternehmensplanung und der Ermittlung der bewertungsrelevanten Cashflows ergeben?

**3.** Welche Anpassungen der Cashflows sind grundsätzlich möglich? Erläutern Sie die dahinter stehenden Absichten.

**4.** Welche CAPM-basierten Modelle zur Ermittlung der Eigenkapitalkosten sind Ihnen bekannt?

**5.** Erläutern Sie die Grundgedanken des globalen CAPM und die dahinter stehende Formel.

**6.** Wie hoch sind die Eigenkapitalkosten gemäß globalem CAPM? Folgende Werte sind gegeben:

| | |
|---|---|
| Durchschnittliche Umlaufrendite eines 17-jährigen US T-Bonds: | 4,05% |
| Börsennotierte Vergleichsunternehmen vs. CSI 300 Index: | 0,7232 |
| Index des US Kapitalmarktes: | 5% |

**7.** Erläutern Sie die Grundgedanken des lokalen CAPM und die dahinter stehende Formel.

**8.** Wie hoch sind die Eigenkapitalkosten gemäß lokalem CAPM? Folgende Werte sind gegeben:

| | |
|---|---|
| Durchschnittliche Umlaufrendite eines 17-jährigen US-T-Bonds: | 4,05% |
| Länderrisikoprämie (aus Default Spreads): | 1,10% |
| Börsennotierte Vergleichsunternehmen vs. CSI 300 Index: | 1,1939 |
| Index des US Kapitalmarktes: | 5% |
| Lokale Marktrisikoprämie<br>= Globale Marktrisikoprämie + Länderrisikoprämie: | 6,10% |

**9.** Erläutern Sie die Grundgedanken des adjustierten lokalen CAPM und die dahinter stehende Formel.

**10.** Wie hoch sind die Eigenkapitalkosten gemäß adjustiertem lokalem CAPM? Folgende Werte sind gegeben:

| | |
|---|---|
| Durchschnittliche Umlaufrendite eines 17-jährigen US T-Bonds: | 4,05% |
| Länderrisikoprämie (aus Default Spreads): | 1,10% |
| Börsennotierte Vergleichsunternehmen vs. CSI 300 Index: | 1,1939 |
| Index des US Kapitalmarktes: | 5% |
| Lokale Marktrisikoprämie = Globale Marktrisikoprämie + Länderrisikoprämie: | 6,10% |
| Regression zwischen annualisierten Monatsvolatilitäten der chinesischen Aktienmarktrenditen (hier: MSCI China) und den Monatsvarianzen des sich im Morgan Stanley EMBI+ wiederspiegelnden Länderrisikos: | 0,0325 |

**11.** Erläutern Sie die Grundgedanken des hybriden CAPM und die dahinter stehende Formel.

**12.** Wie hoch sind die Eigenkapitalkosten gemäß hybridem CAPM? Folgende Werte sind gegeben:

| | |
|---|---|
| Durchschnittliche Umlaufrendite eines 17-jährigen US T-Bonds: | 4,05% |
| Länderrisikoprämie (aus Default Spreads): | 1,10% |
| Regression zwischen MSCI China und MSCI World: | 0,7232 |
| Durchschnittsbeta vergleichbarer Unternehmen im Weltmerkt (hier: US-Markt): | 1,6118 |
| Index des US Kapitalmarktes: | 5% |

**13.** Erläutern Sie die Grundgedanken des adjustierten hybriden CAPM und die dahinter stehende Formel.

**14.** Wie hoch sind die Eigenkapitalkosten gemäß adjustiertem hybridem CAPM? Folgende Werte sind gegeben:

| | |
|---|---|
| Durchschnittliche Umlaufrendite eines 17-jährigen US T-Bonds: | 4,05% |
| Durchschnittliche Umlaufrendite eines 17-jährigen US T-Bonds: | 4,05% |
| Länderrisikoprämie (aus Default Spreads): | 1,10% |
| Regression zwischen MSCI China und MSCI World: | 0,7232 |
| Durchschnittsbeta vergleichbarer Unternehmen im Weltmerkt (hier: US-Markt): | 1,6118 |
| Index des US Kapitalmarktes: | 5% |

| | |
|---|---|
| Regression zwischen annualisierten Monatsvolatilitäten der chinesischen Aktienmarktrenditen (hier: MSCI China) und den Monatsvarianzen des sich im Morgan Stanley EMBI+ wiederspiegelnden Länderrisikos: | 0,0325 |

**15.** Erläutern Sie die Grundgedanken des Godfrey-Espinosa-Modells und die dahinter stehende Formel.

**16.** Wie hoch sind die Eigenkapitalkosten gemäß dem Godfrey-Espinosa-Modells?

Folgende Werte sind gegeben:

| | |
|---|---|
| Durchschnittliche Umlaufrendite eines 17-jährigen US T-Bonds: | 4,05% |
| lokale Aktienmarktvolatilität des MSCI China berechnet: | 32,48% |
| Aktienmarktvolatilität des MSCI World: | 26,93% |
| Index des US Kapitalmarktes: | 5% |
| Länderrisikoprämie (aus Default Spreads): | 1,10% |

**17.** Erläutern Sie die Grundgedanken des Goldman-Sachs-Modells und die dahinter stehende Formel.

**18.** Wie hoch sind die Eigenkapitalkosten gemäß dem Goldman-Sachs-Modells?

Folgende Werte sind gegeben:

| | |
|---|---|
| Durchschnittliche Umlaufrendite eines 17-jährigen US T-Bonds: | 4,05% |
| Länderrisikoprämie (aus Default Spreads): | 1,10% |
| lokale Aktienmarktvolatilität des MSCI China: | 32,48% |
| Aktienmarktvolatilität des MSCI World: | 26,93% |
| Börsennotierte Vergleichsunternehmen vs. CSI 300 Index: | 1,1939 |
| Index des US Kapitalmarktes: | 5% |
| Anpassungsfaktor zur Vermeidung von Doppelzählungen: | 0,1803 |
| unternehmensspezifische Risikoprämie: | 5% |

**19.** Erläutern Sie die Grundgedanken des Damodaran-Modells und die dahinter stehende Formel.

**20.** Wie hoch sind die Eigenkapitalkosten gemäß dem Damodaran-Modells?

Folgende Werte sind gegeben:

| | |
|---|---|
| Durchschnittliche Umlaufrendite eines 17-jährigen US T-Bonds: | 4,05% |
| Länderrisikoprämie (aus Default Spreads): | 1,10% |
| Lambda-Faktor: | 0,7000 |
| Börsennotierte Vergleichsunternehmen vs. CSI 300 Index: | 1,1939 |
| Index des US Kapitalmarktes: | 5% |

**21.** Erläutern Sie die Grundgedanken des Salomon-Smith-Barney-Modells und die dahinter stehende Formel.

**22.** Wie hoch sind die Eigenkapitalkosten gemäß dem Salomon-Smith-Barney-Modells?

Folgende Werte sind gegeben:

| | |
|---|---|
| Durchschnittliche Umlaufrendite eines 17-jährigen US T-Bonds: | 4,05% |
| Länderrisikoprämie (aus Default Spreads): | 1,10% |
| Bewertung Zugang zum Kapitalmarkt: | 4 |
| Bewertung politische Anfälligkeit: | 2 |
| Bewertung Anteil des Investments für Unternehmen: | 4 |
| Durchschnittsbeta vergleichbarer Unternehmen im Weltmerkt (hier: US-Markt): | 0,7232 |
| Index des US Kapitalmarktes: | 5% |

**23.** Welche nicht-CAPM-basierten Modelle zur Ermittlung der Eigenkapitalkosten sind Ihnen bekannt?

**24.** Erläutern Sie die Grundgedanken des Estrada-Modells und die dahinter stehende Formel.

**25.** Wie hoch sind die Eigenkapitalkosten gemäß dem Estrada-Modells?

Folgende Werte sind gegeben:

| | |
|---|---|
| Durchschnittliche Umlaufrendite eines 17-jährigen US T-Bonds: | 4,05% |
| Index des US Kapitalmarktes: | 5% |
| Semistandardabweichung MSCI China / Semistandardabweichung MSCI World: | 1,9988 |

**26.** Erläutern Sie die Grundgedanken des Erb-Harvey-Viskanta-Modells und die dahinter stehende Formel.

**27.** Erläutern Sie die Grundgedanken des Arbitrage Pricing Modell und die dahinter stehende Formel.

**28.** Erläutern Sie den simulationsbasierten Ansatz und zeigen Sie die Unterschiede zu den CAPM-basierten und nicht-CAPM-basierten Ansätzen auf.

**29.** Zeigen Sie Vor- und Nachteile der einzelnen CAPM-basierten und nicht-CAPM-basierten Ansätze auf.

**30.** Welche weiteren Anpassungen des CAPM aufgrund unsystematischer Risiken sind grundsätzlich denkbar? Nehmen Sie kritisch Stellung zur Sinnhaftigkeit dieser Anpassungen.

**31.** Beschreiben Sie, in welchen Bewertungssituationen die einzelnen CAPM-basierten und nicht-CAPM-basierten Ansätze besonders geeignet sind.

Die Lösungen zu diesen Aufgaben finden Sie auf der Companion Website zum Buch unter *www.pearson-studium.de*.

# Zusammenfassung Teil II

## Welche Schlussfolgerungen können für die internationale Unternehmensbewertung gezogen werden?

- Bei der internationalen Unternehmensbewertung in entwickelten Märkten stellt das CAPM nach wie das am weitesten verbreitete Modell zur Berechnung der Eigenkapitalkosten dar. Es ist ein geschlossenes Modell, das mangels eines besseren, generelleren und einfacheren Alternativmodells in der Bewertungspraxis Standard ist. Von Seiten der Wissenschaft wird das CAPM zum einen scharf kritisiert,[62] zum anderen aber gegenüber Alternativansätzen insbesondere in der internationalen Unternehmensbewertung vehement verteidigt.[63]
- In der Diskussion um das CAPM und dessen Anwendbarkeit in der internationalen Unternehmensbewertung stimmen viele Wissenschaftler und Bewertungspraktiker mit KAPLAN überein, der die Diskussion um das CAPM wie folgt zusammenfasste: „Keep in mind how lousy alternatives are when evaluating CAPM."[64]
- Werden die unrealistischen CAPM-Prämissen vollkommener Märkte angepasst, um die Wirklichkeit adäquater abzubilden, geht dies stets auf Kosten der theoretischen Fundierung.
- Die vorgestellten CAPM-basierten und nicht-CAPM-basierten Modelle sind Versuche, empirisch beobachtbare Phänomene wie die Existenz von Länderrisiken zu modellieren, um auf Antworten auf eine Vielzahl von Problemstellungen der internationalen Unternehmensbewertung zu finden.
- Die Praxis der internationalen Unternehmensbewertung zeigt, dass man sich momentan noch mit „handgestrickten" Modellen zufrieden gegeben muss. Die Bedeutung der internationalen Unternehmensbewertung in einer globalen Welt erfordert aber theoretisch fundierte Modelle. Hier besteht noch ein erheblicher Forschungsbedarf. Wissenschaft und Praxis sind hier gefordert.
- Im Zuge der Entscheidung für eines oder für mehrere der hier vorgestellten Modelle ist abzuwägen und zu dokumentieren, welche Kriterien bei der Auswahl eines bestimmten oder mehrerer Verfahren sprechen. Die Bestimmung der Eigenkapitalkosten setzt voraus, dass sich der Bewerter intensiv mit den Faktoren beschäftigt, die im jeweiligen Modell berücksichtigt oder vernachlässigt werden. Dann kann das Modell ausgewählt werden, das der Bewertungssituation am ehesten entspricht.
- Wie in unseren Ausführungen dargelegt, ist es empfehlenswert, mehrere Modelle zu verwenden, um eine Bandbreite von Werten und ein Gefühl für Sensitivität der Werttreiber zu erhalten.

---

62 Vgl. die von Hofbauer zusammengefasste Kritik am CAPM und die dort erwähnte Literatur, Hofbauer, E. (2011), S. 67 ff.

63 Vgl. Kruschwitz, L./Löffler, A./Mandl, G. (2011).

64 Kaplan, S., Valuation, Vortrag an der Credit Suisse First Boston International Banker's School, Agust 1997, zitiert nach Hofbauer, E. (2011), S. 71.

Lassen Sie uns den gegenwärtigen Stand im Bereich der internationalen Unternehmensbewertung mit den Worten von ESTRADA zusammenfassen: „Evaluating investment opportunities in emerging markets is a mix of art and science [...] Although much has been published about discount rates in emerging markets, there is probably a long way to go until a convergence of opinions finally arises.“[65]

65 Estrada, J (2007a), S. 77.

# Glossar

**Additiver-Ansatz zur Zurechnung der Länderrisikoprämie** Je nach Annahme über die Zurechenbarkeit des Länderrisikos muss die Prämie an unterschiedlichen Stellen in die Eigenkapitalkostenberechnung einbezogen werden. Beim Additiven Ansatz wird angenommen, dass sich das Länderrisiko auf jedes Unternehmen im Land auf gleiche Weise auswirkt. Wie der Name bereits andeutet, wird die Länderrisikoprämie hierbei additiv dem risikolosen Zins nach folgender Formel hinzugerechnet:

$$REK = (Rrisikofrei + Länderrisikoprämie) + Beta \cdot Marktrisikoprämie$$

**Adjusted Present Value-Ansatz (kurz: APV-Ansatz)** Der APV-Ansatz ist eine Variante des DCF-Verfahrens, bei der auf Basis der mit der Eigenkapitalrendite (für das fiktiv unverschuldete Unternehmen) diskontierten künftigen operativen Free Cashflows unter Hinzurechnung des Barwertes des Tax Shield, in dem die Auswirkung der Fremdfinanzierung des Unternehmens Berücksichtigung findet, und des Wertes des nicht-betriebsnotwendigen Vermögens der Wert des Gesamtkapitals berechnet wird. Um zum Wert des Eigenkapitals zu gelangen, muss noch der Marktwert des verzinslichen Fremdkapitals abgezogen werden.

**Arbitrage Pricing Theory (kurz APT)** Bei der Arbitrage Pricing Theory (APT) handelt es sich um ein nicht-CAPM-basiertes Modell zur Bestimmung der Eigenkapitalkosten, bzw. um eine „allgemeinere Form" des CAPM, da es mehrere Faktoren zur Bestimmung der Risikoprämie zulässt. Die APT wird deshalb auch als Mehrfaktorenmodell bezeichnet. Anstelle nur eines Faktors für das systematische Risiko (Marktrisiko), wie dies beispielsweise innerhalb des CAPM der Fall ist, kann innerhalb der APT theoretisch eine beliebige Anzahl unterschiedlicher Faktoren berücksichtigt werden. Die Eigenkapitalkosten nach der Arbitrage Pricing Theory ergeben sich nach folgender Formel für k Faktoren:

$$C_E = R_f + B_1 \cdot (R_{M,1} - R_{f,1}) + B_2 \cdot (R_{M,2} - R_{f,2}) + \ldots + B_k \cdot (R_{M,k} - R_{f,k})$$

**Barwert** Der Barwert ist der Wert, den ein zukünftiger Zahlungsstrom zum Bewertungszeitpunkt hat. Zur Ermittlung des Barwertes eines Cashflows wird dieser mit dem Diskontierungszinssatz diskontiert. Je nach DCF-Ansatz wird als Diskontierungszinssatz die Eigenkapitalrendite (Equity-Ansatz) oder der Mischzinssatz WACC (WACC-Ansatz) verwendet.

**Beta-Ansatz zur Zurechnung der Länderrisikoprämie** Je nach Annahme über die Zurechenbarkeit des Länderrisikos muss die Prämie an unterschiedlichen Stellen in die Eigenkapitalkostenberechnung einbezogen werden. Beim Beta-Ansatz wird angenommen, dass sich das Länderrisiko unterschiedlich auf die einzelnen Unternehmen im Land auswirkt. Die Höhe der Auswirkung kommt dabei im Beta zum Ausdruck. Dabei gilt, dass sich das Länderrisikos des Unternehmens proportional zum Marktrisiko verhält. Die Eigenkapitalkosten mit dem Beta-Ansatz zur Zurechnung der Länderrisikoprämie ergeben sich nach folgender Formel:

$$R_{EK} = Rrisikofrei + Beta \cdot (Marktrisikoprämie + Länderrisikoprämie)$$

**Betafaktor** Das Konzept des Betafaktors basiert auf dem CAPM. Der Betafaktor ist ein relatives Risikomaß, das die Schwankungsbreite der Kurse einer Anlage im Verhältnis zur Schwankungsbreite des gesamten Aktienmarktes angibt. Der Betafaktor berechnet sich als Quotient aus Kovarianz der Rendite einer Anlage mit der Rendite des Marktportfolios und Varianz der Rendite des Marktportfolios.

**Beta, financial** Das financial Beta repräsentiert das Kapitalstrukturrisiko, d.h. das Risiko, das sich aus einer Fremdkapitalfinanzierung für die Eigenkapitalgeber ergibt. Es entspricht der Differenz zwischen den Betafaktoren des verschuldeten und des (fiktiv) unverschuldeten Unternehmens (levered Beta abzüglich unlevered Beta).

**Beta, levered** Das levered Beta ist der Betafaktor des verschuldeten Unternehmens. Es setzt sich zusammen aus dem financial Beta als Maß für das Kapitalstrukturrisiko, d.h. dem Risiko, das sich aus einer Fremdkapitalfinanzierung für die Eigenkapitalgeber ergibt, und dem Operating Beta als Maß für das Geschäftsrisiko.

**Beta, operating** Das operating Beta repräsentiert das Geschäftsrisiko im Betafaktor. Es entspricht dem unlevered Beta. Vgl. auch levered Beta.

**Beta, unlevered** Das unlevered Beta ist der Betafaktor des (fiktiv) unverschuldeten Unternehmens. Da bei einem unverschuldeten Unternehmen kein Kapitalstrukturrisiko existiert, entspricht das unlevered Beta dem Operating Beta.

**Betriebsnotwendiges Vermögen** Das betriebsnotwendige Vermögen umfasst die Vermögensbestandteile eines Unternehmens, die die Basis der operativen Geschäftstätigkeit des Unternehmens bilden und deren Verkauf die Leistungsfähigkeit des Unternehmens einschränkt.

**Bewertungsstichtag** Der Bewertungsstichtag ist der Zeitpunkt, an dem bzw. für den die Bewertung erstellt wird.

**Bezugsgröße** Vgl. Multiplikatorenbewertung. Die Bezugsgröße ist bei der Multiplikatorenbewertung die Nennergröße eines Multiplikators, d.h. die Unternehmensgröße, zu der der Marktpreis – das ist je nach Bezugsgröße entweder der Equity Value oder der Enterprise Value – ins Verhältnis gesetzt wird, um daraus einen Multiplikator zu bilden.

**Bruttoverfahren** Zu den Bruttoverfahren (Entity-Verfahren) zählen der WACC- und der APV-Ansatz.

**Buchwert** Der Buchwert ist der Wert, mit dem ein Vermögensgegenstand bzw. eine Verbindlichkeit in der Bilanz eines Unternehmens angesetzt ist.

**Capital Asset Pricing Model (kurz: CAPM)** Das CAPM ist ein kapitalmarkttheoretisches Modell zur Ableitung der Eigenkapitalkosten bei risikoaversen (risikoscheuen) Investoren. Gemäß CAPM berechnen sich die Eigenkapitalkosten als Rendite risikofreier Wertpapiere zuzüglich einer Risikoprämie, die sich als Produkt aus der Marktrisikoprämie und einem unternehmensspezifischen Betafaktor ergibt. Die Marktrisikoprämie stellt dabei den Marktpreis des systematischen Risikos dar. Das unsystematische Risiko findet keine Berücksichtigung, da es auf perfekten Kapitalmärkten – eine der Grundannahmen des CAPM – wegdiversifiziert werden kann. Das CAPM basiert auf restriktiven Annahmen.

**CAPM-basierte Modelle** Unter den CAPM-basierten Modellen versteht man als Sammelbegriff, die auf dem Capital Asset Pricing beruhenden Modellvarianten zur Berechnung der Eigenkapitalkosten, wie bspw. das globale CAPM, das lokale und das adjustierte lokale CAPM, das hybride (adjustierte) CAPM, das Lessard-Modell, das Godfrey-Espinosa-Modell, das Goldman-Sachs-Modell, das Damodaran-Modell und das Salomon-Smith-Barney-Modell. Die Alternativen zu den CAPM basierten Modelle bilden die nicht-CAPM-basierten Modelle.

**Cashflow** Unter Cashflow versteht man den Saldo der Ein- und Auszahlungen (Nettogeldzufluss) während einer Periode. Der Cashflow stellt einen Indikator für die Innenfinanzierungskraft eines Unternehmens dar.

**Cashflow to Equity (kurz: CftE)** Der Cashflow to Equity ist der Zahlungsstrom, der ausschließlich zur Verteilung an die Eigenkapitalgeber zur Verfügung steht. Er ist die Basis für die Berechnung des Unternehmenswertes nach dem Equity-Ansatz und berechnet sich aus dem operativen Free Cashflow, indem von diesem die Zinszahlungen sowie die Tilgung von verzinslichem Fremdkapital subtrahiert und die Unternehmenssteuerersparnis auf die Fremdkapitalzinsen und die Aufnahme von verzinslichem Fremdkapital addiert wird.

**comparable public company approach** Vgl. Multiplikatorenverfahren

**Damodaran-Modell** Beim Damodaran-Modell handelt es sich um ein CAPM-basiertes Modell zur Bestimmung der Eigenkapitalkosten, welches auf dem Lambda-Ansatz zur Zurechnung der Länderrisikoprämie beruht. Das unternehmensspezifische Länderrisiko wird dadurch berechnet, dass die Länderrisikoprämie mit dem Lambda-Faktor $\lambda$ multipliziert wird. $\lambda$ steht für den unternehmensspezifischen Umgang mit Länderrisiken. Die Eigenkapitalkosten nach dem Damodaran-Modell ergeben sich nach folgender Formel:

$$C_E = R_{f,US} + R_C \cdot \lambda + B_{L,L} \cdot (R_{M,US} - R_{f,US})$$

**Detailprognosehorizont, Detailprognoseperiode, Detailplanungsperiode** Die Detailplanungsperiode bezeichnet im DCF-Verfahren den Zeitraum, für den die bewertungsrelevanten Cashflows detailliert geplant werden.

**Discounted Cashflow-Modelle (kurz: DCF-Modelle)** Die DCF-Modelle sind Verfahren zur Bewertung von Unternehmen, bei denen sich der Unternehmenswert aus der Summe des Barwerts der zukünftigen Cashflows und des separat zu bestimmenden Wertes des nicht-betriebsnotwendigen Vermögens ergibt. Je nach Definition der bewertungsrelevanten Cashflows und der anzuwendenden Diskontierungszinssätze können verschiedene DCF-Verfahren unterschieden werden: der WACC-Ansatz, der Adjusted Present Value-Ansatz und der Equity-Ansatz (Nettoverfahren).

**Diskontierungsfaktor** Der Diskontierungsfaktor ist der Wert, mit dem eine Größe (z.B. ein Cashflow) auf einen zurückliegenden oder zukünftigen Zeitpunkt (durch Multiplikation) zurück- bzw. hochgerechnet wird.

**Diskontierungszinssatz (auch Diskontierungssatz)** Der Diskontierungszinssatz ist der jährliche Prozentsatz (Zins, Rendite), mit dem ein Zahlungsstrom diskontiert wird, um den Zeitwert (Barwert) dieses Zahlungsstroms zu erhalten.

**Due Diligence** Der englische Begriff Due Diligence bedeutet wörtlich übersetzt „nötige Sorgfalt". Unter Due Diligence versteht man die detaillierte Untersuchung, Prüfung und Bewertung der betriebswirtschaftlichen, technischen, steuerrechtlichen und rechtlichen Gegebenheiten und Planungen eines Unternehmens. Due Diligence-Prüfungen werden im Rahmen von Unternehmensakquisitionen und Börseneinführungen durchgeführt. Ziel ist es, potenzielle Risiken, die Einfluss auf die zukünftige Geschäftsentwicklung haben könnten, frühzeitig zu erkennen und zu vermeiden.

**Eigenkapitalkosten** Die Eigenkapitalkosten eines Unternehmens werden bestimmt durch die von den Eigenkapitalgebern geforderte Rendite.

**Einzelbewertungsverfahren** Bei den Einzelbewertungsverfahren wird der Unternehmenswert aus der Summe der einzelnen „Unternehmensbestandteile" (Vermögensgegenstände und Schulden) zu einem bestimmten Stichtag berechnet.

**Endwert** Vgl. Terminal Value

**Enterprise Value (kurz: EV)** Der Enterprise Value ist der Marktwert der operativen Geschäftstätigkeit eines Unternehmens. Durch Addition des nicht-betriebsnotwendigen Vermögens erhält man den Entity Value.

**Entity Value (auch Entity-Wert)** Der Entity Value ist der Gesamtwert des Unternehmens bzw. der Marktwert des Gesamtkapitals. Er berechnet sich aus der Summe der Marktwerte des Eigen- und des Fremdkapitals. Der Entity Value bildet den Wert des Leistungsbereichs eines Unternehmens ab.

**Equity Value (auch Equity-Wert, Market Capitalization (kurz: MC))** Der Equity Value ist der Marktwert des Eigenkapitals. Oftmals wird er als Synonym für den Unternehmenswert verwendet.

**Erb-Harvey-Viskanta-Modell (EHVM)** Beim Erb-Harvey-Viskanta-Modell (EHVM) handelt es sich um ein nicht-CAPM-basiertes Modell zur Bestimmung der Eigenkapitalkosten für Volkswirtschaften ohne Aktienmarkt unter Verwendung von Länderkreditrisikoratings. Das EHVM ist ein Gesamtrisikomodell. Die Eigenkapitalkosten nach dem Erb-Harvey-Viskanta-Modell ergeben sich nach folgender Formel:

$$R_{i,t+1} = \gamma_0 + \gamma_1 \cdot ln\,(CCR_{i,t}) + \varepsilon_{i,t+1}$$

**Estrada-Modell** Beim Estrada-Modell handelt es sich um ein nicht-CAPM-basiertes Modell zur Bestimmung der Eigenkapitalkosten, welches auf den ersten Blick dem klassischen CAPM ähnelt. Der entscheidende Unterschied liegt darin begründet, dass anstelle des Betafaktors ein sogenanntes Downside-Risikomaß ($R_{M,i}$) verwendet wird. Dieses Downside-Risikomaß wird durch das Verhältnis der Semistandardabweichung der Renditen des lokalen Bezugsmarktes mit der Semistandardabweichung der Renditen des Weltmarktes berechnet. In die Semistandardabweichung wird lediglich die negative Abweichung vom Erwartungswert berücksichtigt. Die Eigenkapitalkosten nach dem Estrada-Modell ergeben sich nach folgender Formel:

$$C_E = R_{f,US} + R_{Mi} \cdot (R_{M,G} - R_{f,G}) \text{ mit } R_{Mi} = (\text{semi-}\sigma_{L,M} / \text{ semi-}\sigma_G)$$

**Financial Leverage bzw. financial Gearing** Das Verhältnis von zinstragendem Fremdkapital zu Eigenkapital wird als Gearing bzw. Leverage bezeichnet.

**Finanzierungsneutralität** Die Finanzierungsneutralität resultiert aus der dem DCF-Entity-Ansatz zugrunde liegenden Aufteilung des Unternehmens in einen Leistungs- und einen Finanzierungsbereich. Sie bezeichnet die Unabhängigkeit der vom Unternehmen erwirtschafteten Zahlungsüberschüsse (oFCF) von Finanzierungsmaßnahmen.

**Fortführungswert** Der Fortführungswert ist der Wert eines Unternehmens, der sich ergibt, wenn das Unternehmen als Einheit fortgeführt wird.

Beim DCF-Verfahren wird der Begriff Fortführungswert auch als ein Synonym für den Terminal Value verwendet.

**Free float** Der Free float in einer Aktie ist der Anteil der Aktien, die sich nicht in Festbesitz befinden.

**Fremdkapitalkosten** Die Fremdkapitalkosten eines Unternehmens entsprechen den um das Tax Shield verringerten Fremdkapitalzinsen.

**Harte Währung** Bei einer internationalen Unternehmensbewertung stehen dem Bewerter grundsätzlich zwei Vorgehensweisen offen. Er hat die Wahl, die Bewertung in lokaler Währung oder in sogenannter „harter Währung" durchzuführen. Die harte Währung bezieht sich auf eine Referenzwährung eines entwickelten Industrielandes (beispielsweise Euro oder US-Dollar), für welches ausreichend und leicht zugängliche Finanzdaten vorhanden sind.

**Gesamtbewertungsverfahren** Gesamtbewertungsverfahren stellen im Gegensatz zu den Misch- bzw. den Einzelbewertungsverfahren bei der Unternehmensbewertung alleinig auf die zukünftige Ertragskraft des Unternehmens ab. Die Unternehmensbewertung erfolgt durch die Bewertung der zukünftigen Erträge, die aus dem Zusammenwirken aller realen Bestandteile eines Unternehmens resultieren.

**Globales CAPM** Beim globalen CAPM handelt es sich um ein CAPM-basiertes Modell zur Bestimmung der Eigenkapitalkosten. Es basiert auf der Annahme, dass die Märkte weltweit integriert sind und ein freier Kapital- und Informationsfluss auch über Ländergrenzen hinweg gegeben ist. Internationale Investoren sind folglich in der Lage mit Leichtigkeit jeglichen Markt zu betreten und auch wieder zu verlassen. Sind diese Annahmen hingegen nicht erfüllt, eignet sich das globale CAPM nicht zur Bestimmung der Eigenkapitalkosten. Die Eigenkapitalkosten nach dem globalen CAPM ergeben sich nach folgender Formel:

$$C_E = R_{f,G} + B_{L,G} \cdot (R_{M,G} - R_{f,G}).$$

**Godfrey-Espinosa-Modell** Das Godfrey-Espinosa-Modell ist ein CAPM-basiertes Modell zur Bestimmung der Eigenkapitalkosten. Es geht davon aus, dass der Bezugsmarkt und der Markt des entsprechenden Schwellenlandes perfekt korrelieren müssen. Da ein Teil des Länderrisikos bereits in der Marktrisikoprämie enthalten zu sein scheint, werden durch Addition der Länderrisikoprämie Risiken teilweise doppelt berücksichtigt, was durch Multiplikation eines von den Erfindern bestimmten Korrekturfaktor in Höhe von 0,6 ausgeglichen wird. Die Eigenkapitalkosten nach dem Godfrey-Espinosa-Modell ergeben sich nach folgender Formel:

$$C_E = R_{f,US} + R_C + B_{Mod} \cdot (R_{M,US} - R_{f,US}) \text{ mit } B_{Mod} = (\sigma_L / \sigma_{US}) \cdot 0{,}6$$

**Goldman-Sachs-Modell** Beim Goldman-Sachs-Modell handelt es sich um ein CAPM-basiertes Modell zur Bestimmung der Eigenkapitalkosten. Durch Integration eines lokalen Unternehmensbeta $B_{LL}$ und einer unternehmensspezifischen Risikoprämie $R_{Id}$ ermöglicht es die Berechnung unternehmensspezifischer Eigenkapitalkosten. Diese unternehmensspezifische Risikoprämie ergibt sich aus den speziellen Charakteristika des Unternehmens (bspw. zyklische Industrie, Anteil der Erlöse außerhalb des Heimatmarkts). Die Eigenkapitalkosten nach dem Goldman-Sachs-Modell ergeben sich nach folgender Formel:

$$C_E = R_{f,US} + R_C \cdot (\sigma_L / \sigma_{US}) \cdot B_{L,L} \cdot (R_{M,US} - R_{f,US}) \cdot (1 - R) + R_{Id}$$

**Hybrides CAPM** Beim hybriden CAPM, handelt es sich um ein CAPM-basiertes Modell zur Bestimmung der Eigenkapitalkosten. Beim hybriden Modell wird die globale Marktrisikoprämie $(R_{M,G} - R_{f,G})$ mit Hilfe eines Länderbetas $(BC_{L,G})$ an den lokalen Markt angepasst. Der Vorteil dieses Ansatzes liegt darin, dass die leichter zu beschaffenden Daten des Weltmarktes genutzt werden können. Die Eigenkapitalkosten nach dem hybriden CAPM ergeben sich nach folgender Formel:

$$C_E = R_{f,G} + R_C + BC_{L,G} \cdot B_{G,G} \cdot (_{RM,G} - R_{f,G})$$

**Länderrisikoprämie** Unter der Länderrisikoprämie versteht man die Prämie, welche Investoren für ein erhöhten Risikos (politische und ökonomische Unruhen, Kriege, Einfuhrbeschränkungen, Wechselkursschwankungen und dergleichen) in diesen Ländern fordern. Sie kann aus den Default Spreads öffentlicher gehandelter Anleihen, aus Länderratings oder durch Unternehmensanleihen, aus relativen Standardabweichungen der Aktienmärkte zueinander oder aus einer Kombination dieser Ansätze bestimmt werden.

**Lambda-Ansatz zur Zurechnung der Länderrisikoprämie** Je nach Annahme über die Zurechenbarkeit des Länderrisikos muss die Prämie an unterschiedlichen Stellen in die Eigenkapitalkostenberechnung einbezogen werden. Beim Lambda-Ansatz wird neben dem Betafaktor $\beta$ ein neuer Faktor Lambda $\lambda$ zur Messung des individuellen Länderrisikos eingeführt.

Durch Einführung des Lambda Faktors entsteht aus dem ursprünglichen Ein-Faktorenmodell ein Zwei-Faktorenmodell mit dem Länderrisiko als zweiten Faktor und Lambda als Maßzahl der Ausprägung des Länderrisikos. Dies ermöglicht es, dass das Länderrisiko eines Unternehmens vom Marktrisiko abweichen kann. Die Eigenkapitalkosten mit dem Lambda-Ansatz zur Zurechnung der Länderrisikoprämie ergeben sich nach folgender Formel:

$$R_{EK} = Rrisikofrei + Beta \cdot Marktrisikoprämie + \lambda \cdot Länderrisikoprämie$$

**Lessard-Modell** Beim Lessard-Modell handelt es sich um einen Spezialfall des hybriden CAPM, bei dem anstelle des globalen Marktes der Markt in den USA herangezogen wird. Das Länderrisiko wird bei diesem Modell berechnet, indem das Beta eines vergleichbaren Projektes in den USA mit dem Länderbeta eines projektspezifischen Betas multipliziert wird. Die Eigenkapitalkosten nach dem Lessard-Modell ergeben sich nach folgender Formel:

$$C_E = R_{f,US} + R_C + BC_{L,US} \cdot B_{US} \cdot (R_{M,US} - R_{f,US})$$

**Leverage** Grad der Fremdverschuldung eines Unternehmens, meistens ausgedrückt durch das Verhältnis von Fremd- zu Eigenkapital.

**Leverage-Effekt:** Hebelwirkung. Durch die Aufnahme von Fremdkapital kann die Eigenkapitalrentabilität gesteigert werden, solange der Fremdkapitalzinssatz niedriger ist, als die durchschnittliche Verzinsung des gesamten eingesetzten Kapitals. Die Hebelwirkung ist umso stärker, je höher der Verschuldungsgrad ist.

**Lokale Währung** Bei einer internationalen Unternehmensbewertung stehen dem Bewerter grundsätzlich zwei Vorgehensweisen offen. Er hat die Wahl, die Bewertung in lokaler Währung oder in sogenannter „harter Währung" durchzuführen. Unter der lokalen Währung ist in diesem Zusammenhang die meist volatile Inlandswährung des Emerging Markets/High Growth Markets zu verstehen.

**Lokales und adjustiertes lokales CAPM** Beim lokalen CAPM handelt es sich um ein CAPM-basiertes Modell zur Bestimmung der Eigenkapitalkosten. Es setzt segmentierte Märkte (erhebliche Barrieren für den internationalen Kapital- und Informationsfluss) voraus. Das lokale CAPM ist ein Modell, das sich für gut diversifizierte Investoren eignet, die jedoch auf einen lokalen Markt beschränkt sind. Im Gegensatz zu integrierten Märkten können vorhandene Länderrisiken ($R_C$) in segmentierten Märkten nicht durch internationale, geographische Diversifikation eliminiert werden, weshalb sie innerhalb der Eigenkapitalkosten zu berücksichtigen sind. Die Eigenkapitalkosten nach dem lokalen CAPM ergeben sich nach folgender Formel: $C_E = (R_{f,G} + R_C) + B_{L,L} \cdot (R_{M,L} - R_{f,L})$. Beim adjustierten lokalen CAPM handelt es sich um eine Weiterführung des lokalen CAPM, bei welchem Faktoren angepasst wurden, um Doppelzählungen zu vermeiden.

**Market Approach** Vgl. Multiplikatorenverfahren. Die Multiplikatorenverfahren werden auch als Market Approach bezeichnet, weil der zu ermittelnde Wert des zu bewertenden Unternehmens anhand von Multiplikatoren, die aus den bekannten Marktwerten anderer mit dem Bewertungsobjekt vergleichbarer Unternehmen oder ähnlicher M&A-Transaktionen abgeleitet werden, bestimmt wird.

**Marktkapitalisierung (auch Market Capitalization, kurz: MC)** Aktienkurs multipliziert mit der Aktienanzahl

**Marktportfolio** Das Konzept des Marktportfolios basiert auf dem CAPM. Es bezeichnet ein perfekt diversifiziertes Portfolio, in das alle am Markt gehandelten Finanztitel eingehen. Die Gewichtung der einzelnen Finanztitel wird dabei (in Abhängigkeit der Korrelationen der einzelnen Wertpapiere) so bestimmt, dass die bestmögliche Rendite-Risiko-Kombination realisiert wird. Das unsystematische Risiko der Einzeltitel wird durch die Diversifizierung eliminiert, das Marktportfolio unterliegt jedoch dem systematischen Risiko. In der Bewertungspraxis wird in der Regel ein relativ breiter Aktienindex (z.B. der S&P 500 in den USA) dem Marktportfolio gleichgesetzt.

**Marktrisikoprämie** Das Konzept der Marktrisikoprämie basiert auf dem CAPM. Die Marktrisikoprämie ist im CAPM definiert als Differenz zwischen der erwarteten Rendite des Marktportfolios und der Rendite der risikofreien Anlage. Die Marktrisikoprämie stellt den Marktpreis des systematischen Risikos dar.

**Marktwert** Der Marktwert ist der Preis, der zum Bewertungsstichtag bezahlt wird bzw. bei einer fairen Bewertung bezahlt werden müsste.

**Multiplikatoren** Vgl. Multiplikatorenverfahren. Multiplikatoren werden gebildet, indem der Wert eines Unternehmens zu einem bestimmten Zeitpunkt ins Verhältnis zu einer bestimmten Bezugsgröße des Unternehmens (z.B. Umsatz oder Gewinn) gesetzt wird:

Als Bezugsgröße können Zahlen aus der Bilanz, der Gewinn- und Verlustrechnung, der Kapitalflussrechnung oder auch sonstige Kennzahlen des Unternehmens dienen. Wichtig ist hierbei, dass beide Komponenten – Wert und Bezugsgröße – in einem sinnvollen Zusammenhang zueinander stehen. Die Bildung von Multiplikatoren beruht auf der Grundannahme, dass ein lineares Verhältnis zwischen dem Unternehmenswert und der verwendeten Bezugsgröße besteht. In der verwendeten Bezugsgröße sollten sich daher die für das Unternehmen wichtigsten Werttreiber (z.B. Umsatzwachstum, Gewinn etc.) widerspiegeln.

**Multiplikatorenverfahren** Bei den Multiplikatorenverfahren handelt es sich um marktorientierte Verfahren zur Unternehmensbewertung, bei denen der unbekannte Wert des zu bewertenden Unternehmens anhand von Multiplikatoren, die aus den bekannten Marktwerten anderer mit dem Bewertungsobjekt vergleichbarer Unternehmen (comparable public company approach) oder ähnlicher M&A-Transaktionen (recent acquisition approach) abgeleitet sind, bestimmt wird. Der Unternehmenswert ergibt sich aus dem Produkt eines Multiplikators und einer Bezugsgröße des zu bewertenden Unternehmens. Je nach Bezugsgröße bzw. resultierendem Wert (Enterprise Value oder Equity Value) werden verschiedene Multiplikatoren unterschieden.

**net operating profit less adjusted taxes (kurz: NOPLAT)** Der NOPLAT ist das operative Ergebnis vor Zinsen und nach adaptierten Steuern. Er ist die Ausgangsbasis für die Berechnung der oFCF im Entity-Ansatz und wird ermittelt, indem vom EBIT die (fiktiven) ertragsabhängigen Unternehmenssteuern, die das Unternehmen zahlen müsste, wenn es kein Fremdkapital und keine nicht-betriebsbedingten Aufwendungen und Erträge hätte, abgezogen werden.

**Nettofinanzverbindlichkeiten** Die Nettofinanzverbindlichkeiten sind definiert als der Saldo aus zinstragenden Verbindlichkeiten und liquiden Aktiva (Kasse und liquide Wertpapiere). Die Nettofinanzverbindlichkeiten entsprechen dem Nettofinanzvermögen mit umgekehrten Vorzeichen.

**Nettofinanzvermögen** Das Nettofinanzvermögen ist definiert als der Saldo aus liquiden Aktiva (Kasse und liquide Wertpapiere) und zinstragenden Verbindlichkeiten. Das Nettofinanzvermögen entspricht den Nettofinanzverbindlichkeiten mit umgekehrten Vorzeichen.

**Nettoverfahren** Vgl. Equity-Ansatz

**Nicht-betriebsnotwendiges Vermögen** Zum nicht-betriebsnotwendigen Vermögen zählen die Vermögensbestandteile eines Unternehmens, die in keinem direkten Zusammenhang zur operativen Geschäftstätigkeit des Unternehmens stehen und daher auch verkauft werden können, ohne die Leistungsfähigkeit des Unternehmen einzuschränken.

**Nicht-CAPM-basierte Modelle** Unter den nicht-CAPM-basierten Modellen versteht man all die Modelle, die nicht auf das Capital Asset Pricing Modell zurückzuführen sind. Genannt seien hier das Estrada-Modell, das Erb-Harvey-Viskanta-Modell (EHVM) und die Arbitrage Pricing Theory (APT). Ein Vorteil der nicht-CAPM-basierten Modelle liegt in ihrer Gesamtrisikobetrachtung, weshalb sie häufig auch als Gesamtrisikomodelle bezeichnet werden. Im Gegensatz zu CAPM-basierten Modellen, welche per Definition lediglich systematische Risiken berücksichtigen, beziehen die nicht-CAPM-basierten Modelle zumindest auch teilweise vorhandene unsystematischer Risiken in die Eigenkapitalkostenberechnung mit ein.

**Normalisierter Cashflow** Unter dem normalisierten Cashflow wird in diesem Buch der nachhaltige Cashflow verstanden, anhand dessen im DCF-Modell der Terminal Value berechnet wird.

**Operativer Free Cashflow (kurz: oFCF)** Der operative Free Cashflow ist der Zahlungsstrom, der zur Verteilung an die Eigenkapitalgeber und die Fremdkapitalgeber zur Verfügung steht. Er ist die Basis für die Berechnung des Unternehmenswertes nach dem Entity-Ansatz und berechnet sich aus dem Brutto-Cashflow durch Abzug der Investitionen ins Umlauf- und Anlagevermögen. Der oFCF gibt an, wie hoch der Überschuss bzw. die Unterdeckung an Liquidität aus der operativen Geschäftstätigkeit eines Unternehmens ist.

**Peer Group** Unter Peer Group versteht man bei der Multiplikatorenbewertung eine Gruppe von Unternehmen, die mit dem zu bewertenden Unternehmen vergleichbar sind und auf Basis derer das zu bewertende Unternehmen bewertet wird.

**Recent Acquisition Approach** Vgl. Multiplikatorenverfahren

**Residual Value** Vgl. Terminal Value

**Restwert** Vgl. Terminal Value

**Risiko, systematisches** Das systematische Risiko, das auch als allgemeines Marktrisiko bezeichnet wird, umfasst all die Einflussfaktoren, die dem generellen gesamtwirtschaftlichen und politischen Umfeld zugerechnet werden können. Es ist dadurch gekennzeichnet, dass es von einem Investor nicht durch Diversifizierung innerhalb der Volkswirtschaft vermieden werden kann.

**Risiko, unsystematisches** Das unsystematische Risiko umfasst alle unternehmensspezifischen Risikofaktoren. Auf perfekten Kapitalmärkten lässt sich dieses Risiko – gemäß den Annahmen des CAPM – durch Portfoliobildung wegdiversifizieren.

**Risikofreier Zinssatz** Der risikofreie Zins ist die Rendite einer Anlage ohne jedes Ausfallrisiko und ohne Korrelation mit Renditen anderer Kapitalanlagen. In der Praxis zieht man zur Bestimmung des risikofreien Zinssatzes vereinfachend die Rendite langfristiger festverzinslicher Anleihen der öffentlichen Hand heran.

**Salomon-Smith-Barney-Modell** Beim Salmon-Smith-Barney-Modell handelt es sich um ein CAPM-basiertes Modell zur Bestimmung der Eigenkapitalkosten, welches eine Abwandlung des globalen CAPM darstellt. In diesem Ansatz wird die Länderrisikoprämie mit unternehmensspezifischen Risiken (bezogen auf Zugang zu Kapitalmärkten ($\gamma_1$), Anfälligkeit des Investments gegen politische Risiken ($\gamma_2$) und Bedeutung des Investments für das investierende Unternehmen ($\gamma_3$) ) multipliziert. Die Eigenkapitalkosten nach dem Salmon-Smith-Barney-Modell ergeben sich nach folgender Formel:

$$C_E = R_{f,H} + R_C \cdot [\,(\gamma_1 + \gamma_2 + \gamma_3)/30\,] + B_{L,G} \cdot (R_{M,G} - R_{f,G})$$

**Sensitivitätsanalyse** Analyse der Wirkung möglicher Veränderungen der Erlöse und Kosten z.B. auf die Profitabilität eines Projektes oder eines Unternehmens oder auf den Unternehmenswert.

**Simulationsbasierter Ansatz** Bei simulationsbasierten Bewertungsansätzen können Länderrisiken (wie z.B. die Unsicherheit über die Inflation, die Möglichkeit der Enteignung oder Zahlungsunfähigkeit des Staates) unmittelbar bei der Simulation der unsicheren zukünftigen Erträge und Cashflows des Unternehmens berücksichtigt werden. Ausgehend von der Unternehmensplanung wird mittels Monte-Carlo-Simuation eine große repräsentative Anzahl von Zukunftsszenarien des Unternehmens und die Implikationen für die zukünftigen Cashflows berechnet. Sämtliche Länderrisiken können Planabweichungen auslösen und werden bei der Szenarioberechnung berücksichtigt.

**Substanzwertverfahren** Unter Substanz können bei einer Unternehmensbewertung die materiellen und immateriellen sowie die betriebsnotwendigen und die nichtbetriebsnotwendigen Vermögensgegenstände verstanden werden. Die Substanz kann unter der Annahme der Fortführung oder der Liquidation eines Unternehmens bewertet werden.

**Substanzwertverfahren auf Basis von Liquidationswerten** Der Liquidationswert stellt den Wert dar, der sich bei Auflösung des Unternehmens aus dem Verkauf der einzelnen Vermögensgegenstände ergibt. Von den Liquidationserlösen sind die Schulden und Liquidationskosten (z.B. Kosten eines Sozialplans) abzuziehen.

**Substanzwertverfahren auf Basis von Reproduktionswerten** Ausgangspunkt der Bewertung ist die Vorstellung, das gegebene Unternehmen zu reproduzieren und die dabei entstehenden Kosten als Wertansatz heranzuziehen. Die Reproduktionswerte entsprechen daher den „Wiederbeschaffungswerten" bzw. den „Zeitwerten".

**Sum of the Parts-Bewertung** Bewertungsansatz, bei dem der Eigenkapitalwert eines Konzerns berechnet wird als Summe der Werte der einzelnen Geschäftsbereiche zuzüglich des Wertes des nicht-betriebsnotwendigen Vermögens und abzüglich des Barwertes der Kosten der Konzernzentrale und ggf. der Nettofinanzverbindlichkeiten auf Konzernebene.

**Tax Shield** Das Tax Shield entspricht der Steuerersparnis eines Unternehmens, die sich aus der steuerlichen Abzugsfähigkeit der Fremdkapitalzinsen ergibt.

**Terminal Value (kurz: TV; auch Endwert, Restwert, Fortführungswert oder Residual Value)** Der Terminal Value bezeichnet beim DCF-Verfahren den Barwert (zum Ende der Detailplanungsperiode) aller zukünftigen bewertungsrelevanten Cashflows eines Unternehmens für die Jahre nach der Detailplanungsperiode. Üblicherweise geht man davon aus, dass sich das Unternehmen nach Ablauf der Detailprognoseperiode in einem Gleichgewichtszustand (steady state) befindet, so dass der Terminal Value mit Hilfe der Formel für den Barwert einer (konstant wachsenden) ewigen Rente auf Basis des „normalisierten" Cashflows bestimmt werden kann.

**Total Cashflow (kurz: TCF)** Der Total Cashflow ist der um den Steuervorteil aus den Fremdkapitalzinsen erhöhte oFCF und wird zur Berechnung des Entity Value bei einer Variante des DCF-Verfahrens (Entity-Ansatz auf Basis von TCF) verwendet. Um die Konsistenz zwischen Cashflow und Diskontierungszinssatz zu wahren, sind die Fremdkapitalkosten im WACC in dieser DCF-Variante ohne Tax Shield anzusetzen.

**Vergleichsgruppe** Vgl. Peer Group

**WACC-Ansatz** Der Entity-Ansatz ist eine Variante des DCF-Verfahrens, bei der auf Basis der mit dem Mischzinssatz WACC diskontierten künftigen operativen free Cashflows unter Hinzurechnung des Wertes des nicht-betriebsnotwendigen Vermögens der Wert des Gesamtkapitals bestimmt wird. Um zum Wert des Eigenkapitals zu gelangen, muss noch der Marktwert des verzinslichen Fremdkapitals abgezogen werden.

**Weighted Average Cost of Capital (kurz: WACC; gewichtete Kapitalkosten)** Der WACC ist der Diskontierungszinssatz, der beim DCF-Verfahren nach dem Entity-Ansatz verwendet wird. Er berechnet sich aus den zu Marktwerten gewichteten Kapitalkosten für Eigen- und Fremdkapital.

**Working Capital** Das Working Capital ist das Netto-Umlaufvermögen. In seiner engen Definition umfasst es die um erhaltene Anzahlungen verminderten Vorräte und die Forderungen aus Lieferungen und Leistungen abzüglich der Verbindlichkeiten aus Lieferungen und Leistungen. In der weiten Definition kommt der Saldo aus den sonstigen Forderungen und Vermögensgegenständen abzüglich der sonstigen Verbindlichkeiten hinzu.

**Zielkapitalstruktur** Die Zielkapitalstruktur bezeichnet eine zur Berechnung des WACC im DCF-Entity-Ansatz vorgegebene Kapitalstruktur. Bei der Vorgabe der Zielkapitalstruktur sollte die gegenwärtige Kapitalstruktur des zu bewertenden Unternehmens sowie die geplante zukünftige Finanzierungspolitik des Unternehmens berücksichtigt werden.

**Zirkularitätsproblem** Das Zirkularitätsproblem entsteht beim DCF-Modell nach dem Entity-Ansatz dadurch, dass für die Ermittlung des Inputfaktors WACC (gewichtete Kapitalkosten) der Marktwert des Eigenkapitals benötigt wird. Dieser Marktwert des Eigenkapitals soll jedoch erst als Ergebnis der Unternehmensbewertung – durch Diskontierung der bewertungsrelevanten Cashflows mit dem WACC – berechnet werden. Das Problem kann durch Iteration, durch Vorgabe einer Zielkapitalstruktur oder durch die Verwendung periodenspezifischer WACCs gelöst werden.

**Zwei-Phasenmodell** Im Rahmen einer DCF-Unternehmensbewertung lässt sich der Unternehmenswert eines Unternehmens in einem Zwei-Phasenmodell bestimmen als Summe des Barwertes der Cashflows während der Detailprognoseperiode und des Barwertes der Cashflows nach der Detailprognoseperiode. Letzterer entspricht dem Barwert des Terminal Value.

# Verwendete und weiterführende Literatur

**Adler, M., Durnas, B. (1983):** International Portfolio Choice and Corporation Finance: A Synthesis, in: Journal of Finance, Vol. 38, No. 3, 925-984.

**Agganval, R./Inclan, C./Leal, R. (1999):** Volatility in Emerging Stock Markets, in: Journal of Financial and Quantitative Analysis, Vol. 34, No. 1, 33-55.

**Barry, C. B. u. a. (2002):** Robustness of Size and Value Effects in Emerging Equity Markets, 1985-2000, in: Emerging Markets Review, Vol. 3, No. 1, 1-30.

**Ballwieser, W. (2011):** Unternehmensbewertung: Prozess, Methoden und Probleme, 3., überarbeitete Auflage, Stuttgart.

**Beaver, W., Manegold, J. (1975):** The Association between Market-determined and Accounting-determined Measures of Systematic Risk: Some Further Evidence, in: Journal of Financial and Quantitative Analysis, 231-284.

**Bekaert, G. (1975):** Market Integration and Investment Barriers in Emerging Equity Markets, in: World Bank Economic Review, Vol. 9, No. 1, 75-107.

**Bekaert, G. u. a. (1997):** What Matters for Emerging Market Investments, in: Emerging Markets, Quarterly, Vol. 1, 17-46.

**Bekaert, G. u. a. (1998):** Distributional Characteristics of Emerging Market Returns and Asset Allocation, in: The Joumal of Portfolio Management, Vol. 24, No. 2, 102-116.

**Bekaert, G./Harvey, C. R. (1995):** Time-Varying World Market Integration, in: Journal of Finance,Vol. 50, No. 2, 403-444.

**Bekaert, G./Harvey, C. R. (2000**): Foreign Speculators and Emerging Equity Markets, in: Journal of Finance, Vol. 55, No. 2, 565-613.

**Bekaert, G./Harvey, C. R. (2002):** Research in Emerging Markets Finance: Looking to the Future, in: Emerging Markets Review, Vol. 3, No. 4, 429-448.

**Bekaert, G./Harvey, C. R. (2003):** Emerging Markets Finance, in: Journal of Empirical Finance, Vol. 10, No. 1-2, 3-55.

**Bekaert, G./Harvey, C. R./Lumsdaine, R. L. (2002):** Dating the Integration of World Equity Markets, in: Joumal of Financial Economics, Vol. 65, No. 2, 203-247.

**Bekaert, G./Harvey, C. R./Lundblad, C. (2003):** Equity Market Liberalization in Emerging Markets, in: Journal of Financial Research, Vol. 26, No. 3, 275-299.

**Bekaert, G./Marvey, C. R./Lundblad, C. (2007):** Liquidity and Expected Returns: Lessons from Emerging Markets, in: Review of Financial Studies, Vol. 20, No. 6, 1783-1831.

**Bekaert, G./Unas, M. S. (1996):** Diversification, Integration and Emerging Market Closed-End Funds, in: Journal of Finance, Vol. 51, No. 3, 835-869.

**Berger, K./Knoll, L. (2009):** Objektivierte Unternehmensbewertung und internationale Bewertungsstandards, in: BewertungsPraktiker, H. 4, 2-11.

**Bilgin, F. Z./Sriram, V./Wührer, G. A. (2004):** A General Look at Emerging Markets, in: Drivers of Global Business Success: Lessons from Emerging Markets, hrsg. von Bilgin, F. Z./Sriram, V./ Wührer, G. A., Basingstoke u. a., 26-38.

**Bilson, C. M./Brailsford, T. J. (2002):** Time-Varying Asset Pricing Models in the Context of Segmented Markets, Working Paper.

**Bilson, C. M./Brailsford, T. J./Hooper, V. J. (2001):** Selecting Macroeconomic Variables as Explanatory Factors of Emerging Stock Market Returns, in: Pacific-Basin Finance Journal, Vol. 9, No. 4, 401-426.

**Birg, G./Lucey B. M. (2006):** Integration of Smaller European Equity Markets: A Time-varying Integration Score Analysis, IIIS Discussion Paper No. 136, April 2006.

**Black, F., Scholes, M. (1973):** The Pricing of Options and Corporate Liabilities, in: Journal of Political Economy, Vol. 81, No. 3, 637-659.

**Born, K. (2003):** Unternehmensanalyse und Unternehmensbewertung, 2. Auflage, Stuttgart.

**Brealey, R., Myers S. C., Allen, F. (2011):** Principles of Corporate Finance, 10. Auflage, New York.

**Brühl, V. (2000):** Länderrisiken bei internationalen Unternehmenskäufen, in: Finanz Betrieb 2000, 61-67.

**Bruner, R. F. u. a. (1998):** Best Practices in Estimating the Cost of Capital: Survey and Synthesis, in: Financial Practice and Education, Vol. 8, No. 1, 13-28.

**Bruner, R. F. u. a. (2002):** Introduction to „Valuation in Emerging Markets", in: Emerging Markets Review, Vol. 3, No. 4, 310-324.

**Bruner, R. F. u. a. (2003):** Investing in Emerging Markets;Charlottesville.

**Bruner, R. F. u. a. (2008):** Market Integration in Developed and Emerging Markets: Evidence from the CAPM, in: Emerging Markets Review, Vol. 9, No. 2, 89-103.

**Bruner, R. F./Conroy, R./Li, W. (2004):** The Relative Importance of Country and Industry Factors in Emerging Markets, Working Paper, February 2004.

**Buckberg, E. (1995):** Emerging Stock Markets and International Asset Pricing, in: World Bank Economic Review, Vol. 9, No. 1, 51-74.

**Cajueiro, D. O./Tabak, B. M. (2004):** The Hurst Exponent Over Time: Testing the Assertion that Emerging Markets are Becoming More Efficient, in: Physica A: Statistical and Theoretical Physics, Vol. 336, No. 34, 521-537.

**Cauchie, S./Hoesli, M./Isakov, D., (2004):** The Determinants of Stock Returns in a Small Open Economy, in: International Review of Economics and Finance, Vol. 13, No. 2, 167-185.

**Cavaglia, S./Brightman, C./Aked, M. (2000):** The Increasing Importance of Industry Factors, in: Financial Analysts Journal, Vol. 56, No. 5, 41-54.

**Chen, J./Chen, D.-H. (2004):** The Downside Risk and Equity Valuation: Emerging Market Evidence, in: Journal of Emerging Market Finance, Vol. 3, No. 1, 77-93.

**Chen, N. F., Roll, R. R., Ross, S. A. (1986):** Economic Forces and the Stock Market, Journal of Business, Vol. 59, No. 3, 383-403.

**Chui, A. C. W./Wei, K. C. J. (1998):** Book-to-Market, Firm Size, and the Turn-of-the-Year-Effect: Evidence from Pacific-Basin Emerging Markets, in: Pacific-Basin Finance Journal, Vol. 6, No. 3, 275-293.

**Claessens, S./Dasgupta, S./Glen, J. (1995):** The Cross-Section of Stock Returns. Evidence from Emerging Markets, The World Bank Policy Research Working Paper 1505, September 1995.

**Copeland, T., Koller, T., Murrin, J. (2000):** Valuation: Measuring and Managing the Value of Companies, 3. Auflage, New York.

**Copeland, T., Koller, T., Murrin, J. (2002):** Unternehmenswert. Methoden und Strategien für eine wertorientierte Unternehmensführung, 3. Auflage, Frankfurt/Main.

**Cruces, J. J./Buscaglia, M. A./Alonso, J. (2002):** The Term Stmcture of Country Risk and Valuation in Emerging Markets, Working Paper, December 2002.

**Damodaran, A. (2006):** Damodaran on Valuation: Security Analysis for Investment and Corporate Finance, 2. Auflage, Hoboken.

**Damodaran, A. (2002b):** Investment Valuation: Tools and Techniques for Determining the Value of Any Asset, 2. Aufl., New York.

**Damodaran, A. (2003):** Measuring Company Exposure to Country Risk: Theory and Practice, Stern School of Business, Working Paper, in: `http://pages.stern.nyu.edu/~adamodar/pdfiles/papers/CountryRisk.pdf`, 03.05.2010.

**Damodaran, A. (2008):** What is the riskfree rate? A Search for the Basic Building Block, Stern School of Business, Working Paper, in: `http://pages.stern.nyu.edu/~adamodar/pdfiles/papers/riskfreerate.pdf`, 03.05.2010.

**Damodaran, A. (2009):** Volatility Rules: Valuing Emerging Market Companies, Stern School of Business, Working Paper, in: `http://pages.stern.nyu.edu/~adamodar/pdfiles/papers/emergmkts.pdf`, 03.05.2010.

**Damodaran, A. (2010):** Equity Risk Premiums (ERP): Determinants, Estimation and Implications – The 2010 Edition, Stern School of Business, Working Paper, in: `http://pages.stern.nyu.edu/~adamodar/pdfiles/papers/ERP2010.pdf`, 03.05.2010.

**de Jong, F./de Roon, F. A. (2005):** Time-varying Market Integration and Expected Returns in Emerging arkets, in: Journal of Financial Economics, Vol. 78, No. 3, 2005, 583-613.

**De Santis, G./Gérard, B. (1998):** How Big is the Premium for Currency Risk, in: Journal of Financial Economics, Vol. 49, No. 3, 375-412.

**De Santis, G./Imrohoroglu, S. (1997):** Stock Returns and Volatility in Emerging Financial Markets, in: Journal of International Money and Finance, Vol. 16, No. 4, 561-579.

**De Swaan, J. C./Liubych, A. (1999):** Determining the Cost of Equity in Emerging Markets, Working Paper.

**Derrabi, M./Leseure, M. (2005):** Global Asset Allocation: Risk and Return Trade-off on Emerging Stockmarkets, in: Risk Management in Emerging Markets, hrsg. von Motamen-Samadian, S., Houndmills u. a., 35-55.

**Dhrymes, P. J. u. a. (1985):** New Tests of the APT and Their Implications, in: Journal of Finance, Vol. 40, No. 3, 659-674.

**Dhrymes, P. J./Friend, I./Gultekin, N. B. (1984):** A Critical Reexamination of the Empirical Evidence on the Arbitrage Pricing Theory, in: Journal of Finance, Vol. 39, No. 2, 323-346.

**Drukarcyk, J., Schüler, A. (2007):** Unternehmensbewertung, 5. überarbeitete und erweiterte Auflage, München: Vahlen.

**Drukarcyk, J., Ernst, D. (2010):** Branchenorientierte Unternehmensbewertung, 3. Aufl., München: Vahlen.

**Duch, S., Jonas, M., Weiland-Blöse, H. (2007):** Zum Basiszinssatz in der Unternehmensbewertung, in: Ernst, D., Häcker, J., Moser, U. (Hrsg.): Praxis der Unternehmensbewertung und Akquisitionsfinanzierung, Heft 22, München.

**Eayrs, W./Ernst, D./ Prexl, S. (2011):** Corporate Finance Training: Planung, Bewertung und Finanzierung von Unternehmen, 2. Aufl., München.

**Elton, E. J. (1999):** Expected Return, Realized Return, and Asset Pricing Tests, in: Journal of Finance, Vol. 54, No. 4, 1199-1220.

**Erb, C. B., Harvey, C. R., Viskanta, T. E. (1995):** Country Risk and Global Equity Selection, in: Journal of Portfolio Management, Vol. 21, No. 2, 74-83.

**Erb, C. B., Harvey, C. R., Viskanta, T. E. (1996a):** Expected Returns and Volatility in 135 Countries, in: Journal of Portfolio Management, Vol. 22, No. 3, 46-58.

**Erb, C. B., Harvey, C. R., Viskanta, T. E. (1996b):** Political Risk, Economic Risk, and Financial Risk, in: Financial Analysts Journal, Vol. 52, No. 6, 29-46.

**Erb, C. B., Harvey, C. R., Viskanta, T. E. (1998):** Country Risk in Global Financial Management, Charlottesville.

**Ernst, D., Schneider, S., Thielen, B. (2010):** Unternehmensbewertungen erstellen und verstehen – Ein Praxisleitfaden, 4. Aufl., München.

**Ernst, D., Häcker, J. (2011):** Applied International Corporate Finance, 2. Aufl., München.

**Ernst, D., Schempp, M. (2011):** Adjusted Present Value-Ansatz unter Berücksichtigung des Ausfallrisikos, in: Journal für Corporate Finance, Heft 3, München.

**Errunza, V. R. (1983):** Emerging Markets: A New Opportunity for Improving Global Portfolio Performance, in: Financial Analysts Journal, Vol. 39, No. 5, 51-58.

**Errunza, V. R., Losq, E. (1985):** International Asset Pricing under Mild Segmentation: Theory and Test, in: Journal of Finance, Vol. 40, No. 1, 105-124.

**Estrada, J. (2000):** The Cost of Equity in Emerging Markets: A Downside Risk Approach, in: emerging Markets Quaterly, Vol. 4, No. 3, 19-30.

**Estrada, J. (2002):** Systematic Risk in Emerging Markets: The D-CAPM, in: Emerging Markets Review, Vol. 3, No. 4, 365-379.

**Estrada, J. (2006):** Downside Risk in Practice, in: Journal of Applied Corporate Finance, Vol. 18, No. 1, 117-125.

**Estrada, J. (2007a):** Discount Rates in Emerging Markets: Four Models and an Application, in: Journal of Applied Corporate Finance, Vol. 19, No. 2, 72-77.

**Estrada, J. (2007b):** Mean-Semivariance Behavior: Downside Risk and Capital Asset Pricing, in: International Review of Economics and Finance, Vol. 16, No. 2, 169-185.

**Estrada, J., Serra, A. P. (2005):** Risk and Return in Emerging Markets: Family Matters, in: Journal of Multinational Financial Management, Vol. 15, No. 3, 257-272.

**Fama, E. F. (1970):** Efficient Capital Markets: A Review of Theory and Empirical Work, in: Journal of Finance, Vol. 25, No. 2, 383-417.

**Fama, E. F. (1981):** Stock Returns, Real Activity, Inflation, and Money, in: American Economic Review, Vol. 71, No. 4, 545-565.

**Fama, E. F. (1991):** Efficient Capital Markets: II, in: Journal of Finance, Vol. 46, No. 5, 1575-1617.

**Fama, E. F., French, K. R. (1992):** The Cross-Section of Expected Stock Returns, in: Journal of Finance, Vol. 47, No. 2, 427-465.

**Fama, E. F., French, K. R. (1993):** Common Risk Factors in the Returns on Stocks and Bonds, in: Journal of Financial Economics, Vol. 33, No. 1, 3-56.

**Fama, E. F., French, K. R. (1996):** The CAPM is Wanted, Dead or Alive, in: Journal of Finance, Vol. 51, No. 5, 1947-1958.

**Fama, E. F., French, K. R. (1998):** Value versus Growth: The International Evidence, in: Journal of Finance, Vol. 53, No. 6, 1975-1999.

**Fama, E. F., French, K. R. (2004):** The Capital Asset Pricing Model: Theory and Evidence, in: Journal of Economic Perspectives, Vol. 18, No. 3, 25-46.

**Fama, E. F., MacBeth, J. D. (1973):** Risk, Return, and Equilibrium: Empirical Tests, in: Journal of Political Economy, Vol. 81, No. 3, 607-636.

**Fama, E. F., Schwert, G. W. (1977):** Asset Returns and Inflation, in: Journal of Financial Economics, Vol. 5, No. 2, 115-146.

**Ferson, W. E., Harvey, C. R. (1994):** Sources of Risk and Expected Returns in Global Equity Markets, in: Journal of Banking & Finance, Vol. 18, No. 4, 775-803.

**Galagedera, D. U. A., Brooks, R. D. (2007):** Is Co-Skewness a Better Measure of Risk in the Downside than Downside Beta? Evidence in Emerging Market Data, in: Journal of Multinational Financial Management, Vol. 17, No. 3, 214-230.

**Gheeraert, L. (2006):** Emerging Stock Market Returns: The CAPM Challenge, Solvay Business School, Working Paper, September 2006.

**Gilmore, C. G., McManus, G. M. (2002):** International Portfolio Diversification: US and Central European Equity Markets, in: Emerging Markets Review, Vol. 3, No. 1, 69-83.

**Gleißner, W. (2011):** Risikoanalyse und Replikation für Unternehmensbewertung und wertorientierte Unternehmenssteuerung, in: WiSt, 7/2011, S. 345-352.

**Godfrey, S., Espinosa, R. (1996):** A practical Approach to Calculating Costs of Equity for Investments in Emerging Markets, in: Journal of Applied Corporate Finance, Vol. 9, No. 3, 80-89.

**Goetzmam, W. N., Jorion, P. (1999):** Re-Emerging Markets, in: Journal of Financial and Quantitative Analysis, Vol. 34, No. 1, 1-32.

**Goetzmam, W. N., Li, L., Rouwenhorst, K. G. (2005):** Long-Term Global Market Correlations, in: Journal of Business, Vol. 78, No. 1, 1-38.

**Graham, J. R., Harvey C., R. (2001):** The Theory and Practice of Corporate Finance: Evidence from the Field, in: Journal of Financial Economics, Vol. 60, No. 2-3, 187-243.

**Griffin, J. M., Kelly, P. J., Nardari, F. (2007):** Measuring Short-Term International Stock Market Efficiency, Working Paper, März 2007.

**Grinold, R. C. (1993):** Is Beta Dead Again?, in: Financial Analysts Journal, Vol. 49, No. 4, 28-34.

**Hanouna, P./Sarin, A./Shapiro, A. C. (2001):** Value of Corporate Control: Some International Evidence, USC Marshall School of Business FBE Working Paper No. 01-4.

**Harvey, C. R. (1995a):** Predictable Risk and Return in Emerging Markets, in: Review of Financial Studies, Vol. 8, No. 3, 773-816.

**Harvey, C. R., (1995b):** The Risk Exposure of Emerging Equity Markets, in: World Bank Economic Review, Vol. 9, No. 1, 19-50.

**Harvey, C. R. (2000):** Asset Pricing in Emerging Markets, National Bureau of Economic Research, Cambridge, in: http://faculty.fuqua.duke.edu/~charvey/Research/Working_Papers/W54_Asset_pricing_in.pdf, 13.05.2010.

**Harvey, C. R. (2001):**The International Cost of Capital and Risk Calculator (ICCRC), Duke University, Durham, in: http://faculty.fuqua.duke.edu/~charvey/Research/Working_Papers/W35_The_international_cost.pdf, 13.05.2010.

**Harvey, C. R. (2004):** Country Risk Components, the Cost of Capital, and Returns in Emerging Markets, National Bureau of Economic Research, Cambridge, in: http//papers.ssrn.com/sol3/papers.cfm?abstract_id=620710,16.05.2010.

**Harvey, C. R. (2005):** 12 Ways to Calculate the International Cost of Capital, Working Paper, Oktober 2005.

**Henry, P. B. (2000):** Stock Market Liberalization, Economic Reform, and Emerging Market Equity Pnces, in: Journal of Finance, Vol. 55, No. 2, 529-564.

**Henry, P. B. (2007):** Capital Account Liberalization. Theory, Evidence, and Speculation, The Brookings Institution Global Economy and Development Working Paper No. 4, Januar 2007.

**Hofbauer, E. (2011):** Kapitalkosten bei der Unternehmensbewertung in den Emerging Markets Europas, Wiesbaden.

**Hooke, J. C. (2001):** Emerging Markets: A Practical Guide for Corporations, Lenders and Investors, New York u.a.

**James, M., Koller, T. (2000):** Valuation in Emerging Markets, in: McKinsey Quarterly, Special Edition, No.4, 78-85.

**Kaplan, S. (1997):** Valuation, Vortrag an der Credit Suisse First Boston International Bankers' School, August 1997.

**Karels, G. V., Sackley, W. H. (1993):** The Relationship between Market and Accounting Betas for Commercial Banks, in: Review of Financial Economics, (2), 59-72.

**Kearney, C., Lucey, B. M. (2004):** International Equity Market Integration: Theory, Evidence and Implications, in: International Review of Financial Analysis, Vol. 13, No. 5, 571-583.

**Kim, E. H., Singal, V. (2000):** Stock Market Openings: Experience of Emerging Economies, in: Journal of Business, Vol. 73, No. 1, 25-46.

**Koedijk, K. G. u. a. (2002):** The Cost of Capital in International Financial Markets: Local or Global, in: Journal of International Money and Finance, Vol. 21, No. 6, 905-929.

**Koedijk, K. G., van Dijk, M. A. (2004):** Global Risk Factors and the Cost of Capital, in: Financial I Analysts Journal, Vol. 60, No. 2, 32-38.

**Koeplin, J., Sarin, A., Shapiro, A. C. (2000):** The Private Company Discount, in: Journal of Applied Corporate Finance, Vol. 12, No. 4, 94-101.

**Koller, T., Goedhart, M., Wessels, D., McKinsey & Company Inc. (2010):** Valuation: Measuring and Managing the Value of Companies, 5. Auflage, New York.

**Kouwenberg, R., Salomons, R. (2005):** The Value Premium in Emerging Equity Markets and Local Macroeconomic Conditions, Working Paper, Dezember 2005.

**Kratz, O. S. (1999):** Frontier Emerging Equity Markets Securities Price Behavior and Valuation, Nonvell 1999.

**Kruschwitz, L., Löffler, A., Mandl, G. (2011):** Damodarans Country Risk Premium – und was davon zu halten ist, in: Die Wirtschaftsprüfung, Heft 4, S. 167-176.

**Kumar, P. C., Tsetsekos, G. P. (1999):** The Differentiation of 'Emerging' Equity Markets, in: Applied Financial Economics, Vol. 9, No. 5, 443-453.

**Lesmond, D. A. (2005):** Liquidity of Emerging Markets, in: Journal of Financial Economics, Vol. 77, No. 2, 411-452.

**Lessard, D. R. (1974):** World, National, and Industry Factors in Equity Returns, in: Journal of Finance, Vol. 29, No. 2, 379-391.

**Lessard, D. (1996):** Incorporating Country Risk in the Valuation of Offshore Projects, in: Journal of Applied Corporate Finance, Vol. 9, No. 3, 52-63.

**Lintner, J. (1965):** Valuation of Risk Assets and the Selection of Risky Investments in Stock Portfolios and Capital Budgets, in: Review of Economics and Statistics, Vol. 47, No. 1, 13-37.

**Lintner, J. (1965):** Security Prices, Risk and Maximal Gains from diversification, in: Journal of Finance, Dez. 1965, 587-616

**Löhnert, P. G., Böckmann, U. J. (2009):** Multiplikatorenverfahren in der Unternehmensbewertung, in: Peemöller, V. H. (Hrsg.), Praxishandbuch der Unternehmensbewertung, 4. Aufl., Herne, 567-589.

**Maier, K. (2007):** Risikomanagement im Immobilien- und Finanzierungswesen: Ein Leitfaden für Theorie und Praxis, 3. Aufl., Frankfurt/Main.

**Mandl, G., Rabel, K. (1997):** Unternehmensbewertung: Eine praxisorientierte Einführung, Graz.

**Mandl, G., Rabel, K. (2009):** Methoden der Unternehmensbewertung, in: Peemöller, V. H. (Hrsg.), Praxishandbuch der Unternehmensbewertung, 4. Aufl., Herne, 49-90.

**Mariscal, J. O., Hargis, K. (1999):** A Long-Term Perspective on Short-Term Risk: Long-Term Discount Rates for Emerging Markets, Goldman Sachs Investment Research, Oktober 1999.

**Markowitz, H. M. (1952):** Portfolio Selection, in: Journal of Finance, Vol. 7, No. 1, 77-91.

**Matschke, M. J., Brösel, G. (2005):** Unternehmensbewertung: Funktionen, Methoden, Grundsätze, Wiesbaden.

**Miller, K. D., Leiblein, M. J. (1996):** Corporate Risk-Returns Relations: Returns Variability versus Downside Risk, in: Academy of Management Journal, 39, S. 91-122.

**Miller, M. H., Modigliani, F. (1961):** Dividend Policy, Growth, and the Valuation of Shares, in: Journal of Business, Vol. 34, No. 4, 411-433.

**Mishra, D. R., O'Brien, T. J. (2001):** A Comparison of Cost of Equity Estimates of Local and Global CAPMs, in: The Financial Review, Vol. 36, No. 4, 27-47.

**Modigliani, F./Miller, M. H. (1958):** The Cost of Capital, Corporation Finance and the Theory of Investment, in: American Economic Review, Vol. 48, No. 3, 261-297.

**Mossin, J. (1966):** Equilibrium in a Capital Asset Market, in: Econometrica, 768-783.

**Moxter, A. (1983):** Grundsätze ordnungsmäßiger Unternehmensbewertung, 2. Auflage, Wiesbaden.

**Mossin, J. (1966):** Equilibrium in a Capital Asset Market, in: Econometrica, 768-782.

**Nowak, K. (2003):** Marktorientierte Unternehmensbewertung, 2. Aufl., Wiesbaden.

**O'Brien, T. J (1999):** The Global CAPM and a Firm's Cost of Capital in Different Currencies, in: Journal of Applied Corporate Finance, Vol. 12, No. 3., 73-79.

**O'Brien, T. J. (2004):** Foreign Exchange and Cross-Border Valuation, in: Journal of Applied Corporate Finance, Vol. 16, No. 2-3, 147-154.

**Olsson, C. (2002):** Risk Management in Emerging Markets, London u. a.

**Patel, S. A. (1998):** Cross-Sectional Variation in Emerging Markets Equity Returns January 1988-March 1997, in: Emerging Markets Quarterly, Vol. 2, No. 1, 57-70.

**Peemöller, V. H. (2009):** Praxishandbuch der Unternehmensbewertung, 4. Aufl., Herne/Berlin.

**Peemöller, V. H. (2009a):** Wert und Werttheorien, in: Peemöller, V. H. (Hrsg.), Praxishandbuch der Unternehmensbewertung, 4. aktualisierte und erweiterte Auflage, Herne/Berlin, 1-16.

**Peemöller, V. H. (2009b):** Anlässe der Unternehmensbewertung, in: Peemöller, V. H. (Hrsg.), Praxishandbuch der Unternehmensbewertung, 4. aktualisierte und erweiterte Auflage, Herne/Berlin, 17-28.

**Pereiro, L. E. (2001):** The valuation of Closely-Held Companies in Latin America, center for Entrepreneurship & Business Venturing, Universidad Torcuato Di Tella, Buenos Aires, in: http://faculty.darden.virginia.edu/chaplinskys/courses/GBUS_844/valatampereiro.pdf, 10.05.2010.

**Pereiro, L. E. (2001):** The Valuation of Closely-Held Companies in Latin America, in: Emerging markets Review, Vol. 2, No. 4, 330-370.

**Pereiro, L. E. (2002):** Valuation of Companies in Emerging Markets: A practical Approach, New York.

**Pereiro, L. E. (2006):** The Practice of Investment Valuation in Emerging Markets: Evidence from Argentina, in: Journal of Multinational Financial Management, Vol. 16, No. 2, 160-183.

**Pereiro, L. E. (2006):** The Practice of Investment Valuation in Emerging Markets: Evidence from Argentina, in: http://papers.ssrn.com/sol3/papers.cfm?abstract_id=1874151.

**Pettit, J., Ferguson, M., Gluck, R. (1999):** A Method for Estimating Global Corporate Capital Costs: The Case of Bestfoods, in: Journal of Applied Corporate Finance, Vol. 12, No. 3, 80-90.

**Pratt, S. P. (2001):** Discounts and Premiums, New York.

**Pratt, S. P., Grabowski, R. J. (2008):** Cost of Capital. Applications and Examples, 3. Aufl., Hoboken.

**Pratt, S. P., Reilly, R. F., Schweihs, R. P. (2000):** Valuing a Business: The Analysis and Appraisal of Closely Held Companies, 4. Aufl., New York u. a.

**Roll, R. (1977):** A Critique of the Asset Pricing Theory's Tests. Part I: On Past and Potential Testability of the Theory, in: Journal of Financial Economics, Vol. 4, No. 2, 129-176.

**Roll, R., Ross, S. A. (1980):** An Empirical Investigation of the Arbitrage Pricing Theory, in: Journal of Finance, Vol. 35, No. 5, 1073-1103.

**Roll, R., Ross, S. A. (1994):** On the Cross-sectional Relation between Expected Returns and Betas, in: Journal of Finance, Vol. 49, No. 1, 101-121.

**Rosenberg, B., Reid, K., Lanstein, R. (1985):** Persuasive Evidence of Market Inefficiency, in: Journal of Portfolio Management, Vol. 11, No. 3, 9-16.

**Ross, S. A. (1976):** The Arbitrage Theory of Capital Asset Pricing, in: Journal of Economic Theory, Vol. 13, No. 3, 341-360.

**Rouwenhorst, K. G. (1999):** Local Return Factors and Turnover in Emerging Stock Markets, in: Journal of Finance, Vol. 54, No. 4, 1439-1464.

**Sabal, J. (2002):** Financial Decisions in Emerging Markets, New York.

**Sabal, J. (2003):** The Discount Rate in Emerging Markets: A Guide, in: Journal of Applied Corporate Finance, Vol. 16, No. 2-3, 155-166.

**Schramm, R. M., Wang, H. N. (1999):** Measuring the Cost of Capital in an International CAPM Framework, in: Journal of Applied Corporate Finance, Vol. 12, No. 3, 63-72.

**Sercu, P., Uppal, R. (1995):** International Financial Markets and the Firm, London.

**Serra, A. P. (2000):** Country and Industry Factors in Returns: Evidence from Emerging Markets' Stocks, in: Emerging Markets Review, Vol. 1, No. 2, 127-151.

**Serra, A. P. (2003):** The Cross-Sectional Determinants of Returns: Evidence from Emerging Markets' Stocks, in: Journal of Emerging Market Finance, Vol. 2, No. 2, 123-162.

**Sharpe, W. F. (1964):** Capital Asset Prices: A Theory of Market Equilibrium und Conditions of Risk, in: Journal of Finance, Vol. 19, No. 3, 425-442.

**Solnik, B. H. (1974a):** An International Market Model of Security Price Behavior, in: Journal of Financial and Quantitative Analysis, Vol. 9, No. 4, 537-554.

**Solnik, B. H. (1974b):** The International Pricing of Risk: An Empirical Investigation of the World Capital Market Structure, in; Journal of Finance, Vol. 29, No. 2, 365-378.

**Solnik, B. H. (1977):** Testing International Asset Pricing: Some Pessimistic Views, in: Journal of Finance, Vol. 32, No. 2, 503-512.

**Spremann, K. (2008):** Portfoliomanagement, 4. Auflage, München.

**Spremann, K., Ernst, D. (2011):** Unternehmensbewertung, 2. Auflage, München.

**Starp, W.-D (2009):** Bewertung ausländischer Unternehmen, in: Praxishandbuch der Unternehmensbewertung, 4. Aufl., Herne/Berlin, S. 641-656.

**Steiner, M., Bruns, C. (2007):** Wertpapiermanagement, 9. Aufl., Stuttgart.

**Stulz, R. M. (1999):** Globalization, Corporate Finance, and the Cost of Capital, in: Journal of Applied Corporate Finance, Vol. 8, No. 3, 8-25.

**Tobin, J. (1958):** Liquidity Preference as Behavior Towards Risk, in: Review of Economic Studies, Vol. 25, 65-87.

**Vaihekoski, M. (2000):** Portfolio Construction in Emerging Markets, in: Emerging Markets Quarterly, Vol. 4, No. 3, 68-78.

**Vaihekoski, M. (2004):** Portfolio Construction for Tests of Asset Pricing Models, in: Financial Markets, Institutions & Instruments, Vol. 13, No. 1, 1-39.

**Vaihekoski, M. (2009):** A Note on the Calculation of the Risk Free Rate for Tests of Asset Pricing Models, Working Paper, August 2009.

**Zenner, M./Akaydin, E. (2002):** A Practical Approach to the International Valuation & Capital Allocation Puzzle, Salomon Smith Barney, July 2002.

# Register

*Anmerkung:* Kursiv gesetzte Seitenzahlen verweisen auf Begriffe, die sich auf der angegebenen Seite in den Fußnoten befinden.

## Numerisch



## A



## B



## C



## D



## E

## F



## G



## H



## I



## J



## K



## L

## M



## N



## O



## P



## R



## S

## T



## U



## V



## W



## Z

WIRTSCHAFT

wi wirtschaft

**Paul Krugman**
**Maurice Obstfeld**
**Marc Melitz**

**Internationale Wirtschaft**
ISBN 978-3-8689-4134-0
49.95 EUR [D], 51.40 EUR [A], 77.90 sFr*
928 Seiten

# Internationale Wirtschaft

BESONDERHEITEN

Die 9. Auflage dieses Klassikers erscheint in einer Krisenzeit, in der die Entwicklung der Weltwirtschaft die politischen Debatten stärker beeinflusst als je zuvor. Wie können Regierungen Arbeitslosigkeit und Inflation verhindern, welche Bedeutung kommt dabei den Wechselkursen zu? Wie können Länder am besten zusammenarbeiten, um ihre wirtschaftlichen Ziele zu erreichen? Wie bereits in früheren Perioden der Außenwirtschaftstheorie bringt auch heute die Wechselwirkung von Ideen und Wirklichkeit neue Ansätze der Analyse hervor.

KOSTENLOSE ZUSATZMATERIALIEN

Für Dozenten:
- Kapitelfolien zum Einsatz in der Lehre
- Alle Abbildungen elektronisch zum Download

Für Studenten:
- Lösungen für die Übungsaufgaben
- Multiple-Choice-Fragen
- WebApps-Fallstudien

*unverbindliche Preisempfehlung